レクチャーノート/ソフトウェア学

41

ソフトウェア工学の基礎 XXII

日本ソフトウェア科学会FOSE 2015

青木利晃・豊島真澄 編

編集委員：武市正人
　　　　　米澤明憲

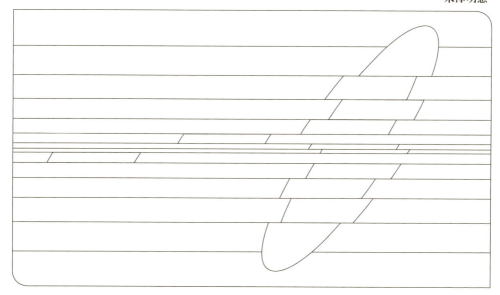

近代科学社

日本ソフトウェア科学会

- 本書の複製権・翻訳権・譲渡権は株式会社近代科学社が保有します．
- **JCOPY** 〈（社）出版者著作権管理機構 委託出版物〉
  本書の無断複写は著作権法上での例外を除き禁じられています．
  複写される場合は，そのつど事前に（社）出版者著作権管理機構
  （電話 03-3513-6969，FAX 03-3513-6979，e-mail: info@jcopy.or.jp）の
  許諾を得てください．

まえがき

プログラム委員長　　　青木 利晃*　豊島 真澄†

　本書は，日本ソフトウェア科学会「ソフトウェア工学の基礎」研究会 (FOSE: Foundation of Software Engineering) が主催する第 22 回ワークショップ (FOSE2015) の論文集です．ソフトウェア工学の基礎ワークショップは，ソフトウェア工学の基礎技術を確立することをめざし，研究者・技術者の議論の場を提供することを目的としています．異なる組織に属する研究者・技術者が，3 日間にわたって寝食を共にしながら，自由闊達な意見交換と討論を行う点が大きな特色です．

　FOSE は 1994 年の信州穂高の第一回開催以来，日本の各地を巡りながら，毎年秋から初冬にかけて実施し，今回で第 22 回となります．本年は山形県・天童温泉での開催となります．天童といえば，真っ先に思い浮かべるのは，将棋だと思われます．今回は，将棋のプロ棋士でゲーム/エンターテイメント分野の第一人者である北陸先端科学技術大学院大学 飯田弘之教授をお迎えし，「ゲームとエンターテインメント-名人を創り，名人の知を理解する-」という題目でご講演いただきます．将棋やチェスの名人がコンピュータと対戦するというニュースが世間を賑わせております．ソフトウェア工学においても，ゲームを作るというだけでなく，ゲームの考え方に基づいたアプローチも出現しつつあり，ホットな話題を，天童で議論することができることを嬉しく思います．

　本年は，3 つのカテゴリで発表を募集しました．1 つ目は通常論文であり，10 ページ以内のフルペーパーと 6 ページ以内ショートペーパーの 2 種類を募集しました．このカテゴリにはフルペーパー 20 件，ショートペーパー 9 件の投稿があり，それぞれ 3 名のプログラム委員による並列査読，および，プログラム委員会での厳正な審議を行いました．その結果，フルペーパーとして 7 件，ショートペーパーとして 22 件を採録しました．2 つ目はライブ論文であり，2 ページ以内の原稿による速報的な内容を募集しました．今回は，スペシャルトラック「無形労働としてのソフトウェア開発」を設け，昨年の FOSE における岸田孝一氏の基調講演を踏まえた議論の場を提供することにしました．その結果，18 件が投稿され，すべて採録されました．通常論文とライブ論文は，本論文集に掲載されております．3 つ目は論文集に掲載はされないポスター・デモ発表です．また，例年どおり，今回も日本ソフトウェア科学会の学会誌「コンピュータ・ソフトウェア」では，FOSE での発表論文を母体として一般公募する形で，ソフトウェア工学の基礎に関する特集号が企画されています．本ワークショップから質の高い論文がでてくることを強く期待いたします．

　最後に，本ワークショップのプログラム委員の皆様，ポスター展示委員長の千葉勇輝助教，ワークショップセクレタリの青木奈央氏，ソフトウェア工学の基礎研究会主査の杉山安洋教授，レクチャーノート編集委員の武市正人教授，米澤明憲教授，近代科学社編集部ならびに関係諸氏に感謝いたします．

*Toshiaki Aoki, 北陸先端科学技術大学院大学
†Masumi Toyoshima, (株) デンソー

プログラム委員会

プログラム委員長
青木 利晃（北陸先端科学技術大学院大学）
豊島 真澄（デンソー）

ポスター展示委員長
千葉 勇輝（北陸先端科学技術大学院大学）

ワークショップセクレタリ
青木 奈央（北陸先端科学技術大学院大学）

プログラム委員

青山幹雄 (南山大学)	鯵坂恒夫 (和歌山大学)
足立正和 (豊田中研)	阿萬裕久 (愛媛大学)
飯田元 (奈良先端科学技術大学院大学)	石尾隆 (大阪大学)
石川冬樹 (国立情報学研究所)	伊藤恵 (はこだて未来大学)
今井健男 (東芝)	岩間太 (日本 IBM)
上田賀一 (茨城大学)	鵜林尚靖 (九州大学)
梅村晃広 (NTT データ)	上野秀剛 (奈良高専)
大西淳 (立命館大学)	岡野浩三 (信州大学)
小笠原秀人 (東芝)	小野康一 (日本 IBM)
尾花将輝 (大阪工業大学)	亀井靖高 (九州大学)
岸知二 (早稲田大学)	小林隆志 (東京工業大学)
権藤克彦 (東京工業大学)	佐伯元司 (東京工業大学)
沢田篤史 (南山大学)	白銀純子 (東京女子大学)
杉山安洋 (日本大学)	関澤俊弦 (日本大学)
高田眞吾 (慶應義塾大学)	立石孝彰 (日本 IBM)
田原康之 (電気通信大学)	張漢明 (南山大学)
中島震 (国立情報学研究所)	名倉正剛 (日本大学)
野呂昌満 (南山大学)	萩原茂樹 (東京工業大学)
花川典子 (阪南大学)	林晋平 (東京工業大学)
深澤良彰 (早稲田大学)	福田浩章 (芝浦工業大学)
本位田真一 (国立情報学研究所)	前田芳晴 (富士通研究所)
増原英彦 (東京工業大学)	松浦佐江子 (芝浦工業大学)
丸山勝久 (立命館大学)	森崎修司 (名古屋大学)
門田暁人 (岡山大学)	山本晋一郎 (愛知県立大学)
吉岡信和 (国立情報学研究所)	吉田敦 (南山大学)
鷲崎弘宜 (早稲田大学)	

目次

招待講演

ゲームとエンターテインメント–名人を創り，名人の知を理解する–
　　飯田弘之 (北陸先端科学技術大学院大学) 1

1. プログラム解析

変数の型を考慮したメソッド間の実行経路の検索
　　竹之内 啓太，石尾 隆，井上 克郎 (大阪大学) 11

プログラム変換ルールを用いたプログラム自動要約フレームワークの構築
　　大村 悠太，権藤 克彦 (東京工業大学)，立石 孝彰 (日本 IBM) 21

動的情報に基づくソフトウェア縮退実行機構の提案
　　小野寺 駿一，名倉 正剛，杉山 安洋 (日本大学) 31

2. 開発プロセス

原型分析による活動履歴からの OSS 貢献者プロファイリング
　　尾上 紗野，畑 秀明，松本 健一 (奈良先端科学技術大学院大学) 41

不確かさを包容するソフトウェア開発プロセス
　　深町 拓也，鵜林 尚靖，細合 晋太郎，亀井 靖高 (九州大学) 47

利用する過去情報の選定による PBL 向け工数見積り支援ツールの精度改善
　　齋藤 尊，新美 礼彦，伊藤 恵 (公立はこだて未来大学) 53

3. テスト

形式仕様に基づくテストケースの自動生成支援ツールの開発
　　池田 逸人，劉 少英，Ye Yan (法政大学) 59

業務システム向けの分岐網羅テストケースの生成手法
　　前田 芳晴，佐々木 裕介，上原 忠弘 (富士通研究所)，平 敬造 (富士通ミッションクリティカルシステムズ)，山口 和紀 (富士通アプリケーションズ) 65

テストケース作成自動化のための意味役割付与方法
　　増田 聡 (日本 IBM)，松尾 谷徹，津田 和彦 (筑波大学) 71

4. 合成とテスト

可能な限り仕様を満たすリアクティブシステムの合成
  冨田 尭 (北陸先端科学技術大学院大学), 上野 篤史 (任天堂), 萩原 茂樹, 島川 昌也 (東京工業大学), 米崎 直樹 (放送大学) 77

音声認識システムの語彙列受理可能性テスト自動化
  岩間 太, 福田 隆 (日本 IBM) 87

5. 開発手法

命令型プログラミング言語における初学者向け動作理解支援ツールの提案
  蜂巣 吉成, 吉田 敦, 阿草 清滋 (南山大学) 97

Web アプリケーションフレームワーク用のコード生成ツールによるプロトタイプ開発支援
  京谷 和明, 伊藤 恵 (公立はこだて未来大学) 103

データ駆動要求工学 D2RE の提案
  藤本 玲子, 原 起知, 青山 幹雄 (南山大学) 109

SPL における近似的製品導出に関する一考察
  岸 知二 (早稲田大学), 野田 夏子 (芝浦工業大学) 115

6. 検証

大規模システム向け仕様ルール整合性検証方式
  小山 恭平, 伊藤 信治, 山本 一道 (日立製作所) 121

拡張要求フレームモデルによる応答性に関する要求の検証
  松本 佑真, 笠井 翔太, 大西 淳 (立命館大学) 127

シェイプに基づく RDF 文書検証定義と検証方法の提案
  中島 啓貴, 青山 幹雄, 成田 貴大, 脇田 宏威 (南山大学) 133

SMT に基づくシステム部品組合せ設計検証手法
  藤平 達, 三坂 智, 茂岡 知彦 (日立製作所) 139

7. 形式手法

段階的検査法にモジュラ化手法を用いたモデル検査の実用化
　　小飼 敬 (茨城工業高等専門学校), 宮島 卓巳 (日立産業制御ソリューションズ), 上田 賀一 (茨城大学), 山形 知行, 武澤 隆之 (日立製作所) 145

情報量に基づく非機密化プリミティブの記述位置候補の順位付け
　　桑原 寛明, 國枝 義敏 (立命館大学) 151

自然言語ドキュメントの形式化モデリングについて
　　林 信宏, 大森 洋一, 日下部 茂, 荒木 啓二郎 (九州大学) 157

VDM++ 要求仕様に対する網羅的テストによるスレッド安全性の確認
　　大森 洋一, 林 信宏, 荒木 啓二郎, 日下部 茂 (九州大学) 163

8. 教育

UML モデリング教育を支援するルールベースのクラス図採点支援ツール
　　宮島 和音, 小形 真平, 香山 瑞恵, 岡野 浩三 (信州大学) 169

個人商店向け業務アプリ開発と運用によるソフトウェア工学教育の実践
　　花川 典子 (阪南大学), 尾花 将輝 (大阪工業大学) 175

ソフトウェア開発における Web 検索行動の分析
　　中才 恵太朗, 角田 雅照 (近畿大学) 181

インタラクションに注目したアジャイル開発における設計スキルの育成手法
　　土肥 拓生 (レベルファイブ/電気通信大学/国立情報学研究所), 石川 冬樹 (国立情報学研究所/電気通信大学) 187

9. 行動分析

ワークフローマイニングに基づく潜在的因果関係を考慮した変更推薦モデルの構築
　　熊 謙, 小林 隆志 (東京工業大学) 193

コードレビューのジレンマ／スノードリフトゲームによる協調行動の分析
　　北川 慎人, 畑 秀明, 伊原 彰紀 (奈良先端科学技術大学院大学), 小木曽 公尚 (電気通信大学), 松本 健一 (奈良先端科学技術大学院大学) 203

10. ライブ論文

UX 設計のためのユーザインサイト獲得方法の提案
  尾崎 愛, 青山 幹雄 (南山大学) 213

複数コンテキストドメインにまたがる Linked Data を用いたコンテキストアウェアビス提供方法の提案
  内海 太祐, 青山 幹雄 (南山大学) 215

インタラクティブロボットの UML 要求仕様と実装
  川合 怜, 松浦 佐江子 (芝浦工業大学) 217

答案自動振り分けにおけるセンサ選定手法の提案
  徳田 祥子, 村田 龍, 平山 雅之 (日本大学) 219

テスト実行者情報を考慮した 0-1 計画モデルによる効率的なテストケース選択手法の提案
  阿萬 裕久 (愛媛大学), 中野 隆司, 小笠原 秀人 (東芝) 221

Web アプリケーションに対する回帰テストオラクル自動生成
  堀 旭宏, 高田 眞吾 (慶應義塾大学), 倉林 利行, 丹野 治門 (NTT) 223

ユースケース記述に基づくモックアップを利用したテストシナリオ生成ツール
  鹿糠 秀行、中井 陽一、園田 貴大、斎藤 岳 (日立製作所) 225

モデル検査によるドローンの安全確認
  青木 善貴, 細金 万智子 (日本ユニシス) 227

適応型コンテキストモデル生成方法の提案と評価
  豊田 丈晃, 青山 幹雄 (南山大学) 229

スマートフォンアプリケーション設計に特化した UML 及び GUI ビルダによる相互的なモデリング手法
  松井 浩司, 松浦 佐江子 (芝浦工業大学) 231

自転車事故防止システム開発におけるセンサデータの表示方法の検討
  石原 一輝, 平山 雅之, 山崎 和人 (日本大学) 233

Code: Code Oriented Diagram Editor
  大村 裕, 渡部 卓雄 (東京工業大学) 235

Java の参照型変数と配列の静的 null 検出
  　　武田 真弥, 山田 俊行 (三重大学) 237

脳波計測を用いたプログラム理解タスクの判別
  　　幾谷 吉晴, 上野 秀剛 (奈良工業高等専門学校), 中川 尊雄 (奈良先端科学技術大学院大学) 239

11. ライブ論文スペシャルトラック「無形労働としてのソフトウェア開発」

ソフトウェア技術者の「たらい」
  　　伊藤 昌夫 (ニルソフトウェア/VCAD ソリューションズ) 241

第 3 次経済革命を支えるソフトウェアの工学
  　　中島 震 (国立情報学研究所), 豊島 真澄 (デンソー) 243

サービス研究から見る無形労働
  　　佐藤 啓太 (デンソー) 245

無形労働としてのソフトウェア開発に関する一考察
  　　杉山 安洋 (日本大学) 247

ゲームとエンターテインメント
- 名人を創り，名人を理解する -
Game and Entertainment: Programming and Understanding Masters

飯田 弘之[*]

あらまし コンピュータ将棋は，コンピュータチェスの歴史と栄光の延長線上に位置する．その歴史は，ミニマックス型ゲーム木探索を基盤として，コンピュータ側と人間側の均衡点を模索するプロセスであり，「コンピュータ vs 名人」の世紀の対決をハイライトとする一方，ゲームを題材として人間の知性，特に「大局観」と呼ばれる名人の知の理解を目指している．こうして，ゲームの本質とも言える遊戯性に関する考察へと進展する．本稿では，当該分野の歴史的背景と現状，および今後の展開について展望する．

1 コンピュータ将棋

コンピュータ将棋はコンピュータチェスの歴史からたくさんの恩恵を受けている．ミニマックス型ゲーム木探索の基本枠組み，序盤定跡，局面評価，探索高速化など，多くの面で参考にしてきた [9]．本節では，コンピュータチェスの歴史を振り返りつつ，コンピュータ将棋の発展の様子を概観したい．

1.1 Shogi vs Chess

チェスと将棋の顕著な違いは何か．チェスでは一度取られた駒は二度と使えないのに対し，将棋では持ち駒として何度でも再利用できる．このことがいくつかの重要な影響を及ぼしている．例えば，将棋の可能な選択肢が大幅に増えたことがあげられる．また，持ち駒があるため，探索中に静かでない局面がしばしば現れ，正確な局面評価が難しくなる．さらに，チェスは終盤では盤上の駒が減少する収束型のゲームであるのに対し，将棋は持ち駒再利用ルールのため発散型のゲームである．それゆえ，チェスでは終盤データベースが有効であるが，将棋では使えない．終盤データベースは，勝ち負けの特定されている終了局面からの後退解析で構築され，盤上の残り駒数がある程度少なくなると完全プレイが可能となる．

こうして，将棋の終盤に現れる詰め問題を題材として，証明数 [1] を用いた AND/OR 木探索アルゴリズムが改良され，ついには 1525 手詰めの最長手数問題も解けるまでに発展を遂げた [23]．その勢いは将棋ソフトの発展にも大きな影響を与え，トップレベルのプロ棋士に勝利するなど，この十年間は将棋ソフトの革新的な発展の時期となった．

1.2 Shannon vs Turing

コンピュータチェスの黎明期だった 1950 年頃，Claude E.Shannon [24] と Alan Turing [31] はコンピュータチェスの動作原理に関する基本的枠組みを模索した．当時，コンピュータチェス対決には至らなかったが，近年のシミュレーション [2] により，ドリーム対決「Shannon vs Turing」が実現した．十回戦の結果，引き分けだった（表 1 参照）．

1.3 Search vs Strength

Shannon が提案したアイデアは，コンピュータの思考のための基本原理として，チェスやその他の多くのゲームで今日に至るまで用いられている。von Neumann

---

[*]Hiroyuki Iida, JAIST

表1 チェスエンジン対決: Shannon vs Turing

	1	2	3	4	5	6	7	8	9	10
Shannon	1/2	1/2	1/2	1/2	0	1/2	1/2	1/2	1/2	1
Turing	1/2	1/2	1/2	1/2	1	1/2	1/2	1/2	1/2	0

[22] のミニマックス均衡の概念を発展させたミニマックス型ゲーム木探索は $\alpha\beta$ アルゴリズム [16] をはじめとする様々な工夫により洗練され，コンピュータチェスの実力向上に貢献した．Ken Thompson [29] [12] はコンピュータチェスの開発環境（UNIX）を整備し，コンピュータチェス（BELL）の開発を効率よく進めた．探索の深さに比例してコンピュータの強さが向上すること [30] を指摘し，その後のチェスハードウエア開発に火をつけた．

1.4 Deep Blue vs Kasparov

チェスハードウエアの開発を進め，探索の高速化を追求して誕生したのが Deep Blue [7] である．コンピュータチェスにおける探索の高速化は様々なメリットをもたらす．膨大な数の局面を網羅的に先読みすることで，いわゆる見落としがほとんどなくなる．グランドマスター（プロ棋士に相当）レベルでは一手の見落としは致命傷となる．Deep Blue の特徴の一つは，先読み中のある局面において，兄弟ノードの中で突出したスコアの指し手を探索延長する方式（singular extensions [3]）である．この方式は数十手先まで探索が延長されるケースもあり，計算コストは大変なものである．

チェスのマンマシン頂上対決（1996 & 1997）で浮き彫りになったのは，互いの棋風（弱点とも言える）を見抜くことで，巧妙な罠を仕掛ける相手モデル [8] の成否であった．当時の世界チャンピオンである Kasparov は相手モデルのスキルに非常に長けている．一方，Deep Blue にそのような機能はない．したがって，Kasparov は相手モデルによるアドバンテージを最大化したいし，Deep Blue は相手モデルによるデメリットを最小化することが大きな課題であった．

1996 年 2 月に行われた最初の世紀の対決（6 番勝負）で Kasparov は圧勝した．Deep Blue は第 1 回戦で相手モデルの餌食となり，結局，手も足も出ないまま敗れてしまうという苦い経験をした．そこで新たな対策として，1997 年 5 月に行われた二度目の世紀の対決では，全 6 回戦のうち各対局で局面の評価関数を微妙に変化させ，相手モデル回避の策を凝らした．その策が功を奏して，Kasparov 側からの相手モデルによるデメリットを最小限に抑えることに成功し，結果として勝因になった．対戦後のインタビューで，Kasparov に「毎回，違った相手と戦っているようだった」と言わしめた．

1.5 タコス vs 橋本プロ

2005 年 9 月 18 日，小松市において「コンピュータ将棋（タコス）対プロ棋士（橋本崇載五段）」の初対戦が実現した．筆者らが開発した将棋ソフト「タコス」は，終盤の思考を強化することからスタートしたのであるが，序盤作戦においても他に類をみない特徴を有していた [20]．序盤で苦手な戦法を選択しないようにチューニングされたタコスは，プロ棋士相手に序盤からリードした．優勢で迎えた終盤戦は誰もがタコスの勝利を疑わなかった．ところが，橋本プロの粘りある指し手にタコスはミスを連発し，ついに形勢逆転となった．本試合は持ち時間などの試合条件に関する十分な検討がなされていなかったので参考程度の扱いであるが，コンピュータがプロ棋士のレベルに近づいていることを印象付けた．

1.6 ボナンザ vs 渡辺竜王

2006年5月,第16回世界コンピュータ将棋選手権で将棋ソフト「ボナンザ」は初出場で優勝という快挙を成し遂げた.コンピュータの苦手とされていた「駒損の攻め」をしながらも局面のバランスを保つというボナンザの棋風が玄人受けした.ボナンザの開発を通して,保木 [6] は将棋における網羅的探索の有効性,勾配法を用いた最適化手法による評価関数の学習の有効性など,斬新なアイデアを当該分野にもたらした.

2007年3月21日,品川での公開対局として「ボナンザ対渡辺明竜王(当時)」のマンマシン頂上対決が実現した.持ち時間はそれぞれ2時間とした.先手のボナンザが振り飛車穴熊を選択すると,渡辺竜王も居飛車穴熊を選択し相穴熊の戦いとなった.対戦の結果は,表面的には一手違いの接戦という印象を与えた.しかし,「わずか一手の違い」が何年たっても埋められないというのがプロの世界である.さらにいくつかのブレークスルーの必要性が感じられた一戦であった.

1.7 ボンクラーズ vs 米長元名人

2010年秋,初の日本開催(金沢市)として,世界コンピュータチェス選手権およびコンピュータオリンピアードが開催された.特別イベントとして,コンピュータ囲碁の優勝ソフトと最年少プロ棋士の藤沢里菜初段(当時)の対戦が実現した.その後まもなくして,「アカラ vs 清水市代女流王将」の対決が実現した [34].アカラは多数決合議による着手を採用したコンピュータ将棋のチームである.こうして,将棋を舞台としたマンマシン頂上対決が待ち焦がれるようになった.

当時,日本将棋連盟の会長であった米長邦雄永世棋聖(元名人)は,JAISTで寄附講座「思考の可視化」の特任教授として筆者と一緒にコンピュータ将棋について共同研究することになった.例えば,マンマシン対決に際して,持ち時間の設定,コンピュータの指し手を操作する人の条件,コンピュータの性能等について種々検討した.また,人間側がコンピュータに勝つための戦法についても考察した.さらに,思考の可視化という観点から,将棋の試合中に対局者が互いに感じている相互作用をゲーム情報力学として評価を試みた [38].

2012年1月14日,ついにマンマシンの頂上対決が実現した.プロ棋士対コンピューターの新棋戦「電王戦」として「米長邦雄元名人 vs ボンクラーズ」が東京将棋会館で開催された.ボンクラーズは2011年5月に行われた「世界コンピュータ将棋選手権」で優勝した将棋ソフトである.ボンクラーズという名前は,革新をもたらした将棋ソフト・ボナンザをクラスター接続したことに由来する.結果はコンピュータの勝利に終わった [39].試合終了後のインタビューで,今後の電王戦は「5対5の団体戦とする」ことが発表された.

1.8 電王戦

マンマシンの団体戦として「コンピュータ将棋 vs 精鋭のプロ棋士」の電王戦が毎年開催された.コンピュータ側の圧勝(2013 & 2014)であったが,電王戦ファイナル(2015)ではプロ棋士側の勝ち越しで人間側の面目を保った形で終了した.これらのマンマシン団体戦は,「コンピュータ vs 人間」の対抗の構図であったが,実際は,対戦者となるプロ棋士に事前に将棋ソフトを貸出し,しかも本番の試合時にも変更不可とするなど,コンピュータの性能を制限することで,「接戦というドラマ」を生み出す環境を整え,多くの観客が楽しめるようにコントロールされた.「将棋の対局をどのようにみせるか」という観点から画期的な試みだったと言えるだろう.ということで,将棋界のマンマシン頂上対決は未決着のままである.

2 名人の大局観

コンピュータチェスの本来の目的は名人の思考法の解明にあると考えている．プロ棋士は大局観という用語でプロ独特の思考法を表現する．それでは大局観の正体は何だろうか．コンピュータは局面の評価値によって形勢判断をする．評価値がほぼ互角の場面でプロ棋士が（もはや勝ち目がないことを悟って）突然投了してしまうケースがある．従来，コンピュータには大局観なるものが判らないのでこのような投了が理解できなかった [35]．本節では，プロ棋士の大局観の謎を解明するための最新の研究動向を紹介する．

2.1 証明数

証明数探索（Proof Number Search or PNS）[1] は，AND/OR 木探索において理論値を決定する効率的な手法であり，詰将棋の探索で大きな成功を収めた．PNS は証明数と反証数という二つの指標を用いて探索を展開する．証明数（反証数）とは，あるノードの値を true（false）として決定するために調べなければならない末端ノードの数である．true と false は詰め将棋において，詰みと不詰みに相当する．

証明数は詰みを証明するために調べなければならない末端ノード数となり，証明数が大きいと詰みを証明することが困難になる．変化が複雑で詰み手順を特定するのが難しくなるからである．また，反証数は不詰みを証明するために調べなければならない末端ノード数となり，反証数が大きいと不詰みを証明することが困難になる．以上のことから，証明数・反証数は詰将棋の難易度を表す本質的な指標と言える．

PNS は最良優先の探索アルゴリズムであるため，百手を超える詰将棋のような難解な問題には歯が立たない．PNS を深さ優先の探索アルゴリズム [23] として実装するなどの改良を重ね，DFPN（Depth First Proof Number）[19] の確立に至った．これらの改良により，1525 手詰めの最長手数の問題をはじめ超難解の詰将棋がすべて解けるようになった [15]．2007 年，Shaeffer ら [26] によってチェッカーが解かれ話題となったが，その際にも DFPN がゲーム理論値を求めるために重要な役割を果たした．

2.2 共謀数に着目した試合の流れの理解

証明数・反証数が詰将棋の難易度を表す指標であるのに対し，共謀数はミニマックス値の安定度を表す．共謀数が大きいとその値は安定しており，さらに先読みしてもミニマックス値（および最善手）は変化しない可能性が高い．一方，共謀数が小さいと変化する可能性は高い．言い換えれば，最善手が特定し難い局面であると解釈できる．

1980 年半ば，自動定理証明の分野で McAllester [17] [18] は共謀数の概念に基づいたミニマックス木探索の新たなアルゴリズムを提案した．そのアルゴリズムの優秀さに着目した Schaeffer [25] はチェスプログラムに共謀数を用いた探索を試みた．しかし，コンピュータチェスを強くする方向では効果的ではなかった．その後，共謀数の概念から証明数 [1] の概念が誕生し，飛躍的に進展したのはすでに説明した通りである．

それでは何故，共謀数に着目するのか．Khalid ら [14] は，評価値に加えて共謀数の推移に着目することで，試合の流れを深い意味で理解できる可能性を示した．まさに「思考の可視化」である．例えば，共謀数の推移が上昇傾向であれば，安定した優勢局面あるいは見込みのない局面になりつつあると試合の流れを読むことができる．共謀数の推移に着目することで，勝負手を選択する適切なタイミングも判断できるようになる．

2.3 投了

コンピュータ将棋はいまやプロ棋士のトップレベルに迫る勢いで強くなっている．しかし，劣勢時のふるまいには首をかしげざるを得ない．明らかに敗勢となっても，投げ場がわからず，最後までダラダラと指し続け，知性の乏しさをあらわにしてしまうという課題に直面している．実際，チェスでも同様であった．コンピュータが負けそうな場面では，適当な頃合を見計らって操作者が代わりに投了することで知性の乏しさを隠し，面目を保ってきたという経緯がある．チェスでは，いつ投了すべきかを理解するという，知性の本質に関わる部分をスキップして幕を閉じてしまった．

共謀数の推移から試合の流れを読むことができれば，例えば，見込みのない局面になりつつあり，しかも逆転の余地がないと理解できれば，コンピュータもプロ棋士のように適切な時期に投了することが可能になる．ところが現実的には，試合中に共謀数の値を求めることは容易ではない．プロ棋士に匹敵するような強いレベルになると，コンピュータは膨大な量の探索を実行するからである．そこで，共謀数の近似値を求めるようなアイデアが必要となる．投了時期の識別 [28] をはじめとする共謀数の応用は，名人の大局観の正体に迫る有力なアプローチとして現在最も注目される研究の一つと言える．

3 ゲームの遊戯性

「名人レベルのソフト開発（名人を創る）」に成功し，そして，名人の大局観を模倣するかのように「試合の流れを読める（名人を理解する）」ようになったら，次に目指すべき目標は何か．一つの方向性として，プレイヤや観衆がゲームのどこに魅力を感じているのかを解明することがあげられる．言い換えれば，ゲームの遊戯性の正体は何かということである．「好きこそ物の上手なれ」と言われるように，プレイヤを惹きつけて止まないその正体がわかれば，教育やビジネスなど様々な分野に応用できるものと期待される．一方，ゲームやスポーツなど各分野のエキスパートは，遊戯性の本質と思われるハイレベルな何かを有すると想定される．プロ選手の存在意義もそこにあるに違いない．本節では，試合結果の不確定性に着目しつつ，ゲームの遊戯性の正体の探求を試みる最近の研究動向を紹介したい．

3.1 ゲーム洗練度の理論

チェスや将棋のようなボードゲームを題材として考案されたゲーム洗練度の初期のモデルは，試合終了間際の試合結果の不確定性に注目し，試合結果に関する情報の時間推移モデルを構築し，終了時点で二回微分することで洗練度の指標を導出した [11]．この数理モデルは式 (1) で表される．

$$x(t) = B(\frac{t}{D})^n \tag{1}$$

ここで，$x(t)$ は時間 t の関数で時間の推移に伴って変化する試合結果の情報量を表す．B と D はそれぞれ平均合法手数，平均終了手数といったゲームの基本統計量を表す（[5] 参照）．n はプレイヤの強さなどの条件で与えられる正の整数である．

プレイヤを含む観測者の高揚感（スリル感とほぼ同義）が得られる面白いゲーム展開は，試合結果が終了間際まで判らないという性質（試合結果の不確定性）を有する．そこで，$n \geq 2$ を仮定し，力学的な加速度に相当する二回微分の値（$t = D$ において）を求める．この値を情報加速度と呼ぶことにする．

$$x''(t) = \frac{B}{D^n}t^{n-2}\,n(n-1) = \frac{B}{D^2}\,n(n-1) \tag{2}$$

式 (2) において $n(n-1)$ はプロ棋士のようなあるプレイヤ集団を想定すれば定数と考えてよい．そこで，$\frac{B}{D^2}$ の項に注目し，便宜上，$\frac{\sqrt{B}}{D}$ の値をゲーム洗練度の指標として用いる．

チェスや将棋のように長い歴史の中で様々なルール変遷を経て洗練淘汰された思考ゲームでは，洗練度の指標の値が 0.07 から 0.08 の間にあることが知られている

[10]．一般に，面白いゲーム展開というのは，終了間際にクライマックスを迎える．つまり，そこに何か特別な力が働いているのではないかと考えられる．洗練されたゲームでは，ある条件下において，その力の程度がほぼ似たようなレベルになると仮説的に考えるのである．ただし，その「力」は思考の世界で生じるものとしてとらえる．

それでは，スポーツやビデオゲームのようなリアルタイム進行のゲームにおいても洗練度の指標を求めることは可能であるか．先に提案されたゲーム洗練度の数理モデルは，手番の明確な離散時間的なボードゲームでは適用可能であるが，連続時間的なゲームにそのままでは適用できない．そこで提案されたのが，ゲーム進行モデルから試合結果に関する情報の時間推移モデルを導く方式である．

$$x(t) = \frac{x(t_k)}{t_k} t \tag{3}$$

式（3）はゲームの進行モデルを表す．例えば，サッカーの場合，ゲームの進行モデルを平均シュート数 t_k とゴール得点 $x(t_k)$ で表す [27]．卓球やバレーボールの場合，全得点 t_k と勝者側の得点 $x(t_k)$ でゲームの進行モデルを考える [21] [28]．対象となるゲームの進行（テンポ）を的確にとらえるモデルを吟味しなければならない．

試合が終われば，このような線形なモデルでゲーム進行を表すことができるが，一般的には，試合中は不確定性の要素が多々あり，試合結果を正確に予測することは不可能である．したがって，試合結果に関する情報の時間推移は線形の進行モデルではなく，指数関数のような進行モデルを想定するのが妥当である．そこでより現実的なモデルとして式 (4) が提案された．

$$x(t) = x(t_k)\left(\frac{t}{t_k}\right)^n \tag{4}$$

ここで，n（$n \geq 1$）は当該ゲームの観測者によって与えられる定数パラメータ（正の整数）を表す．$n = 1$ は当該観測者がゲームの進行を正確に予測できる場合に相当する．試合結果に関する情報の進行モデルは式 (4) を二回微分して得られる．$t = t_k$ で解を求めると式 (5) を得る．

$$x''(t_k) = \frac{x(t_k)}{(t_k)^n} t^{n-2}\, n(n-1) = \frac{x(t_k)}{(t_k)^2} n(n-1) \tag{5}$$

便宜上，$\frac{x(t_k)}{(k)^2}$ の平方根である式 (6) を洗練度の指標 R とする．ゲームの進行モデルから導出した洗練度の指標がボードゲームで求めた洗練度の指標と等価になる [27]．

$$R = \frac{\sqrt{x(t)}}{t_k} \tag{6}$$

3.2 様々なゲームの洗練度の比較

ゲーム洗練度の指標をいくつかのゲームで試算した結果を表 2 に示す．DotA [32] は Defense of the Ancient の略で，敵基地に攻め込んで本拠地となる建物を破壊するオンライン型のゲームである．通常，10 人のプレイヤーが 5 対 5 に分かれてチーム戦となる．StarCraft II [33] はリアルタイムストラテジーのコンピュータゲームである．

表 2 の結果から，将棋や囲碁などの伝統的なボードゲームが提供するスリル感，サッカーやバスケットなどのスポーツゲームがもたらすスリル感，種々のビデオゲームに興じて得られるスリル感の度合いは，洗練されたゲームではどれも似たようなレベルにあると考えられる．人によってゲームの種類の好みは異なるが，ゲームに夢中になり，ときに没頭して，同程度の心地よいスリル感を味わっているということだろう．

表 2　Measures of game refinement for various games

Game	$x(t_k)$	t_k	R
Chess	35	80	0.074
Shogi	80	115	0.078
Go	250	208	0.076
Basketball	36.38	82.01	0.073
Soccer	2.64	22	0.073
Badminton	46.336	79.344	0.086
Table tennis	54.863	96.465	0.077
DotA ver 6.80	68.6	106.2	0.078
UFO catcher	0.967	13.30	0.074
StarCraft II Terran	1.64	16	0.081

3.3　思考の世界の力学を目指して

本節の議論では，ゲームの遊戯性の一側面として，試合結果の不確定性に着目した面白さの正体としてスリル感（情報加速度）の概念を取り上げた．思考の世界の力学（Force in Mind）を論じていることになろう．それでは，思考の世界で質量の概念はどのように扱うべきか．これはまだわかっていない．ニュートン力学的には，質量と加速度の積によってフォースが決定される．この方面では，ゲームを題材として情報力学モデル [13] [36] が議論されている．思考の世界の力学では「情報」が主役である．便宜上，情報をエントロピーおよび粒子として二面性の性質を有するものと仮定している．

思考の世界においては，フォースが大きいほど，情動（感動や落胆など）に大きな影響を与えるという，我々が日常経験する直感を反映していると思われる．ジェットコースターに乗って物理的な加速度を感じるように，ジェットコースターのような刺激的な（緊張感のある）ゲーム展開において，思考の世界で（情報加速度ゆえに）フォースを感じるということである．

4　今後の展望

将棋を題材として人工知能あるいはゲーム情報学分野の研究が進展してきた．試合に勝つという観点では，コンピュータは名人を超えるところまできている．また，コンピュータの思考という観点から，名人の大局観の本質に迫りつつある．さらに，遊戯性という観点では，情報加速度の概念に着目することで新たな展望が開かれつつある．本稿ではこういった歴史的進展および現状を紹介した．

本稿ではゲームの遊戯性という表現を用いたが，単にゲーム性と言い換えることもできる．ゲーム性は，遊戯を目的とした場面以外でも存在する．教育やビジネスといったシリアスな場面でもしかりである．ゲーム理論は純粋数学としての解析的研究だけでなく，生物学（進化的安定戦略）や工学といった自然科学をはじめ，経済学，経営学，心理学，社会学，政治学など社会科学への応用も多数存在する．本稿で論じたゲーム洗練度の理論も同じように幅広く応用される可能性がある．ゲーム理論はプレイヤ目線で最適解を探求するのに対し，ゲーム洗練度の理論はゲーム創作者目線で最適性を模索する．

参考文献

[1] V. Allis, M. van der Meulen, J. van den Herik (1994). Proof-Number Search. *Artificial Intelligence*, Vol. 66, No. 1, 91–124.

[2] I. Althofer and M. Feist (2012). "Chess Exhibition Match between Shannon Engine and Turing Engine". Preliminary Report Version 5 - April 17, 2012. http://www.althofer.de/shannon-turing-exhibition-match.pdf

[3] T. Anantharaman, M. Campbell, F-h. Hsu (1990). Singular Extensions: Adding Selectivity to Brute-Force Searching. *Artificial Intelligence*, Vol. 43, No. 1, 99–109

[4] P. Chetprayoon, S. Xiong, H. Iida. (2015). An Approach to Quantifying Pokemon's Entertainment Impact with focus on Battle. *3rd International Conference on Applied Computing & Information Technology.(ACIT 2015)*, 61–68.

[5] J. v. d. Herik, J. W.H.M. Uiterwijk, J. v. Rijswijck (2002). Games solved: Now and in the future. *Artificial Intelligence*, Vol. 134, Nos 12, 277-311

[6] K. Hoki and T. Kaneko (2014). Large-Scale Optimization for Evaluation Functions with Minmax Search. *Journal of Artificial Intelligence Research*, 49, 527–568.

[7] F-h Hsu, M. Campbell, J. Hoane (1995). Deep Blue System Overview. *International Conference on Supercomputing 1995*, 240–244

[8] H. Iida, J. Uiterwijk, J. v. d. Herik, B. Herschberg (1993). Potential Applications of Opponent-Model Search. Part 1: The Domain of Applicability. *ICCA Journal*, Vol. 16, No. 4, 201–207.

[9] H. Iida, M. Sakuta, J. Rollason (2002). Computer Shogi. *Artificial Intelligence*, Vol. 134, Nos 1-2, 121–144.

[10] H. Iida, N. Takeshita, and J. Yoshimura. (2003). A metric for entertainment of boardgames: Its implication for evolution of chess variants. *Entertainment Computing Technologies and Applications*, 65–72.

[11] H. Iida, K. Takahara, J. Nagashima, Y. Kajihara and T. Hashimoto. (2004). An application of game-refinement theory to Mah Jong. *Entertainment Computing–ICEC2004, LNCS 3166*, 333–338.

[12] H. Iida (2011). The 2011 Japan Prize Awarded to Unix Pioneers. *ICGA Journal*, Vol. 34, No. 1

[13] H. Iida, T. Nakagawa, K. Spoerer (2012). Game information dynamic models based on fluid mechanics. *Entertainment Computing*, Vol.3, No.3, 89–99.

[14] M. N. A. Khalid, U. K. Yusof, T. Ishitobi, H.Iida (2015). Critical Position Identification in Games and Its Application to Speculative Play, *ICAART 2015*, 38–45.

[15] A. Kishimoto, M. Winands, M.Muller, J-T. Saito (2012). Game-Tree Search using Proof Numbers: The First Twenty Years. *ICGA Journal*, Vol. 35, No. 3, 131–156.

[16] D.E.Knuth and R. W. Moore (1975). An analysis of alpha-beta pruning. *Artificial Intelligence* Vol. 6, No. 4, 293-326.

[17] D.A.McAllester (1985). A new procedure for growing min-max trees. Technical report, Artificial Intelligence Laboratory, MIT, Cambridge, MA, USA.

[18] D.A.McAllester (1988). Conspiracy numbers for min-max search. *Artificial Intelligence*, Vol. 35, No.3, 287-310.

[19] A. Nagai (1999). A new depth-first search algorithm for AND/OR trees. M.Sc. Thesis, Department of Information Science, The University of Tokyo, Japan

[20] J. Nagashima, T. Hashimoto and H. Iida (2006). Self-Playing-based Opening Book Tuning. *New Mathematics and Natural Computation*, Vol. 2, No. 2, 183–194.

[21] N. Nossal and H. Iida (2014). Game Refinement Theory and Its Application to Score Limit Games. *IEEE Games Media Entertainment(GEM)*, 1–3.

[22] J. von Neumann (1928). Zur theorie der gesellschaftsspiele. *Mathematische Annalen*, Vol. 100, No.1, 295-320.

[23] M. Seo, H. Iida, J. Uiterwijk (2001). The PN*-Search Algorithm: Applications to Tsume-Shogi. *Artificial Intelligence*, Vol. 129, Nos 1-2, 253-277.

[24] C.E. Shannon (1950). Programming a computer for playing chess. *Philos. Magazine* 41, 256-275.

[25] J.Schaeffer (1990). Conspiracy numbers. *Artificial Intelligence*, Vol.43, No.1, 67-84.

[26] J. Schaeffer, Y.Bjornsson, N. Burch, A. Kishimoto, M.Muller, R. Lake, P. Lu, S. Sutphen (2007). Checkers Is Solved. *Science* 317(5844), 1518–1522.

[27] A. P. Sutiono, A. Purwarianti, and H. Iida. (2014). A mathematical model of game refinement. in D. Reidsma et al. (Eds.): *INTETAIN 2014, LNICST 136*, 148–151.

[28] J. Takeuchi, R. Ramadan, and H. Iida. (2014). Game refinement theory and its application to Volleyball. *Research Report* 2014-GI-31(3), Information Processing Society of Japan, 1–6.

[29] K.Thompson. (1973). Tinker Belle, a "C" language chess program under UNIX. Privately circulated.

[30] K.Thompson. (1982). Computer Chess Strength.*Advances in Computer Chess 3*, Clarke M.R.B. (ed.), 55–56.

[31] A.M. Turing (1953). Chess. Digital Computers Applied to Games. In "*Faster Than Thought*" (B.V. Bowden, Editor), Pitman London, 286–295.

[32] S. Xiong, L. ZUO, H. Iida (2014). Quantifying Engagement of Electronic Sports Game. *Advances in Social and Behavioral Sciences* Vols.5-6, 37–42.

[33] S. Xiong and H. Iida (2014). Attractiveness of Real Time Strategy Games. *International Conference on Systems and Informatics(ICSAI 2014)*, 264–269.

[34] 清水市代女流王将 vs. あから 2010 速報, 情報処理学会創立５０周年記念事業. http://www.ipsj.or.jp/50anv/shogi/20101012.html

[35] 飯田弘之 (2006). コンピュータは本当に名人を超えられるか− Bonanza の活躍, 情報処理学会誌「情報処理」Vol.47, No.8, 890–892.

[36] 飯田弘之 (2012). 「ゲーム研究のいま」, 情報の科学と技術 Vol.62, No. 12, 527–532.

[37] 竹内, 飯田 (2014). 将棋における投了局面の識別. 情報処理学会論文誌, Vol.55, No.11, 2370–2376.

[38] 中川, 米長, 飯田 (2012). 名人の知とコンピューターの知, 情報処理学会第 74 回全国大会, 1B–6.

[39] 米長邦雄 (2012). 「われ敗れたり―コンピュータ棋戦のすべてを語る」 中央公論新社

変数の型を考慮したメソッド間の実行経路の検索
Searching type-sensitive execution paths between method call pairs

竹之内 啓太[*]　石尾 隆[†]　井上 克郎[‡]

あらまし プログラムの動作を理解するには，その実行経路を調査することが重要である．Java プログラムの場合，開発者は多態性によるメソッド呼び出しを解決しながらそれぞれのメソッドの内部の処理を追いかけ，その中から興味のある動作を拾い出していくことになる．本研究では，このような作業を計算機で支援するために，2 つのメソッド名が与えられると，プログラム中でそれらの 2 つのメソッドが順番に呼び出されるような実行経路を自動的に列挙する手法を提案する．動的束縛を伴うメソッド呼び出しが連続した場合に一貫した呼び出し先の解決を行うことでメソッド呼び出し経路の組み合わせを削減するとともに，ループは高々 1 回しか実行されないといった経験的な探索経路の限定を設けることで，多くのメソッド呼び出しの組に対して現実的な時間での実行経路の列挙を可能とした．

1 はじめに

開発者にとって，作業対象のプログラムを効率的に理解することは重要である．Ko ら [1] は，研究室で働く 10 人を対象とした調査により，ソフトウェア開発の作業時間の 22% はコードの読解に，16% は依存関係の調査に，13% は検索に費やされており，コードの編集やテストといった開発作業にはそれぞれ 20%，13% しか費やされていないことを報告している．LaToza ら [2] によるマイクロソフト社の開発者を対象とした調査でも，コードの理解，新しいコードの追加，既存のコードの編集，コードに関係のない仕事のそれぞれに，ほぼ同じ時間が割かれていることが報告されている．

プログラム理解の際に開発者が遭遇する問題の多くは実行経路の集合から特定の条件を満たす実行経路を見つけ出す問題，すなわち Reachability Questions として解釈することができる [3]．たとえば，プログラムがある機能を実行したときにエラーメッセージを出力する条件を調査するという場合，その機能を実現しているメソッドの始点から終点までの実行経路の中から，そのエラーメッセージを出力する命令を含む実行経路を見つけ出す Reachability Question として解釈できる．

プログラム中の実行経路を見つけ出す作業では，あらゆる実行経路を考慮することが期待される．しかし，Java のようなオブジェクト指向プログラミング言語では，1 つの要求の実現が呼び出し関係でつながったメソッドにまたがっていることが多い [4]．そのため，動的束縛の解決などを考慮しながら複数のファイルにまたがって実行経路を探索していく必要があるが，このような作業はプログラムの動作を理解する途中の開発者にとっては困難であり，実行経路の見落としなどにつながる可能性もある．

この問題に対して，Kamiya [5] は，指定した 2 つのメソッドの呼び出し関係を開発者に提示する手法を提案している．2 つのメソッドは，注目する実行経路の開始点と終了点に対応しており，たとえば日付を表現する Calendar オブジェクトを取得する getInstance メソッドと，その日付データを実際に読み出す get メソッドを指定すると，日付データがどこで作成され，どこで使用されるかを，プログラムのコールグラフの断片として抽出する．指定されたメソッドが複数の場所で使用さ

---

[*]Keita Takenouchi, 大阪大学大学院情報科学研究科

[†]Takashi Ishio, 大阪大学大学院情報科学研究科

[‡]Katuro Inoue, 大阪大学大学院情報科学研究科

れていた場合も，それらの断片が順番に提示されるため，開発者はそれらを見落としなく調査することができる．この手法は，開発者の実行経路の理解を助けることが期待されるが，一方で，動的束縛の解決についてはメソッド呼び出し位置ごとに個別に解決しているため，全体としては実行不可能であるような経路を抽出してしまう可能性がある．また，この手法は指定されたメソッドに関連した呼び出し関係しか提示しないため，得られた結果からそれらの間の実行経路や，その途中で実行される他のメソッド呼び出しを探索する作業は開発者に残されている．

本研究では，Kamiya の手法 [5] と同様に 2 つのメソッドが指定されたとき，プログラム中でそれらのメソッドが呼び出される実行経路を抽出する手法を提案する．1 つの経路上で発生する複数のメソッド呼び出しに対して，一貫した動的束縛の解決を行うことで，実行不可能な経路の提示を削減し，利用者が実行経路に対してより正確な理解を得ることを可能とする．

以降，2 章で研究の背景を，3 章で提案手法を説明し，4 章で評価実験の結果を示す．5 章で妥当性の脅威について述べ，6 章でまとめと今後の課題について述べる．

2 背景
2.1 Reachability Questions

LaToza ら [3] は，プログラム理解の際に開発者が遭遇する問題の多くは Reachability Questions として解釈できると述べている．Reachability Questions とは，実行経路の集合から特定の条件を満たす実行経路を見つけ出す問題であり，プログラム動作の因果関係を考えるにあたり有効なものであるとしている．

Reachability Questions の構成要素は，以下の 2 つである．
- 探索対象となる実行経路の集合 $traces$
- 見つけ出す経路の条件 SC

実行経路の集合 $traces$ は，対象プログラム p，経路の始点の集合 O，経路の終点の集合 D，束縛条件の集合 C からなる 4 つ組 $traces(p, O, D, C)$ で表わされる．また，見つけ出す経路の条件 SC の要素として，さまざまな述語が定義されており，たとえば $grep(str)$ という関数は str に一致するテキストを含む文を検索することを表現する．この定義に従うと，あるプログラム p において，メソッド m の実行中にエラーメッセージ $errorText$ が出力される条件を調査するという問題は，メソッド m の先頭の命令を m_{start}，メソッド m の実行終了を m_{end} とすると次のように表現できる．

$$find\ grep(errorText)\ in\ traces(p, m_{start}, m_{end}, ?)$$

ここで "?" は制約条件を特に指定しないことを意味する．

本研究や Kamiya の手法 [5] は，指定されたメソッド m_1, m_2 に対して，m_1 を呼び出しうるすべてのメソッド呼び出し命令を O，m_2 を呼び出しうるすべてのメソッド呼び出し命令を D としたときの $traces(p, O, D, ?)$ を（ある一定の制限下で）求め，それを表現する実行系列を出力する手法に相当する．

2.2 動的束縛の解決によって生じる実行不可能な経路

Java プログラムにおいて，メソッド呼び出しの動的束縛を静的解析で分析する手法としては Class Hierarchy Analysis [6] や Variable Type Analysis [7] が存在する．これらの手法は，メソッド呼び出し命令ごとに実際に呼び出されうるメソッドを列挙する．たとえば，クラスの継承関係が図 2 であるとき，図 1 のコード例を考える．変数 a にクラス B あるいはクラス C のインスタンスを代入して 2 つのメソッド f, m を呼び出している．Variable Type Analysis [7] を用いた場合，メソッド呼び出し a.f と a.m によって実行されうるメソッドの集合は，それぞれ {A.f, C.f},

```
public static void main(String[] args)
{
  int i = 0;
  A a = null;
  if(i == 0) a = new B();
       else a = new C();
  a.f();
  a.m();
}
```

図1　動的束縛を使ったコード例

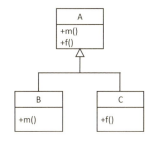

図2　図1の例におけるクラスの継承関係

$\{B.m, A.m\}$ となる.

個別のメソッド呼び出し解決の正確さとしてはこれで問題ないが，本研究のようにプログラム中での実行経路を考えた場合は実行不可能な経路を生じうる．a.f によって実行されうるメソッドと，a.m によって実行されうるメソッドを単純に連結すると，その組み合わせは次の4通りとなる：(i).$(A.f, B.m)$, (ii).$(A.f, A.m)$, (iii).$(C.f, B.m)$, (iv).$(C.f, A.m)$．これらのうち，実際に実行されるメソッドの組み合わせは，変数 a にクラス B のインスタンスが代入されたときの (i)，クラス C のインスタンスが代入されたときの (iv) の2通りであり，残る (ii) と (iii) の組み合わせは実行不能である．本研究では，オブジェクトを格納する各変数について，先に実行経路と変数に代入される型を確定することで，各呼び出しについて一貫した結果だけを抽出する．

3　提案手法

本研究では，メソッド間の実行経路をメソッドの実行系列として提示する手法を提案する．提案手法の入出力は以下の通りである．
入力　プログラム p と2つのメソッド名 m_1, m_2.
出力　$traces(p, m_1, m_2, ?)$ に含まれる実行経路において実行されるメソッド名の列．ただし，提示する実行経路の組み合わせを抑えるため，求める実行経路には以下の制限がある．

- 対象となるメソッド m_1, m_2 は，いずれも main メソッドからのメソッド呼び出しによって到達可能である（解析の対象に含まれないライブラリやフレームワーク等のコールバックによる実行の到達は考慮しない）．
- メソッド呼び出し文が実行されたとき，その直後にその中身のメソッドが実行されるものとする（static イニシャライザなどの割込みは考慮しない）．
- 再帰呼び出しとなるメソッド呼び出しの経路は考慮しない．
- for や while 文のような繰り返し文は，その内容を1回だけ実行する場合と1回も実行しない場合の2つの経路のみを考慮し，2回以上の実行は考慮しない．この仮定は Kamiya の手法 [5] でも前提とされている．

提案手法は，これらの性質を満たす実行経路を抽出し，それらを提示する．上記の制約は解析を行う上での組み合わせを削減するためのであるが，解析結果を出力する段階でも，入力メソッド m_1, m_2 に関係のないメソッド呼び出しはメソッド名のみを提示し，メソッド内の実行経路の提示は省略するなどの情報量の削減を行っている．

提案手法は，以下の手順から構成される．
手順1.　実行経路の探索起点となるメソッドの特定．
手順2.　手続き間実行経路グラフの構築．
手順3.　手続き間実行経路グラフからのメソッド列の抽出．
これらの手順の詳細を以下に述べるが，その具体例として図3で示されるサンプルプログラムに対して，メソッド "A.af" から "A.export" への実行経路を探索する

```
public static void main(String[] args)
{
  int i = 0; A a = null;
  if(i == 0) a = new B()
        else a = new C();
  a.init();
  a.f();
  a.m();
  a.export();
}
```

```
public class A {
  public void m(){ }
  public void f(){ af(); }
  private void af(){ }
  public void init(){ }
  public void export(){ }
}
```

```
public class B extends A{
  public void m(){int i = 0;
    if(i==0) bm(); }
  private void bm(){ }
}
public class C extends A{
  public void f(){cf();}
  private void cf(){ }
}
```

図 3　提案手法の説明用サンプルプログラム

場合を使用する．

3.1　手順 1．実行経路の探索起点となるメソッドの特定

まず最初に，実行経路の探索の起点となるメソッド群を抽出する．このメソッド群は指定されたメソッド m_1, m_2 の 2 つのメソッド呼び出しの経路を接続しうるメソッドの集合である．m_1, m_2 の両方を呼び出しうるメソッド s があったとすると，その s を呼び出すようなメソッド t が存在したとしても，t から s への呼び出しは実行経路の情報としては有益ではないと考える．そのため，main メソッドからのメソッドの呼び出し関係を示したコールグラフを作成したとき，以下の条件を満たすメソッド集合 M を探索の起点として抽出する．

$$M(m_1, m_2) = \{m \in R(m_1) \cap R(m_2) \mid \exists m_c \in calls(m) : \\ (m_c \in R(m_1) \land m_c \notin R(m_2)) \lor (m_c \notin R(m_1) \land m_c \in R(m_2))\}$$

ただし $R(m)$ はコールグラフ上でメソッド m に到達可能なメソッドの集合，$calls(m)$ はメソッド m が呼び出すメソッドの集合である．

$M(m_1, m_2)$ の各メソッドからはメソッド m_1, m_2 に到達できるが，そこから呼び出した他のメソッドからは m_1, m_2 のどちらかにしか到達することができない．つまり，これらのメソッドは m_1, m_2 の間をつなぐ実行経路に貢献していると考えられる．この条件は Kamiya の手法 [5] における local maximum depth を持つノードの探索の概念に対応する．本研究での実装では，コールグラフの構築には Variable Type Analysis [7] を用いた．

これ以降の手順 2, 3 は，$M(m_1, m_2)$ に含まれる各メソッド m に対して実行し，m が接続する m_1 から m_2 までの経路を求める方法となっている．m は経路探索の起点，部分的な呼び出し関係の根となることから，以降の手順ではルートメソッドと呼ぶ．ルートメソッドから先の経路にだけ着目することで，手順 2 で作成する手続き間実行経路グラフのサイズを削減している．サンプルプログラムでは，$M(\mathtt{A.af}, \mathtt{A.export}) = \{\mathtt{example.main}\}$ であり，以降の手順の例では main メソッドがルートメソッドとなっている．

3.2　手順 2．手続き間実行経路グラフの構築

本ステップでは，探索基点として選択されたルートメソッド $m \in M(m_1, m_2)$ から開発者が指定したメソッド m_1, m_2 までの手続き間の実行経路を表現したグラフ（以降，手続き間実行経路グラフ）を構築する．サンプルプログラムを対象にルートメソッド main を基準として作成した手続き間実行経路グラフの例を図 4 に示す．手続き間実行経路グラフはメソッドの実行を表現するエントリーノード（図中の網掛けで示されているノード）と，メソッド内部での実行経路を表現するパスノード（図中の白色で示されているノード）を接続した有向グラフである．図中の各ノードのラベルの数字は機械的に割り当てられたノードの ID である．図中では紙面の

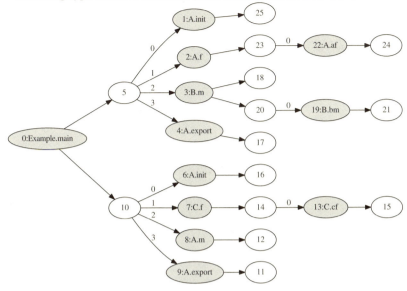

図 4　手続き間実行経路グラフ

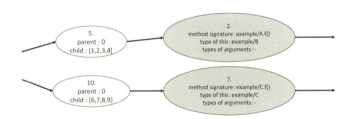

図 5　手続き間実行経路グラフの各ノードの属性

都合上，各ノードが保持する情報を一部省略しており，ID 2, 5, 7, 10 の 4 つのノードの属性情報を図 5 に示す．

　エントリーノードはメソッドの実行に対応するノードであり，メソッドシグネチャと，this およびメソッド引数として渡されているオブジェクトの型情報を属性に持つ．たとえば図 5 の ID 2 のエントリーノードは，example/B クラスのインスタンスをレシーバ（this）としてメソッド example/A.f() を実行することを表現している．オブジェクトの型情報を属性に持たせることで，このメソッドの実行経路における動的束縛の解決時の制約を表現している．同一のメソッドの実行であっても，引数の型が異なれば，異なる頂点を作成する．各エントリーノードは，その内部での実行経路を表現するパスノードに対する有向辺を持つ．

　パスノードは，メソッド内部で呼び出されるメソッドの系列を表現するノードである．実際に呼び出す対象のメソッドに対応するエントリーノードに対して順序付きの辺を持つ．たとえば，図 4 の main メソッドに対応する ID 0 のエントリーノードに接続された 2 つのパスノードは，main メソッドの実行中に呼び出されるメソッドの系列が

- $[A.init, A.f, B.m, A.export]$
- $[A.init, C.f, A.m, A.export]$

の 2 通りであることを示している．図 5 では，頂点の属性 child として，辺の順序関係を示している．

Algorithm 1: ConstructGraph

```
1  Input: rootNode ; ルートメソッドのエントリーノード
2  Output: V_e: エントリーノード集合, V_p:パスノード集合
3  V_e = {rootNode};
4  V_p = φ;
5  worklist = {rootNode};
6  while worklist ≠ φ do
7  |    v_e ⟵ worklist から取り出す;
8  |    SSAVars ⟵ v_e における SSA 形式の変数の集合;
9  |    for p ∈ Paths(v_e) do
10 |    |    entryListSet ⟵ AnalyzePath(v_e, p, SSAVars);
11 |    |    for entryList ∈ entryListSet do
12 |    |    |    for v'_e ∈ entryList do
13 |    |    |    |    if v'_e ∉ V_e then
14 |    |    |    |    |    V_E ⟵ V_e ∪ {v'_e};
15 |    |    |    |    |    worklist ⟵ worklist ∪ {v'_e};
16 |    |    |    |    end
17 |    |    |    |    v_p から v'_e へのエッジ作成;
18 |    |    |    end
19 |    |    |    if v_p ∉ V_p then
20 |    |    |    |    V_p ⟵ V_p ∪ {v_p};
21 |    |    |    |    v_e から v_p へのエッジ作成;
22 |    |    |    end
23 |    |    end
24 |    end
25 end
```

　手続き間実行経路グラフは，プログラム全体に対して 1 つ作成するのではなく，ルートメソッドごとに 1 つずつ構築する．このアルゴリズムの疑似コードを Algorithm 1 に示す．以下の説明では手順に対応する Algorithm 1 の行番号を括弧を用いて表記する．

　まず，ルートメソッドのエントリーノードを作成する．ルートメソッドは外部からどのような型が引数として指定されるかを仮定せず，単一のノードを作成する．グラフの初期状態として，エントリーノードの集合 V_e にルートメソッドに対応するエントリーノードを入れ，パスノードの集合 V_p は空とする (3-4)．worklist はまだパスノードを求めていないエントリーノードの集合である．worklist にルートノードのエントリーノードを入れ，この集合が空になるまで以下 (7-24) の計算を繰り返す．最初に，worklist からエントリーノードをひとつ取り出し，そのエントリーノードを v_e とする (7)．v_e に対応するメソッドにおいて，メソッド内のローカル変数の単一代入（SSA）形式の変数の集合を求める (8)．また，v_e に対応するメソッドの制御フローグラフから，メソッドの実行開始点から終了点まで，ループを高々1回しか通過しないような実行経路をすべて求める．疑似コード中ではこの処理を 9 行目の $Paths(v_e)$ という手続きで表現している．求めた実行経路すべてについて，経路を p，それに対応するパスノードを v_p として，実行経路の内部の解析を実行する．経路の内部の解析では，手続き $AnalyzePath$ を実行して実行経路 p 上で呼び出されうるメソッド系列の集合を，エントリーノードの列の集合として取得する．この実行されうるメソッドの系列を求める処理は別アルゴリズムとして後述する．

Algorithm 2: AnalyzePath
---
1 **Input:** v_e:エントリーノード
2 　　　　p:実行経路
3 　　　　$SSAVars$:SSA 形式の変数の集合
4 **Output:** $entryListSet$: エントリーノード列の集合
5 $SSATypeMap \longleftarrow ResolveSSAVarTypes(SSAVars, p);$
6 $entryListSet \longleftarrow \phi;$
7 **for** $SSATypeMap$ の変数の型の組み合わせごとに実行 **do**
8 　　$entryList \longleftarrow \epsilon;$
9 　　**for** $c \in MethodCall(p)$ **do**
10 　　　　$receiverType \longleftarrow SSATypeMap(Receiver(c));$
11 　　　　$arguments \longleftarrow ArgmentsTypes(c);$
12 　　　　$methodSignature \longleftarrow$
　　　　　　$InvokedMethod(receiverType, MethodName(c));$
13 　　　　c の呼び出し先メソッドを表現するエントリーノード v_c を作成;
14 　　　　v_c に属性 $methodSignature, receiverType, arguments$ を登録;
15 　　　　$entryList \longleftarrow concat(entryList, v_c);$
16 　　**end**
17 　　$entryListSet \longleftarrow entryListSet \cup \{entryList\};$
18 **end**
---

　1 つの実行系列から得られたエントリーノード列それぞれに対し，その呼び出し列を表現するパスノードを構築するため，以下の手順 (12–22) を行う．実行されるエントリーノードの列の要素 v'_e それぞれについて，v'_e が V_e に含まれないのであれば，v'_e を V_e と $worklist$ に追加する (13–16)．そして，v_p から v'_e にエッジを作成するとともに v_p の属性として v'_e を登録していく (17)．すべての v'_e に対し処理を終えたら，v_p と同一属性を持つ（同一のメソッド呼び出し系列を表現する）パスノードが V_p にすでに含まれているかどうかを調べる．もし含まれていなかった新たに追加し，v_e から v_p へのエッジを作成する．すでに含まれているのなら v_p は追加せず破棄する (19–22)．

　あるエントリーノード v_e における実行経路 p で呼び出されるメソッドの系列を求める手続き $AnalyzePath$ の疑似コードを Algorithm 2 に示す．この手続きの入力はエントリーノードと実行経路，SSA 形式の変数の集合であり，出力はメソッド呼び出しに対応するエントリーノードの列の集合である．$AnalyzePath$ の計算では，まず，実行経路 p におけるデータフローに基づいて SSA 形式の各変数に代入されうるオブジェクトの型の範囲を決定する (5)．ローカル変数はその変数の定義部（型の代入文）から，メソッド引数はエントリーノードに与えられた属性から型の範囲を決定することができる．また，フィールドやメソッドの戻り値が表現する型の集合は Variable Type Analysis を用いて型を求めている．以下 (8–17) は，SSA 形式の各変数の型の組み合わせごとにひとつのエントリーノードの列を求める手順である．まず，実行経路 p に並んでいる各メソッド呼び出しについて，SSA 形式の変数の型情報からそれぞれのメソッド呼び出しのレシーバオブジェクトの型，メソッド引数の型を決定する (10–11)．レシーバオブジェクトの型を使って，動的束縛を解決し，実際に呼び出されるメソッドのシグネチャを調べる (12)．実行されるメソッド，レシーバオブジェクトの型，メソッド引数の型の制約を持った v_c をエントリーノードの列に追加する (12–15)．すべてのメソッド呼び出しをエントリーノードに変換したら，その系列を返す．手続き間実行経路グラフの構築後，メソッドの再帰呼び出しを回避するため，ルートメソッドのエントリーノードから深さ優先したと

きの後退辺となるエッジは取り除く．

3.3 手順 3. 手続き間実行経路グラフからのメソッド列の抽出

手続き間実行経路グラフは，ルートメソッド m から m_1 および m_2 への経路を構成しうるメソッド呼び出しの列を表現している．このステップでは，得られた手続き間実行経路グラフから，m_1 の呼び出しから m_2 の呼び出しまでに実行されるメソッド系列を取得する．まず，入力の 2 つのメソッド m_1, m_2 に対応するエントリーノードを探索し，それぞれに対しノードの集合 $V(m_1), V(m_2)$ を求める．$v'_1 \in V(m_1), v'_2 \in V(m_2)$ となるすべての (v'_1, v'_2) の組に対して以下の計算を行い，手続き間実行経路グラフの部分グラフを求める．

まず，それぞれの先祖ノードの集合 $Ancestor(m'_1), Ancestor(m'_2)$ を求め，$Ancestor(m'_1, m'_2) = Ancestor(m'_1) \cup Ancestor(m'_2)$ とすると，$Ancestor(m'_1, m'_2)$ に含まれるパスノードと，その子となるすべてのエントリーノードからのみ構成される部分グラフを考える．この部分グラフは，m'_1, m'_2 に関係する呼び出しについてのみ実行経路を考慮し，それ以外のメソッド呼び出しについては実行経路の情報を含まない．サンプルプログラムに対してこの手順を行うと，まず，入力の 2 つのメソッド A.af と A.export に対応するノード ID の組は (22, 4) または (22, 9) である．(22, 4) の組に対しては $Ancestor(22, 4) = \{0, 2, 4, 5, 22, 23\}$ となり，このノードに関係のあるエッジのみで構成される部分グラフは図 6 となる．

部分グラフに含まれるエントリーノードそれぞれについて，ただ 1 つのパスノードを選択していく，つまり実行経路を選択していくと，最終的に 1 つの実行経路を取得することができる．ただし，m_1 から m_2 の間に実行されるメソッド列のみを提示するため，パスノードにおける順序関係で m_1 に至るまでの経路上かそれより後に実行されるメソッド，m_2 に至るまでの経路上かそれより前に実行されるメソッドだけを探索する．

図 6 の場合，ノード ID 5 のパスノードから m_1 である A.af に到達するにはラベル 1 の辺を通過しなければならないため，ラベル 0 の辺は探索から除外し，1〜3 のラベルのみを探索する．この部分グラフは各エントリーノードが 1 つのパスノードしか持たないため，ただ 1 つの経路に対応する．結果として，図 7 のようなメソッド列が抽出され，これが提案手法の出力となる．図中の * 印がついているメソッドが入力のメソッドであり，この結果から，A.af が実行されてから A.export が実行されるまでの間にソースコード中の a.m() によって実行されるメソッドが B.m であることが分かる．動的束縛をメソッド呼び出しごとに個別に扱っていると，ここで A.m も候補として表示されることになり，開発者にとっては提示される経路数の増加の原因となっていた．この手続き間実行経路グラフではノード ID が 3 であるエントリーノードにも内部の経路が存在していたが，これは m_1, m_2 とは直接関係がないため，提示するメソッド列では内部の経路が省略されている．これにより入力メソッドとは関係のない部分の情報を隠すとともに，提示するメソッド列の数の爆発を抑えている．なお，ノード ID が (22, 9) の組の部分グラフの場合は，パスノードのいかなる組み合わせの部分グラフであっても ID 22 のノードと ID 9 のノードを同時に含むものは存在しないため，提示されるメソッド列は存在しない．結果として図 7 の系列が提案手法の唯一の出力となる．

4 評価実験

本手法における中間的な評価として，手続き間実行経路グラフの構築に関する以下の 2 点を調査を行った．
 1. 本手法にはどれくらいの時間を要するか．
 2. 本手法での用いる手続き間実行経路グラフはどのくらいのサイズになるか．

メソッド内の実行経路数は爆発的に増える可能性があるため，これが原因で手続き間実行経路グラフのパスノードの数が爆発し，全体の実行時間に大きく影響を与え

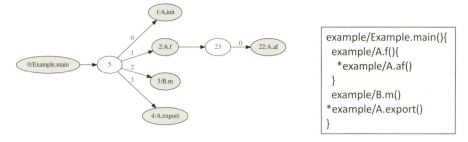

図6　入力メソッドに関連する部分グラフの抽出結果　　図7　得られるメソッド列

表1　ルートメソッドとしたときに1分以内にグラフ構築が完了したメソッド数

プログラム	全メソッド数	1分以内にグラフ構築が完了した数	割合
ant-1.8.4	9713	7327	0.754
jedit-4.3.2	7786	5924	0.761
junit-4.11	1243	1243	1.000

る可能性があると考えられる．そこで本実験ではルートメソッドが決まったときの手続き間実行経路グラフの構築時間を測定し，実用的な時間内にグラフが構築できるかを評価した．対象とするプログラムは ant-1.8.4, jedit-4.3.2, junit-4.11 のバイトコードである．使用した計算機の CPU は Intel Xeon 2.90GHz，メモリは 256GB である．

4.1　実験方法

対象の Java プログラム中の全メソッドについて，それぞれのメソッドをルートノードとしたときの手続き間実行経路グラフの構築時間を調べ，1分以内で終わったものの割合を調べた．また，構築した手続き間実行経路グラフのエントリーノード数とパスノード数の関係を調べ，エントリーノード数が増加するにつれて，パスノード数がどのように増加する傾向があるのかを調査した．

4.2　結果と考察

対象の Java プログラム中の全メソッドについて，それぞれのメソッドをルートメソッドとしたとき，1分以内に手続き間実行経路グラフの構築が完了したものの数を表1にまとめた．この表は左からプログラム名，全メソッド数，そのうち1分以内に手続き間実行経路グラフの構築が完了したメソッドの数，全メソッド数に対する完了したものの割合を示している．この結果より，1分あれば7割以上のメソッドに対してグラフの構築が完了するといえる．よって，本手法は多くの場合に適用可能であると考えられる．

jedit, junit に対し構築した手続き間実行経路グラフのエントリーノードの数とパスノードの数を関係を図8に示す．この図は構築した全ての手続き間実行経路グラフについて，横軸をエントリーノードの数，縦軸をパスノードの数としてプロットしたものである．この図からはエントリーノードの数が増加するにつれパスノードが増加する傾向が読み取れるが，エントリーノードの数に対しパスノードの数は爆発的には増加していないことが分かる．紙面の都合上省略したが，ant にも同じ傾向が見られた．パスノードの数に依存して提示する実行経路数が増えるため，本手法は提示する経路数の爆発を抑えるのに有効であるといえる．

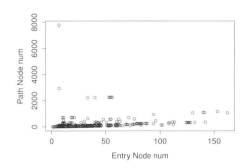 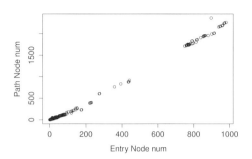

図 8　jedit, junit を対象として構築した手続き間実行経路グラフの頂点数（左：jedit, 右：junit）

5　妥当性への脅威

本研究ではローカル変数とメソッド引数の型を決定することで実行されるメソッドを特定し，手続き間実行経路グラフを構築した．評価実験では多くのメソッドに対して適用可能であることを示しているが，提案手法は main から到達可能なメソッドに対してのみの適用であり，すべてのメソッドが解析対象となっているわけではない．フィールドに代入される変数の型の解析には Variable Type Analysis を用いており，提案手法が出力する実行経路でも代入されることのない型も動的束縛の解決に含まれている可能性がある．そのため，あらゆる実行不能な実行経路を出力から排除しているわけではない．

6　まとめと今後の課題

本研究ではプログラムの実行経路への理解を支援するため，実行経路の列挙を実行するメソッド呼び出しの列という形で提示する手法を提案した．また，評価実験では本手法が多くの場合で現実的な時間で完了すること，列挙する実行経路の数が爆発的には増加しないことを確かめた．今後の課題としては，開発者にとって有益な情報の提示範囲と方法を検討し被験者実験による有効性の評価をすること，Kamiya の手法と比較したときの質的・量的な評価をすることがあげられる．

謝辞　本研究は JSPS 科研費 26280021 の助成を受けたものです．

参考文献

[1] Andrew J. Ko, Htet Aung, and Brad A. Myers. Eliciting design requirements for maintenance-oriented IDEs: A detailed study of corrective and perfective maintenance tasks. In *Proceedings of the 27th International Conference on Software Engineering*, pages 126–135, 2005.

[2] Thomas D. LaToza, Gina Venolia, and Robert DeLine. Maintaining mental models: A study of developer work habits. In *Proceedings of the 28th International Conference on Software Engineering*, pages 492–501, 2006.

[3] Thomas D. LaToza and Brad A. Myers. Developers ask reachability questions. In *Proceedings of the 32nd International Conference on Software Engineering*, pages 185–194, 2010.

[4] Benedikt Burgstaller and Alexander Egyed. Understanding where requirements are implemented. In *Proceedings of the International Conference on Software Maintenance*, 2010.

[5] Toshihiro Kamiya. An algorithm for keyword search on an execution path. In *2014 International Conference on Software Maintenance, Reengineering and Reverse Engineering*, 2014.

[6] Jeffrey Dean, David Grove, and Craig Chambers. Optimization of object-oriented programs using static class hierarchy analysis. In *Proceedings of the 9th European Conference on Object-Oriented Programming*, pages 77–101, August 1995.

[7] Vijay Sundaresan, Laurie Hendren, Chrislain Razafimahefa, Raja Vallée-Rai, Patrick Lam, Etienne Gagnon, and Charles Godin. Practical virtual method call resolution for Java. *SIGPLAN Notice*, 35(10):264–280, October 2000.

プログラム変換ルールを用いたプログラム自動要約フレームワークの構築
A Framework for Program Summarization Using Program Reduction Rules

大村 悠太[*]　権藤 克彦[†]　立石 孝彰[‡]

あらまし プログラマがソフトウェアの仕様をプログラムから理解する際, そのプログラムが持つビジネスロジックの概要を知ることが重要である. プログラムの概要を理解するためには, すでに自然言語解析とプログラム解析を用いて, プログラム中から重要単語 (重要な変数等) を自動抽出する研究がある. しかし, 重要単語は概要を知るためのヒントには成り得るが, 概要の獲得 (要約) は依然として人に頼ることになる. 本稿では, 人の持つ要約のためのドメイン知識を datalog のルールとして蓄積し, そのルールを利用してプログラムを自動要約する手法を提案する. そして, 提案手法に基づきサンプルプログラムの要約を行った.

Summary. Abstracting the business logic of a program is an important task for recovering the specification of the program. There are studies trying to extract code-embedded important words, such as important program variables, using natural language processing techniques and program analysis techniques. However, program summarization, obtaining the abstract of the business logic, still relies on manual tasks, since the extracted important words are just clues for the summarization. In this paper, we propose a program summarization framework with which we accumulate domain knowledge in the summarization as datalog rules, and use them for automatic summarization of programs. We exercised our framework to summarize a sample program.

1 序論
1.1 背景と目的

既存のソフトウェアをリプレースするときなどに, ソフトウェアの仕様を理解する必要に迫られることがある. その際, 仕様書が存在しない, または正しく更新されていないなどの問題が起こる. そこで, 既存のソフトウェアに対し, プログラムから仕様書を復元する作業が行われる.

この作業は昔から行われており, 支援する研究も行われてきた. 例えば, 自然言語の知識を用いて特徴語を抽出したり [8], ドキュメントやメソッドの呼び出しなどの依存関係を解析して出力 [13] することで, 人間がプログラムを読み, 理解する際の助けになる情報を提供するものである. しかし, プログラムを入力として, 要約結果そのものを直接, 自動的に出力しようとする研究はまだ少ない. 人の手を借りずに要約することは, 手間を減らすと同時に, 言語を理解することなく要約結果を得られるため有益である. そこで, 本研究を通して, プログラムを元にソフトウェアを自動的に要約し, プログラムの概要を出力することを目指す.

本研究では, 金融計算を行うプログラムをターゲットとして選ぶ. その理由は2つあり, ひとつは, 現在の状況を鑑みると適用すべき十分な需要があることである. 金融計算を行うプログラム, 特に勘定系と言われる金融システムの大規模なリプレースが頻繁に行われている. このようなシステムのリプレースでは, 長期にわたるメ

---

[*]Yuta Omura, 東京工業大学

[†]Katsuhiko Gondow, 東京工業大学

[‡]Takaaki Tateishi, 日本IBM 東京基礎研究所

ンテナンスにより仕様書が失われていることが多く，本研究の適用対象となり得る．

もうひとつの理由は，本研究で用いる形式的アプローチが適用しやすいからである．金融計算を行うプログラムで行う処理は，数値計算が含まれ，制約として記述されたルールを適用しやすい．また，暗号や符号化を行う一般の数値計算プログラムでは複雑なループが含まれることが多いが，金融プログラムでは少ないという特徴もある．このことは，ループの解析を苦手とする静的な解析手法と相性が良い．

このことから本研究では，金融計算を行うプログラムの要約を行い，仕様を復元することを目的とする．

1.2 アプローチ

本論文では，プログラムの抽象構文木に意味付けを行った要約木を提案する．この要約木に対し，対象とするドメインの人間の持つ知識を記述したルールを適用していき，要約木を簡約していく．十分な簡約を行えば，ルールにより変換された意味的には等価なより小さな要約木ができ，これが要約結果となる．

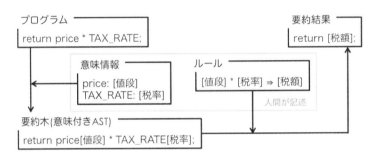

図 1 アプローチ

図 1 に大まかな手法を示した．前提として，本手法では意味情報とルールを人間が記述することが必要である．まず，プログラムを要約木に変換を行った上で，意味情報を付加する．そこにルールを適用し，要約結果を出力する．なお，この例では一度しかルールを適用していないが，より大きなプログラムに対してはルールを何度も要約木に適用する．

この手法の技術的課題は，要約木の表現方法，ルールを記述する構文を考案すること，ルールを自動的に適用できる形式に変換することなどがある．本手法では，こうした課題を克服した．利点は，プログラムに対しての自然言語解析を使わないことである．変数名や関数名の情報を必要としないため，変数名や関数名が仕様と一致していない場合や，機械的に名前がつけられているプログラムにも適用できる．

ルールを一度記述すれば同じドメインの似たプログラムに対し，要約できる．そのため，手動で要約する場合に比べ，ルールの再利用性という点で本手法に優位性がある．また，こうしたルールは自然言語の成果を用いて生成してもよい．

1.3 貢献

本研究では，datalog 言語を用いた要約手法を提案し，実際にサンプルプログラムに対し適用した．これを通して，以下の知見を得た．

- datalog を用いた要約の実現性を確認した．

  本研究で用いたサンプルプログラムの範囲では，datalog を用いた要約木の簡約により，自動的に要約できることを確認した．また，datalog を用いて要約木を表現し，変換できることを確認した．さらに，プログラムの自然言語解析によらない要約法を提案したことで，変数やメソッドに意味のない名前が用いられているプログラムの要約に道を開いた．

- ルール記述における有効な切り分けの方法を提案した．

  datalog を用いて要約木を簡約する際に，ルールを用いて要約木を簡約するという大枠の仕組みを提案した．また，ルールを (1) 検索と (2) 置換に分けて記述することでルールを見通しよく記述できることを確認した．

- 人間の持つ知識の保存を可能にした．

  既に分かっている変数の意味とプログラムの構造から新たに変数の意味を推測するというルールを定義することは，人間の持つプログラムと仕様の知識を記述することにほかならない．ルールを記述することで，人間の持つ知識をコンピュータから利用可能な形式で保存できる．

- datalog による要約法の問題点を明らかにした．

  例えば，datalog で要約木の変換を行う際，記述が長くなりがちであり，特化した新たな言語や記法の開発が望ましいという知見を得た．

1.4 本論文の構成

本論文の構成は次の通りである．2 章で，本手法に関連する研究を述べ，3 章で本手法に用いる言語 datalog について述べる．4 章では本手法の詳細について述べ，フレームワークの実装について 5 章で述べる．さらに 6 章で，本手法をサンプルプログラムへ適用し，得られた知見について述べ，最後に 7 章で本論文をまとめる．

2 関連研究

プログラムを形式的に解析し，要約を行おうとする研究は我々の知る限りない．しかし，自然言語解析の手法を利用して要約を行う研究は少ないながらもいくつかあり，Software Word Usage Model (SWUM) を用いた手法 [17] やその改善を図った手法 [14], Haiduc による研究 [9] が挙げられる．これらの研究では，メソッド名や変数名を自然言語として見て，自然言語分野の手法を用いて解析を行うことで要約を行う．しかし，本研究で対象とする金融計算を扱うソフトウェアでは，長いメンテナンスにより名前と意味の対応が取れていない状態になっていたり，そもそも機械的に割り振られたメソッド名や変数名が用いられ，仕様書でその意味が説明されているプログラムもあり，自然言語の手法が適用できないことがある．本手法では，そうしたプログラムにも適用できる．

また，人間が要約をする際の支援を行う研究も行われている．特に特徴語抽出を行う研究は進んでいる [8]．tf-idf などの単純な特徴語抽出の手法と制御フローなどのプログラムに特有の構造を組み合わせて特徴語を抽出する研究 [16] がある．他にも，特徴語の抽出を階層構造を持たせて抽出する手法 [15] がある．これらの研究はあくまで人間の要約を支援する目的であり，要約そのものを自動化する目的ではない．

本手法ではプログラムの検索と変換の手法を用いるが，この観点で最も近い研究は，datalog を用いた検索手法 CodeQuest [10] [11] である．この手法では，本研究と同様に datalog を用いて検索クエリを記述しているが，プログラムの変換を行っていない．また，置換を行う研究では，最適化を主眼とした等価変換を目的として，Stratego/XT [5] [6] があるが，Stratego/XT では置換の曖昧性を許さない上，意味を含めた変換を行っておらず，本研究と異なる．

3 準備: datalog

本手法は，人間の持つ知識をルールとして記述し，そのルールを再帰的にプログラムに適用させて，プログラムの要約を行う．本研究では，このルールの記述とルールの再帰的適用を行うエンジンに制約ベースな言語である datalog [7] を用いる．

datalog は，prolog [3] に類似した，より簡易な文法を持つ 1 階述語論理に基づく論理型プログラミング言語である．datalog と prolog の最も大きな違いは，停止性が

保証されているかである．prolog では，バックトラックを用いて解を探索するため，無限ループに陥ることがある．例えば，ソースコード 1 では，$?-predicate\_1(X).$ として prolog の探索すると，バックトラックによるループが起き，探索を続けていくと $\{0, 1, 0, 1, 0, 1, \cdots\}$ と出力されてしまう．しかし，datalog での探索は有限の解の範囲に対する全探索により実現されており，$\{0, 1\}$ を出力して停止する．

```
a(0). a(1).
predicate_1(X) :- a(X).
predicate_1(X) :- predicate_2(X).
predicate_2(X) :- predicate_1(X).
```

ソースコード 1　無限ループを起こすサンプルプログラム

全探索を行うと探索範囲の増加に伴って計算量が爆発的に増加してしまうが，二分決定図 (binary decision diagram, bdd) でデータを表現することで，実用的な計算時間で探索できる bddbddb [18] [12] が開発されており，本研究でもこれを用いた．

4　手法
4.1　概要

本手法のキーアイデアは，プログラムを表す抽象構文木 (Abstract Syntax Tree, AST) に意味付けしたものである要約木を，変換ルールを用いた意味的な等価変換により，簡約していくことである．変換ルールは (1) 要約木の検索，(2) 要約木の変換 (ノードの削除と追加) の 2 部で記述する．このルールを用いて，同じく datalog で実装したエンジンが，適用しうるルールと適用対象となる要約木のノードを検索し，要約木を変換する．この変換を要約が完了するまで繰り返す．

この手法で簡約するには，要約対象となるプログラムや datalog で記述されたルールを用意することに加え，要約木を datalog で表したり，実際にルールを適用するための datalog を記述する必要がある．こうした作業はプログラムやルールに関係なく発生する単純な作業であり，本手法ではフレームワークとしてまとめて提供する．また，プログラムによらず共通に必要になりそうなルールや述語をまとめ，ライブラリとして提供する．

この手法の概略が図 2 である．プログラムとその意味情報と，プログラムのドメインの知識を記述したルールを用意し，フレームワークを実行すると要約を行うことができる．フレームワークは主に Java で記述されており，受け取ったプログラムを要約木に変換し，意味情報を付加した上で，簡約を行う．簡約は，ルールを繰り返し適用して要約を行う手続きを指し，実際のルール適用は datalog プログラムの実行によって行う．

それぞれの詳細を 4.2 節以降で述べる．なお，ここで扱う要約対象は基本的にはメソッドである．また，メソッド呼び出しが含まれれば，再帰的にメソッドの要約も行い，元のメソッドに使われる変数に意味付けを行うようルールを定義した．

4.2　要約木

本研究では，AST を拡張した木である要約木を提案する．AST の各ノードに意味をあらわすアノテーション (例えば「税額」) を持たせることで，要約木の各ノードに意味付けを行う．これにより，同じ型の変数であっても，別の意味を与えることにより区別できる．また，要約対象となるプログラム以外の情報 (データベースの情報など) によって意味付けできる変数には，ルール適用前に初期意味付けを行う．

図 3 に要約木を用いた本手法の概要を示した．変数 *price* がメソッドの引数になっており，「価格」の意味を表す変数であることがわかっているとする．この意味情報

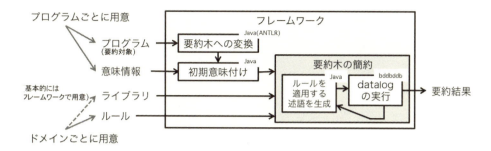

図 2　手法の概要

は変数名の意味やプログラム外部の解析から得ることを想定している．こうした既存の知識を初期意味付けの過程で反映させ，その後の簡約にいかす．例えば「価格と税率の積は税額である」というルールにより，税額として簡約できる．

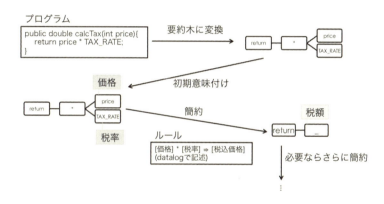

図 3　要約木 (意味付き AST)

4.3　datalog での要約木の表現

要約木は datalog を用いて，以下の述語 tree で表現する．

$tree(parent : Node, node : Node, index : Index, label : Label, m : Meaning)$

この述語における事実ひとつで要約木の 1 ノードを表す．それぞれの引数の意味は，表 1 である．ここで，ルートノードであることを識別する root という Node 型の番兵要素を用意する．

表 1　ツリーを表す述語の引数

parent	親のノード．
node	本ノードの ID．1 以上の値．
index	親のノードから見て何番目の子ノードにあたるか．ただしルートノードを表す場合は便宜的に 0 を入れておく．
label	プログラムにおけるトークンを表すラベル．
m	意味を表すアノテーション．

bddbddb による実装では非負整数しか扱えないため，ノード ID($node$) が 0 か非 0 かによって $root$ とそれ以外のノードを区別する．また，$label$ と $meaning$ は便宜的に ID に変換を行って表現する．なお，本論文では，便宜的にラベル l を表すラベル ID を $\{l\}$，意味 t を表す意味 ID を $[t]$ と表す．

4.4　変換ルールの記述

要約のための変換ルールは複数個用いることができる．おのおのの変換ルールは表 2 の形式を持ち，datalog の述語定義を用いる．ここで，$search_k$ と $remove_k$ と add_k は順不同で 0 回以上 ($search_n$ は 1 回以上) 繰り返し記述でき，Ps と Pr と Pa は datalog ルールにおける body を表すものとする．

表 2　k 番目の変換ルール $rule_k$ の定義構文

検索	$search_k(x1:Node, x2:Node, \cdots) :- Ps(x1, x2, \cdots).$
変換 (削除)	$remove_k(n:Node, x1:Node, x2:Node, \cdots) :- Pr(n, x1, x2, \cdots).$
変換 (追加)	$add_k(p:Node, n:Node, i:Index, l:Label, m:Meaning,$ $x1:Node, x2:Node, \cdots) :- Pa(p, n, i, l, m, x1, x2, \cdots).$

このルールの直感的な意味は，$Ps(x1, x2, \cdots)$ を満たすノードの組 $\{x1, x2, \cdots\}$ を探索し，そのノードの組 $\{x1, x2, \cdots\}$ を基点として，$Pr(n, x1, x2, \cdots)$ を満たすノード n を削除し，$Pa(p, n, i, l, m, x1, x2, \cdots)$ を満たすノード n (ノードの情報は (p, n, i, l, m)) を追加することである．本論文で詳細は述べないが，追加したノードの子ノードも同時に追加できる．

4.5　ライブラリ

datalog で記述された要約木を元に $rule_n$ を記述する際，あらかじめ要約木を解析する述語をライブラリとして用意した．例えば，ノード同士が先祖-子孫関係にあるかどうかを示す述語 $ancestor(n_1:Node, n_2:Node)$ は，

$$ancestor(n_1, n_2) :- tree(n_1, n_2, \_, \_, \_).$$
$$ancestor(n_1, n_2) :- tree(n_1, n', \_, \_, \_), ancestor(n', n_2).$$

と定義できる．こうした述語を用いれば，* の子孫であるノードを全て削除するルール $rule_1 = \{search_1, remove_1\}$ を以下と定義できる．

$$search_1(x) :- tree(\_, x, \_, \{*\}, \_).$$
$$remove_1(n, x) :- ancestor(x, n).$$

このように既存のプログラム解析の手法を datalog 上で表現できれば，ライブラリにより本手法の枠組みのなかで利用できる．

基本的にライブラリはシステムライブラリとして提供するが，ドメインによって必要なプログラム解析知識を記述し追加できるようにフレームワークを設計した．

4.6　フレームワーク

フレームワークでは，(1) 要約対象となるプログラムと (2) 対象プログラムの初期意味付けの情報，(3)4.4 節の方法で記述したルールと (4)4.5 節の方法で記述したライブラリを用いて要約を行う．要約の手順は以下である．

1. プログラムを要約木に変換する
2. 要約木に初期意味付けを行う
3. ルールを元に，変換を行う datalog プログラムを生成する (4.6.1 項)
4. 3. で生成したプログラムを実行する
5. 3.〜4. を，要約が終わるまで繰り返す (4.6.2 項)

この手順のうち，3. と 5. について詳しく述べる．なお，ここで紹介する方法は説

明のための簡易なものである．

4.6.1 変換ルールを適用する datalog プログラムの生成

変換ルールを適用する datalog プログラムを元の $tree$ とルールを用いて生成する．この際，要約木をアトミックに変換しないと，不整合な要約木になることがあるので注意する．本手法では変換を行う際，先に定義されたルールを優先し，同じルール内では便宜的に検索結果のうち，ノード ID が最小の組を選んで変換を行う．

ルールがひとつの場合の datalog プログラムが図 4 である．まず，各ルールの最小の検索結果を述語 $rule1\_min\_search$ で検索し，検索結果を持つルールのうち最小のルールを述語 $min\_applicable\_rule$ で得る．そして，最小ルールの最小検索結果のみを用いて変換を行う述語 $converted\_tree$ を用いて，変換後の検索結果を得る．

```
元のルール         rule1_search(x) :- Ps(...).
                 rule1_remove(n, x) :- Pr(...).
                 rule1_add(p, n, i, l, m, is_root, x) :- Pa(...).

検索・            rule1_has_lesser_search(x0) :- rule1_search(x0), rule1_search(y0), y0 < x0.
削除候補          rule1_min_search(x0) :- rule1_search(x0), !rule2_has_lesser_search(x0).
                 rule1_applicable_remove(n) :- rule1_remove(n, x0), rule1_min_search(x0).

適用対象の        applicable_rule(r) :- r = 1, rule1_min_search(_).
最小ルール        has_lesser_applicable_rule(r) :- applicable_rule(r), s < r, applicable_rule(s).
                 min_applicable_rule(r) :- applicable_rule(r), !has_lesser_applicable_rule(r).

変換後の          converted_tree(p, n, i, l, t) :- min_applicable_rule(1), tree(p, n, i, l, t), !rule1_applicable_remove(n).
要約木           converted_tree(p, n, i, l, t) :- min_applicable_rule(1), rule1_add(p, n, i, l, t, x0), rule1_min_search(x0).
```

図 4 変換を行う datalog プログラム (ルールがひとつの場合)

このプログラムを得る詳細なアルゴリズムを以下に述べる．

1. 各ルールの検索結果のうち最小のものを返す述語 min_search_n を生成
   ルールの述語 $search_n$ は，複数の検索結果を返す場合がある．各ルールの検索結果のうち最小のものを返す述語を定義する．datalog では以下の方法で，ある述語 $pred/1$[1] から最小のものを抜き出す述語 $min\_pred/1$ を定義できる．

   $$has\_lesser(x) \ :- \ pred(x), pred(y), y < x.$$
   $$min\_pred(x) \ :- \ pred(x), !has\_lesser(x).$$

   なお，$pred/n, n > 1$ の場合も，has_lesser の場合分けで対応できる．

   $$has\_lesser(x_1, x_2) \ :- \ pred(x_1, x_2), pred(y_1, y_2), y_1 < x_1.$$
   $$has\_lesser(x_1, x_2) \ :- \ pred(x_1, x_2), pred(y_1, y_2), y_1 = x_1, y_2 < x_2.$$
   $$min\_pred(x_1, x_2) \ :- \ pred(x_1, x_2), !has\_lesser(x_1, x_2).$$

   これにより，検索結果があれば結果のうち最小のノード ID の組を示し，なければ一行も示さない述語 min_search_n を定義する．

2. 各ルールの変換対象となるノードを示す述語を生成
   1. で定義した min_search_n で検索されたノードの組から，削除するノードを表す述語 $applicable\_remove_n$ を得る．

   $$applicable\_remove_n(n : Node) \ :- \ remove_n(n, x_1, x_2, \cdots), min\_search_n(x_1, x_2, \cdots).$$

3. 検索結果を持つルールのうち，最小のルールを示す述語 $applicable\_rule$ を生成
   まず，検索結果を持つルールを示す述語 $applicable\_rule(rule : Rule)$ を定義する．これは単純に，各ルールに対して，

   $$applicable\_rule(rule) \ :- \ rule = 1, min\_search_1(\_, \_, \_, \cdots).$$

---

[1] ある述語 pred のアリティが n のとき pred/n と書く

$$applicable\_rule(rule) \;:-\; rule = 2, min\_search_2(\_,\_,\_,\cdots).$$
$$\vdots$$

と記述するだけである．この $applicable\_rule$ と 1. で述べた最小のものを抜き出す方法を用いて，$min\_applicable\_rule$ を定義する．

4. 変換した要約木を示す述語 $converted\_tree$ を生成

これまでに定義した述語から，変換した要約木を表す述語 $converted\_tree(p : Node, n : Node, i : Index, l : Label, m : Meaning)$ を定義する．この引数は，節の $tree$ と同様である．

$$\begin{aligned}
converted\_tree(p,n,i,l,m) \;&:-\; min\_applicable\_rule(1), tree(p,n,i,l,m),\\
&\quad !applicable\_remove_1(n).\\
converted\_tree(p,n,i,l,m) \;&:-\; min\_applicable\_rule(2), tree(p,n,i,l,m),\\
&\quad !applicable\_remove_2(n).\\
&\vdots\\
converted\_tree(p,n,i,l,m) \;&:-\; min\_applicable\_rule(1),\\
&\quad add_1(p,n,i,l,m,\_,x_1,x_2,\cdots),\\
&\quad min\_search_1(x_1,x_2,\cdots).\\
converted\_tree(p,n,i,l,m) \;&:-\; min\_applicable\_rule(2),\\
&\quad add_2(p,n,i,l,m,\_,x_1,x_2,\cdots),\\
&\quad min\_search_2(x_1,x_2,\cdots).
\end{aligned}$$
$$\vdots$$

4.6.2 再帰的に変換を行う

4.6.1 節の方法により変換を行う方法を，Java のループにより繰り返し行う．終了条件は，(1) 要約対象メソッドの返り値の意味が導出されるか，(2) 適用できるルールがなくなるか，(3) あらかじめ設定した再帰回数の上限に達するかのいずれかである．なお，ルールの組み合わせによっては停止することが保証できないため，必ず停止するためには (3) の終了条件が必要である．また，定義順が早いルールから順に適用するため，結果は一意である．

5 フレームワークの実装

本研究では，要約木を生成するパーサを Java と ANTLR [1] を用いて作成し，その他の実装は Java を用いた．また，datalog プログラムの実行には bddbddb を用いた．本論文では述べないが，変換ルールを適用する datalog プログラムを生成するプログラムの実装には，追加するノードの ID の振り方などの問題がまだ数多くあり，そのような問題に注意して実装を行った．実装は transprog [2] から入手できる．

6 サンプルプログラムへの適用

if や switch といった制御構文を含む最大 20 行程度の金融計算を行うサンプルプログラムに対して手法の適用を行った．Web [2] から対象としたソースコードやルールやライブラリの情報を得られる．

6.1 結果

1. 要約できたか．

    実際にいくつかのサンプルメソッドに対して要約を行い，返り値の意味を特定した．小さな例では，ソースコード 2 のルールを用いて，図 3 の要約を行うことができた．さらに，こういった数値計算を用いたルールに加え，基本的なプログラム解析の手法である Reaching Definition(RD) [4] を表す述語を定義した

上で，20 行程度の金融計算のサンプルプログラムの要約を行った．

```
1  search(x) :- tree(_, x, _, {*}, _),
2    tree(x, _, _, _, [price]), tree(x, _, _, _, [tax_rate]).
3
4  remove(n, x) :- n=x.
5  remove(n, x) :- tree(x, n, _, _, _).
6
7  add(p, 0, i, {_}, [tax], 1, x)
8    :- tree(p, x, i, _, _).
```

ソースコード 2　税込み原価の意味付けを行うシンプルなルール

これにより，要約木の簡約というコンセプトや，ライブラリとルールという切り分けやルールを検索と置換によって記述するという提案によって要約を行うことができることを確認した．

2. 要約ルールは簡潔に記述できたか．

最も大きなサンプルプログラム (20 行程度) の要約に用いたライブラリの記述は 120 行程度，ルールの記述は 50 行程度であった．今回記述したライブラリは，対象プログラムを問わず必要となるプログラム解析の知識などを記述するものであり，実用する場合にはシステムライブラリとして提供することを想定している．また，ルールの記述については，要約木を $tree$ で表しているため，冗長な部分も多く，より抽象度の高い独自言語の導入の必要性を感じた．
例えば，「[税率 (tax_rate)] × [価格 (price)] : [税額 (tax)]」を示すルールは，単純に $tax\_rate * price$ の形をハンドルするだけならソースコード 2 で良いが，実際には一時変数に格納されている場合や式の一部に tax_rate と $price$ が別れ，結果的に $tax\_rate * price$ が計算される場合 (例えば $tax\_rate * \cdots * price$) を考えなければならず，ルールを 2 つに分割し，20 行程度の記述を必要とした．
よって，実用の際には 50 行程度の記述が必要だと予想する．しかし，最終的にフレームワークが生成した，変換に必要な datalog プログラムの記述量は 450 行程度あり，フレームワークによってある程度記述量を削減できた．また，今回は 20 行程度のごく小規模のプログラムに対して手法の適用を行ったが，より大きく複雑なプログラムを対象とした場合には，同じ意味を表すコード片が何度も出てくると想定できるため，プログラムのコード量あたりのルール記述量は大幅に減ると予想できる．

3. 要約に時間を要したか．

対象としたプログラムにおける簡約回数は 5 回であった．そのたびに bddbddb を実行するため，各ステップに 2-3 秒程度の時間を要した．簡約を開始してから終了するまでにかかったフレームワークの実行時間は 22 秒だった．
対象とするプログラムの規模が大きくなるにつれ，より長い時間を要すことになる．改善の見込みのある点として，本手法では再帰的に簡約を行うために Java によって bddbddb を繰り返し実行させているが，再帰的に簡約を行う datalog の述語を書き，bddbddb を 1 度だけ実行するという方法が挙げられる．これにより，実行時に発生するオーバーヘッドを減らせる．さらに，bddbddb による bdd 最適化が効くため，より高速に処理できることが期待できる．

7　おわりに

本研究は，自然言語処理を用いずに，datalog を用いることで自動要約する手法を提案し，実際に要約を行うことで，少なくとも本実験の範囲では実現性を確認し

た．これにより，自然言語解析に頼らない自動要約法の道を示した．また，プログラムのドメインによって変わる可能性のあるライブラリやルールと，要約木の簡約を行う datalog プログラムの切り分けを提案し，簡約を行う datalog プログラムを自動生成するフレームワークを提供することで，見通しよく記述できることを確認した．さらに，実現性を確認する過程で，datalog の記法では要約木の変換ルールを記述しづらいという問題やナイーブな実装では大規模なプログラムに適用した際に実行時間の問題があるという知見を得た．また，有用性の観点からどの程度実際のプロジェクトに本手法が適用できるか調べる必要がある．

参考文献

[1] ANTLR. http://www.antlr.org/.
[2] transprog. https://github.com/y-omura/transprog.
[3] W. Clocksin, C. S. Mellish. Programming in PROLOG: Using the ISO Standard. Springer. 1981.
[4] F. Nielson, H. R. Nielson, C. Hankin. Principles of Program Analysis. Springer. 2004.
[5] M. Bravenboer, K. T. Kalleberg, R. Vermaas, E. Visser. Stratego/XT 0.16: Components for Transformation Systems. Proc. 2006 ACM SIGPLAN Sympo. on Partial Evaluation and Semantics-based Program Manipulation, 95-99. 2006.
[6] M. Bravenboer, K. T. Kalleberg, R. Vermaas, E. Visser. Stratego/XT 0.17. A Language and Toolset for Program Transformation. Science of Computer Programming, Vol.72, Issue.1-2, 52-70. 2008.
[7] S. Ceri, G. Gottlob, L. Tanca. What you always wanted to know about Datalog (and never dared to ask). IEEE Trans. on Knowledge and Data Engineering, Vol.1, Issue.1, 146-166. 1989.
[8] S. Haiduc, J. Aponte, L. Moreno, A. Marcus. On the Use of Automated Text Summarization Techniques for Summarizing Source Code. 17th Working Conf. on Reverse Engineering, 35-44. 2010.
[9] S. Haiduc, J. Aponte, A. Marcus. Supporting Program Comprehension with Source Code Summarization. Proc. 32nd ACM/IEEE Int. Conf. on Software Engineering, Vol.2, 223-226. 2010.
[10] E. Hajiyev, M. Verbaere, O. de Moor. CodeQuest: Scalable Source Code Queries with Datalog. European Conf. on Object-Oriented Programming, 2-27. 2006.
[11] E. Hajiyev, M. Verbaere, O. de Moor, K. de Volder. CodeQuest: Querying Source Code with Datalog. Companion to the 20th annual ACM SIGPLAN Conf. on Object-oriented Programming, Systems, Languages, and Applications, 102-103. 2005.
[12] M. S. Lam, J. Whaley, V. B. Livshits, M. C. Martin, D. Avots, M. Carbin, C. Unkel. Context-sensitive Program Analysis as Database Queries. Proc. 24th ACM SIGMOD-SIGACT-SIGART Sympo. on Principles of Database Systems, 1-12. 2005.
[13] P. W. McBurney, C. Liu, C. McMillan, T. Weninger. Improving Topic Model Source Code Summarization. Proc 22nd Int. Conf. on Program Comprehension, 291-294. 2014.
[14] P. W. McBurney, C. McMillan. Automatic Documentation Generation via Source Code Summarization of Method Context. Proc. 22nd Int. Conf. on Program Comprehension, 279-290. 2014.
[15] P. W. McBurney, C. Liu, C. McMillan, T. Weninger. Improving Topic Model Source Code Summarization. Proc. 22nd Int. Conf. on Program Comprehension, 291-294. 2014.
[16] P. Rodeghero, C. McMillan, P. W. McBurney, N. Bosch, S. D'Mello. Improving Automated Source Code Summarization via an Eye-tracking Study of Programmers. Proc. 36th Int. Conf. on Software Engineering, 390-401. 2014.
[17] G. Sridhara, E. Hill, D. Muppaneni, L. Pollock, K. Vijay-Shanker. Towards Automatically Generating Summary Comments for Java Methods. Proc. IEEE/ACM Int. Conf. on Automated Software Engineering, 43-52. 2010.
[18] J. Whaley, M. S. Lam. Cloning-based Context-sensitive Pointer Alias Analysis Using Binary Decision Diagrams. Proc. ACM SIGPLAN 2004 Conf. on Programming Language Design and Implementation, 131-144. 2004.

動的情報に基づくソフトウェア縮退実行機構の提案
A Mechanism for Degraded Software Execution Based on Runtime Information

小野寺 駿一[*]　名倉 正剛[†]　杉山 安洋[‡]

あらまし　筆者らは，不良の発見されたソフトウェアであっても，不良の発見された部品を切り離し，使用可能な機能のみで縮退実行する手法を研究している．縮退実行のためには，不良の発生した部品のみでなく，それらに依存する機能についても実行を回避する必要がある．本稿ではJavaで記述されたシステムについて，メソッド実行経路の波及解析を行い，それに基づいてメソッドの実行を管理する手法について提案する．システム中のクラスごとに，ソースコードを元にメソッドの実行可否確認と到達可能性判定を行うクラスを生成する．各クラスにおいてこのクラスで代わりに呼び出しを受け取り，元のメソッドの状態をもとに実行前に処理をトレースすることで，動的に実行経路を算出する．算出した経路から実行するメソッドの使用可否を判定し，不具合が発生しうる処理の実行を防止する．

1　はじめに

　情報システムの活用範囲は急速に広がり，社会インフラの一部となっている．情報システムに障害が発生しシステムが停止すると社会に与える影響が大きいため，系を多重化して障害発生時に待機の計算機（待機系）に処理を切り替えるホットスタンバイ方式が古くから実用化されている [3] [9] [10]．このような技術により，ハードウェアの物理的な故障については耐故障性を確保した上で情報システムの運用が可能である．しかし，ソフトウェアの不具合によって障害が発生した場合は，ホットスタンバイ方式では対処できない場合がある．その場合，不良部品を同じものと交換しただけでは対処できずに故障箇所の修正が必要となり，対処にも時間を要しシステム停止時間が長くなる．

　そこで我々は，ソフトウェア障害が発生した場合に，障害に影響を受ける部分の実行を抑止し，影響を受けない部分についてシステムを稼働させ続けることが可能な手法を研究している．これまでに，プログラムを静的に解析した結果を利用し，障害に影響を受ける部分の実行を抑止し，影響を受けない部分についてシステムを稼働させ続けることが可能な手法を提案した [12]．しかしこの方法だと，プログラム内に不具合が発生した処理への呼び出しが存在すると，実際に呼び出されるかどうかに関わらず，処理の実行が抑止されていた．そのため，本来は実行継続可能な処理までも，実行を抑止してしまうという状況が発生していた．

　そこで本研究では，プログラム実行時に制御フローに基づいてメソッドの到達可能性を確認し，不具合の発生した処理に到達する命令のみ，実行を抑止する方法を提案する．これによりソフトウェアの不具合に起因するシステム障害発生時に，実行の継続を抑止する範囲を最小化し，そのシステムの可用性を向上することを狙っている．提案手法ではメソッド到達可能性確認と実行可否の確認を行うプログラムコードを自動生成し，メソッド実行前にそのコードを実行することによりメソッド実行可否を確認している．本稿では，メソッド到達可能性の判定と実行可否の確認手法の概要と，適用事例を述べる．なお現在はまだ研究の途中であり，未解決問題が複数残っている．それらは今後の課題である．

---

[*]Toshikazu Onodera, 日本大学大学院工学研究科 情報工学専攻
[†]Masataka Nagura, 日本大学工学部情報工学科
[‡]Yasuhiro Sugiyama, 日本大学工学部情報工学科

2 研究の目的

我々の研究の目的は，ソフトウェア障害が発生した場合に，障害に影響を受ける部分の実行を抑止し，影響を受けない部分のみにシステムを縮退して稼働させ続けることが可能な手法を実現することである．

2.1 研究の経緯

これまでに，プログラムを静的に解析した結果を利用し，障害に影響を受ける部分の実行を抑止し，影響を受けない部分についてシステムを稼働させ続けることが可能な手法を提案した [12]．この手法では，実行前にプログラムを静的に解析してメソッドの呼び出し関係を表すコールグラフを作成し，このコールグラフを用いて縮退実行する範囲を決定した上で，実行中に不具合が発生した時に縮退実行するプログラムに変換する．

変換されたプログラムは，プログラム実行時にメソッドの実行可否を，次の手順で判定する：(1) まず，判定対象となるメソッドを実行すると仮定する．(2) そのメソッドに呼び出される可能性のあるメソッド（子メソッドと呼ぶ）をコールグラフによって判定する．(3) さらに，それらの子メソッドが呼び出す可能性のあるメソッド（孫メソッドと呼ぶ）を判定する．これを，コールグラフの終端に到達するまで繰り返す．(4) この処理の途中で，もし障害の発生しているメソッドを実行する可能性がある場合には，(1) の判定対象のメソッドは実行できないと判定する．

これまでの研究では，上記の手法を Java で実装された GUI アプリケーションに適用した．対象アプリケーションを実行前に解析し，GUI 操作と，その操作により実行されるモジュールを対応づける．一部のモジュールに問題が発生し，そのモジュールの実行を停止させる場合には，そのモジュールを呼び出す可能性のある GUI 操作を抑止することで縮退実行するように，プログラムを自動変換する．

図 1 に，GUI プログラムの静的解析を実施した結果得られるメソッド間コールグラフの例を記述する．この例では，オンライン銀行システムを，MVC パターンを用いて実装している場合の，ユーザ入力による Control, Model の処理の呼び出し関係を表している．硬貨の出し入れを行う処理に不具合が生じ，Account クラスの depositCoin と withdrawCoin の各メソッドの実行に不具合が発生すると，この図のように，その影響が Bank クラスの deposit メソッドと withdraw メソッドに波及する可能性がある．既存研究では静的解析の結果をもとに，不具合発生箇所へのメソッド呼び出しが発生するかどうか（メソッドの「到達可能性」と呼ぶ）の判定をメソッド実行時に実施した上で，到達可能性がある場合に処理を抑止していた．この例では Bank クラスの deposit メソッドと withdraw メソッドの実行時に不具合メソッドへの到達可能性があると判定され，actionPerformed メソッドから預金処理ボタンを押下した場合，および支払い処理ボタンを押下した場合に実行される処理を抑止していた．しかし硬貨を扱う Account クラスの depositCoin と withdrawCoin の各メソッドは，実際には硬貨を扱う場合しか実行されない．紙幣の取引しかしない場合は当然不具合の影響を受けないが，これまでの手法では静的解析に基づいた実行制御しか実施しないため，その場合でも実行が抑止されていた．

2.2 本研究で対象にする課題

2.1 節で述べたように，これまでの手法では，メソッド内に不具合を発生した処理への呼び出しが存在すると，実際に呼び出されるかどうかに関わらず，そのメソッドの実行を抑止していた．しかしメソッドの内部における子メソッドへの呼び出しは，分岐処理の内部に記述されている場合もあり，必ず呼び出されるとは限らない．実際には，入力となるパラメータやプログラム実行時の状態により，不具合を発生する処理が呼び出されない場合もあり，その場合はシステム障害が発生していない場合と同様に通常動作すべきである．これまでの手法では，このプログラム中の条

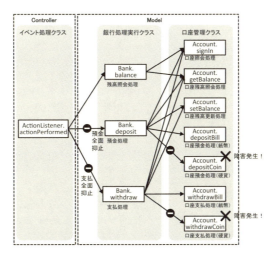

図1 静的コールグラフに基づく縮退実行

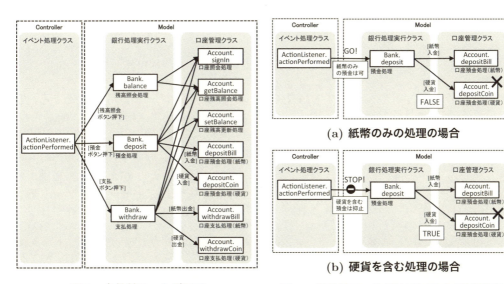

図2 条件付コールグラフ

図3 条件付コールグラフに基づく縮退実行

件分岐などのフロー制御を無視して実行可否を判定していたところに問題があった．

3 提案手法

本研究では，コールグラフにメソッド呼び出しが行われる条件を追記した条件付コールグラフ（Guarded Call Graph）を用いて，メソッド呼び出しの波及解析を行う手法を提案する．実行時に動的情報をもとに，条件付コールグラフを用いてメソッドの到達可能性を判定し，その結果に基づいてメソッド実行を制御する．動的情報としては，どのモジュールに不具合が発生したかという障害発生情報に加えて，ユーザ入力や，メソッドの属するクラスのメンバ変数といった，経路の分岐や条件式などの制御フローに影響を与える情報を扱う．

3.1 動的情報に基づくメソッド到達可能性の判断手法

図2に，図1と同じ例に対する条件付コールグラフを示す．アプリケーションの処理フローに対する条件付きコールグラフの表現方法は，古くから提案されている[4][11]．この図では簡潔に表現するため，メソッド呼び出し関係に条件がある場合には，グラフのパス上にその条件を記載している．提案手法では，プログラム実行時に動的情報を元に条件付コールグラフを解析しメソッドの実行可否を判断する．

2.1節で述べた手順を改良した実行可否の判断手順は次の通りである：(1) まず，判定対象となるメソッドを実行すると仮定する．(2) そのメソッドに呼び出される可能性がある子のメソッドをコールグラフによって特定する．この時，メソッド呼び出し条件を考慮する．子メソッドの呼び出し時点で，その条件が満たされるものだけを到達可能性があるものと判定する．(3) さらに，それらの子メソッドが呼び出す可能性のある孫メソッドを同じ手順で判定する．これを，コールグラフの終端に到達するまで繰り返す．(4) この解析処理の途中で，もし障害の発生しているメソッドを実行する場合には，(1) の判定対象メソッドは実行できないと判定する．

図3に，到達可能性の判断例を示す．図3(a) は，紙幣のみの預金処理に対する到達可能性判定を示す．紙幣のみの預金であれば，[紙幣入金] という条件は満たされるが，[硬貨入金] という条件は満たされない．従って，この場合は障害の発生したAccountクラスのdepositCoinメソッドが実行されないため，Bankクラスのdepositメソッドは実行可能であると判断する．一方，図3(b) は，硬貨を含む預金処理に対する到達可能性判定を示す．硬貨を含む預金であれば，[硬貨入金] という条件が満たされるため障害の発生したAccountクラスのdepositCoinメソッドが実行されてしまう．そのため，Bankクラスのdepositメソッドは実行不可能であると判断する．

提案手法では，実行対象のプログラムをあらかじめ解析することで，本節で述べたメソッドの実行可否を判断する機能を持つプログラムコードを自動生成する．自動生成するコードについて3.2節で述べる．

3.2 自動生成されるコードの役割

本手法では，図4に示すように，各メソッドに対して実行可否の確認を行うプロキシメソッドを生成し，メソッド実行経路に追加することで，縮退実行の制御を行う．プロキシは，コールグラフの情報と動的情報に基づいて生成元のメソッドの実行可否の判定を行い，実行可能と判定した場合に，生成元のメソッドを呼び出す．

あるメソッドの実行可否判定は，(1) 障害発生情報に基づくそのメソッド自身の実行可否確認，(2) 制御フローに基づくそのメソッドの呼び出す子メソッドへの到達可能性判定，さらには (3) 子メソッドの実行可否確認の3ステップで決定される．

まず，呼び出されたメソッド自体の実行可否確認は，プロキシが持つ障害発生情報に基づき行う．障害発生情報は，障害発生時にシステム管理者が記録したり，障害検出システムからの通知を蓄積したりすることで作成する．

続いて，メソッド実行時に，動的情報と制御フローをもとに子メソッドへの到達可能性判定を行う．分岐処理の条件式を，その時点での変数の値を使用して計算し，子メソッドが呼び出されるかどうかを判定する．その結果，呼び出す子メソッドがある場合は対応するプロキシメソッドを呼び出し，実行可否を確認する．呼び出された子のプロキシメソッドでは，上述の3ステップの処理を行うことにより，自分自身の実行可否判定を行ない，その結果を呼び出し元のプロキシメソッドへ通知する．

図4の例では，BankクラスのwithdrawメソッドとAccountクラスのwithdrawCoinメソッドに対するプロキシクラスとプロキシメソッドを生成している．ActionListenerクラスのactionPerformedメソッドは，Bankクラスの代わりに，Bankクラスのプロキシクラスのwithdrawのプロキシメソッドを呼び出す．withdrawのプロキシメソッドは，withdrawメソッド自身で障害が発生しているかどうかを確認する．障害が発生していない場合は，withdrawメソッドの呼び出すメソッドへの到達可能性の判定を行う．この例では，AccountクラスのwithdrawBillとwithdrawCoin

A Mechanism for Degraded Software Execution Based on Runtime Information   35

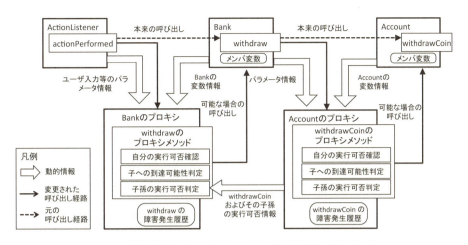

図 4　動的情報を用いたメソッドの実行可否の判定方式

メソッドが実際に呼び出されるかを，メソッドの引数や，メンバ変数の値などを元に判定する．その結果，それらのメソッドを呼び出す場合は，メソッドの実行可否を確認し，実行しても問題がなければ，withdraw メソッドを呼び出す．

3.3　到達可能性の判定手法

制御フローに基づく到達可能性の判定処理は，図 5 に示すように，元のメソッドのコードから子メソッド呼び出しに影響を及ぼす制御フローのみを抽出した実行可否確認メソッドを生成し，それを実行することにより実施される．

子メソッド実行に影響を及ぼす制御フローと処理のみを取得するため，子メソッドの呼び出し文に対する制御依存と，データ依存を追跡することで，制御フローを取得する．まず，対象の子メソッドの呼び出し文を抽出し，その呼び出し文を含む条件ブロックが存在する場合は，その条件ブロックも抽出する．これにより，子メソッドに関連する制御フローを抽出する．そして対象の子メソッドの呼び出し文，および条件ブロックの条件式に変数が利用されている場合は，それらへの代入処理も抽出する．このように抽出した制御フローが，図 5 に示すフローチャートである．

抽出した制御フローに含む変数が，元のプログラムのクラスのメンバ変数である場合は，実行可否確認メソッド実行時にメンバ変数の値を直接参照する．メンバ変数の可視性が private の場合を考慮して，実行可否確認メソッドではリフレクション API を利用して参照する．図 5 のプロキシプログラムでは，リフレクション API を利用して指定された名前のメンバ変数を取得する getField メソッドを基底クラスに定義してあり，図 5 の (※) 部分で示すように，それを利用して private なメンバ変数を参照する．また，確認処理中に書き込みが発生するメンバ変数については，実オブジェクトの変更を防ぐため，コピーを作成して確認処理を行う．

なお図 5 の例ではメソッドの戻り値が存在しないが，対象のプログラムのメソッドに戻り値が存在する場合は，そのメソッドがさらに別のメソッドに呼び出される．その場合は，戻り値が別のメソッドの制御フローに含む変数や条件ブロックの条件式に利用されることも想定する必要がある．別のメソッドの実行可否確認メソッドによる到達可能性の判定の際に，戻り値が決定しないと制御フローを決定できない．そこで対象プログラムのメソッドに戻り値が存在する場合は，実行可否確認メソッドの他に，戻り値を返却するためのメソッドを生成する．return 文によって返却するオブジェクトに対しての制御依存とデータ依存を追跡することで，return 文に影響を及ぼす制御フローと処理のみを抽出した戻り値返却用のメソッドを生成する．

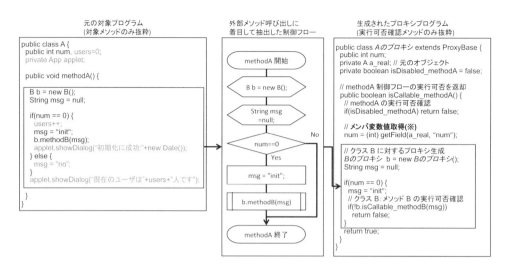

図 5 制御フローに基づく実行可否判定処理

4 適用事例

適用事例として，簡単な銀行システムに対してプロキシコードを生成する例を示す．今回は，図 1 に示した構成の銀行システムを，Java 言語で実装した．

4.1 適用対象のシステムの構成

このアプリケーションは，図 1 に示したように MVC パターンを利用して実装しており，View の部分をアプレットで実装している．残高照会，預金，払戻の各機能を実行する際にはサインインを要求し，成功した場合に処理が実行される．

コードの実装例を図 6 に示す．App クラスでは，withdrawButton が押下された場合に，(1)Bank クラスの withdraw メソッドを実行する．withdraw メソッドは，まず (2)Account クラスの singIn メソッドを呼び出してサインイン処理，(3)getBalance メソッドを呼び出して残高取得処理を行う．続いて払戻金額に紙幣が含まれる場合には (4)withdrawBill メソッドを呼び出して紙幣の払戻処理，硬貨が含まれる場合には (5)withdrawCoin メソッドを呼び出して硬貨の払戻処理を行う．最後に (6)setBalance メソッドを呼び出して預金残高更新処理を実施する．

4.2 生成されるプロキシのコード

図 7 に，Bank クラスの withdraw メソッドを例に，制御フローの抽出とプロキシ生成の流れを示す．制御フローの抽出の際は，ユーザが作成したクラスのメソッドの呼び出し文を基準とし，呼び出し関係を追跡する．(1) まず withdraw メソッドが呼び出すユーザ作成クラスのメソッドである，signIn, getBalance, setBalance, withdrawBill, withdrawCoin を抽出し，これらの関数の引数に利用される変数 amount, balance, pass も同様に抽出する．(2) またこれらのメソッドと変数を内包する条件ブロックと，それらの条件ブロックで条件式に用いる変数 result, amount, balance も抽出する．(3) 抽出した変数のデータ依存を解析し，データ依存の存在する処理ステートメントを抽出する．抽出された条件ブロックと，処理ステートメントにより，図 7 に示した制御フローを構築し，その結果として各メソッドに対応した実行可否確認メソッド（"isCallable_[元のメソッド名]" メソッド）を生成する．対象プログラムのメソッドが戻り値を持つ場合は，動的情報をもとに戻り値の計算を行う戻り値返却用メソッド（"getReturnValue_[元のメソッド名]" メソッド）も生成す

A Mechanism for Degraded Software Execution Based on Runtime Information

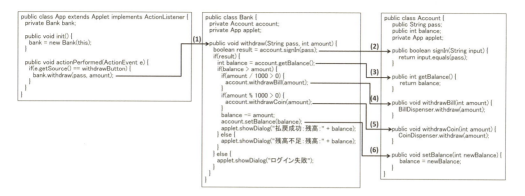

図 6 適用対象のシステムの払戻処理のソースコード (部分抜粋)

る．これは return 文を基準とし制御フローを抽出することで，同様に生成する．

提案手法により生成されたコードと，支払処理メソッドの実行の流れを図 8 に示す．この図では，Account:withdrawCoin で不具合が生じ，実行できない状態での処理の流れを示している．今回の実装では，図 8(1)，(2) に示すように，プロキシクラスを元クラスと同名で，同一シグネチャのメソッドを持つクラスとして生成した．提案手法による変換の実施後は，呼び出し元コードを変更しなくても，プロキシクラスに含む実行可否確認用のコードを経由して，各メソッド呼び出しを実施できる．

実行可否確認メソッドでは，各対象メソッドの実行可否を，動的情報を利用して到達可能性を追跡しながら確認する．図 8 では，(3) に示す isCallable_withdraw メソッドで元となる withdraw メソッドと同じ制御フローを実行し，到達可能性を追跡している．この例ではその結果，サインインが成功し残高が支払金額以上残っており硬貨の支払いが含まれるときに，Account:withdrawCoin メソッドの実行まで到達するため，Account:withdrawCoin メソッドの実行可否の確認を行う．

Account クラスのメソッドの実行可否の確認は，Account クラスのプロキシを利用する．Account:withdrawCoin で不具合が発生した結果，isDisabled_withdrawCoin に true が設定されたと想定すると，(4) に示す isCallable_withdrawCoin メソッドが false を返却する．その結果，withdraw メソッドに対応するプロキシクラスの isCallable_withdraw メソッドは false を返却し，実行不可能であることを呼び出し元に通知する．これにより，withdraw メソッド実行時に，処理の実行を抑止できる．

5 考察
5.1 実行速度に与える影響について

提案手法は，実行可否確認メソッドの実行分だけ，メソッド実行時間が長くなる．そこで適用事例に挙げたコードを元に，Applet クラスの actionPerformed メソッドから Bank クラスの withdraw メソッドの呼び出しに与える影響を測定した．

測定環境には，CPU が Intel Core i5 1.4GHz，メモリが 4 GB 1600 MHz DDR3，OS が MacOS X 10.9.5 の PC を利用した．Java VM のバージョンは 1.8.0 である．測定は Applet からのメソッド呼び出しを 100 回行い，その値を平均した．変換前の対象プログラムの実行時間は平均で 14.76 μ 秒 (分散 σ =10.19) であり，変換後は 26.64 μ 秒 (分散 σ =12.24) であった．実行可否確認メソッドにより実際のメソッド実行と同一の制御フローを実行することで，実行時間がほぼ倍になった．

3.3 節で述べたように，抽出した制御フローに含む変数が元のプログラムのクラスのメンバ変数で，確認処理中に書き込みが発生する場合は，コピーを作成して確認処理を行う．そこで，この処理による処理時間への影響を調べた．まず元のプログラムの Account クラスに 100 文字の String オブジェクトの配列のメンバ変数と

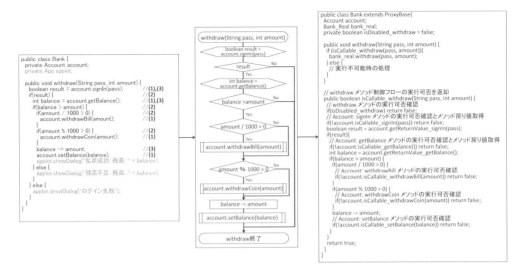

図 7 Bank から抽出した制御フロー及び生成するコード (部分抜粋)

それを参照するメソッドを作成し，提案手法でプロキシクラスを生成した．そしてメンバ変数に代入する String オブジェクトの配列数を変化させることで，複製対象のオブジェクトのサイズを変化させた．その上で，オブジェクトの複製に要する処理時間を測定した．String オブジェクトが 1 個（配列数 1）の時は 0.53 μ 秒（分散 σ =0.14），50 個（配列数 50）の時は 0.69 μ 秒（分散 σ =0.18），100 個（配列数 100）の時は 0.77 μ 秒（分散 σ =0.20）になった．このようにオブジェクトサイズによって複製処理に要する時間が増加する．この個数は，オブジェクトが保持するメンバ変数の数と，それに対する元のプログラムの書込み処理の存在に依存するが，プログラムの実行時間と比較してそれほど大きな値にはならない．

5.2 制限事項と今後の課題

今回の実装では，あるクラスのメソッド A から別のクラスのメソッド B を呼び出すプログラムの実行可否を確認する場合，メソッド B の実行可否確認メソッドは，メソッド A の実行時点と，メソッド A からメソッド B を呼び出した時点の，2 回呼び出される．このように，一つのメソッド実行シーケンスで同じメソッドの実行可否確認処理を重複して実施することがある．5.1 節で示したように，提案手法によるメソッド実行では実行時間が元の実行時間の倍になっていたが，高速化のためにはこのような重複したメソッド呼び出しを削減する仕組みが必要である．

また，今回の実装では解析対象として指定したクラスに対してのみ実行可否確認メソッドが生成される．解析対象として指定しないクラスのメソッドが制御フローに含まれる場合，実行可否確認時に通常メソッドが実行される．このため例えば，外部のデータベースドライバを利用したデータ更新処理が存在する場合，実行可否確認を実施するたびにデータが更新されてしまう．外部システムへの入出力を監視し，実行可否確認時に外部システムに対する状態変更を抑止する仕組みが必要である．

同様に，あるメソッドから外部ライブラリのメソッドが呼び出される際に，外部システムや外部ライブラリの状態を変更してしまう場合は，提案手法では対応できない．現在の方法では，外部ライブラリによる状態変更に対応するためには，外部ライブラリのソースコードも含めて解析する必要がある．

さらに，プロキシの実装にあたっては，プロキシクラスを元のクラス名と同名のクラスとして生成し，元のクラスを別名に変更した．この手法では，元のクラスが

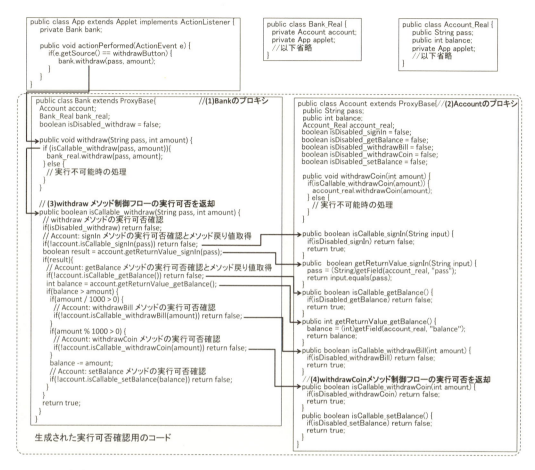

図8 生成されたコードと withdrawCoin メソッドが実行不能時の処理の流れ (部分抜粋)

自身のクラス内のメソッドを呼び出す際にプロキシを経由しないという問題がある．この点の実装の改良も必要である．

なお，GUI 操作に関連するメソッドの実行に失敗する場合，提案手法により生成したプログラムは actionPerformed メソッドの処理を実施しないように縮退する．GUI 上には利用できない機能の存在が表示されず，機能縮退をユーザに示さない．機能縮退を実施する際に関連する GUI コンポーネントの状態を変更するように提案手法を変更すれば対応可能であるが，これも現状の実装上の制限である．

6 関連研究

我々の先行研究 [12] の他にも，情報システムに存在する不具合を回避するための既存の研究はいくつも存在している．

Duong らは，プログラムテスト時に障害の原因となるステートメントを特定し，記号実行で修復案を導く方法を提案している [7]．また，Shaw らはバッファオーバーフローを発生させるコードと修正コードをパターン化し，プログラムの静的解析により自動的に置き換える方法を提案している [8]．これらによって，情報システムの運用開始前のテストや，実装の際のコードをリファクタリングしている段階で，障害を発生させるコードを自動的に置き換えることができる．

これらのような運用開始前の修復ではなく，機能振る舞いを実行時に変更する自己適応システムの分野はソフトウェア工学の主要な研究テーマとなっている [2] [5]．中島は実行時のコンポーネントを置き換える際に，コンポーネントのインテグリティを検査するための方法を提案している [6]．また，我々の提案と同様にプログラム実行時に発生した不具合を対象に，自動的に機能振る舞いを修正する方法も提案されている．Carzaniga らはプログラム実行時に発生した不具合を対象に，故障を検知したプログラムとは別のプログラムに自動的に切り替える方法を提案している [1]．あらかじめ切り替えるメソッドの対応関係を開発者が明記することで，障害発生時に対応する別メソッドに処理を切り替える Java プログラムコードを生成する．我々の提案はこの方法と異なり，代替のプログラムコードの存在を前提としない．実行時のパスに基づき実行できないパスを通る入力が発生する場合のみ実行を抑止し，そうでない場合は通常と同様に実行できるようなプログラムコードを生成する．なお，提案手法における制御フローの解析手法は，既存の静的スライス解析法をメソッド呼び出しを起点に適用したものである．提案手法は，静的スライスの解析結果を利用し，実行時に実行可否を確認するためのメソッドを生成することに特長がある．

7 まとめ

本論文では，プログラム実行時に制御フローに基づきメソッドの到達可能性を確認し，不具合発生処理に到達する命令の実行を抑止する方法を提案した．提案手法は，動的情報に基づきメソッドの実行可否を確認するメソッドをプログラム解析により生成する．現時点の実装には，メソッド実行可否確認処理の高速化や，外部システムの状態変更の抑止方法などに課題が残っており，それらは今後の課題である．

謝辞

本研究の一部は，JSPS 科研費 25540027 の助成を受けて実施した．

参考文献

[1] A. Carzaniga, A. Gorla, A. Mattavelli et al., "Automatic recovery from runtime failures", Proc. of the 2013 Int'l Conf. on Software Engineering (ICSE'13), pp.782-791, 2013.
[2] B.H.C Cheng, R. Lemos, P. Inverardi et al. (Eds.), "Software Engineering for Self-Adaptive Systems", LNCS 5525, Springer, 2009.
[3] J. Gray and D.P. Siewiorek, "High-Availability Computer Systems", IEEE Computer, Vol.24, No.9, pp.39-48, 1991.
[4] D. Grove, G. DeFouw, J. Dean et al., "Call graph construction in object-oriented languages," Proc. of the 12th ACM SIGPLAN Conf. on Object-Oriented Programming, Systems, Languages, and Applications (OOPSLA'97), p.108-124, 1997.
[5] R. Lemos, H. Giese, H.A. Muller et al. (Eds.), "Software Engineering for Self-Adaptive Systems II", LNCS 7475, Springer, 2013.
[6] 中島 震, "自己適応システムにおけるコンポーネントの安全な置き換え", コンピュータソフトウェア,Vol.31, No.3, pp.259 - 269, 2014.
[7] H.D.T. Nguyen, D. Qi, A. Roychoudhury et al., "SemFix: program repair via semantic analysis", Proc. of the 2013 Int'l Conf. on Software Engineering (ICSE'13), pp.772-781, 2013.
[8] A. Shaw, D. Doggett and M. Hafiz, "Automatically Fixing C Buffer Overflows Using Program Transformations", 2014 44th Annual IEEE/IFIP Int'l Conf. on Dependable Systems and Networks (DSN2014), pp.124-135, 2014.
[9] 島田 一洋, 杉岡 一郎, "ホットスタンバイ方式による UNIX システムの高信頼化", 情報処理学会論文誌, Vol. 34, No. 5, pp.1010-1018, 1993.
[10] 杉山 安洋, "分散オブジェクトの高信頼化へのアプローチ", ソフトウェア工学の基礎 IX, pp.49-60, 日本ソフトウェア科学会, 2002.
[11] W.M.P.van der Aalst, "The Application of Petri Nets to Workflow Management", Journal of Circuits, Systems and Computers, vol.8(1), pp.21-66, 1998.
[12] 渡部 聡, 杉山 安洋, "不具合の発生したソフトウェアの実行を継続する一手法の提案", 電子情報通信学会技術研究報告, 知能ソフトウェア工学 113(160), pp.25-30, 2013.

原型分析による活動履歴からの OSS 貢献者プロファイリング

Profiling of OSS Contributors using Archetypes Analysis

尾上 紗野[*]　畑 秀明[†]　松本 健一[‡]

   あらまし　有志が開発を行っているオープンソースソフトウェア (以下，OSS) では，多様な活動を行う貢献者が開発に参加していると考えられる．OSS プロジェクトに参加する貢献者の活動の特徴を分析することで，プロジェクトに必要な貢献者や，プロジェクト成功に関連がある貢献者の構成が明らかになると考えられる．本稿では，GitHub で活動する貢献者の活動履歴を原型分析 (Archetypal Analysis) し，3 つのプロトタイプでデータを示した．その結果，大部分のプロジェクトは顕著な活動を行っていない貢献者で構成されており，大規模なプロジェクトでは多様な活動を行う貢献者が多く参加していることがわかった．また，プロジェクトがどのような形態で開発を行っているかを把握できることがわかった．

1　はじめに

　オープンソースソフトウェア（以下，OSS）プロジェクトには多くの貢献者が開発に携わっている．商業プロジェクトとは異なり誰でも参加可能な OSS プロジェクトには異なる特徴を持つ貢献者が多く存在すると考えられる．OSS プロジェクトで貢献者が行う活動は，コーディングを初めコメントやバグ報告など多岐にわたる．

　貢献者が行う活動の中でコーディングの貢献は OSS プロジェクトにとって非常に重要である．一方で，直接コーディングに関わっていないバグ報告やコメントも OSS プロジェクトにとって重要な貢献である．例えば，バグ報告を行うことは OSS の品質を高める上で重要な役割を担っている [1]．また，投稿されたバグ報告に対し改善策や回避策をコメントすることは，バグ報告者に対してのみならず今後同じ問題に直面するエンドユーザの満足度を向上させる可能性があると考えられる．よって，OSS プロジェクトにはコーディングを行う貢献者だけではなく，バグ報告やコメントを行う貢献者も必要である．このことから，OSS プロジェクトの成功には，あらゆる活動を行う貢献者がバランスよく開発に参加する必要があると考えられる．

　以上のことから，OSS プロジェクトに参加する貢献者がどのような活動を行っているかを把握することは重要である．貢献者個人がどのような活動を行っているかは，GitHub や Oholh などの OSS プロジェクト貢献者向けのソーシャルネットワークサービスのユーザページを閲覧すれば知ることができるが，それぞれの OSS プロジェクトで活動する全貢献者がどのような活動を行っているかを把握することは非常に困難である．そのため，OSS プロジェクトに参加する貢献者個人の活動の特徴を明らかにするとともに，プロジェクトがどのような特徴をもつ貢献者で構成されているかを明らかにする必要がある．

　そこで，本稿では OSS プロジェクト貢献者の活動履歴から，貢献者のプロファイリングを行った．プロファイリングは GitHub で活動する 596 人の貢献者に対して行い，原型分析 (Archetypal Analysis) を用いて貢献者がどのような特徴を持つかを評価した．原型分析とは，データ点の分布から極端な点をプロトタイプ (原型) とし，データ点自身を近似する手法である．本稿では，原型分析の残差平方和の結果からデータを 3 つのプロトタイプで示した．また，分析対象となる貢献者の活動履

---

[*]Saya Onoue, 奈良先端科学技術大学院大学

[†]Hideaki Hata, 奈良先端科学技術大学院大学

[‡]Kenichi Mtasumoto, 奈良先端科学技術大学院大学

歴が各プロトタイプにどれだけ近いかの比率を三角グラフで示し，プロジェクトごとの三角グラフの分布を分析した．その結果，大部分のプロジェクトは顕著な活動を行っていない貢献者で構成されており，大規模なプロジェクトでは多様な活動を行う貢献者が多く参加していることがわかった．また，原型分析の結果からプロジェクトの開発形態を把握できることがわかった．

2 OSS 貢献者プロファイリング

従来からソフトウェア開発者に着目した研究が行われている．Salleh らは人間の性格の観点から開発者を分析し，ペアプログラミングの影響を調査した [2]．しかし，性格テストや被験者実験を伴う分析はコストがかかり，偏りのないデータ取得が困難という欠点がある．本稿では，容易に取得できる OSS プロジェクトの活動履歴のデータを用いて，OSS の開発に携わる貢献者の特徴を分析する．

また，OSS の開発に携わる貢献者に着目した研究も多く行われている．Zhou らは OSS プロジェクトの長期貢献者の活動を分析し，開発者の活発さはプロジェクトの人気に左右されることを明らかにした [3]．彼らの研究では，コーディングやバグ修正など，直接開発に関わる貢献者のみを研究対象にしている．本稿では，コメントやバグ報告などを行う貢献者も研究対象に含めて分析を行う．

分析対象のデータとして，我々は GitHub で活動している開発者の活動履歴を用いる．我々は先行研究として，GitHub から取得したデータを用いて階層クラスタリングによる貢献者の特徴分類を行い，大規模なプロジェクトには頻繁に活動を行う貢献者や，頻繁に活動を行う貢献者と同じ数の活動を数年かけて行う貢献者が属していることを明らかにした [4]．しかし，階層クラスタリングを用いた分析では典型的な活動を行う貢献者はまとめられ，極端な特徴を持つ貢献者は外れ値として扱われるため，典型的な活動を行う貢献者の詳細な分析が困難であるという欠点があった．貢献者のプロファイリングは，特徴的な貢献者を外れ値にするのではなく，特徴的な貢献者を基準として貢献者がその基準にどれだけ近いかを表すことで実現できると考えられる．そこで，本稿では原型分析という分析方法を用いて基準となる特徴的な活動内容を示し，貢献者の活動がどのようにプロファイリングされるか，OSS プロジェクトがどのような貢献者で構成されているかを明らかにする．

3 分析方法

3.1 原型分析

本稿では原型分析によって貢献者の特徴をプロファイリングする．原型分析は，それら自体がデータ点の線形結合であるような複数のプロトタイプ (原型) によって，データ点自身を近似する手法である [5]．類似手法の例として k 平均法があるが，k 平均法はデータの平均を用いて任意の数のクラスタに分類する方法で，原型分析はデータ点の分布から極端な点をプロトタイプとし，それぞれのデータ点を近くのプロトタイプ 1 つで近似するのではなく，幾つかのプロトタイプで近似する．本研究では，Manuel らが公開している R 言語のパッケージを使用し，原型分析を行う [6]．

Manuel らは，プロトタイプ数の決定に明確なルールはないとしたうえで，プロトタイプ数ごとの残差平方和を算出した時に，値の平坦化が始まる箇所をプロトタイプ数とする決定方法を上げている [6]．本研究でも，残差平方和の平坦化が始まる点をプロトタイプ数とする．

また，原型分析ではデータが各プロトタイプにどれだけ近いかの比率を算出する．本稿ではこの比率から貢献者の特徴を示し，貢献者のプロファイリングを行う．

3.2 分析対象データ

本稿では，Gousios が提供している GitHub データセットを用いて分析を行う [7]．このデータセットは 90 の OSS プロジェクトの開発履歴で，コミットやコメント，バグ報告などの履歴が含まれている．本データセットのうち，特に貢献者の活動に関連する

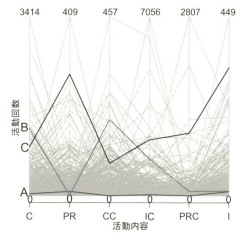

図1 全貢献者の活動履歴とプロトタイプとなる貢献者の活動

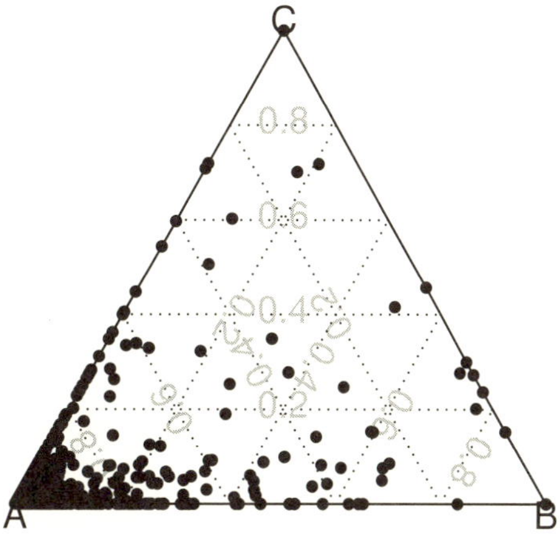

図2 全貢献者のプロトタイプとの比率を示した三角グラフ

6つのデータ (comits, pull_requests, commit_comments, issues, issue_comments, pull_request_review_comments) を用いる.

原型分析は特異点を外れ値とみなさない分析手法のため, 本稿では活動回数が著しく多い貢献者をデータから除外していない. しかし, 活動回数が著しく少ない貢献者を含んだデータから適切なプロトタイプを決定するのは困難であると考えられる. そこで, 本稿ではデータセットに含まれる6つの活動を2012年の1年間で合計100回以上行った596名の貢献者を分析対象とする.

4 分析結果と考察

データセットから抽出した596人の貢献者を対象に原型分析を行いプロトタイプ数を決定し, 貢献者のデータからどのような特徴のあるプロトタイプがあるかを明らかにする. また, 貢献者がそれぞれのプロトタイプにどれだけ近いかを示し, 貢献者の特徴をプロファイリングする.

4.1 プロトタイプ数

貢献者を1〜10のプロトタイプ数で原型分析し残差平方和の値を算出した結果, プロトタイプ数が3の時を境に緩やかに低下した. この結果より, 貢献者を3つのプロトタイプで原型分析したときのプロファイリングを行う.

本稿では, 貢献者の活動内容が3つのプロトタイプにどれだけ近いかを三角グラフで示す. 三角グラフは3つの構成要素の比率を表すのに用いられ, それぞれの構成要素にデータがどれだけ近いかを容易に理解できる.

4.2 貢献者プロファイリング

図1に3つのプロトタイプを含む全貢献者の各項目の活動回数を示す. 折れ線A, B, Cがそれぞれプロトタイプとなる. なお, グラフ上ではcommitsをC, pull_requestsをPR, commit_commentsをCC, issue_commentsをIC, pull_request_review_commentsをPRC, issuesをIとする. 図1より, プロトタイプAは各項目ごとの活動回数は全体的に少なく, 他の活動に比べpull_requestsとissuesを多く行っている貢献者である. プロトタイプBは特にcommitsとcommit_commentsを多く行っている貢献者で, 主にコミットに関する活動を行っている. プロトタイプCはどの活動も行っており, 特にpull_requests, issuesの回数が多い.

続いて, 596人の貢献者がプロトタイプにどれだけ近いかを示した三角グラフを図2に示す. 図2より, ほとんどの貢献者がプロトタイプAに近い特徴を持ってい

ることがわかる．また，プロトタイプB，Cに近い特徴を持った貢献者は少数で，大部分の貢献者に比べて特徴的な活動を行っていると考えられる．プロトタイプAは特に顕著な活動を行っていない貢献者で，プロトタイプB，Cはそれらの貢献者に比べ顕著な活動を行っている貢献者であると言える．

以上の結果から，3点の分析では顕著な活動を行わないプロトタイプやコミットに関する活動を多く行うプロトタイプ，pull_requestsやissuesを多く行うプロトタイプが得られた．

4.3 プロジェクトプロファイリング

プロジェクトごとに三角グラフを示し，分布にどのような違いがあるか，プロジェクトごとに参加している貢献者の特徴は異なるかを分析する．

図3にプロジェクトcompassの三角グラフを示す．このプロジェクトは，プロトタイプAに近い特徴を持った貢献者で構成されている．このような傾向は，このプロジェクト以外にもflask，chosenなど多くのプロジェクトで見られた．表1にOSSプロジェクトの貢献者数やコミット数をまとめたものを示す．プロトタイプAに近い特徴を持った貢献者で構成されるプロジェクトは，homebrewやrailsのようなプロジェクトに比べ貢献者数やコミット数が少なく，小規模，または中規模のプロジェクトであった．続いて，図4にプロジェクトhomebrewの三角グラフを示す．図4は，貢献者の分布が図2と同様の傾向であることがわかる．この傾向は，homebrewやrailsなど，表1に示すように多くの貢献者とコミット数を有する大規模なプロジェクトで多く見られた．

OSSプロジェクトにおいて，プロトタイプCのような活発な活動を行う貢献者がプロジェクトに参加することが望ましい．しかし，図2からもわかるように，プロトタイプCの特徴を持つ貢献者は極めて少なく，プロジェクトがプロトタイプCのような特徴を持つ貢献者を獲得することは困難であると考えられる．よって，複数の貢献者でプロトタイプCのような活動を補う必要があり，貢献者の特徴は三角グラフに広く分布する必要があると考えられる．

次に，図5，図6にプロジェクトbitcoinとプロジェクトTrinityCoreの三角グラフを示す．これら2つのプロジェクトの三角グラフは，ある1辺に貢献者の分布が偏っているという特徴がある．bitcoinのプロジェクトではプロトタイプBの構成要素を持つ貢献者がほとんどおらず，コミット関係の活動を行う貢献者が不足してい

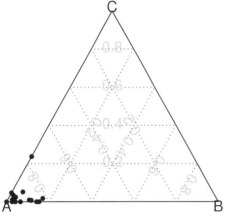

図3 プロトタイプAに近い貢献者が多く参加しているcompassプロジェクト

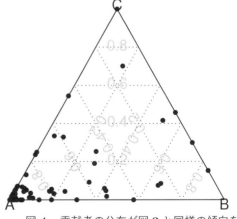

図4 貢献者の分布が図2と同様の傾向を示すhomebrewプロジェクト

表 1　OSS プロジェクトの規模 (2015 年 9 月現在)

プロジェクト名	貢献者数	commits 数	issues 数	pull_requests 数
compass	201	3533	1514	466
flask	276	2319	856	715
chosen	93	1087	1832	597
homebrew	5072	53045	15743	28519
rails	2824	53380	7628	14098
bitcoin	322	9066	2149	4555
TrinityCore	310	27377	12572	2838

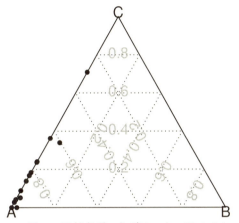

図 5　貢献者が三角グラフ内の辺 AC に偏っている bitcoin プロジェクト

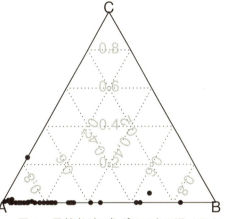

図 6　貢献者が三角グラフ内の辺 AB に偏っている TrinityCore プロジェクト

ることがわかる．一方，TrinityCore にはプロトタイプ C の構成要素を持つ貢献者がほとんどおらず，pull_requests 関係の活動を行う貢献者が不足していることがわかる．そこで，我々はそれぞれのプロジェクトの commits 数と pull_request 数に着目し，なぜこのような三角グラフの形状になるかを考察した．commits はプロジェクト内で決められた貢献者にのみ行う権利がある活動で，pull_requests は，コミット権限のない貢献者が，変更を加えたソースコードをプロジェクトのリポジトリやブランチに取り込んでもらうよう依頼する活動である．pull_requests を受け付けることでより多くの貢献者が開発に参加でき，オープンな開発が行えるといったメリットがある．一方で，プロジェクト内部の貢献者のみで開発を行う場合に比べてプロジェクトの品質保持が難しくなるといった問題や，貢献者が pull_requests を送ってもマージされないことがある [8]．

表 1 より，TrinityCore の commits 数は bitcoin に比べてと 3 倍以上の回数となっているが，pull_requests 数は bitcoin の 6 割程度の回数にとどまっている．よって，TrinityCore ではコミット権限が与えられた貢献者によって開発が行われる commits ベースの開発が行われており，bitcoin では外部からの貢献者からのコード変更を受け入れる pull_requests ベースの開発が行われていることがわかる．commits ベースのプロジェクトに比べ，pull_requests ベースのプロジェクトはより多くの貢献者が開発に関わることができると考えられ，プロジェクトの開発形態が明らかになることで，新規貢献者が開発に参加しやすいプロジェクトを容易に見つけることができると考えられる．

OSS プロジェクト貢献者の活動履歴の原型分析を行うことで，大規模なプロジェクトや成功していると考えられるプロジェクトではどのような貢献者で構成されているかがわかり，プロジェクトの運営・成功において必要な特徴を持つ貢献者や貢献者の構成が明らかになると考えられる．

5　おわりに

本稿では，OSS プロジェクトに参加する貢献者の特徴を明らかにするために，OSS プロジェクト貢献者の活動履歴を原型分析し，どのような特徴を持った貢献者が OSS を開発しているかを分析した．OSS プロジェクトに参加する貢献者の活動の特徴を分析することで，OSS プロジェクトに必要な貢献者や，プロジェクト成功に関連がある貢献者の構成が明らかになると考えられる．

貢献者の活動内容を 3 つのプロトタイプで原型分析した結果，顕著な活動を行わないプロトタイプ A やコミットに関する活動を多く行うプロトタイプ B，pull_requests や issues を多く行うプロトタイプ C が得られた．また，これらのプロトタイプに貢献者の活動内容がそれぞれどれだけ近いかを三角グラフを用いて示した．そこから，大部分の貢献者はプロトタイプ A に近く，プロトタイプ B，C は顕著な活動を行っている貢献者であることがわかった．

プロジェクトごとの三角グラフを比較した結果，大部分のプロジェクトはプロトタイプ A に近い貢献者で構成されていた．一方で，homebrew や rails などの大規模なプロジェクトでは，プロトタイプ B，C に近い貢献者が多く，多様な貢献者がいることがわかった．しかし，三角グラフの分布の分析については主観的評価で行っているため，今後の課題として分布を数値化する必要があると考えられる．また，プロトタイプ B に近い貢献者が少ないプロジェクトでは pull_requests ベースの開発が行われており，プロトタイプ C に近い貢献者が少ないプロジェクトでは commits ベースの開発が行われている可能性があることがわかった．プロジェクトの開発形態が明らかになることで，新規貢献者が開発に参加しやすいプロジェクトを容易に見つけることができると考えられる．

OSS プロジェクト貢献者の活動履歴を原型分析することで，貢献者の特徴が明らかになった．今後，大規模なプロジェクトや成功していると考えられるプロジェクト，衰退していったプロジェクトの貢献者の構成を分析することで，プロジェクトの運営・成功に必要な貢献者や貢献者の構成が明らかになると考えられる．

謝辞　JSPS 科研費 26540029，頭脳循環を加速する戦略的国際研究ネットワーク推進プログラム：ソフトウェアエコシステムの理論構築と実践を加速する分野横断国際ネットワークの構築（G2603）の助成を受けた．

参考文献

[1] E. Raymond, *The cathedral and the bazaar : musings on linux and open source by an accidental revolutionary.* Sebastapol, CA, O' Reilly Media: " O'Reilly Media, Inc.", 1990.

[2] N. Salleh, E. Mendes, J. Grundy, and G. S. J. Burch, "An empirical study of the effects of conscientiousness in pair programming using the five-factor personality model," in *Proc. of 32nd Int. Conf. on Softw. Eng.*, ICSE, 2010, pp. 577–586.

[3] M. Zhou and A. Mockus, "Does the initial environment impact the future of developers?" in *Proc. of 33rd Int. Conf. on Softw. Eng.*, ICSE, 2011, pp. 271–280.

[4] 尾上紗野, 畑秀明, 松本健一, "GitHub 上の活動履歴分析による開発者分類,", 情報処理学会論文誌, Vol. 56, No. 2, pp.715–719, 2015 年 2 月.

[5] Hastie Trevor, Tibshirani Robert and Friedman Jerome 著, 杉山将, 井手剛, 神嶌敏弘, 栗田多喜夫, 前田栄作他 訳, "統計的学習の基礎, The Elements of Statistical Learning,", 共立出版, pp. 638–640, 2014.

[6] M. J. A. Eugster and F. Leisch, "From spider-man to hero? archetypal analysis in r," *Journal of Statistical Software*, vol. 30, no. 8, pp. 1–23, 4 2009.

[7] G. Gousios, "The ghtorent dataset and tool suite," in *Proc. of 10th Work. Conf. on Mining Softw. Repositories*, MSR, 2013, pp. 233–236.

[8] G. Gousios, M. Pinzger, and A. v. Deursen, "An exploratory study of the pull-based software development model," in *Proc. of 36th Int. Conf. on Softw. Eng.*, ICSE, 2014, pp. 345–355.

不確かさを包容するソフトウェア開発プロセス
Software Development Process Embracing Uncertainty

深町 拓也[*]　鵜林 尚靖[†]　細合 晋太郎[‡]　亀井 靖高[§]

あらまし 開発プロセスの中において，顧客の曖昧な要件，決定できない設計やAPIの候補といった不確かさの発生は避けられないものである．我々はこのような不確かさを記述できるインターフェース Archface-U とそのコンパイラを提供してきた．本論文では，単純に Archface-U によって不確かさを記述するだけではなく，不確かさの履歴の追跡や不確かさのブランチングやマージを行うことを目的とする．そのために，Git等のVCS(Version Control System)を用いた不確かさのマネジメントサポート機構を提案する．

1 はじめに

ソフトウェア開発における「不確かさ」は，要求分析，設計，実装，テストといった様々なソフトウェア開発工程で現れる可能性がある．例えば，要求においては顧客の曖昧な要件，設計においては決定ができない複数の設計候補，実装においては使用するAPIやそのパラメータが決定できないといった不確かさがある．このような不確かさは，開発者にとって扱いにくいものであり，一時的な措置をとることも多く，バグやソースコードの煩雑化の原因となりがちである．そのため，近年このような不確かさを考慮した要求分析 [7]，設計モデル [3] やテスト [2] などの研究が行われている．

我々もこのような不確かさに対応するため，従来より実装に関する不確かさを適切に記述し，不確かさをコード上に抱えていても実装を進めることができるインターフェース機構として Archface-U とそのコンパイラを提案してきた [4] [5] [9]．しかし，これまで不確かさを適切に記述する方法については提案を行ってきたが，その不確かさのマネジメントについては言及してこなかった．ここでのマネジメントとは，例えば，使用するAPIの候補がいくつかあり，そのAPIが最終的にどの候補に決定したかなどの履歴の追跡や，API候補のそれぞれを実装したコードのブランチングやマージといったものを指す．

本論文では，不確かさを包容するインターフェース Archface-U と Git 等の VCS(Version Control System) を用いた不確かさのマネジメントを開発プロセスの観点から提案する．具体的には，既存のウォーターフォールやアジャイル開発などの開発プロセスにおいて，どのように不確かさのマネジメントを Archface-U および VCS を用いて行うかを明らかにする．

本論文では，2章で，我々が提案してきた Archface-U インターフェース機構やその開発環境である iArch-U を紹介する．3章では，開発プロセスの観点から不確かさのマネジメントについて考察する．4章では，Archface-U と VCS を用いてどのように不確かさのマネジメントをサポートするかを説明する．最後に，5章で本研究のまとめと今後の展望を述べる．

---

[*]Takuya Fukamachi, 九州大学

[†]Naoyasu Ubayashi, 九州大学

[‡]Shintaro Hosoai, 九州大学

[§]Yasutaka Kamei, 九州大学

2 不確かさを包容するインターフェース *Archface-U*

本章では，*Archface-U* を紹介する．このインターフェースは過去に提案済み [9] であるため，本章では今回紹介するマネジメントに必要な説明を簡単に行う．

2.1 概要

Archface-U は設計と Java による実装の間のギャップを埋めるためのインターフェース機構である *Archface* [8] を不確かさが表現できるように拡張したものである．

Archface-U は Component-and-Connector アーキテクチャ [1] に基づいたインターフェース機構である．*Archface-U* においてコンポーネントインターフェースでは，クラスおよびメソッドを宣言し，コネクターインターフェースでは，メソッドの呼び出し関係を記述する．開発者はプログラムがインターフェースである *Archface-U* に従うように実装することにより，設計と実装をつなぐことができる．プログラムが *Archface-U* に従っているか否かは *Archface-U* コンパイラの型検査によって知ることができる．

型検査とは，*Archface-U* のコンポーネントインターフェースやコネクターインターフェースの記述を，Java コードのメソッドの定義や呼び出しが実装しているかを *Archface-U* コンパイラによって検査することである．インターフェース記述に従わない実装を行っている場合，型検査違反として *Archface-U* コンパイラはコンパイルエラーを返す．

2.2 不確かさを含んだインターフェース記述

Archface-U は確立した規約を記述する *Certain Archface* と，不確かな規約を記述する *Uncertain Archface* の2つのインターフェース記述によって構成される．

Uncertain Archface 内には以下2種類の既知の不確かさを記述することができる．

1. いくつかコンポーネントの候補があるが，その中でどれを実際にシステムに組み込むかがわからないという不確かさ
2. あるコンポーネントについて，実際にシステムに組み込むかがわからないという不確かさ

この2種類の不確かさのうち，1. を *Alternative*，2. を *Optional* と以下呼称する．*Archface-U* 内では *Alternative* を { }，*Optional* を [ ] でメソッドを囲うことによって表現できるようにしている．リスト1に，ある P2P ファイル共有システムにおける *Archface-U* のインターフェース記述を示す．

```
1  interface component Node{
2    void start();
3    void cancel();
4    void completed();
5  }
6  uncertain component uNode extends Node{
7    [void restart();]
8    {void share(), void share(File file)};
9  }
10
11 interface connector cP2PSystem{
12   Node = (Node.start -> Node.cancel -> Node);
13 }
14 uncertain connector ucP2PSystem extends cP2PSystem{
15   Node = (Node.start -> Node.completed ->
16      [uNode.restart] -> Node.cancel -> Node);
17 }
```

リスト 1　**P2P** ファイル共有システムの *Archface-U* によるインターフェース記述

リスト1のコンポーネントインターフェースでは，実装上のNodeクラスに対して各メソッドの宣言について記述している．例えば，startメソッドはコード上で宣言される必要があるが，restartメソッドは*Optional*であるため宣言しても，しなくてもよい．

また，コネクターインターフェースは，FSP [6] をベースとした記法によりメソッドの呼び出し関係を記述している．例えば，start -> cancel という表記はstartメソッドにおいてcancelメソッドが呼び出されていることを表す．ここで，uncertain connectorであるucP2PSystemに着目する．restartが*Optional*として定義されているため，実質 start -> completed -> restart -> cancel あるいは start -> completed -> cancel のいずれかのメソッド呼び出し関係が成り立てばよい．なお，*Archface-U* はFamelisらの既存研究である，不確かな設計モデル Partial Model [3] とほぼ同等の内容を記述することが可能である [4]．

2.3 開発支援環境 *iArch-U*

不確かさを包容した開発を支援するために，我々は，*Archface*の開発環境である*iArch*を拡張し，*iArch-U*という開発支援ツールを考案した．開発ツール*iArch-U*は*Archface-U*のコンパイラとそのエディタで構成されている．

*Archface-U*エディタは，統合開発環境Eclipse上で，*Archface-U*の記述支援を行う．*Archface-U*コンパイラはJavaコードのコンパイルが行われると同時に*Archface-U*をコンパイルし，型検査をJavaコードに対して行う．もし，型検査違反がある場合はそれをコンパイルエラーとして返す．さらに，*Alternative*や*Optional*といった不確かな制約において，現在の実装がどのような状態になっているかの情報を示す．具体的には，リスト1の例においてrestartは定義してもしなくても良い*Optional*なメソッドであるが，これが現在定義されているかどうかを示すことができる．

3 開発プロセスから見た不確かさのマネジメント

本章では，開発プロセスにおける不確かさに着目し，どのように不確かさをマネジメントするべきかを考察する．

ソフトウェア開発プロセスは，一般にウォーターフォールモデルやアジャイル開発などのモデルに従い行われるものである．そのほとんどのモデルにおいては，要求分析，設計，実装，テストといった開発工程が存在する．このような開発工程ではそれぞれ不確かさが発生する可能性があり，時にはその不確かさが発生した工程で解決できず，次の工程へ引き継いで解決することも考えられる．具体的な例をリスト1で提示したP2Pファイル共有システムのrestartメソッドで示す．restartメソッドは*Optional*な不確かさであるが，この不確かさは設計工程において受信の再開の機能自体を必要とするかが曖昧であるため*Optional*とした可能性がある (図1①)．また，実装工程において，まだrestartメソッドが実装ができていないため*Optional*とした可能性もある (図1②)．さらに，テスト工程でテストがクリアしていないので実装が完了していないため*Optional*と定義されている可能性もある (図1③)．また，設計段階で*Optional*の状態をrestartメソッドが解決できず，そのまま実装へ持ち越される場合も考えられる (図1④)．

このように，開発プロセスにおいてはあらゆる開発工程で多くの不確かさが発生し，解決されることが分かる．そのため，ソフトウェア開発における不確かさをマネジメントするためには不確かさがいつ，どの開発工程で，何故発生し，それを誰が発見したかの履歴を追跡できる必要がある．また，不確かさを分離，統合するために不確かさが存在している開発工程の成果物 (設計モデルやソースコードなど) と存在しない成果物をブランチング，マージができるとよい．

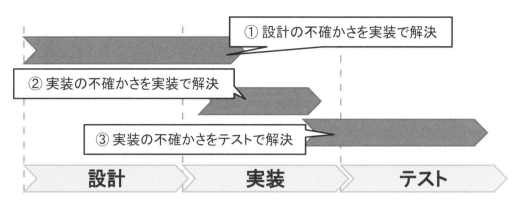

図 1　開発プロセスにおける不確かさの発生と解決

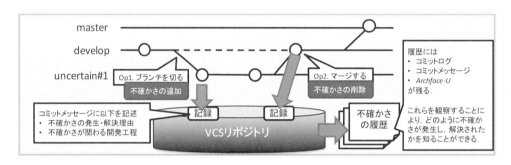

図 2　Archface-U と VCS を用いた不確かさのマネジメント

4　VCS によるサポート

本章では，3 章におけるマネジメントの VCS サポート機構を説明する．

4.1　サポート機構概要

今回提案するサポート機構では Archface-U と VCS を用い不確かさを管理する．本サポート機構では，開発プロセスのいかなる工程においても，不確かさの発生，解決に伴い以下の操作を行う (図 2)．

Op1. 不確かさが発生した際，Archface-U に不確かさを追加し，新規にブランチを作成する

Op2. 不確かさが解決した際，Archface-U から不確かさを削除し，もとのブランチへマージする

なお，Op1，Op2 におけるコミットメッセージには不確かさが関連する開発工程と，不確かさの発生，あるいは解決した理由を記述する．また，タグなどによって通常の VCS のコミットと区別することが望ましい．

以降では，このサポート機構を用いて 3 章で述べた不確かさをマネジメントした適用例をリスト 1 の P2P ファイル共有システムの例を用いながら解説する．後に，その適用例において不確かさの履歴の追跡と，ブランチング及びマージをどのように行うかを説明することでサポート機構を用いるメリットを明確にする．

4.2　適用例

P2P ファイル共有システムの例において，このサポート機構を適用したシナリオを示す．

ここでは，restart，すなわち受信の再開を行うかどうかが顧客の要求がはっきり

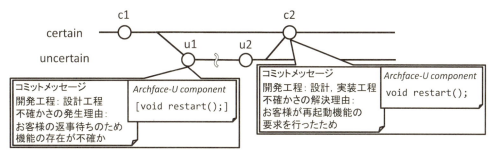

図 3 VCS と *Archface-U* を用いた不確かさのマネジメント適用例

しないため決定できない状況を考える．このとき，設計者は restart が行われるか分からない状態で設計を始める必要があるため，restart の不確かさを *Archface-U* へ追加し，設計を行う．それと同時に設計者はブランチを新規に作成し，図3のように，どの開発工程において何故不確かさが発生したかをコミットメッセージへ記述し，コミットする (図3コミット u1)．

その後は，通常の開発と同様に VCS を用いて設計モデルやソースコードの管理を行う．なお，このときの設計情報は *Archface-U* に記述されているため実装はこの *Archface-U* に従った実装を行うことにより不確かさを抱えつつも設計通りの実装を行うことができる．そのため，設計の不確かさを実装の不確かさへ *Archface-U* を介して簡単に引き継ぐことができる．ここでは，設計者が別の実装者に *Archface-U* を用いて設計で発生した不確かさを *Archface-U* を用いて引き継いだとする．

この後に，顧客が受信の再開を行ってほしいと要求があったとする．この時，設計者は *Archface-U* の restart を確立したメソッドに変更する．また，その際不確かさが解決したことをコミットメッセージにその理由，およびその不確かさが関わる開発工程を記述し，もとのブランチへマージする (図3コミット c2)．

4.3 不確かさの追跡

本サポート機構では，不確かさの追跡を VCS のコミットログとそれに付随するコミットメッセージ，および *Archface-U* を観察することによって追跡できる．観察する各々において，以下の様な情報を取得できる．

- コミットログ：不確かさの発生・解決日時，発見・解決者，不確かさが存在している・存在していた成果物
- コミットメッセージ：不確かさの発生・解決理由，発生・解決した開発工程
- ***Archface-U***：不確かさが存在するメソッドやクラス，不確かさの種別

なお，*Archface-U* の不確かさの種別とはその不確かさがコンポーネントかコネクターのものか，また *Alternative* か *Optional* かを示す．さらに，このコミットに付随する成果物は *Archface-U* に従うため，単なるドキュメントではなく，確実に成果物の状態を表す．これが VCS 単体で不確かさを管理することとの差異である．

4.2節の適用例において不確かさの追跡を行うことを考える．例えば，実装者が *Archface-U* を設計者から引き継いだ際，何故 restart が不確かな状態なのかを知りたい場合，ブランチ uncertain の作成コミット u1 のコミットメッセージを見ることによって，顧客が返事をしていないため発生していることが分かる．また，コミットを行ったユーザは設計者であることも分かるため，この restart に関する不確かさは設計者に問い合わせればよいことも分かる．

4.4 不確かさのブランチングとマージ

本サポート機構では，不確かさを VCS のブランチによって管理することで不確かさのブランチングとマージを行うことができる．より，具体的に説明すると，4.1

節における Op1 と Op2 により，不確かさが発生するごとにブランチを新規に作成し，解決したらマージを行う．

4.2 節の適用例における不確かさのブランチングとマージを考える．この適用例においても，コミット u1 に Op1，コミット c2 に Op2 を適用し不確かさのブランチングとマージを行っている．このブランチングは restart の不確かさをもとのブランチ *certain* から隔離することを可能にする．不確かな状態を隔離することにより，例えば restart メソッドが本当は不要になるかもしれないという不確かさがコミット c2 以後再び発生した場合も，ブランチ *uncertain* を観察することにより不要な場合の実装を把握することができ，必要であればブランチのマージによって復旧可能である．また，もとのブランチ *certain* から開発の遷移を観察することを考える．この適用例においては，コミット c2 はブランチ *certain* からは，restart が追加された，という情報のみを受け取ることができ，他の細かい不確かさの遷移は隠蔽化することができる．これは，多くの不確かさが存在する開発の遷移の理解をサポートすることができると考えられる．

5 まとめと今後の課題

本論文では，*Archface-U* と VCS を用いた不確かさのマネジメントサポート機構を開発プロセスの観点から提案した．また，そのサポート機構による不確かさの追跡とブランチング，マージをメリットを示唆しつつ示した．

今後の課題としては，現在のサポート機構では *Archface-U* を記述する度に手動でブランチを作成したり，マージしたりする必要があるため，不確かさの発生，解決に合わせて自動的に Git のブランチ操作を行うツールサポートを行う予定である．この自動化により，ユーザは *Archface-U* への不確かさの追加・削除と，その理由を記述するだけでマネジメントを簡潔に行うことが可能になることが考えられる．

謝辞 本研究は，文部科学省科学研究補助費基盤研究（A）（課題番号 26240007）による助成を受けた．

参考文献

[1] Allen, R. and Garlan, D.: Formalizing Architectural Connection, *Proceedings of the 16th International Conference on Software Engineering*, pp. 71–80 (1994).

[2] Elbaum, S. and Rosenblum, D. S.: Known Unknowns: Testing in the Presence of Uncertainty, *Proceedings of the 22nd International Symposium on Foundations of Software Engineering*, pp. 833–836 (2014).

[3] Famelis, M., Salay, R. and Chechik, M.: Partial Models: Towards Modeling and Reasoning with Uncertainty, *Proceedings of the 34th International Conference on Software Engineering*, pp. 573–583 (2012).

[4] Fukamachi, T., Ubayashi, N., Hosoai, S. and Kamei, Y.: Modularity for Uncertainty, *Proceedings of the 7th International Workshop on Modeling in Software Engineering*, pp. 7–12 (2015).

[5] Fukamachi, T., Ubayashi, N., Hosoai, S. and Kamei, Y.: Poster: Conquering Uncertainty in Java Programming, *Proceedings of the 37th International Conference on Software Engineering*, pp. 823–824 (2015).

[6] Magee, J. and Kramer, J.: *State Models and Java Programs* (1999).

[7] Salay, R., Chechik, M., Horkoff, J. and Di Sandro, A.: Managing Requirements Uncertainty with Partial Models, *Requirements Engineering*, Vol. 18, No. 2, pp. 107–128 (2013).

[8] Ubayashi, N., Nomura, J. and Tamai, T.: Archface: A Contract Place Where Architectural Design and Code Meet Together, *Proceedings of the 32nd International Conference on Software Engineering*, pp. 75–84 (2010).

[9] 深町拓也, 鵜林尚靖, 細合晋太郎, 亀井靖高：不確かさを包容する Java プログラミング環境, 情報処理学会研究報告ソフトウェア工学研究会報告, Vol. 2015, No. 21, pp. 1–8 (2015).

利用する過去情報の選定によるPBL向け工数見積り支援ツールの精度改善

Precision Improvement of a Man-hour Estimation Tool by Selecting Past PBL Data

齋藤 尊[*] 新美 礼彦[†] 伊藤 恵[‡]

あらまし 本研究では，学生主導で実施されるPBL(Project-Based Learning)のマネジメント支援を目的とする．ソフトウェア開発の経験が少ない学生が管理するPBLでは，特に工数見積りの甘さによるスケジュールの遅延と臨時作業の増加が発生しやすい．そこでこの問題を解決するため，CoBRA法をベースにした各成果物ごとの工数見積りを提案する．我々の過去の研究では2013年度に実施された11のPBLからデータを収集して見積りを行ったが，自動処理を行った場合の見積り精度がまだ十分ではなかった．そのため本研究では利用する工数変動要因を見直し，再度見積り実験を実施した．

Summary. In this study, it is purpose that we support students in their PBL(Project-Based Learning) management. Especially, in PBL which students manage, delay of schedule and temporary tasks are easy to happen because of unskillful man-hour estimation. So, we propose the estimation method which is based on CoBRA(Cost estimation, Benchmarking and Risk Assessment). In our previous study, we had collected 11 PBL data and estimated man-hour. However, accuracy of estimation is not enough to use for ongoing PBLs. So, in this study, we reviewed man-hour fluctuation factors which used in estimation and experimented again.

1 はじめに

現在ソフトウェア開発教育の現場ではPBL(Project-Based Learning)が注目されている．PBLとは学習者が数人から十数人のグループを作り，プロジェクトを通して問題発見・問題解決を経験させる実践型教育手法である．特にソフトウェア開発の分野では，学習者に要件定義や設計などの上流工程から開発を経験させる場合が多い．PBLは企業が行う開発とは異なり，学生等の学習者がソフトウェア開発を学習しながら行うため，ソフトウェア開発で発生するリスクが顕在化しやすいと考えられる．永田らの大学院で実施されたPBLでも開発スケジュールの遅延などの問題が複数発生している[1]．学生がプロジェクトマネジメントを行う場合，特にこの問題は顕著に現れると考えられる．また，PBLを実施している大学等の教育機関では，開発対象のソフトウェア以外にも，要件定義書や仕様書等のドキュメントやプロジェクト支援ツールのログなどを蓄積することができる．しかし現状では過去のPBLで蓄積したこれらのデータは十分には活用されていない．

筆者が過去に行った研究[2]では，大学等の教育機関で蓄積されているPBLデータを利用し各開発成果物ごとに開発工数を導出する見積りモデルを提案したが，見積り精度や実利用の際に収集できないデータを利用していたなどの問題があった．そこで本研究では収集の容易性やIPAの見積り支援ツールを参考に利用するデータを見直し，見積り精度の向上を行った．

---

[*]Takeru Saito, 公立はこだて未来大学
[†]Ayahiko Niimi, 公立はこだて未来大学
[‡]Kei Ito, 公立はこだて未来大学

2 見積り手法

2.1 見積りのコンセプト

本研究で提案する見積り手法では，PBL で作成される各開発成果物ごとに開発工数の見積りを行う．PBL は企業で行われるソフトウェア開発とは異なり，途中での人員増加が見込み難い．そのため，PBL におけるスケジュール管理では PBL 参加者は見積った各開発成果物ごとの推定工数を元に，成果物の作成予定を調整することでスケジュール管理を行う．

2.2 見積りアルゴリズム

本研究では CoBRA 法 [3] [4] を元に，見積りアルゴリズムを作成する．CoBRA 法は少量の過去のプロジェクトデータとプロジェクト熟練者の経験を元に見積りモデルを構築する見積り手法である．この CoBRA 法は，以下のモデルによって見積りを行う．

$$Effort = \alpha \times Size \times (1 + \sum(CO_i)) \tag{1}$$

式 (1) において，$Size$ は見積り対象システムの開発規模を表し，α は開発プロジェクトの生産性を示す．CoBRA 法では過去に実施したプロジェクトのデータを元に α を算出する．また CO_i は開発工数を増減させる要因となる要素が，開発工数に与える影響度合いを表している．この工数に影響を与える要因を工数変動要因と呼称する．この CO_i はソフトウェア開発熟練者の経験を元に収集を行う．

本研究では過去に実施された PBL で蓄積したデータを見積りに利用することを目的としている．加えてソフトウェア開発 PBL は一般的なソフトウェア開発プロジェクトに比べて，記録されているプロジェクトデータ件数が少ない．そのため，少量の過去データで見積りモデルを構築できる CoBRA 法は，本研究の目的に合致している．

しかし学生主導の PBL では，ソフトウェア開発熟練者の参加が見込み難いため，PBL 中に式 (1) の CO_i を収集し，見積りモデルの構築を行うのは難しい．そこで本研究では，CoBRA 法をソフトウェア開発熟練者でなくても見積りを可能とするため，過去のプロジェクトデータだけで見積りモデルを作成できるようにモデル構築法を改変する．

本研究で利用する見積りモデルは以下の通りである．

$$Effort = \alpha \times Size \times (1 + \beta \times (\sum(Data_i \times Coefficient_i))) \tag{2}$$

式 (2) の $Data_i$ は各工数変動要因の取得値，$Coefficient_i$ は各工数変動要因の実績値と実績工数の回帰係数である．そして β は $Data_i$ と $Coefficient_i$ の積を工数変動要因の影響度とするための調整用変数である．また $Size$ は式 (1) と同様，見積り対象システムの開発規模である．本研究では過去のプロジェクトで開発されたシステムのソースコードを元に，筆者が FP 試算法にて導出したものを開発規模として利用する．

また実際に見積りを行う際には，以下の手順で見積りを行う．

1. 過去のデータから式 (2) のモデルを構築する
2. 手順 1 で構築した見積りモデルを用い，過去プロジェクトの平均見積り誤差を算出する
3. 見積りモデルを用いて見積り対象プロジェクトの工数を導出する
4. 手順 3 で求めた見積り値から手順 2 の平均見積り誤差を減算し，最終見積り結果として出力する

2.2.1 見積りモデル構築法
式 (2) は以下の手順によって構築する．
1. α の算出
   本研究ではプロジェクト中で設定した予定工数が工数変動要因の影響を受けていない状態での見積り結果であると仮定する．そこで蓄積されているソフトウェア開発プロジェクトのデータから得た，FP 算算法で算出した FP と過去の各プロジェクトにおける予定工数を用いて生産性 α を導出する．α は最小二乗法より導出した回帰係数を代入することで導出する．
2. 多重共線性の排除
   工数変動要因の取得値同士の相関性を調べ，相関係数の絶対値が 0.95 以上あった工数変動要因群のうち，始めに取得した工数変動要因以外を見積り用データから除外する．
3. $Coefficient_i$ の算出
   予測工数と実績工数の差と，多重共線性を排除した各工数変動要因の取得値を単回帰分析する．それぞれの工数変動要因に対応した回帰係数を $Coefficient_i$ として取得する．
4. β の算出
   先の手順で算出した α，$Coefficient_i$ を利用し，単回帰分析を行う．単回帰分析により取得した回帰係数を β に代入する．

2.3 利用データ

著者らの以前の研究 [2] で，過去の 11 の PBL について，バージョン管理システム Subversion およびプロジェクト管理システム Redmine に保存されていた記録から，見積りに利用可能なデータを 31 種類収集し，これらのデータを用いて 2.2.1 節の見積りモデルを作成し，見積り実験を行った．しかしコミット数やレビュー指摘事項数など対象成果物作成前に収集することが難しい工数変動要因を利用していたため，本研究で開発中の見積り支援ツールを実際の PBL 実施中に利用できなかった．

そこで本研究では見積り対象成果物の作成前に収集できるよう，収集データの見直しを行った．また本研究では IPA が提供する見積り支援ツール [4] [5] を参考に，新たな工数変動要因の収集を行った．その結果，本研究における利用データは開発工数および開発規模を含む，表 1 の 29 種類である．

表 1 において，Grade は参加者の技術力の目安として利用する．また表 1 のうち，Requirement, PMExp, LikelySys, Purpose, Reliability, MeetSchedule, UC, AddiJobTime, StakeHolder, ConcuProj が本研究にて新たに収集した工数変動要因である．これらを含む全ての開発工数，開発規模および工数変動要因は Redmine のチケットや議事録，Subversion のログから筆者が手作業で収集した．これまでの研究 [2] では対象 PBL の開発種別を Type という 1 つの工数変動要因に，新規開発ならば 1，再開発ならば 2，機能追加および修正ならば 3 という値を代入した．しかしカテゴリデータである Type の値に数値を割り振った場合，カテゴリ間に不適切な順序が発生してしまうため，カテゴリごとに工数変動要因を分割し，該当するものにのみ 1 を代入するように変更した．そのため，例えばプロジェクト A の開発種別に関するデータは Type という工数変動要因に 1 という値を代入していたが，本研究では Type_NewDevelopment という工数変動要因に 1 を代入した．

3 実験
3.1 実験結果

表 1 の新規に設定した工数変動要因を開発が完了した 11 プロジェクトから収集した．この収集したデータを元に見積り実験を実施した．この見積り実験では交差

表 1　本研究で利用するデータ

	収集時期	データ名	説明
開発工数	既存	Estimated	対象PBLで見積もった作業工数 (人日)
	既存	Actual	実際にかかった作業工数 (人日)
開発規模	既存	FPTrial	FP試算法で算出した開発ソフトウェアの規模
	既存	FPApproxi	FP概算法で算出した開発ソフトウェアの規模
工数変動要因	新規	Requirement	顧客からの要求数
	新規	PMExp	プロジェクトマネージャのマネジメント経験 (参加者中に経験者が一人でもいたら1, そうでなければ0)
	新規	LikelySys	類似システムの調査数
	既存	Grade	参加者の学年平均 (大学院生は学年+4とする)
	既存	ProExp	ソフトウェア開発プロジェクトの経験者数
	既存	PBLExp	PBLの経験者数
	既存	Type_NewDevelopment	新規開発であるか否か (新規開発であれば1, そうでなければ0)
	既存	Type_Redevelopment	既存システムの再開発であるか否か (再開発であれば1, そうでなければ0)
	既存	Type_AdditionAndCorrection	修正や機能追加であるか否か (修正・追加であれば1, そうでなければ0)
	既存	Purpose	開発目的が明確であるか (明確であれば1, そうでなければ0)
	既存	IsFormat	対象成果物作成にあたって, テンプレートを用意していたかどうか (テンプレートがあれば1, そうでなければ0)
	既存	CycloCompSum	各メソッドの循環的複雑度の総和
	既存	CycloCompAve	各メソッドの循環的複雑度の平均
	新規	Reliability	定義したシステム可用性に関する言及が記録されているか (あれば1, そうでなければ0)
	新規	MeetSchedule	作業開始から予定している顧客打ち合わせまたは発表会までの日数
	新規	UC	システムのユースケース数
	既存	HearlingNum	これまでに実施したヒアリングの数
	新規	AddiJobTime	規定された時間外での追加作業予定の時間数
	既存	Num	参加人数
	新規	StakeHolder	ステークホルダーの種類数
	既存	WorkPasona	1タスクあたりの担当者数平均
	既存	Importance	Redmineに記録された対象成果物作成に関わるチケットの重要度の平均 (重要度は"低い"を1, "普通"を2, "高め"を3, "急いで"を4, "今すぐ"を5と設定)
	既存	IdentifyProb	見積り対象成果物作成に関して, 事前に洗い出した問題点の個数
	既存	ConcuTask	参加者が同時に担当しているタスクの平均
	新規	ConcuProj	参加者が同時に参加しているプロジェクトの平均

検定法を用い，11 プロジェクト一つひとつが評価データ，それぞれの場合の残り 10 プロジェクトが教師データとなるよう，計 11 回の見積りを実施した．その結果，各プロジェクトの見積り工数と実績工数，見積りの絶対誤差は表 2 の通りとなった．

表 2　見積り結果

プロジェクト	A	B	C	D	E	F	G	H	I	J	K
本実験の見積り結果	165.6	168.1	41.7	863.7	1249.3	36.1	10.2	20.4	-31.2	19.1	-39.9
これまでの見積り結果	220.1	220.9	-42.22	160.7	-1590	302.3	214.1	370.3	45.92	-320.1	2015
本実験の見積り誤差	49.4	28.1	178.3	453.7	410.7	26.1	0.2	10.4	39.2	372.9	743.9
これまでの見積り誤差	5.1	80.9	-262.22	-249.3	-3250	292.3	204.1	360.3	37.92	-712.1	1311
実績工数	215	140	220	410	1660	10	10	10	8	392	704

表 2 よりプロジェクト B，C，E，F，G，H，J，K に関しては，これまでの見積り実験の結果よりも本実験で行った見積り実験の結果のほうが実績工数との誤差が少ないことがわかる．また表 2 より，本実験での工数誤差の平均値は-115.9908 人日，中央値が-39.20563 人日となった．

3.2　評価と考察

これまでの研究 [2] では工数誤差の平均値は-197.9 人日となっていたため，およそ 80 人日ほどの精度の改善が見られた．しかし開発メンバの人数を踏まえて実際の日数に換算すると，予定終了日と実際の終了日におよそ 16 日のずれがあることになる．PBL は一般的に最大 1 年を活動期限とする場合が多いため，現状の精度での実用化は難しい．

ここで見積りを行った際の各工数変動要因の影響度を表 3 に，各プロジェクトの見積り時の α と β および平均見積り誤差を表 4 に示す．また α の平均値は 0.183，β の平均値は 0.00257 である．

表 3 の影響度は各工数変動要因と実績工数の間の回帰係数である．例えば表 3 より，影響度の絶対値は工数変動要因 Num が最も高い値を示しており，また IdentifyProb が最も低い値を示している．表 4 の α，β は式 2 の α，β であり，平均見積り誤差とは 2.2 節の見積りを行う際の手順 2 で算出した過去プロジェクトの平均見積り誤差

表3　各工数変動要因の影響度 (降順)

工数変動要因	影響度
Num	0.926
MeetSchedule	0.903
Type_Redevelopment	0.867
LikelySys	0.858
ProExp	0.802
HearlingNum	0.793
WorkPasona	0.782
Type_NewDevelopment	-0.749

工数変動要因	影響度
AddiJobTime	0.730
Reliability	0.714
PBLExp	0.626
Grade	-0.478
CycloCompSum	0.454
UC	0.412
ConcuTask	-0.381
StakeHolder	0.270

工数変動要因	影響度
CycloCompAve	0.220
ConcuProj	-0.169
Type_AdditionAndCorrection	0.153
Purpose	-0.151
Importance	0.137
PMExp	0.117
Requirement	0.107
IsFormat	0.105
IdentifyProb	-0.0252

表4　各プロジェクト見積り時の α と β および平均見積り誤差の値

	A	B	C	D	E	F
α	0.187	0.186	0.152	0.198	0.290	0.218
β	0.00303	0.00436	0.00481	0.00446	-0.00311	0.00283
平均見積り誤差	6.77	84.3	-122	510	-355	82.2

	G	H	I	J	K
α	0.189	0.194	0.131	0.194	0.0750
β	0.00328	0.00317	0.00703	-0.000442	-0.00107
平均見積り誤差	56.4	66.6	16.9	-317	-688

である．例えば表4より，プロジェクトAの見積りを行った場合には α，β はそれぞれ 0.187, 0.00303 という値で式2のモデルを構築しており，工数誤差を減らすため，6.77 を見積りモデルの導出値から減算した．

ここで，表2より，プロジェクト I, K の見積り結果が負の値を示しているが，見積り結果は推定作業工数であるため適切な値ではない．これは表3, 4 より負の値をとった β や平均見積り誤差，工数変動要因の影響度などが過剰に見積り工数の値を減少させたと考えられる．そのため見積りアルゴリズムを見直し，必ず正の値で算出結果を出すよう修正する必要がある．

表2より，本実験ではプロジェクト D, E, J, K が特に大きな誤差を発生させていることがわかる．そこで表4より，プロジェクト D, E, J, K が見積り対象であった際の平均見積り誤差の値の絶対値がどちらも他のプロジェクトに比べて大きいことが分かる．これは本来精度向上のため行っている見積り誤差分の減算が見積り値に悪影響を及ぼしていることを意味している．そのため，より高い精度の見積りを行うためにはこの外れ値をとったプロジェクトを精査し，誤差の修正方法に関しても検討する必要がある．

また表2より見積り誤差が比較的少ないプロジェクト A, B, F, G, H, I はどのプロジェクトも実績工数が 250 人日よりも少なく，ごく短い期間で実施されたプロジェクトであることがわかる．そのため本見積り手法では短期の PBL では絶対誤差が小さくなることが分かった．しかし，それら短期の PBL でも相対誤差は平均 150%ほどであるため，まだ精度向上が必要である．

また 2.2.1 節の見積りモデル構築法の手順2では，多重共線性を排除するため相関性の高い複数の工数変動要因群を1種を除いて見積り用データから除外している．しかし表1および表3より，工数変動要因である25種類のデータの工数に対する影響度がすべてが，表3中に揃っている．これはモデル構築法手順2でどの工数変動要因も除外されておらず，すべての工数変動要因が見積りに利用された状態でモデルが構築されたことを示している．過去の実験 [2] では 3, 4 種類の工数変動要因が見積りから除外されていたため，本研究で収集したデータは多重共線性が低く，十分にデータが利用できたことがわかった．そのため，本研究で行った収集データの選定が見積りに対し有効に作用した．

4 おわりに

　ソフトウェア開発を行う PBL では特に学生がプロジェクトマネジメントを行う場合，学習しながらの開発であるためリスク管理やスケジュール管理が不十分となり易い．これまでの研究 [2] では過去に実施された PBL から得られたデータを元に見積り工数を算出するモデルを開発したが，見積り精度が不十分であった．そこで本研究では利用するデータを見直し，見積り精度の改善を行った．

　本研究では CoBRA 法を元に，過去に実施された PBL のデータから作業工数に影響を及ぼす要因の影響度を算出し，その影響度と過去の PBL の収集データを元に見積りモデルを作成する．この見積りモデルを作成するにあたり，過去の 11 プロジェクトから実績工数と開発規模，そして工数変動要因を計 29 種類のデータとして収集した．収集したデータより見積り実験を行った結果，見積り結果と実績工数の絶対誤差は平均で約-116 人日となった．

　本研究では 80 人日ほど精度が向上したが，現状の見積り精度ではまだ実運用には適していない．また工数変動要因を含めた各データの収集・算出を筆者が手作業で行ったため，その精度や妥当性が十分でない可能性がある．そのため，今後は精度向上に向け工数変動要因の影響度の設定方法を含めた見積りモデルの修正，FP 算出方法を含めたデータ収集の仕方に関して検証と修正が必要である．また見積り支援ツールとしての有用性の検証として，既存の見積り支援ツールとの比較実験も必要である．

参考文献

[1] 永田佑輔, 山戸昭三, "1706 PBL で発生した問題とその解決事例 (一般セッション)," プロジェクトマネジメント学会研究発表大会予稿集, vol. 2011, pp. 504-506, Mar. 2011.

[2] 齋藤尊, 過去の PBL の情報を用いた工数見積り支援ツールの開発, 平成 26 年度 公立はこだて未来大学卒業論文.

[3] "CoBRA 研究会." [Online]. Available: http://cobra.mri.co.jp/. [Accessed: 18-Jun-2015].

[4] 中村宏美, "ＣｏＢＲＡ法に基づく見積り支援ツール―プロジェクトの定量的見積り評価を易しく支援するＷｅｂツールの提供―:―プロジェクトの定量的見積り評価を易しく支援する Web ツールの提供―," SEC journal, vol. 5, no. 6, pp. 377-379, 2009.

[5] 独立行政法人 情報処理推進機構ソフトウェア・エンジニアリング・センター, "CoBRA 法に基づく見積り支援ツール." [Online]. Available: http://sec.ipa.go.jp/tool/cobra/. [Accessed: 20-May-2015].

形式仕様に基づくテストケースの
自動生成支援ツールの開発
Development of a Support Tool for Automatic Test Case Generation from Formal Specification

池田 逸人[*] 　Ye Yan[†] 　劉 少英[‡]

Summary. Software testing is a time-consuming activity and automatic testing is a desirable solution to this problem. In this paper, we describe a software supporting tool for automatic test case generation from formal specifications written in the Structured Object-oriented Formal Language (SOFL). We discuss the algorithms for generating test cases from atomic predicates and their conjunctions that may involve various operations on data items of various data types such as set, sequence, and composite types. We describe the details of the software tool by presenting the three major functions implemented: (1) editing a SOFL specification, (2) generating test cases from the specification, and (3) managing test cases in files. We also present an experiment to show that our tool can significantly save time in test case generation.

1　まえがき

現代社会においてソフトウェアは，交通システム，医療機器，ATM等の様々な分野で利用されている．これらのソフトウェアは，プログラムのエラーやバグでシステムが停止することはあってはならない．そこで形式仕様記述言語を使って仕様を定義することで，厳密に仕様を定義してテストをすることが出来る[1]．しかし形式仕様は記述方法が難しく，書くのに時間がかかるという問題点が存在する．そこで，オブジェクト指向やデータフロー図に対応した形式工学手法であるSOFLを使うことで，記述方法が難しいという問題を解決することが出来る[2]．しかし，時間がかかることは解決できていない．テストの自動化の1つとして，形式仕様であるObject-Zから自動的にテストケースを生成する研究がある[3]が，この研究では，ツールを作成していないため問題を解決することはできない．本研究では，SOFL形式仕様からテストケースを自動生成するツールを開発することで，テストに費やす時間を削減することを試みた．

2　形式仕様とテストケース生成

SOFL形式仕様からテストケースを部分的に自動生成することを試みる．SOFL形式仕様記述では，プログラムの操作をprocessで定義する．processでは，入力変数と出力変数のそれぞれの変数名と型，事前条件であるpre-conditionと事後条件であるpost-conditionを定義する．次の図1はSOFL形式仕様の一例である．

```
process example1 (array : seq of int) message : string
pre len(array) > 1
post hd(array) >= 0 and message "配列の先頭要素は0以上" or
     hd(array) < 0 and message="配列の先頭要素は0未満"
end_process;
```

図1　SOFL形式仕様の例

---

[*]Hayato Ikeda, 法政大学情報科学研究科
[†]Ye Yan, 法政大学情報科学研究科
[‡]Shaoying Liu, 法政大学情報科学研究科

図1のprocessは，配列の先頭要素を値によって文字列を変えて出力するプログラムの操作を定義している．入力変数がseq of int型，即ち整数の列型のarray，出力変数がstring型，即ち文字列型のmessage，pre-conditionとpost-conditionが定義されている．lenは，列の要素の数を得る演算子であり，hdは列の先頭要素を得る演算子である．

テストケースは様々な意味合いがあるが，入力変数の具体的な値をテストケースとする．テストケースの生成は，pre-conditionとguard-conditionを組み合わせたtest-conditionを満たすような入力変数のテストケースを生成する．guard-conditionはpost-conditionの入力変数に関する条件である．例えば，図1の形式仕様のtest-conditionは，次のようになる．

$$\text{len(array)} > 1 \text{ and } \text{hd(array)} >= 0 \text{ or}$$
$$\text{len(array)} > 1 \text{ and } \text{hd(array)} < 0$$

pre-conditionが「len(array) > 1」でguard-conditionが「hd(array) >= 0」と「hd(array) < 0」の2つであるため，test-conditionは上のようになる．このtest-conditionを満たす入力変数の値がテストケースとなる．例えば，「array = [2,5,6]」がテストケースである．本研究では，自動的にtest-conditionからテストケースを生成することを試みた．

3 テストケース生成方法
3.1 原子論理式からテストケース生成

原子論理式でのテストケースは，演算子と値と型によって生成する．例えば，x > 0ならば，値が2で演算子が「>」であるので「x = 2」のようなテストケースを簡単に生成することができる．しかし，次のような複数の演算子を含む論理式のテストケースを自動的に生成することは困難である．

$$card(union(a,b)) > 3 \tag{1}$$
(a,bはset of int型，即ちint型の集合を表す2つ入力変数とする)

unionは2つの集合の和集合をとる演算子，cardは集合の要素の数を取得する演算子である．テストケースの自動生成は，演算子が増えるほど難しくなると考えられる．そこで，次のように演算子と対応するオペランドを1つの仮のオペランドとおいて，最終的に演算子を1つにすることでテストケースは生成することができる．例えば，(1)の原子論理式のテストケースは次のように求めることができる．

$$A = union(a,b) \text{ とおく}$$
$$card(A) > 3$$
$$A = \{1,2,5,6\}$$
$$union(a,b) = \{1,2,5,6\}$$
$$a = \{1,2\}, b = \{5,6\}$$

「union(a,b)」の結果をAという仮のオペランドとおくことで，「card(A) > 3」からAの具体的な値を求めることができる．Aはint型の要素が3つよりも多い集合であることがわかり，それを満たす値「A = {1,2,5,6}」のような値を求めることができる．次に求めたAをもとの論理式に戻すことで，入力変数a,bの具体的な値を求めることができる．このような方法でテストケースの生成を行うために，必要な手順は次のようになる．

- 逆ポーランド記法にする
- スタックに積んで演算子を1つにする

- オペランドの値を求める

3.1.1 逆ポーランド記法へ変換する

原子論理式を逆ポーランド記法に変換する．逆ポーランド記法に変換することで演算子を適用する順番を知ることができる．

3.1.2 演算子を1つにする

条件を読み取るときに，オペランドはスタックにプッシュする．演算子を読み取ったとき，スタックから演算子に対応するオペランドをポップし，オペランドと演算子の結果を1つの仮のオペランドとおいてスタックにプッシュする．最終的に演算子を1つにすることができる．例えば，この方法を (1) に適用すると次のようになる．

$$a\ b\ union\ card\ 3\ >\quad []\qquad(2)$$
$$union\ card\ 3\ >\quad [a\ b]\qquad(3)$$
$$card\ 3\ >\quad [A]\qquad(4)$$
$$3\ >\quad [B]\qquad(5)$$
$$>\quad [B\ 3]\qquad(6)$$
$$[C]\qquad(7)$$

表1 仮のオペランドと元の式

仮のオペランド	式	型
A	a b union	set of int
B	A card	int
C	B 3 >	int

(1) の論理式を逆ポーランド記法に変換した式が (2) であり，式の横にある [] はスタックの中身である．a と b はオペランドであるため，スタックにプッシュする．(3) で union を読み取った場合，union は演算子であるのでスタックにある引数 a,b と union の結果を1つの仮のオペランド A と置いてスタックにプッシュする．その結果が (4) である．同様に，(4) で card を読み取った場合，card は演算子であるのでスタックにある引数と union の結果を1つの仮のオペランド B と置いてスタックにプッシュする．その結果が (5) である．3 はオペランドであるため，スタックにプッシュする．最後に，(6) で > を読み取った場合，> は演算子であるのでスタックにある引数と > の結果を1つの仮のオペランド C と置いてスタックにプッシュする．これで，テストケースの生成の準備が完了した．次は，スタックの1番上の仮のオペランド C を元の式に戻してテストケース生成を行う．

3.1.3 演算子によるテストケースの生成

演算子を1つにできたら，論理式を満たす具体的な値を求める．求めたものが仮のオペランドだった場合は，元の式についても考える．スタックの1番上の仮のオペランドは C であるので，元の式である以下の論理式について考える．

$$B\ >\ 3\qquad(8)$$

演算子は「>」であり結果が「3」であることから，式を満たす B は，3 よりも大きい値をランダムで生成する．この方法によって論理式を満たす値「B = 4」を求めることができる．「B」は仮のオペランドであるので，元の式についても考える．

$$B\ =\ card(A)\ =\ 4\qquad(9)$$
$$A\ =\ \{2,3,4,-5\}\qquad(10)$$

演算子は「card」であり結果が「4」であることから，集合の要素の数が 4 となるような集合 A を求める．要素の値は int 型であるので，int 型のランダムによって生成する．この方法によって論理式を満たす値「A = {2,3,4,-5}」を求めることができる．同様に「A」は仮のオペランドであるので，元の式についても考える．

$$A = union(a,b) = \{2,3,4,-5\} \qquad (11)$$
$$a = \{2,3\} \quad , \quad b = \{4,-5\} \qquad (12)$$

演算子は「union」であり結果が「A = {2,3,4,-5}」であることから，a,b の和集合が {2,3,4,-5} となるような a,b を求める．よって，上の論理式を満たす値「a = {2,3}, b = {4,-5}」を求めることができる．最終的に，論理式 (1) を満たす a,b を求めることができ，これらの値がテストケースとなる．

このように，演算子によって論理式を満たす値を求めることができる．

3.2 test-condition からテストケース生成

test-condition は選言標準形である．生成するテストケースは，test-condition の連言標準系の項の数だけ求める．test-condition の項は「Q1 or Q2 … or Qn」の Q が項である．例えば，図 1 の test-condition の項は，「len(array) > 1 and hd(array) >= 0」と「len(array) > 1 and hd(array) < 0」の 2 つであるので，それぞれの項の条件を満たすような 2 つのテストケースを求める．

3.2.1 論理積からテストケース生成

test-condition の選言標準系の項 Q は「P1 and P2 … Pn」のような連言節である．このような and を含む論理式からテストケースを求める手順を次に示す．

- (a) P1 を満たす入力変数のテストケースを節 3.1 の方法によって生成する
- (b) (a) で求めた入力変数は，P2〜Pn に代入する
- (c) P2〜Pn に，(a),(b) を適用する

このとき，手順 (b) によって，原子論理式 P が入力変数を含まなくなる場合がある．その時は，原子論理式 P が真であるかどうかを判断する．原子論理式 P が真であれば次の原子論理式に手順 (a),(b) を適用し，偽であれば生成は失敗である．P1〜Pn に方法を適用できれば，テストケースの生成できたことになる．次はテストケース生成に成功した一例である．

$$x > 0 \text{ and } y > 0 \text{ and } y > x \qquad (13)$$
$$1 > 0 \text{ and } y > 0 \text{ and } y > 1 \qquad (14)$$
$$1 > 0 \text{ and } 2 > 0 \text{ and } 2 > 1 \qquad (15)$$

(13) の式の，原子論理式「x > 0」から「x = 1」を求める．そして，すべての x に 1 を代入すると (14) のようになる．さらに，(14) の原子論理式「y > 0」から「y = 2」を求める．そして，すべての y に 2 を代入すると (15) のようになる．論理式は真であるので，テストケースの生成に成功した．

しかし，求めた値によっては論理式を満たさない場合がある．例えば，先程の方法と同様にして，「x = 2，y = 1」を求めると，論理式「1 > 2」が偽であるので，テストケース生成に失敗した．このとき生成前の式に対して，結合法則を利用して，手順 (a) で原子論理式のテストケースを求める順番を変えることができる．よって，P1〜Pn から n つを選ぶ順列をすべて試す．次は順番を変えることでテストケース生成に成功した一例である．

$$x > 0 \text{ and } y > x \text{ and } y > 0$$
$$2 > 0 \text{ and } y > 2 \text{ and } y > 0$$
$$2 > 0 \text{ and } 3 > 0 \text{ and } 3 > 0$$

原子論理式に方法を適用する順番を変えることで，上の例のように，テストケースが生成しやすくなる場合がある．それでもテストケースを生成できない場合は，仕様を満たす値が生成できないため値を「nil」として生成する．

4 評価実験

形式仕様の pre-condition と post-condition からテストケースを生成するツールを開発し，手動でテストケースを生成する時間とツールを使ってテストケースを生成する時間の比較を行った．

4.1 ツールの概要

今回開発したツールは，ウィンドウに SOFL 形式仕様が書かれたテキストを読み込み，生成されたテストケースを別のウィンドウに表示する．ツールを起動すると仕様を入力する画面が表示される (図 2)．

図 2 ツールの仕様記述画面とテストケース表示画面

メニューバーの Run ボタンを押すと，テストケースの生成を行う．生成が終わったとき，別ウインドウにテストケースが表示される．画面左下の「Save as xlxs file」ボタンを押すと，表示されたテストケースがエクセルファイルとして保存される．

4.2 実験

本紙で提案したテストケース自動生成が手動と比較してどれくらい速くなるのかを比較するために，次の 2 つの手法を用いて計測して結果を比較する．

- 手動で形式仕様の test-condition からテストケースを生成する
- ツールを用いて形式仕様の test-condition からテストケースを生成する

1 つ目は，形式仕様の test-condition から手動でテストケースを生成する．2 つ目は，節 4.1 で述べたツールを用いて形式仕様の test-condition からテストケースを生成する．仕様を見てからテストケースを求めるまでの時間を記録する．

今回の実験では，JR の交通システムである Suica カードのシステムの切符を買う機能を形式仕様で定義した (図 3)．

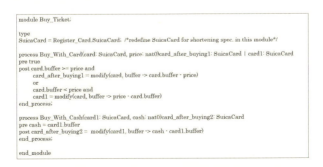

図 3 Suica カードのシステムの切符を買う機能

図 3 が，JR の交通システムである Suica カードのシステムの切符を買う機能の形式仕様である．process は Buy_With_Card と Buy_With_Cash の 2 つである．Buy_With_Card は Suica カードで切符を買うときの仕様であり，Buy_With_Cash は，Suica カードに対して切符を現金で買うときの仕様である．これらの process の pre-condition と post-conditon から test-condition を求め，test-condition からテストケースを生成して，2 つの process のテストケースを生成が終わるまでの時間を記録する．そして，実験結果は次の表 2 のようになった．

表 2 実験結果

	手動 (秒)	ツールを利用 (秒)	倍率
生成時間	561	59	9.508

表 2 の結果から，ツールを用いるほうがテストケースの生成時間が手動より約 9.5 倍速いことがわかった．今回の実験を行うことで，手動によるテストケースの生成は，型や条件を確かめながら生成しているため想定していたよりも時間がかかることがわかった．このことから，テストケースの自動生成が実現することでテストケースの生成時間を大幅に短縮できることを確かめることができた．

5 考察と今後の課題

ソフトウェアテストに多くのコストと時間がかかるという問題を解決するために，SOFL 形式仕様からテストケースを自動生成するツールを開発することで，テストに費やす時間を削減することを試みた．そこで，テストケースを手動で生成する場合とツールを用いて生成する場合の時間を比較した．実験結果からツールを用いるほうがテストケースの生成時間が手動より数倍速いことがわかった．よって，テストケースの自動生成によって，テストの時間を短縮できると考えられる．しかしながら，自動生成は仕様に少しでも誤りがある場合に，正しいテストケースを生成することができないため，自動生成は万能ではないと考えられる．また，Alloy の SATsolver を利用してテストを行う研究 [4] のように，SOFL 形式仕様の SATsolver を作ることで，プログラムや仕様の検証を自動化することが期待される．

6 むすび

演算子と値と型によって原子論理式を満たすような値の生成を試みた．そして形式仕様から test-condition に変換し，原子論理式からテストケース生成する方法を利用して，テストケースの生成を実現した．評価実験として，手動でテストケースを生成した場合とツールを用いてテストケースを生成した時間を比較した．実験結果から，自動生成することで手動で生成するよりも速いことがわかった．

謝辞 本研究は JSPS 科研費 26250008 の助成を受けたものです．

参考文献

[1] Phill Stock and David Carrington, "A Framework for Specification-Based Testing", IEEE Transactions on Software Engineering, Vol. 22, No. 11, 1996.
[2] Shaoying Liu, "Formal Engineering for Industrial Software Development Using the SOFL Method", Springer, 2004.
[3] Adnan Ashraf, Aamer Nadeem, "Automating the Generation of Test Cases from Object-Z Specificatioins", IEEE Computer Society, pp. 101 - 104, 2006 .
[4] Khalek, S.A. , Guowei Yang ,Lingming Zhang, Marinov, D. ,Khurshid, S. , " TestEra: A Tool for Testing Java Programs using Alloy Specifications", IEEE Automated Software Engineering, pp. 608 - 614, 2011 .

業務システム向けの分岐網羅テストケースの生成方式
A Testcase Generation Method to Cover Branches for Business Applications

前田 芳晴[*]　佐々木 裕介[†]　上原 忠弘[‡]　平 敬造[§]　山口 和紀[**]

あらまし　業務システムの単体テストの効率化に向け，少数で高い分岐網羅を達成するテストケースを記号実行に基づいて生成するパス探索方式を提案する．提案手法は，分岐通過回数を利用して未通過の分岐を優先して選択することにより分岐網羅を向上し，重複判定ルールを利用して同一パスの重複生成をスキップすることによりパス探索回数を抑制する．提案方式を実際の業務システムに適用した結果，従来のDFSと同等のテスト網羅を少ないテストケース数で達成できた．

1　はじめに

ソフトウェアの品質を確認し向上させるため，テストを十分に実施する必要がある．しかしながら，テストは手間と時間がかかるため，ソフトウェア開発プロジェクトのコストを増大させる要因となっている．テスト作業は，1)テストケースの設計，2)テスト入力の作成，3)期待値の作成，4)実行環境の構築，5)テストの実行，6)実行結果の確認，7)テスト失敗の対応，を反復して行う．このうち4～6にはxUnitといったテストフレームワークや継続的インテグレーションツール等を用いて効率化が図られているが，テスト作業が高コストであることは主に1～3に起因すると考えられる．

テスト作業の1と2に対して，1970年代から記号実行を利用したテストケースとテスト入力の生成が研究されてきた[1]．近年，制約ソルバやコンピュータ能力の向上，および，動的記号実行(Dynamic Symbolic Execution :DSE)の考案[4]などが要因となって記号実行によるテスト生成の研究が活発化した[2,3,5,6]．DSEは，具体値入力でのプログラム実行時に入力変数の記号値に関する制約を収集し，この制約を解いて次の入力値を算出する方式である．DSEに対して従来の記号実行は静的記号実行と呼ばれる．

記号実行によるテスト生成では，抽出された実行可能パスがテストケースに該当するので，どんなパスを抽出するかを決定するパス探索方式の選択が重要である．探索方式には，深さ優先探索(Depth First Search :DFS)[2,3]，ランダム探索[5]，網羅向上を目指したヒューリスティック探索[5,9,10]などがある．DFSはパス網羅基準でパス探索し，我々のSEA4COBOL[7]を含め多くのツールで採用されているが，パス網羅のためパス数が多く，特にループ脱出条件が不定な場合にパス爆発が発生する．ランダム探索は実装が単純な割に一定の網羅率を達成できるが，深い分岐まで到達するパスの抽出が難しく，また重複パスを繰返して生成する．ヒューリスティックな方式はCFG(Control Flow Graph)やFitness値を利用して未探索分岐までパスを誘導するが，パス誘導のためにCFG等の特別な計算を必要とする．Liらは，長さnサブパス網羅という基準で探索を操作する方式を

---

[*]　Yoshiharu Maeda, (株)富士通研究所，システム技術研究所
[†]　Yosuke Sasaki, (株)富士通研究所，システム技術研究所
[‡]　Tadahiro Uehara, (株)富士通研究所，システム技術研究所
[§]　Keizo Hira, (株)富士通ミッションクリティカルシステムズ
[**]　Kazunori Yamaguchi, 富士通アプリケーションズ(株)

提案した[11]．これは n=1 で分岐網羅，n=無限大でパス網羅となり，従来方式より高網羅を達成できるが，パス探索中に全ての分岐で探索状態を保持する必要がある．

我々は記号実行によるテスト生成を業務システムの単体テストに適用し，テスト作業の効率化を図っている．先の報告[7]では DFS を使用したが，単体テストではパス数の増加に伴ってテスト作業 3 の期待値設定のコストが増加するので，パス数の多さがテスト効率化での課題となった．そこで本論文では，単体テストを対象にテスト作業 1〜3 を効率化するため，少数のパスで高いテスト網羅を実現するパス探索方式を提案し，実際の業務システムに適用した結果を示す．

本論文の貢献は以下である．

- パス探索時に各分岐の選択回数をカウントし，分岐条件が不定の場合に選択回数の少ない分岐を選択して分岐網羅を向上させるパス探索方式を提案すること．提案方式では，重複パス生成を抑制するために重複判定ルールを導入した．
- 提案方式の制限に起因する探索不能なパスを抽出するため，および，業務システムの入力チェックの条件分岐に起因するパスの増加を抑制するために，変数に制約を外部指定できるようにしたこと．
- 提案方式を実装して実際の業務システムの単体テストに適用し，DFS と同等のテスト網羅率をより少数のパスで実現できることを確認したこと．また，Interdevelop designer for COBOL[8]に適用し，入力チェックがあってもパス数を増大させずに高い分岐網羅を実現できることを確認したこと．

2 提案方式
2.1 パス抽出とパス収集の方式

提案方式のパス抽出は，静的記号実行と同様に，入力変数に記号値を設定しプログラムに従って文を実行して終了文までのパスを抽出する．違いは条件分岐での分岐選択方法である．本方式は抽出済みパスでの各分岐の選択回数をカウントし，分岐条件が不定の場合に回数の少ない方の分岐を選択する．ここで，分岐条件が不定とは，条件に記号値が含まれるため条件および逆条件が共に充足可能な場合である．条件は分岐文の条件と経由済みパス条件の連言である．条件の充足可能性は SMT ソルバで判定する．

パス収集は上記パス抽出をプログラム始点から繰返し，分岐網羅が向上したパスだけを収集する．終了条件は，1)フル分岐網羅となる，2)全分岐条件の真偽が確定，3)分岐網羅率が指定回数間で不変，4)探索の回数や時間やメモリ量が上限となる，の選言である．

図 1 の例 1 を題材に提案方式と他方式でのパス数を比較する．例 1 は 3 個の入力を分岐条件とする独立な if 文が連続する．DFS でのパス数は，独立な if 文毎に 2 分岐あるので $2^3=8$ 個であるが，5 個目のパス抽出でフル分岐網羅となる．DSE では，具体値実行でのパス条件をパス終点の方から順に逆条件とすることで 3 個の具体値を生成し，合計 4 個のパスでフル分岐網羅となる．一方，提案方式では，if 分岐の選択回数が同じ場合は then を選択とすると，1 回目のパスは全ての if 文の then を通過し，選択回数は全 if 文で {then, else}={1,0} となる．2 回目のパスは，分岐選択回数の少ない else を選択するパスとなるので，2 個目のパスでフル分岐網羅となる．

2.2 重複判定ルールによる重複パスの抑制

提案方式は，図 1 の例 2 のように，終点が複数あり分岐途中でパスが終了するプログラムを対象とすると，同一パスを重複して抽出してしまう．図 2(a)は，例 2 を対象とした場合のパス抽出の過程を上の行から順に示す．図 2(a)からパス抽出 8 回目でフル分岐網羅となるが，8 個のパスのうち 4 個は抽出済みパスと重複することが分かる．

A Testcase Generation Method to Cover Branches for Business Applications

例1）独立なif文が連続
```
01: void ex1(int x1,x2,x3) {
02:   if (x1 < 0)
03:     print('error on x1');
04:   else
05:     print(x1);
06:
07:   if (x2 < 0)
08:     print('error on x2');
09:   else
10:     print(x2);
11:
12:   if (x3 < 0)
13:     print('error on x3');
14:   else
15:     print(x3);
16: }
```

例2）if文のThen分岐で中断
```
01: int ex2(int x1,x2,x3){
02:   if (x1 < 0)
03:     return ABORT;
04:   else
05:     print(x1);
06:
07:   if (x2 < 0)
08:     return ABORT;
09:   else
10:     print(x2);
11:
12:   if (x3 < 0)
13:     return ABORT;
14:   else
15:     print(x3);
16:
17:   return x1+x2+x3;
18: }
```

例3）2回以上のループが必要
```
01: void ex3(int limit, x){
02:   int idx = 1;
03:   while (idx < limit) {
04:     if (idx < 2)
05:       print("2回未満");
06:     else
07:       print("2回以上");
08:     idx = idx + 1;
09:   }
10:   if (x < 10)
11:     print("10未満");
12:   else
13:     print(""10以上");
14:}
```

例4）入力チェックのある例
```
01:int ex4(char x[3])
02:   boolean chk = check(x);
03:   if (chk)
04:     return gyoumu(x);
05:   else
06:     return CHECK_ERROR;
07:}
08:boolean check(char x[3]){
09:   for (i=0; i < 3; i++) {
10:     if !('A'<=x[i] && x[i]<='Z')
11:       return false;
12:   return true;
13:}
14:int gyoumu(char x[3]) {
15:   if (x[0]=='A' && X[1]=='B')
16:     return OK;
17:   else
18:     return NG;
19:}
```

図 1 テスト生成対象のプログラム例1～例4．Javaライクに記述．

(a)例2を対象とした場合のパス抽出の過程．パス番号に下線のあるパスは，重複して抽出されたパス

抽出回数	パス番号	パス（通過分岐で記述）			分岐選択回数（累積）		
		if#02	if#07	if#12	if#02	if#07	if#12
0	0				{0, 0}	{0, 0}	{0, 0}
1	1	{1, 0}			{1, 0}	{0, 0}	{0, 0}
2	2	{0, 1}	{1, 0}		{1, 1}	{1, 0}	{0, 0}
3	1	{1, 0}			{2, 1}	{1, 0}	{0, 0}
4	3	{0, 1}	{0, 1}	{1, 0}	{2, 2}	{1, 1}	{1, 0}
5	1	{1, 0}			{3, 2}	{1, 1}	{1, 0}
6	2	{0, 1}	{1, 0}		{3, 3}	{2, 1}	{1, 0}
7	1	{1, 0}			{4, 3}	{2, 1}	{1, 0}
8	4	{0, 1}	{0, 1}	{0, 1}	{4, 4}	{2, 2}	{1, 1}

重複判定ルール：次パスが既存パスnか判定する
```
01: if
02:   優先分岐パタンがパスnのパタンとマッチするか
03: then
04:   パスnと判定し分岐選択回数をパスn分だけ増やす
```
(b)重複判定ルールの記述内容

(c)例2で生成される重複判定ルール

ルール番号	条件：優先分岐パタン	動作：選択回数増分		
	{if#02,if#07,if#12}	if#02	if#07	if#12
1	{then, -, -}	{1, 0}		
2	{else, then, -}	{0, 1}	{1, 0}	
3	{else, else, then}	{0, 1}	{0, 1}	{1, 0}
4	{else, else, else}	{0, 1}	{0, 1}	{0, 1}

図 2 重複パスの抽出の例と重複判定ルール．

重複パス抽出に対応するため，パス抽出の繰返しの前に次パスが抽出済みパスと重複するか判定する重複判定ルールを導入した．ポイントは，提案方式のパスが抽出前の分岐選択回数だけで決定されることである．図 2(a)では，例えばパス1は抽出の1, 3, 5, 7回目で重複するが，これらは if#02 の分岐選択回数が then と else で同数のために then を選択して終了するパスである．つまり，if#02 の分岐選択回数が同数または then で少ないならばパス1が抽出されると予測できる．ここで，文種別#行番号で文を特定する．上記は他のパスでも同様である．この考察より，重複判定ルールは図 2(b)のような if-then ルールとした．条件部は優先分岐パタンがパス n の優先分岐パタンとマッチするかであり，動作部は次の抽出がパス n と判定し分岐選択回数をパス n の分だけ増分する．ここで，優先分岐パタンは分岐文のリストに対する優先分岐の識別子のリスト，優先分岐は分岐選択回数に基づき優先選択される分岐である．

重複判定ルールの生成は，まずパス抽出の繰返し前に優先分岐パタンを記録しておき，次にパス抽出により新規のパス N が抽出されたら，記録した優先分岐パタンのうち実際にパス N が選択した分岐を条件部の優先分岐パタンとし，動作部はパス N での分岐回数を増分とする．図 2(c)は例2で生成され適用される重複判定ルールを示す．例えば，パス抽出の1回目では，パス抽出前の優先分岐パタンは全分岐の選択回数が0であるので {then, then, then} であり，抽出パス1は if#02 の then を通過する．この時に生成されるルール1は条件の優先分岐パタンが {then, -, -} となり，動作部の選択分岐増分が if#02={1, 0} となる．このルール1により 3, 5, 7 回目の重複抽出をスキップできる．

重複判定ルールによる重複判定はパス抽出の反復の最初に実施する．重複パスと判定されたらパス抽出はスキップし，代わりにルールの動作部に従って分岐選択回数を増分する．ルールが 1 つも発火しなかった場合は新規のパスを抽出する．新規パスを抽出したら，その抽出パスが次回以降に重複抽出されることを判定する重複判定ルールを追加する．重複判定ルールを組み込んだパス抽出方式は，例 2 に対して，フル分岐網羅となるまでの 8 回の反復のうちの 4 回を重複判定ルールでスキップすることができる．

2.3 制約条件の指定

提案方式のパス生成は，繰返し文においてループ脱出条件が不定の場合，ループしないパスと 1 回だけループし次に脱出するパスの 2 個を生成する．ループ回数が高々1 回のパスしか抽出しないことは，条件不定ループでパス爆発する DFS に対して有利だが，逆に 2 回以上ループが必要なパスを抽出できない制限となる．例えば，図 1 の例 3 では，else#06 は while#03 のループ回数を決定する入力 limit に依存して 2 回以上ループした場合に実行されるため，提案方式では通過パスを抽出できない．この対応として，変数に対して制約条件を外部から指定できるようにした．例 3 では，while ループが 2 回以上回るよう制約条件 limit >= 2 を指定すると，2 個のパスでフル分岐網羅とできる．制約条件指定の使い方は，まず制約条件を指定せずパス収集を行い，その結果，網羅度が不足の場合，原因の条件分岐を特定しその条件を通過できるように制約条件を指定することである．制約条件指定は，プログラムの実行可能なパス空間を制限してパスを探索することに該当する．この制約条件指定は，配列の指標が不定の場合や SMT ソルバの制限のため非線形演算を含む分岐条件の充足可能性を判定できない場合にも適用できる．

上記は網羅度の改善手段としてパス収集の後に制約条件を指定する使い方である．一方，業務システムにしばしば見られる入力チェックに起因するパスの増加を抑制するため，パス収集の最初から制約条件を指定する使い方を考案した．入力チェックはメインの業務ロジックの前に入力が所定条件を満たすことを検査する処理である．入力チェックは if 文やループ文などの条件文で実装されるので抽出パス数に影響する．例えば，図 1 の例 4 では，08 行目の check が入力チェックであり，入力配列 x の 3 文字が英字大文字であるか検査し，チェックが成功したら業務ロジック gyoumu を実行する．if#10 の条件は配列 x の指標で区別されるので，if#10 の then で 3 個のチェック失敗パスが抽出される．課題はチェック失敗後のロジックに分岐が無いならば，チェック失敗パスは 1 個で十分なことである．この課題に対して，チェック失敗パスを 1 個とするため上記の制約条件指定を利用する．例えば，NOT('A' <= x[0] && x[0] <= 'Z')を指定すれば，if#10 の条件が x[0]で偽となるので，失敗パスは 1 個となる．一方，チェック成功は，制約条件('A' <= x[i] && x[i] <= 'Z'), i=0,1,2 を指定すれば if#10 の else を通過し，if#15 で分岐する 2 個のパスを抽出できる．結果として例 4 ではテストケースは 3 個となる．残る課題は，プログラムのどの部分が入力チェックの実装なのか特定できないことである．これに対して我々は，CASE ツールで自動生成されたプログラムを対象とするようにした．CASE ツールでは入力チェックと業務ロジックは別々に抽象度の高い形式で記述され，プログラムが自動生成される．この場合，入力チェック内容とプログラム展開部分を特定できるので，入力チェックの成功と失敗の場合で制約条件を指定することによって，入力チェックに起因するパスの増加を抑制することができる．

3 実装と評価

3.1 SEA4COBOL への実装，および，提案方式と DFS の比較

提案手法はプログラム言語に限定されないが，我々の適用対象が COBOL であるため，

COBOL 向けの静的記号実行ツール SEA4COBOL[7]に提案方式を実装した.

適用対象は 15 年以上のメンテナンスを継続しているホストコンピュータで稼働する基幹系システムであり, そこからサンプルした 128 本のプログラムである. 内訳は, オンライン系が 4 本, バッチが 14 本, 部品が 110 本であり, サイズは命令数 250 個ずつで順に, 0~250 が 23 本, 251~500 が 36 本, 501~750 が 29 本, 751~1000 が 13 本, 1001以上が 27 本である. 表 1 は, 提案方式と DFS によるテスト生成での命令網羅率と抽出パスの平均個数である. ここで, 2.3 節で示した制約条件の事後指定は, 人の介在なしでの DFS との比較のため行わなかった. また命令網羅の使用は, 過去に同一プログラムを対象に DFS で計測したテスト網羅度が命令網羅であり, 分岐網羅を再計測ができなかった事情による. 表 1 より提案方式により DFS と同等の命令網羅率を 1/100 程度の少数のテストケースで実現できたことが分かる. 命令数 751-1000 で提案手法の命令網羅度が DFS より低いが, これは制約条件を指定しない提案方式が高々ループ 1 回のパスしか生成しないことが原因であり, 制約条件の事後指定により網羅度を向上できる.

表 1 提案方式と DFS によるテスト生成での命令網羅率とパス平均個数

	命令網羅率の平均				抽出パス数の平均個数 (個)		
命令数	提案方式	DFS	比率	命令数	提案方式	DFS	比率
0-250	97.7	97.2	100.51%	0-250	8.2	550.2	1.49%
251-500	96.7	96.3	100.42%	251-500	25.1	3,324.6	0.75%
501-750	86.4	86.4	100.00%	501-750	19.5	7,028.5	0.28%
751-1000	74.1	80.7	91.82%	751-1000	33.2	5,063.9	0.66%
1000以上	62.6	59.6	105.03%	1000以上	36.7	5,028.8	0.73%
全体	75.4	74.6	101.07%	全体	24.1	4,201.4	0.57%

3.2 Interdevelop Designer for COBOL での適用

Interdevelop Designer for COBOL(以下 Idev)は, 上流から製造とテストまでの開発工程をサポートする業務プログラム開発支援ツール[8]である. 図 3 のように, 設計書エディタで作成した日本語設計書を中心にプログラム生成からテスト仕様書, テストデータ生成, テスト実行までの機能を提供する. 提案方式はテスト生成機能に組み込まれた. 業務ロジックと入力チェックの別々の設計書からプログラムが生成され, どの条件が入力チェックの実装か識別できるので, 2.3 節の制約条件指定を利用して, チェック失敗のケース数を抑制し, 成功と失敗のケースを区別してテストケースを生成できる.

Idev は, 3.1 節と別の基幹系システムの再構築プロジェクトに採用され, 約 7,000 本の COBOL プログラムが開発された. 本プロジェクトはクローズであるため, プログラム全体でのテスト網羅率は報告できない. ここではその一部の 63 本の結果を報告する. これらは単体テスト完了前であり, バグやデッドロジックが無い保証はない. 種別は, オンライン 29 本, バッチが 34 本, 入力チェック有りが 25 本, 無しが 38 本である.

図 3(b)は, 提案方式で生成したテストケースの分岐網羅率のヒストグラムとプログラム数の累積であり, 約 80%のプログラムで分岐網羅率 80%以上のテストケースを自動生成できた. オンライン, バッチ, 入チェック有りと無しの平均分岐網羅率は順に 74.9%, 80.6%, 75.2%, 79.8%であり, 大きな違いはなかった. 入力チェック有りでは, チェック内容と個数に応じて必要数の失敗ケースだけを生成できることを確認した.

分岐網羅が低くなる原因は以下であった. 1) 提案方式の制限によりパス抽出不能なパスがある場合. 上記結果は入力チェック以外の事前制約指定を行わなかったが, 網羅率の低かった 4 本は, プログラム内容を調査後に追加の制約指定で網羅度を大幅に改善できた. 2) 大きいプログラムの場合. 表 1 と同様にサイズが大きくなるほど網羅率が低下

する．サイズが大きいと一般にパスが長くなるため，2.1 節に示したパス探索の上限を超過してしまう．また経由条件が増えるとその連言であるパス条件が長くなり，SMT ソルバでタイムアウトが発生した．3) 大きな配列など入力変数の個数が多くかつ入力チェックがある場合．入力チェックの対象の変数が多くパス条件が長いため，SMT ソルバがタイムアウトした．テストケースを全く生成できなかった 1 件はこれに該当した．

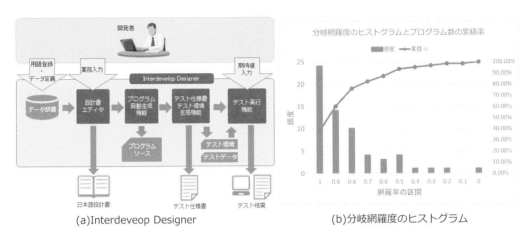

(a)Interdeveop Designer (b)分岐網羅度のヒストグラム

図 3　Interdevelop Designer の運用イメージ(a)，分岐網羅度のヒストグラム(b)

4　おわりに

本論文では，業務システムの単体テストの効率化のため，少数で高い分岐網羅となるテストケースを記号実行に基づいて生成する，新しいパス探索方式を提案した．提案方式を実際の基幹系業務システムに適用して，従来の DFS と同程度の網羅度を小数のテストケースで達成できることを確認した．提案方式は，網羅度向上のために分岐の選択回数だけを利用するので，パス探索誘導の従来方式[5,9,10,11]より簡易である．

5　参考文献

[1] King, J.C., Symbolic execution and program testing. Commun. ACM 19(7), 385–394, 1976.
[2] Anand, S., Pasareanu, C.S. and Visser, W., JPF-SE: A symbolic execution extension to java Pathfinder. TACAS'07, 2007.
[3] Cadar, C., Dunbar, D. and Engler, D., KLEE: Unassisted and automatic generation of high-coverage tests for complex systems programs. OSDI'08, 2008.
[4] Sen, K., Marinov, D. and Agha, G., CUTE: A concolic unit testing engine for C. ESEC/FSE'05, 2005.
[5] Burnim, J. and Sen, K., Heuristics for scalable dynamic test generation. ASE'08, 2008.
[6] Tillmann, N. and Halleux, de J., Pex-white box test generation for .NET. TAP'08, 2008.
[7] 前田芳晴，佐々木裕介，松尾昭彦，木村茂樹，外岡弘範：COBOL 記号実行によるテストケース生成，ソフトウェア工学の基礎 19, 2012.
[8] 富士通ミッションクリティカルシステムズ，FUJITSU Software, Interdevelop Designer, http://jp.fujitsu.com/group/fmcs/services/purpose/interdevelop-designer.html
[9] Dong, Y., Lin, M., Yu, K., Zhou, Y. and Chen, Y., Achieving high branch coverage with fewer paths, COMPSACW, pp. 155-160, 2011.
[10] Xie, T., Tillmann, N., Halleux, de J. and Schulte, W., Fitness-guided path exploration in dynamic symbolic execution, DSN'09, pp. 359-368, 2009.
[11] Li, Y., Su. Z., Wang, L. and Li, X., Steering Symbolic Execution to Less Traveled Paths, OOPSLA'13, 2013.

テストケース作成自動化のための意味役割付与方法

Semantic role labeling for automatic software test cases generation

増田 聡[*] 松尾谷 徹[†] 津田 和彦[‡]

> **あらまし** テストケース作成技法として，デシジョンテーブルテスト技法がある．この技法に着目し，テストケース作成自動化に必要な仕様書の分析に自然言語処理を利用し，条件と動作の意味役割付与方法を提案すると共に実験評価を行った．評価の結果，記述スタイルの違う文書に対しても，Precision が 0.888 から 0.985，Recall が 0.944 から 0.973 となることを確認した．

1 はじめに

　企業活動に使用される，いわゆるエンタープライズシステムにおいてテストは重要である．システムテストやユーザ受け入れテストでは，設計書や要求仕様書からテストケースが作成されている．これらの文書を形式言語で記述する試みもあるが，ステークホルダーで共有される文書の多くは自然言語で記述されている．テストケース作成にはいくつかの技法がある[1]が，テスト対象の文章の理解力など作成者のスキルに依存している技法もある．このため，必要なテストケースの抜け漏れの問題が生じている．この問題の解決方法のひとつとして，人のスキルに依存せず抜け漏れの無いテストケースを作成するために，仕様書を機械的に分析しテストケースを自動的に作成する方法が考えられる．

　本論文では，ソフトウェアのテストケース作成技法としてデシジョンテーブルテスト技法[1]に着目し，自然言語処理を利用して仕様書の分析を行い，デシジョンテーブルの上で意味のある"条件"と"動作"という役割を付与する方法を提案し実験評価をする．また，自然言語で記述されている文書を対象とする場合，文の記述スタイルの違いが結果に影響することが予想される．この課題についても，記述スタイルの違う文書を用いた実験を行い，評価を行う．

2 デシジョンテーブルテスト技法への自然言語処理の適用と課題
2.1 デシジョンテーブルテスト技法

　デシジョンテーブルは条件と動作が構成要素であり，自然言語処理による文の係り受け情報と表層格の情報から，条件と動作というテストの深層格を同定することが本論文の提案である．

　デシジョンテーブルテスト技法とは，要件や機能からテスト対象とされた集合である Feature Sets [9]から条件と動作を抽出し，デシジョンテーブルにマッピングし，条件と動作の組合せを挙げていくことによりテストケースを作成する技法である[1]．このテスト

---

[*] Satoshi Masuda, 日本アイ・ビー・エム株式会社
[†] Tohru Matsuodani, 法政大学
[‡] Kazuhiko Tsuda, 筑波大学

ケース作成の Derive Test Conditions(条件と動作の抽出)において，Feature Sets の何が条件で何が動作かという判断には，経験や知識などスキルに依存する部分がある．この Feature Sets の条件と動作の判断を，自然言語処理を利用して機械的に行うことが本論文のアプローチである．仕様書には，複数の条件と動作の間で，ある条件がある値をとる場合に他の条件や動作の存在そのものやとりえる値に影響を与えるという制約も存在する．このような制約の抽出は，Feature Sets とは異なる情報へのアクセスや知識が必要となるため，本論文では対象としておらず今後の課題である．

2.2 自然言語処理の流れ

自然言語処理は，大きく次の四つの解析ステップに分けることができる[4]．
1. 形態素解析 － テキストを単語に分割する．また，単語が語形変化している場合は，原形へ戻す．さらに，単語の品詞を決定する．
2. 構文解析 － 単語間の構文的関係を決定する．
3. 意味解析 － 単語，文の意味を決定する．
4. 文脈解析 － 複数の文にまたがる処理を行う．

これらの自然言語処理の解析をテストケース作成に利用する．単語間の関係を格といい，構文的な表層格と意味的な深層格に分けられる．また，文中の名詞がどの動詞のどの深層格を埋めるのかを同定する問題を意味役割付与という[4]．

以上のように，仕様書の文に対する自然言語処理により，テストにおける条件と動作という深層格を埋める意味役割付与の方法が本研究の対象である．

2.3 課題とアプローチ

デシジョンテーブルテスト技法における条件と動作の抽出に，自然言語処理を利用することを考えた場合，これらを直接抽出する方法は見当たらない．自然文から自然言語処理により「(A)が(B)の場合(C)は(D)である」という論理を抽出しているアプローチ[2]もあるが，条件と動作はそれぞれ 1 個であり，複数の条件と動作は抽出していない．条件と動作の抽出という目標は，日本語自然文を論理式に変換するという課題に置き換えることと考えられる．日本語文から拡張型述語論理式への自動変換ツール[8]が発表されているが，文型と論理式ラベルの対応表など仕様書やテストに沿った辞書の作成が必要となり，今後の対応課題である．

本論文では，自然言語処理による条件と動作の抽出を意味役割付与の方法と捉え，自然言語処理の解析結果から得られる情報を基に意味役割付与を行うアプローチを提案する．エンタープライズシステムの仕様書においては，箇条書きのリスト構造の文のように複数の文から機能を定義することがある．複数の文の文間関係や含意関係の研究[5]もあるが，本論文では，一文ごとの解析精度向上に取り組む．

3 条件と動作を抽出する意味役割付与の方法

条件と動作を抽出する意味役割付与の方法は，図 1 のように自然言語処理の係り受けと格解析の結果(図 1 手順 1)から，条件と動作を判断する(図 1 手順 2)．この方法では，システムの仕様書に記述される文章は，第 3 者に仕様を伝えるために標準化された記述であると想定している．このような仕様書の文を「～の場合～とする」のように「～とする」の終端文節に係り受けている句で，動作を表すものは動作句，それ以外のものは

条件句から成っていると捉える．これは，文末の文節に係る場合を除いては文中の文節は直後の文節に係ることが最も多い性質[6]を利用して，文末の文節に係る文節は関係があると捉えている．これらの関係は自然言語処理の格解析の結果として抽出される．この各解析結果の表層格のうち，まずガ格とヲ格は格の定義から動作主を表すので動作と判断し，次に連格と文節内は文末文節に連なり語句を形成するのでこれも動作と判断する．これら以外の格は条件と判断する．

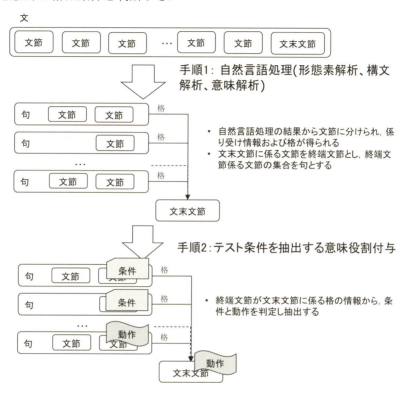

図1 条件と動作の抽出方法

条件と動作を抽出する意味役割付与方法を以下で定義する．
- 文をSとする
- 文Sの自然言語処理の結果から得られる文節をm(i)とする
- 文末文節をm(T)とする
- m(i)の係り先の文節番号をD(i)とする
- m(i)の係り先との格をC(i)とする
- m(i)を終端とする，係り受け関係のある文節の集合を句B(i)とする
- Bの属性として，条件と動作をCnとAcとする
- 条件と動作の判断ルールの集合をRとする
    - Rcは条件と判断されるルールとする
        - Rc1. 動作と判断されない
    - Raは動作と判断されるルールとする
        - Ra1. 文末文節である
        - Ra2. 動作主を表す「係:ヲ格」，「係:ガ格」，「係:連格」，「係:文節内」である

アルゴリズムは図2のとおりである．

条件と動作抽出のアルゴリズム
入力：文の形態素解析，構文解析，意味解析の結果
1: 文末文節 m(T)を探す
2: m(T)を係り先とする文節{m(i):D(i)=T}を探す
3: for all {m(i):D(i)=T}
4: 　　見つかった m(i)を句末とする句 B(i)を作成する
5: 　　C(i)⊆Ra の場合 B(i)を動作と判定する．そうでない場合 B(i)を条件と判定する
6: end for

図2　条件と動作抽出のアルゴリズム

4 評価
4.1 実装

評価実験のため提案方法を実装した．自然言語処理の実装は JUMAN 7.0 と KNP 4.11 [7]を用い，アルゴリズムの実装は Python 3.4.1 で行った．提案方法は特定の自然言語処理の実装に依存するものではないが，係り受け解析や格解析結果はそれぞれの自然言語処理の辞書や解析方法の違いなどの実装によって異なる結果が出てくることが考えられる．これらの自然言語処理の実装による係り受け解析や格解析結果の違いに対する評価実験は本論文では対象とせず今後の研究課題とする．実験の対象文書として，2個のタイプの文書に対して行った．ひとつはユースケース記述で記述されたシステム設計書で，全部で871個の文を含む．この文書を文書タイプ A と呼ぶ．もうひとつは，インターネット上で入手可能なシステム設計書であり，例えば消防システム基本設計書[10]など，主に公的組織の25個の調達仕様書に記述されている機能記述を抜き出したもので，全部で711個の文を含む．こちらの文書群を文書タイプ B とする．

4.2 精度と再現率

実験の評価は，条件と動作それぞれの抽出に対して，真陽性(TP: True Positive)，偽陽性(FP: False Positive)，偽陰性(FN: False Negative)の件数を数え，Precision（P:精度），Recall（R:再現率）および F-Measure(F:調和平均)を用いた．それぞれ計算式は式(1)，(2)，(3)に示すとおりである．なお，Precision の評価方法は，提案方法によって条件と判断された句に条件と動作の両方の文節が含まれていると評価された場合は，条件の抽出は TP 真陽性(true positive)とし，動作の抽出は偽陰性(false negative)とした．

$$Precision = TP \div (TP + FP) \quad (1)$$
$$Recall = TP \div (TP + FN) \quad (2)$$
$$F = 2 \times Precision \times Recall \div (Precision + Recall) \quad (3)$$

表1および表2に評価結果を示す．Precision が 0.888 から 0.985，Recall が 0.944 から 0.973，F は 0.923 から 0.964 の値となった．同様の既存研究[3]では，日本語ユースケース記述の Action 抽出の評価結果が Precision は 0.815, Recall は 0.946 である．既存研究と比較し同等以上の結果となった．文書タイプ B の条件の抽出の Precision が他と比べて低い結果となっている．これについては，考察で述べる．

表1 条件と動作の抽出の評価件数

	条件の抽出評価件数			動作の抽出評価件数		
	TP	FP	FN	TP	FP	FN
文書タイプA	1545	102	43	1634	25	96
文書タイプB	1113	140	47	1215	19	72

表2 Precision-Recall-F 評価

	条件の抽出			動作の抽出		
	Precision	Recall	F	Precision	Recall	F
文書タイプA	0.938	0.973	0.955	0.985	0.945	0.964
文書タイプB	0.888	0.959	0.923	0.985	0.944	0.964

4.3 実験対象の文書タイプ

本論文の提案方法は，対象とする文の記述スタイルによって結果が異なる．句の終端文節の格情報を用いて文の句パターンを

<句パターン>::=(<句の終端文節の格情報>)|{(<句の終端文節の格情報>)}

と表現し，文書タイプAと文書タイプBの違いを評価した．文書タイプAは上位10パターンの累計で全体の61.8%を占めた．一方，文書タイプBは上位10パターンの累計で全体の39.3%を占めた．また，文書タイプAは，句パターンの最大数は177個，種類は157個であり，文書タイプBは，それぞれ88個，276個である．句パターンの種類の数を記述のばらつきと捉えた場合，文書タイプBは文書タイプAに比べてばらつきが多いといえる．これは，文書タイプBは，25個の異なるシステムの文書から集められた711個の文であるのに対し，文書タイプAは1個のシステムの文書から集められた871個の文であることから予想された傾向であると考えられる．しかしながら，このように記述にばらつきのある文に対しても，提案方法では表2に示すようにほぼ同等の高いPrecisionとRecallを確認できた．

5 考察

提案方法は，既存研究の方法と比較し同等以上精度と再現率を確認できた．テストケースとしては理想的にはテストすべき機能数に対して100%のカバレッジが求められる場合もある．しかし，本論文の対象としてるエンタープライズシステムにおけるシステムテストやユーザー受け入れテストなどテストケースにおいては，手作業と比較した場合の抜け漏れなどを考慮すると，今回の精度と再現率は実務上使用可能な範囲と考える．精度と再現率について考察する．文書タイプAはユースケース記述であり，そのプロジェクト内の文書記述標準に則った記述となっており，本論文で提案した方法によく適合するものであった．文書タイプAの文は，例えば「ログオン・ユーザーが対象会社ではない場合，システムは，対象ユーザーではない旨を表示する．」のように，条件と動作が分かるように記述されている．提案方法では，この例文から「ログオン・ユーザーが対象会社ではない場合」，「システムは」が条件，「対象ユーザーではない旨を表示する．」が動作と判断された．文書タイプBの文書群に対しても評価結果は良好であった．考察すべき点は条件の抽出のPrecisionが他と比べ低い値となったことである．これは主に動作である修飾詞を条件として抽出していたことが原因である．例えば，「あら

かじめ設定した時間以上システムが操作されていないと判断される場合は，当該利用者を自動的にログアウトすること(自動ログアウト機能)．」のように，文の最後に括弧で機能の要約をつけている文があった．この文に対しては，本論文の判断方法では，「(自動ログアウト機能)」を動作と判断してしまい，これ以前の文節は条件となってしまう．このような文の記述パターンは，判断ルールを対応させていくことにより，今後の改善は可能と考える．

また，本論文では，記述スタイルの違いに対しても同等の精度と適合性を確認できた．この評価の際に，提案方法の結果を利用し句パターンの比較を行った．この句パターンの比較は記述のばらつき測定の要求分析にも利用できると考える．さらに，提案方法の適用により発生したエラーの分析から，第3者にもより分かりやすい記述方法をフィードバックするという応用も考えられる．

本論文の提案方法を発展させるための研究課題としては，複数の文による機能記述への対応がある．仕様書には，箇条書きのリスト構造の文のように複数の文から機能を定義することがある．これに対しては複数の文間の含意関係などを分析する技術を取り入れるアプローチがある．また，条件と動作間の制約についても，発展させるために必要な研究課題である．この制約については，論理式変換[8]や辞書の整備などのアプローチがあると考える．

6 まとめ

本論文では，テストケース作成の自動化のための意味役割付与の方法を提案し実験評価した．評価結果から，記述スタイルの違う文書に対しても，既存研究と同等以上の精度と再現率を確認した．判断のルールや条件間の制約を対応させることにより，さらに高い精度と再現率とすることが可能であると考える．また，提案方法は第3者にもより分かりやすい記述方法をフィードバックするという応用も考えられる．

7 参考文献

[1] ISO/IEC/IEEE JTC 1/SC 7,"Software and systems engineering — Software testing — Part 4: Test techniques", in ISO/IEC/IEEE JTC 1/SC 7, 2015, pp.70--72
[2] S. Masuda et al, "Semantic analysis technique of logics retrieval for software testing from specification documents", in IEEE Software Testing, Verification and Validation Workshops (ICSTW), 2015 IEEE Eighth International Conference on,2015
[3] 竹内広宜, 中村大賀, 山口高平,"テキスト分析技術を用いたユースケース分析", in 電子情報通信学会技術研究報告. KBSE, 知能ソフトウェア工学,2010,pp.55--60
[4] 奥村学,自然言語処理の基礎, コロナ社, 2010
[5] 水野淳太, 渡邉陽太郎, エリックニコルズ, 村上浩司, 乾健太郎, 松本裕治,"文間関係認識に基づく賛成・反対意見の俯瞰",情報処理学会論文誌,2011,pp.3408—3422
[6] 張玉潔, 尾関和彦,"文節間係り受け距離の統計的性質とその係り受け解析への応用", in 電子情報通信学会技術研究報告, 1995,pp.61—68
[7] 京都大学 黒橋・河原研究室, "自然言語処理のためのリソース", http://nlp.ist.i.kyoto-u.ac.jp/index.php?NLPリソース, 2015年6月30日アクセス
[8] 高柳俊祐, 上條敦史, 石川勉,"日本語文から拡張型述語論理式への自動変換ツール: CONV", in 人工知能学会論文誌,2012,pp.271—280
[9] ISO/IEC/IEEE JTC 1/SC 7,"Software and systems engineering — Software testing — Part 1: Concepts and Definitions", in ISO/IEC/IEEE JTC 1/SC 7, 2015, p.9
[10] 横浜市,"消防業務支援システム基本設計書", http://www.city.yokohama.lg.jp/shobo/koukai/ippan-nyuusatsu-pdf/shoubou.kihonnsekkeisyotou.pdf, 2014年12月26日アクセス

可能な限り仕様を満たす
リアクティブシステムの合成
Soft Specifications of Reactive Systems

冨田 尭[*]　上野 篤史[†]　萩原 茂樹　島川 昌也[‡]　米崎 直樹[§]

あらまし 外部環境と継続的に相互作用するリアクティブシステム（RS）には，任意の入力列に対して適切な出力を逐次返すことが求められる．LTL で記述された RS 仕様が実現可能であるとき自動的に RS を合成する手法（LTL 合成）が提案されてはいるものの，実現可能かつ現実的な仕様を与えることはしばしば困難であり，また，LTL の表現力では仕様記述者の意図を適切に表現できないことも多い．
　そこで本研究では，仕様が実現不能であったとしても，その仕様を可能な限り満たすようにふるまう RS を合成する手法を提案する．LTL で記述される RS 仕様は，ほとんどの場合，$\Box \varphi_i$ という形の式の連言で与えられている．そこで，「部分仕様 $\Box \varphi_i$ を可能な限り満たす努力をすること」を「φ_i が成り立つ時刻の出現数を最大化すること」と解釈する．ただし，任意の仕様に対応することは困難であるため，一部の性質は有界 universal co-Büchi オートマトンを利用した近似を行う．そして，各部分仕様の重要度に応じて重み付けを行った平均利得ゲームを構成し，そのゲーム上の最適戦略を目的の RS として得る．

1 背景と目的

　制御システムなどの，外部環境と継続的に相互作用するオープンシステムは，しばしばリアクティブシステム（reactive system, RS）としてモデル化される．RS には，外部環境から次々に与えられる任意の入力に対して，適切な出力を逐次返すことが求められる．**LTL 合成**は，線形時相論理 [1]（Linear Temporal Logic, LTL）で記述された動作仕様からそれを実現する RS を自動合成する手法である．この手法は，仕様の**実現可能性**判定 [2] [3] [4] も兼ねているため，仕様の欠陥（実現不能性）を検出することができ，また，人手を介さない RS 合成であるため誤りが混入する恐れもない．ただし，計算コストが非常に大きい [2] [4]．そのため，修正と実現可能性判定（自動合成）を繰り返す試行錯誤を通して，実現可能かつ実用的な仕様（及びその実現 RS）を得ようとすることは現実的ではない．

　RS 仕様 φ が実現不能である場合，古典的 LTL 合成では LTL の範囲で修正を行う必要がある．一つのアプローチは，修正された式 $\psi \rightarrow \varphi$ が実現可能となるように，環境が従うべき**仮定** ψ を追加するものである．これまでに，ある種の最弱仮定であれば効率的に計算できることを示されている [5] [6]．しかし，仮定 ψ が現実的に妥当である保証はない．また，含意式 $\psi \rightarrow \varphi$ で与えられる仕様には仮定 ψ を満たさない場合のふるまいを規定しないという問題点があり，この種の仕様の扱いに関しては議論の余地が大いにある [7]．もう一つのアプローチは，仕様の実現不能性の原因となる部分の制約を弱めることである．そのためには，まず欠陥箇所を特定する必要がある．森らは，いくつかの実現可能性必要条件を導入しており，実現不能であった場合に欠陥の分類を可能とした [8]．また，萩原らは，その必要条件の一つ，**強充足可能性**を満たさない原因となる部分仕様を特定する手法を提案している [9]．ただし，欠陥箇所が特定されても，その修正が容易であるとは限らない．また，仕様記述者の意図が修正後も保存されている保証はなく，修正前の仕様（あるいは，その元となった要求）が変更された場合に零から再修正しなければならない．そしてそもそも，LTL の表現力では仕様記述者の意図を適切に表現できないことも多い．

---

[*]Takashi Tomita, 北陸先端科学技術大学院大学 情報社会基盤研究センター
[†]Atsushi Ueno, 任天堂株式会社
[‡]Shigeki Hagihara, Masaya Shimakawa, 東京工業大学 大学院情報理工学研究科 計算工学専攻
[§]Naoki Yonezaki, 放送大学

そのため，仕様が実現可能でなかったとしても，可能な限りその仕様を満たそうとする RS を得ることができれば十分有用である．

そこで本研究では，そのような最大実現 RS を合成する手法を提案することを目的とする．RS 仕様は，ほとんどの場合，□φ_i という形の式の連言である．□式は常に満たすべき性質を表現するものであり，外部環境と継続的に相互作用する RS の仕様としては極自然である．そこで本研究では，「φ_i が成り立つ時刻の出現数を最大化すること」を「部分仕様 □φ_i を可能な限り満たす努力をすること」とみなす．そして，「φ_i が成り立つ時刻の出現数」は，φ_i が成り立つ毎に与えられる利得の平均利得（平均値の下極限）を通して定量的に評価することとする．ただし，任意の仕様に対応することは困難である．そこで，一部の性質は，通常の LTL 合成 [10] [11] [12] でもしばしば用いられる，**有界 universal co-Büchi オートマトン**（有界 UCA）を利用した近似を行う．また，「全体の仕様をどれだけ満たそうとしているか」は，φ_i が成り立つ毎に与えられる利得を □φ_i の重要度に応じて重みを付けたときの平均利得によって評価する．提案手法では，このような評価基準の中で最適な RS を合成することを，重み付きの仕様から構成した**平均利得ゲーム**の**最適戦略**を求めることに帰着する．

本稿の構成は以下の通りである．まず，2 章で，RS 及びその仕様記述にしばしば用いられる線形時相論理 LTL の定義を与え，また，LTL 式から RS を合成する従来手法の問題点について述べる．次に，3 章で，「LTL で記述された性質を可能な限り満たすこと」を表現できる平均利得項を提案する．4 章で，その平均利得項で表現された仕様から最適な RS を合成する手法を与える．5 章では，本手法と通常の LTL 合成を組み合わせる応用について述べる．そして 6 章で関連研究について述べ，最後に 7 章でまとめる．

2 リアクティブシステムとその従来合成手法の問題点

2.1 リアクティブシステム

リアクティブシステム（RS）は，外部環境から与えられる任意の入力列に対して適切な出力を逐次返すシステムである．

定義 1 RS は応答関数 $r : (2^{\mathcal{I}})^+ \to (2^{\mathcal{O}})$ である．ただし，$\mathcal{I}$（resp. $\mathcal{O}$）は外部環境（resp. RS）が制御する入力イベント（resp. 出力イベント）の生起を表す互いに素な**入力原子命題集合**（resp. **出力原子命題集合**）である．　■

以下では，すべての RS の集合を $\mathcal{R}$，原子命題の全体集合 $\mathcal{I} \cup \mathcal{O}$ を $\mathcal{P}$ と記す．

定義 2 無限長入力列 $\alpha = a_0 a_1 a_2 \cdots \in (2^{\mathcal{I}})^\omega$ に対する RS r のふるまい $Behavior(\alpha, r)$ は，無限入出力列 $(a_0 \cup r(a_0))(a_1 \cup r(a_0 a_1))(a_2 \cup r(a_0 a_1 a_2)) \cdots \in (2^{\mathcal{P}})^\omega$ である．　■

2.2 LTL

LTL [1] は，一つの時間系列上の性質を記述することができる時間論理である．動的システムのふるまいの性質（動作仕様）の記述にしばしば用いられ，RS 仕様の記述にもしばしば用いられている．LTL 式は，命題論理結合子と**時間演算子** ○，U（強い until），◇，□ を用いて記述される．

定義 3 原子命題集合 $\mathcal{P}$ 上の LTL 式 φ の構文は以下の通りである．
$$\varphi ::= \top \mid p \mid \neg\varphi \mid \varphi \lor \varphi \mid \varphi \land \varphi \mid \varphi \to \varphi \mid \varphi \leftrightarrow \varphi \mid \bigcirc\varphi \mid \varphi \mathsf{U} \varphi \mid \Diamond\varphi \mid \Box\varphi.$$
ただし，$\top$ は恒真命題，$p \in \mathcal{P}$ は原子命題である．　■

直感的には，$\bigcirc \varphi$ は「次のステップで φ を満たす」，$\varphi_1 \mathsf{U} \varphi_2$ は「いつか φ_2 を満たし，それまでの間は φ_1 を満たす」，$\Diamond \varphi$ ($\equiv \top \mathsf{U} \varphi$) は「いつか φ を満たす」，$\Box \varphi$ ($\equiv \neg \Diamond \neg \varphi$) は「常に φ を満たす」ことをそれぞれ表す．

また，LTL 式 φ が U や ◇，□ を含まないとき，**有界**であるという．

LTL の意味論，即ち，無限長語 $\sigma \in (2^{\mathcal{P}})^\omega$ と LTL 式 φ の間の**充足関係** $\models$ は通常通りの定義に従うものとし，本稿では省略する．

2.3 実現可能性と合成

RS 仕様 φ は無矛盾，即ち，充足可能なだけでは不十分であり，**実現可能** [2] [3] [4] でなければならない．これは「任意の入力列に対して適切な出力を逐次返す RS が存在する」という性質である．

定義 4 LTL 式 φ について，以下を満たす RS $r \in \mathcal{R}$ が存在するとき φ は，**実現可能である**といい，また，そのような r を φ の実現という．
$$\forall \alpha \in (2^\mathcal{I})^\omega : Behavior(\alpha, r) \models \varphi.$$
∎

LTL 式 φ が実現可能であるとき，その実現 RS r を自動合成する手法を **LTL 合成**といい，これまでに多くの合成器 [10][11][12] が開発されている．

2.4 従来合成手法の問題点

LTL 式で与えられた仕様が仕様記述者の意図を適切に表現しているのであれば，LTL 合成によってその実現 RS を自動合成することができる．しかしながら，LTL の表現力では仕様記述者の意図を適切に表現できないことも多い．例として，以下の LTL 式 φ_{ex} を考える．
$$\varphi_{ex} = \Box(req_1 \to res) \land \Box(req_2 \to \Diamond \neg res). \tag{1}$$
この式は実現不能である．なぜならば，環境が $\{req_1, req_2\}$ を入力し続けた場合，左部分式 $\Box(req_1 \to res)$ を満たすには「RS は常に res を返さなければならない」が，右部分式 $\Box(req_2 \to \Diamond \neg res)$ を満たすには「RS はいつか $\neg res$ を返さなければならない」ためである．ここで仕様記述者が「左部分式も右部分式も可能な限り満たしていれば十分である」と考えていても，「可能な限り」という性質は LTL では抽象的に記述できない．つまり，LTL には，仕様が実現不能であるとき，満たさなくてもよい具体的な条件を明示的に追加して各部分仕様を修正しなければならないという問題がある．

3 平均利得項を用いた RS 仕様の表現

本研究では，ほとんどの RS 仕様が $\Box \varphi_i$ という形の式の連言である点に着目する．そして，「$\Box \varphi_i$（常に φ_i）を満たすこと」を「$\Box \varphi_i$ を可能な限り満たす努力をすること」に弱め，さらにそれを「φ_i が成り立つ時刻の出現数を最大化すること」とみなし，元の仕様が実現不能であっても可能な限り満たす RS を合成することを考える．ただし，RS のふるまいは無限時間上のものであるため，時刻の出現数は単純には評価できない．そこで，「φ_i が成り立つ時刻の出現数」を，φ_i が成り立つ毎に与えられる利得の**平均利得**（平均値の下極限）を通して定量的に捉える．そして，「全体の仕様をどれだけ満たそうとしているか」を，φ_i が成り立つ毎に与えられる利得を $\Box \varphi_i$ の重要度に応じて重みを付けたときの平均利得によって評価する．本研究では，そのような平均利得を規定する**平均利得項**によって仕様を表現する．

問題は，「（未来の時刻の性質を記述する時間演算子を含み得る）φ_i が成り立つか否か」を各ステップで決定しなければならない点である．ただし，利得を与えるタイミングが有界ステップずれていても平均利得に影響を与えないため，各ステップにおいてその有界ステップ前の利得を決定できれば十分である．φ_i が有界である場合，その式中に現れる ○ 演算子の深さだけ利得を与えるタイミングを遅延させることで対応できる．しかし，φ_i が有界でない場合そのような対応はできず，各時刻で決定的に利得を設定することは困難である．これは，φ_i が成り立つタイミングを正確に数え上げるような重み付き決定性有限状態オートマトンを一般には構成できないためである [13]．本研究では，このような場合には，**有界 universal co-Büchi オートマトン**（**有界 UCA**）を利用して近似的評価を行うこととする．有界 UCA を利用した近似は Safraless アプローチの LTL 合成 [10][11][12] でも用いられており，任意の LTL 式を等価な UCA に変換した後，受理条件に上限 k を与えることでより強い safety property に近似する．そこで，φ_i が有界でない場合には，$\Box \varphi_i$ を近似した safety property に反する**悪性接頭辞**の出現毎に負の利得を与えることで近似的に対応する．

3.1 準備

3.1.1 Universal co-Büchi オートマトン

まず，近似に用いる（有界）UCA の定義を与える．

定義 5 アルファベット $2^\mathcal{P}$ 上の (k-) **UCA** $\mathfrak{A} = \langle Q, q_0, \delta, F \rangle$ は，有限の状態集合 Q，初期状態 q_0，ラベル付き遷移関係 $\delta \subseteq Q \times 2^\mathcal{P} \times Q$，棄却状態集合 $F \subseteq Q$ の 4 つ組である． ∎

なお，本稿では，単純化のため，(k-) UCA の遷移関係は**全域的**であると仮定する．即ち，任意の状態 $q \in Q$ と文字 $s \subseteq \mathcal{P}$ に対して $\langle q, s, q' \rangle \in \delta$ となるような $q' \in Q$ が存在するものとする．

無限長語 $\sigma = s_0 s_1 \cdots \in (2^{\mathcal{P}})^{\omega}$ に対するオートマトン $\mathfrak{A}$ のパスは，すべての $i \in \mathbb{N}$ について，$\langle q_i, s_i, q_{i+1} \rangle \in \delta$ であるような状態の無限列 $\rho = q_0 q_1 \cdots \in Q^{\omega}$ である．一般には，1 つの語に対して複数のパスが存在し得る．任意の語に対して高々 1 つのパスしか存在しない，即ち，任意の状態 $q \in Q$ と文字 $s \subseteq \mathcal{P}$ に対して $|\{\langle q, s, q' \rangle \in \delta \mid q' \in Q\}| \leq 1$ であるとき，そのオートマトンは**決定的**であるという．UCA では，F に含まれる状態が高々有限回しか現れないパス ρ は**成功**する．k-UCA では，F に含まれる状態が高々 k 回しか現れないパス ρ が**成功**する．

Universal オートマトン $\mathfrak{A}$ はすべてのパスが成功する語を**受理**する．オートマトン $\mathfrak{A}$ が受理する語の集合を**受理言語**といい，$\mathcal{L}(\mathfrak{A})$ で表す．なお，UCA は，同じ構造を持つ Büchi オートマトン（BA）の受理言語の補集合を受理言語としてもつ．

また，棄却状態集合 F が任意の文字に対して自己ループする棄却状態 q_{reject} のみからなる単集合 $\{q_{reject}\}$ である決定性 UCA を**決定性 safety オートマトン**（DSA）という．

3.1.2 LTL 式/有界 UCA から等価な UCA/DSA への変換

LTL 式 φ から等価な UCA，即ち，$\mathcal{L}(\mathfrak{A}) = \{\sigma \in (2^{\mathcal{P}})^{\omega} \mid \sigma \models \varphi\}$ を受理言語とする UCA $\mathfrak{A}$ への変換は，$\neg\varphi$ と等価な BA を構成することと同値である．LTL 式から BA への変換は，[14] [15] [16] 等の効率的な手法が盛んに研究されている．

また，UCA は，**Safra の構成法** [17] 等の非常に煩雑で効率化困難な手法でしか決定性 Rabin オートマトン等への変換できない．一方，有界 UCA は，棄却状態を通過した回数を状態に含め，有限語オートマトンと類似の**冪集合構成法**を行うことで，等価な DSA へ（Safraless で）変換できる．

3.1.3 悪性接頭辞

DSA（有界 UCA）は，その受理条件から，safety property を表している．そのため，DSA に受理されないすべての語は**悪性接頭辞**をもつ．形式的には，有限長語 $\sigma \in (2^{\mathcal{P}})^{+}$ が任意の接尾辞 $\sigma' \in (2^{\mathcal{P}})^{\omega}$ に関して $\sigma(\sigma') \notin \mathcal{L}(\mathfrak{A})$ である極短な語であるとき，σ を $\mathfrak{A}$ の悪性接頭辞という．$\mathfrak{A}$ の悪性接頭辞の集合を $BadPref(\mathfrak{A})$ で表す．

3.2 平均利得項

本節では，仕様表現に用いる，LTL 及びそこから構成されるオートマトンに基づいた**平均利得項**の定義を与える．

定義 6 平均利得項は，以下のように定義される利得項 t を持つ項 $\mathsf{MP}(t)$ である．

$$t ::= \mathsf{S}(\chi) \mid \mathsf{B}^k(\varphi) \mid t + t \mid c \cdot t.$$

ただし，χ は有界 LTL 式，φ は □ から始まる LTL 式，$k \in \mathbb{N}$ は自然数定数，$c \in \mathbb{Z}$ は整数定数である．

直観的には，$\mathsf{S}(\chi)$ は有界式 χ が成り立つタイミングで利得 1 を与えることを表す原子利得項であり，$\mathsf{B}^k(\varphi)$ は φ と等価な UCA $\mathfrak{A}_{\varphi}$ の受理条件に上限 k を与えた k-UCA（DSA）の悪性接頭辞が現れる度に利得 -1 を与えることを表す原子利得項である．また，$+$ は各点和演算，$\cdot$ はスカラー倍演算である．そして，$\mathsf{MP}(t)$ は，t で規定される各ステップの利得の与え方の下での平均利得を表す．

LTL 式から等価な BA や UCA への変換は一意ではないため，平均利得項の意味論は，特定のオートマトン変換 $\mathcal{T} : LTL \to UCA$ の下で与える．

定義 7 オートマトン変換 $\mathcal{T}$ の下で語 $\sigma = s_0 s_1 \cdots \in (2^{\mathcal{P}})^{\omega}$ に対する平均利得項 $\mathsf{MP}(t)$ の意味は，以下のように与えられる．

$$[\![\mathsf{MP}(t)]\!]_{\sigma}^{\mathcal{T}} = \liminf_{n \to \infty} (1/(n+1)) \cdot \sum_{i=0}^{n} \langle\!\langle t \rangle\!\rangle_{\sigma}^{\mathcal{T}}(i).$$

ここで，$\langle\!\langle t \rangle\!\rangle_{\sigma}^{\mathcal{T}} : \mathbb{N} \to \mathbb{Z}$ は，オートマトン変換 $\mathcal{T}$ の下で，$\sigma = s_0 s_1 \cdots$ 上の各ステップにおいて項 t が示す整数利得を返す，以下のような関数である．

$$\langle\!\langle \mathsf{S}(\chi) \rangle\!\rangle_{\sigma}^{\mathcal{T}}(i) = \begin{cases} 1 & \text{if } s_i s_{i+1} \cdots \models \chi, \\ 0 & \text{otherwise,} \end{cases}$$

$$\langle\!\langle \mathsf{B}^k(\varphi) \rangle\!\rangle_\sigma^\mathcal{T}(i) = \begin{cases} -1 & \text{if } s_0 \cdots s_i \in (BadPref(\mathcal{T}^k(\varphi)))^+, \\ 0 & \text{otherwise,} \end{cases}$$
$$\langle\!\langle t_1 + t_2 \rangle\!\rangle_\sigma^\mathcal{T}(i) = \langle\!\langle t_1 \rangle\!\rangle_\sigma^\mathcal{T}(i) + \langle\!\langle t_2 \rangle\!\rangle_\sigma^\mathcal{T}(i),$$
$$\langle\!\langle c \cdot t_1 \rangle\!\rangle_\sigma^\mathcal{T}(i) = c \cdot \langle\!\langle t_1 \rangle\!\rangle_\sigma^\mathcal{T}(i).$$

なお，$\mathcal{T}^k(\varphi)$ は，UCA $\mathcal{T}(\varphi)$ の受理条件に上限 k を与えた k-UCA を指す． ∎

B 項の引数は $\Box\varphi$ という形の式であるため，有限列 $s_i \cdots s_j$ が k-UCA $\mathcal{T}^k(\Box\varphi)$ の悪性接頭辞でないならば，その部分列 $s_k \cdots s_l$ (ただし $i \le k \le l \le j$) は悪性接頭辞ではない．しかし，2 つの部分列 $s_i \cdots s_j$ と $s_k \cdots s_l$ (ただし $i < k \le j \le l$) がどちらも悪性接頭辞である，即ち，悪性接頭辞が重複して出現することはあり得る．$\Box\varphi$ を $\mathcal{T}^k(\Box\varphi)$ に近似したとしてもその悪性接頭辞の長さは一般には上界をもたないため，すべての悪性接頭辞の出現を数え上げることは困難である．そのため，本研究では，重複は考慮しない悪性接頭辞連結数に基づくものとして B 項を定義している．この定義の下でも，$\mathsf{B}^k(\Box\varphi)$ の平均利得が 0 であるふるまいでは，その上に出現する $\mathcal{T}^k(\Box\varphi)$ の悪性接頭辞の連結数は有限である，あるいは，連結数が無限でもその平均長は非有界である．ここで，悪性接頭辞の連結数が有限である場合，そのふるまいは少なくとも $\Diamond\Box\varphi$ は満たしている．また，悪性接頭辞の連結数が無限である場合，そのふるまいは $\sigma_0(\sigma_1)^\omega$ という正準形ではない．これは，正準形である，即ち，末尾部分 $(\sigma_1)^\omega$ が周期的であるならば，その上の悪性接頭辞の連結数が無限であるときその平均長は必ず有界となるためである．

3.3 記述例

式 (1) に「左部分式も右部分式も可能な限り満たしていれば十分である」という意図を加えた仕様は，本研究では，以下の平均利得項 θ_{ex} によって表現される．
$$\theta_{ex} = \mathsf{MP}(c_1 \cdot \mathsf{S}(req_1 \to res) + c_2 \cdot \mathsf{B}^k(\Box(req_2 \to \Diamond \neg res))). \tag{2}$$
部分仕様の優先度を規定する c_1, c_2, k の値によって，$\{req_1, req_2\}$ が入力され続けた際の望ましい (θ_{ex} が示す平均利得が大きい) ふるまいは変化する．この例では，c_1 が c_2 より大きい場合，各ステップで $req_1 \to res$ が成り立つことを優先し，そうでない場合，上界 k の範囲で $\Box(req_2 \to \Diamond \neg res)$ の悪性接頭辞が出現しないことを優先する．

4 合成手法

本章では，平均利得項 $\mathsf{MP}(t)$ から可能な限り仕様を満たす RS を合成する手法を与える．

RS のふるまいは，環境との間の **2 人ゲーム**としてモデル化できる．また，多くの既存 LTL 合成器 [10][11][12] は，RS 合成問題を 2 人ゲームの**勝利戦略**あるいは**最適戦略**の合成問題に帰着している．同様に，本手法では，$\mathsf{MP}(t)$ から**平均利得ゲーム**と呼ばれるゲームを構成し，その最適戦略を合成する．平均利得ゲームの最適戦略は，平均利得を最小化しようとする敵プレイヤに対して少なくとも保証される平均利得を最大化するものであり，$\mathsf{MP}(t)$ を最大化しようとする最大実現 RS r_{opt} と対応付けることができる．
$$r_{opt} \in \operatorname{argmax}_{r \in \mathcal{R}} \min_{\alpha \in (2^\mathcal{I})^\omega} [\![\mathsf{MP}(t)]\!]_{Behavior(\alpha,r)}^\mathcal{T}.$$
ここで，$\operatorname{argmax}_{x \in X} f(x)$ は，定義域 X 上の関数 f に関する最大値 $f(x') = \max_{x \in X} f(x)$ を与える引数 $x' \in X$ の集合を返す関数である．

4.1 準備

4.1.1 平均利得ゲーム

本項では，本合成手法で用いる (2 人) 平均利得ゲームの定義を与える．

定義 8 平均利得ゲーム $\mathfrak{G} = \langle Q_0, Q_1, q_0, \delta_0, \delta_1, W \rangle$ は，プレイヤ 0 (resp. プレイヤ 1) が遷移先を決定する有限の状態集合 Q_0 (resp. Q_1)，$q_0 \in Q_0$ は初期状態，Q_0 から Q_1 (resp. Q_1 から Q_0) へのアルファベット $2^\mathcal{I}$ (resp. $2^\mathcal{O}$) 上のラベルが付けられた遷移関数 $\delta_0 : Q_0 \times 2^\mathcal{I} \to Q_1$ (resp. $\delta_1 : Q_1 \times 2^\mathcal{O} \to Q_0$)，遷移に対する整数重み付け関数 $W : (Q_0 \times 2^\mathcal{I}) \cup (Q_0 \times 2^\mathcal{O}) \to \mathbb{Z}$ の 6 つ組である． ∎

なお，本研究の RS の定義では，環境はプレイヤ 0 (先手)，RS がプレイヤ 1 (後

手) に対応している.

このゲームのプレイは,すべての $i \in \mathbb{N}$ について,$q_{2i+1} = \delta_0(q_{2i}, a_i)$ であるようなプレイヤ1側の状態と $q_{2(i+1)} = \delta_1(q_{2i+1}, b_i)$ であるようなプレイヤ0側の状態の無限交代列 $\rho = q_0 a_0 q_1 b_0 q_2 a_1 q_3 b_1 \cdots q_{2i} a_i q_{2i+1} b_i \cdots \in (Q_0 2^{\mathcal{I}} Q_1 2^{\mathcal{O}})^\omega$ である.このプレイ ρ におけるプレイヤ1の成果 $Outcome^{\mathfrak{G}}(\rho)$ は,以下のように与えられる.

$$Outcome^{\mathfrak{G}}(\rho) = \liminf_{n \to \infty} (1/(n+1)) \sum_{i=0}^{n} (W(q_{2i}, a_i) + W(q_{2i+1}, b_i)).$$

4.1.2 戦略と RS

プレイヤ1の各状態 $q \in Q_1$ において次にどの遷移(即ち,ラベル $b \subseteq \mathcal{O}$)を選択するかを決定する関数 $\mu : Q_1 \to 2^{\mathcal{O}}$ をプレイヤ1の**メモリレス戦略**(以下,単に戦略)と呼ぶ.また,プレイヤ1が戦略 μ に従っているときにプレイヤ0のラベル列 $\alpha = a_0 a_1 \cdots \in (2^{\mathcal{I}})^\omega$ を選択した場合のプレイ $Play(\alpha, \mu)$ は,すべての $i \in \mathbb{N}$ について $b_i = \mu(q_{2i+1})$ であるようなプレイ $q_0 a_0 q_1 b_0 q_2 a_1 q_3 b_1 \cdots q_{2i} a_i q_{2i+1} b_i \cdots \in (Q_0 2^{\mathcal{I}} Q_1 2^{\mathcal{O}})^\omega$ である.そして,以下の戦略 μ_{opt} を**最適戦略**と呼ぶ.

$$\mu_{opt} \in \mathrm{argmax}_{\mu : Q_1 \to 2^{\mathcal{O}}} \min_{\alpha \in (2^{\mathcal{I}})^\omega} Outcome^{\mathfrak{G}}(Play(\alpha, \mu)).$$

なお,一般的には戦略は過去の選択履歴から次の遷移を決定する関数 $\nu : (Q_0 Q_1)^+ \to 2^{\mathcal{O}}$ であるが,平均利得ゲームにおいてはどちらのプレイヤに関しても最適かつメモリレスな戦略が必ず存在し多項式時間で効率的に求めることができるため,メモリレスであるものに限定しても一般性は失われない [18].

ここで,戦略 μ は,以下の RS r_μ と見なせる.

$$r_\mu(a_0 \cdots a_n) = \mu(\delta_0(q_{2n}, a_n)).$$

ただし,任意の $i < n$ について,$q_{2(i+1)} = \delta_1(\delta_0(q_{2i}, a_i), \mu(\delta_0(q_{2i}, a_i)))$ である.なお,前述の通り平均利得ゲームでは両プレイヤには最適メモリレス戦略が存在する.この事実は,平均利得ゲームへ帰着可能な RS 合成では $\sigma_0(\sigma_1)^\omega \in (2^\mathcal{P})^\omega$ という正準形をもつふるまいのみを考慮すれば十分であることを示している.

4.2 手続き

4.2.1 概略

合成手続きの概略は以下の通りである.

1. 利得項 $t = \sum_{1 \leq i \leq n} c_i \cdot t_i$ 中の各原子利得項 t_i ($\mathsf{S}(\chi_i)$ または $\mathsf{B}^{k_i}(\varphi_i)$) に対して,$\mathsf{MP}(t_i)$ に対応する平均利得ゲーム $\mathfrak{G}_{t_i}$ を構成する.
2. すべての平均利得ゲームを同期合成し,各係数 c_i を考慮した加重和を重み付け関数として持つ,$\mathsf{MP}(t)$ に対応する平均利得ゲーム $\mathfrak{G}_t$ を構成する.
3. $\mathfrak{G}_t$ 上の最適戦略 μ_{opt}(最大実現 RS $r_{\mu_{opt}}$)を合成する.

以下の各項でそれぞれのステップを説明する.

4.2.2 原子利得項からゲームへの変換

まず,原子利得項 $\mathsf{S}(\chi_i)$ の平均利得項 $\mathsf{MP}(\mathsf{S}(\chi_i))$ に対応するゲームの構成法について述べる.各ステップにおいて有界式 χ が成り立つか否かは,高々,χ の $\bigcirc$ 演算子の深さ $depth(\chi_i)$ ステップ先で決定できる.そこで,新たな出力命題 p_χ を導入し,$\varphi_{\chi_i} = \Box(\chi_i \leftrightarrow \bigcirc^{depth(\chi_i)} p_{\chi_i})$ という式を考える.ただし,$\bigcirc^m$ は $\bigcirc$ 演算子を m 個重ねたものである.この φ_{χ_i} は safety property であるため,UCA $\mathcal{T}(\varphi_{\chi_i})$ は 0-UCA $\mathcal{T}^0(\varphi_{\chi_i})$ と一致している.そうでない場合でも,φ_{χ_i} は safety property であることから,そのようなオートマトンへ容易に変換できる.そのため,アルファベット $\mathcal{P} \cup \{p_{\chi_i}\}$ 上の等価な DSA $\mathfrak{A}_{\varphi_{\chi_i}} = \langle Q^i, q_0^i, \delta^i, F^i \rangle$ を冪集合構成法により得られる.また,φ_{χ_i} が成り立つとき,χ_i を満たす時刻の出現数と p_χ を満たす時刻の出現数は一致する.そして,p_{χ_i} は出力命題であるため,φ_{χ_i} が成立するように各ステップにおいて p_{χ_i} の真偽を決定できる.従って,$\mathfrak{A}_{\varphi_{\chi_i}}$ の状態及び遷移を入出力のターンに分割した後,p_χ がラベル付けされている遷移に対して利得 1 を与えた上で,ラベル p_χ 及び棄却状態を除去することで,$\mathsf{MP}(\mathsf{S}(\chi_i))$ に対応した平均利得ゲーム $\mathfrak{G}_{\mathsf{S}(\chi_i)} = \langle Q^i \setminus F^i, Q^i \times 2^{\mathcal{I}}, q_0^i, \delta_0^i, \delta_1^i, W^i \rangle$ を構成できる.ただし,遷移関係 δ_0^i, δ_1^i と重み付け

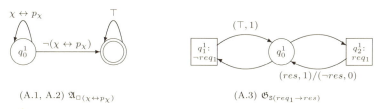

(A.1, A.2) $\mathfrak{A}_{\Box(\chi \leftrightarrow p_\chi)}$ (A.3) $\mathfrak{G}_{\mathtt{S}(req_1 \to res)}$

図1 $\mathtt{S}(req_1 \to res)$ から構成されるオートマトン及びゲーム（初期状態は q_0^1）．

関数 W^i は以下のように与えられる．

$$\delta_0^i(q, a) = \langle q, a \rangle,$$
$$\delta_1^i(\langle q, a \rangle, b) = \begin{cases} \delta^i(q, a \cup b \cup \{p_{\chi_i}\}) & \text{if } \delta^i(q, a \cup b \cup \{p_{\chi_i}\}) \notin F^i, \\ \delta^i(q, a \cup b) & \text{otherwise,} \end{cases}$$
$$W^i(q, a) = 0,$$
$$W^i(\langle q, a \rangle, b) = \begin{cases} 1 & \text{if } \delta^i(q, a \cup b \cup \{p_{\chi_i}\}) \notin F^i, \\ 0 & \text{otherwise.} \end{cases}$$

この $\mathfrak{G}_{\mathtt{S}(\chi_i)}$ の任意のプレイは $\mathfrak{A}_{\varphi_{\chi_i}}$ の受理実行に対応しており，その重み付け関数 W^i は χ_i が成り立った $depth(\chi_i)$ ステップ後に利得1を与える．まとめると，以下のような手順で $\mathtt{MP}(\mathtt{S}(\chi_i))$ に対応するゲームを構成できる．

A.1. LTL式 $\varphi_{\chi_i} = \Box(\chi_i \leftrightarrow \bigcirc^{depth(\chi_i)} p_{\chi_i})$ を等価な (0-) UCA に変換する．
A.2. その (0-) UCA を DSA $\mathfrak{A}_{\varphi_\chi}$ に変換する．
A.3. $\mathfrak{A}_{\varphi_\chi}$ から平均利得ゲーム $\mathfrak{G}_{\mathtt{S}(\chi_i)}$ を構成する．

例えば，式 (2) の θ_{ex} の左原子利得項 $\mathtt{S}(req_1 \to res)$ から各ステップで構成されるオートマトン及びゲームは図1のように得られる．ただし，棄却状態は2重円，遷移のラベルは論理表現で与えている．また，ゲームに関しては，円がプレイヤ0（環境）側，四角がプレイヤ1（RS）側の状態であり，プレイヤ1側の状態のラベルはその状態へ遷移するためのプレイヤ0の入力命題ラベルである．そして，遷移ラベルの第一成分がプレイヤ0の出力命題ラベル，第二成分が遷移の利得である．

次に，原子利得項 $\mathtt{B}^{k_i}(\varphi_i)$ の平均利得項 $\mathtt{MP}(\mathtt{B}^{k_i}(\varphi_i))$ に対応するゲームの構成法について述べる．$\mathtt{B}^{k_i}(\varphi_i)$ は k_i-UCA $\mathcal{T}^{k_i}(\varphi_i)$ の悪性接頭辞の出現毎に利得 -1 を与えるものであるため，まず $\mathcal{T}^{k_i}(\varphi_i)$，そしてそれと等価な DSA $\mathfrak{A}_{\varphi_i, k_i} = \langle Q^i, q_0^i, \delta^i, F^i \rangle$ を構成する．そして，棄却状態からの遷移先を初期状態に変更した上で，$\mathfrak{A}_{\varphi_i, k_i}$ の状態及び遷移を入出力のターンに分割した後，棄却状態から初期状態への遷移に対して利得 -1 を与えることで，$\mathtt{MP}(\mathtt{B}^{k_i}(\varphi_i))$ に対応した平均利得ゲーム $\mathfrak{G}_{\mathtt{B}^{k_i}(\varphi_i)} = \langle Q^i, Q^i \times 2^{\mathcal{I}}, q_0^i, \delta_0^i, \delta_1^i, W^i \rangle$ を構成できる．ただし，遷移関係 δ_0^i, δ_1^i と重み付け関数 W^i は以下のように与えられる．

$$\delta_0^i(q, a) = \langle q, a \rangle,$$
$$\delta_1^i(\langle q, a \rangle, b) = \begin{cases} \delta^i(q, a \cup b) & \text{if } q \notin F^i, \\ q_0^i & \text{otherwise,} \end{cases}$$
$$W^i(q, a) = 0,$$
$$W^i(\langle q, a \rangle, b) = \begin{cases} 0 & \text{if } q \notin F^i, \\ -1 & \text{otherwise.} \end{cases}$$

この $\mathfrak{G}_{\mathtt{B}^{k_i}(\varphi_i)}$ の任意のプレイでは，$\mathfrak{A}_{\varphi_i, k_i}$ の棄却状態に対応する状態を出る際に利得 -1 を得て初期状態に戻る．

まとめると，以下のような手順で $\mathtt{B}^{k_i}(\varphi_i)$ に対応するゲームを構成できる．
B.1. LTL式 φ_i を等価な UCA $\mathfrak{A}_\varphi (= \mathcal{T}(\varphi))$ に変換する．
B.2. $\mathfrak{A}_\varphi$ に上界 k_i を与えた k_i-UCA $\mathcal{T}^{k_i}(\varphi)$ を DSA $\mathfrak{A}_{\varphi_i, k_i}$ に変換する．
B.3. $\mathfrak{A}_{\varphi_i, k_i}$ から平均利得ゲーム $\mathfrak{G}_{\mathtt{B}^{k_i}(\varphi_i)}$ を構成する．

例えば，式 (2) の θ_{ex} の右原子利得項 $\mathtt{B}^2(\Box(req_1 \to \Diamond \neg res))$（$k = 2$ のとき）か

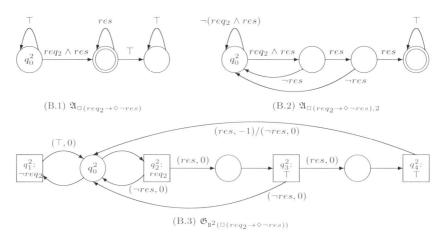

図 2 $B^2(\Box(req_2 \to \Diamond\neg res))$ から構成されるオートマトン及びゲーム（初期状態は q_0^2）．

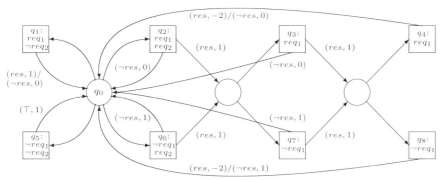

図 3 式 (2) の θ_{ex}（$c_1 = 1, c_2 = 3, k = 2$ のとき）から構成される同期合成ゲーム（初期状態は q_0）．

ら各ステップで構成されるオートマトン及びゲームは図 2 のように得られる．

4.2.3 同期合成

4.2.2 項で述べた，ステップ 1 で得られる $MP(t_i)$ に対応する平均利得ゲームを $\mathfrak{G}_{t_i} = \langle Q_0^i, Q_1^i, q_0^i, \delta_0^i, \delta_1^i, W^i \rangle$ とする．このとき，利得項 $t = \sum_{1 \le i \le n} c_i \cdot t_i$ に対する平均利得ゲーム $\mathfrak{G}_t$ は，ゲーム $\mathfrak{G}_{t_1}, \ldots, \mathfrak{G}_{t_n}$ の（初期）状態集合の直積を（初期）状態集合としてもち，また，その状態集合上の同期遷移関数 $\delta_0 : Q_1^1 \times \cdots \times Q_0^n \times 2^{\mathcal{I}} \to Q_1^1 \times \cdots \times Q_1^n$, $\delta_1 : Q_1^1 \times \cdots \times Q_1^n \times 2^{\mathcal{O}} \to Q_1^1 \times \cdots \times Q_1^n$，そして，ゲーム $\mathfrak{G}_{t_1}, \ldots, \mathfrak{G}_{t_n}$ の重み付け関数 $W^1, \ldots, W^n$ と各係数 $c_1, \ldots, c_n$ の加重和を重み付け関数とするゲーム $\langle Q_0^1 \times \cdots \times Q_0^n, Q_1^1 \times \cdots \times Q_1^n, \langle q_0^1, \ldots, q_0^n \rangle, \delta_0, \delta_1, W \rangle$ である．ただし，遷移関数 δ_0, δ_1 と重み付け関数 W は以下のように与えられる．

$\delta_0(\langle q^1, \ldots, q^n \rangle, a) = \langle \delta_0^1(q^1, a), \ldots, \delta_0^1(q^n, a) \rangle$, where $q^i \in Q_0^i$ for $1 \le i \le n$,
$\delta_1(\langle q^1, \ldots, q^n \rangle, b) = \langle \delta_1^1(q^1, b), \ldots, \delta_1^1(q^n, b) \rangle$, where $q^i \in Q_1^i$ for $1 \le i \le n$,
$W(\langle q^1, \ldots, q^n \rangle, a) = 0$, where $q^i \in Q_0^i$ for $1 \le i \le n$,
$W(\langle q^1, \ldots, q^n \rangle, b) = \sum_{i=1}^n c_i \cdot W^i(q^i, b)$, where $q^i \in Q_1^i$ for $1 \le i \le n$.

任意の RS のふるまいはこのゲーム $\mathfrak{G}_t$ 上のなんらかのプレイに対応するため，$\mathfrak{G}_t$ 上の最適戦略が目的の RS である．

例えば，式 (2) の θ_{ex}（$c_1 = 1$, $c_2 = 3$, $k = 2$ のとき）から構成される同期合成ゲームは，図 1 (A.3) と図 2 (B.3) を基に，図 3 のように得られる．

4.2.4 最適戦略合成

4.2.3 項で述べた，ステップ 2 で得られる同期合成ゲームは単なる平均利得ゲームであるため，ステップ 3 はその一般的な解法 [18][19] を用いて行われる．

例えば，図3のゲームの最適戦略 $\mu_\star$ は以下のように得られる．
$$\mu_\star(q) = \begin{cases} \{res\} & \text{if } q \in \{q_1, q_2, q_3 \, (,q_5)\}, \\ \emptyset & \text{otherwise}. \end{cases}$$

5 応用

本章では，4章の提案手法と通常の LTL 合成を組み合わせる応用について述べる．

提案手法では，仕様が平均利得項で与えられるため，そのどの部分仕様 $\Box \varphi_i$ の部分式 φ_i も無限にしばしば違反する RS が合成され得る．しかしながら，現実には安全性の性質などの一部の部分仕様は決して違反してはならないことが求められることも多い．そのような必ず満たすべき**必須仕様**はやはり LTL 等によって記述されることが妥当である．ここで，近年の通常 LTL 合成は，Safraless アプローチが主流である．Safraless LTL 合成 [10] [11] [12] では，有界 UCA を利用した近似を徐々に締め（上界 k を大きくし）ながら実現可能性判定及び合成を行う．つまり，Safraless アプローチでは，LTL 合成は最終的には safety ゲーム勝利戦略合成に帰着される．そしてこの safety ゲームと平均利得ゲームの同期合成は，やはり平均利得ゲームである．よって，必須仕様を LTL 式で与えた上で Safraless LTL 合成アプローチに則り safety ゲームを構成し，提案手法ステップ 2 で得られた平均利得ゲームとの同期合成ゲームの最適戦略を求めることで，LTL 式として与えられた必須仕様を完全に実現しかつ平均利得項に関して局所最適な RS を合成できる．

6 関連研究

通常の LTL 合成のツールとしては，Unbeast [10]，Acacia+ [11]，上野らの合成器 [12] [20] 等が開発されている．これらはすべて有界 UCA に基づいた近似を利用した Safraless アプローチを採用している．中でも Acacia+ は，平均利得制約付きの LTL 合成にも対応している．ただし，Acacia+ では，扱うことが可能な平均利得制約は B 項を持たない平均利得項に関する閾値条件の連言に限られており，また，複数の閾値条件がある場合最適化は行われない．一方，提案手法及び 5 章の応用手法では，複数の平均利得項（に関する閾値条件）を扱うことはできないが，□式の連言であれば適当な重み・上界を与えることで平均利得項へ容易に変換し利用できる．なお，上野らの合成器も，B 項を持たない平均利得項に対しては，応用手法に対応している．

提案手法で扱う問題は，重み付き**最大充足可能性**（maximum satisfiability, Max-SAT）問題と類似している．重み付き Max-SAT 問題では，与えられた命題論理に対して，真となる節の数の加重和を最大化する割り当てを求める．一方，提案手法は，与えられた平均利得項を最大化する，即ち，その平均利得項の元になった LTL 部分式が成り立つ重み付き頻度を最大化する RS を合成する．また，応用手法で扱う問題は，部分重み付き Max-SAT 問題と類似している．なお，Max-SAT 及びその関連問題については，[21] [22] に詳しい．

提案手法では，平均利得に基づいて「可能な限り仕様を満たす」RS を合成しているが，これは「どうしても部分仕様が衝突してしまうケースは許容する」RS を合成しているともいえる．それとは異なり，森ら [8] が導入した**段階的充足可能性**や，ゲーム理論の**支配**の概念から着想を得た**許容可能性** [23] 等の実現可能性必要条件に基づいて，実現不能な仕様であっても一定の機能が保証された（つまり許容できる）RS を合成する手法も提案されている [24] [23]．

7 まとめ

本研究では，仕様を可能な限り満たすようにふるまう RS を合成する手法を提案した．提案手法では，ほとんどの RS 仕様が □ 式の連言で与えられることを考慮し，その各 □ 式の部分式を満たす時刻数を最大化する RS を合成する．ただし，任意の LTL 式に対応することは困難であるため，一部の式に対しては有界 UCA を利用した近似を用いる．また，各部分仕様の重要度に応じた重み付けを行うことが可能な平均利得項を仕様として与える．そして，目的の RS 合成は平均利得ゲームの最適戦略合成に帰着して解く．なお，厳密に満たすべき必須仕様に関しては既存の Safraless LTL 合成に従って safety ゲームを構成し，可能なだけ満たせばよい仕様に関しては提案手法に従って平均利得ゲームを構成した後，それらの同期合成平均利得ゲーム

を解くという応用により，信頼性と許容性を合わせ持つ RS を得ることもできる．

今後の課題の 1 つは，提案・応用手法の実装及びその評価であり，実装は [12] [20] を基に開発中である．もう 1 つは，計算の効率化である．提案・応用手法では，有界 UCA を用いた近似を用いることで Safra の構成法 [17] を避けてはいるが，オートマトンの決定化（冪集合構成法）は要求される．現実的な問題を扱うためには，効率的なオートマトン決定化を可能とする合理的な構文制限等の工夫が必要である．また，定量的な解析・合成では厳密な最適性が要求されないことも多いため，ヒューリスティック等を用いた近似的手法も有用である．

参考文献

[1] A. Pnueli. The temporal logic of programs. In *FOCS '77*, pp. 46–57, 1977.
[2] A. Pnueli and R. Rosner. On the synthesis of a reactive module. In *POPL '89*, pp. 179–190, 1989.
[3] M. Abadi, et al. Realizable and unrealizable specifications of reactive systems. In *ICALP '89*, Vol. 372 of *LNCS*, pp. 1–17. 1989.
[4] R. Rosner. *Modular Synthesis of Reactive Systems*. PhD thesis, Weizmann Institute of Science, 1992.
[5] K. Chatterjee, et al. Environment assumptions for synthesis. In *CONCUR '08*, Vol. 5201 of *LNCS*, pp. 147–161. 2008.
[6] 萩原茂樹ら．リアクティブシステム仕様を実現可能にするための環境制約の抽出．コンピュータ ソフトウェア, Vol. 28, No. 3, pp. 132–146, 2011.
[7] R. Bloem, et al. How to handle assumptions in synthesis. In *Proceedings 3rd Workshop on Synthesis*, Vol. 157 of *EPTCS*, pp. 34–50, 2014.
[8] R. Mori and N. Yonezaki. Several realizability concepts in reactive objects. In *Information Modelling and Knowledge Bases IV*, Vol. 16 of *Frontiers in Artificial Intelligence and Applications*, pp. 407–424, 1993.
[9] S. Hagihara, et al. Minimal strongly unsatisfiable subsets of reactive system specifications. In *ASE '14*, pp. 629–634, 2014.
[10] R. Ehlers. Symbolic bounded synthesis. In *CAV '10*, Vol. 6174 of *LNCS*, pp. 365–379. 2010.
[11] A. Bohy, et al. Acacia+, a tool for LTL synthesis. In *CAV '12*, Vol. 7358 of *LNCS*, pp. 652–657. 2012.
[12] 上野篤史ら．LTL 式で記述されたリアクティブシステム仕様の高速な実現可能性判定器の実装に関する研究．日本ソフトウェア科学会 第 30 回大会論文集, 2013.
[13] 冨田尭ら．Mean-payoff 制約を記述可能な線形時間論理．日本ソフトウェア科学会 第 29 回大会論文集, 2012.
[14] A. Duret-Lutz and D. Poitrenaud. SPOT: an extensible model checking library using transition-based generalized Büchi automata. In *MASCOTS '04*, pp. 76–83, 2004.
[15] T. Babiak, et al. LTL to Büchi automata translation: Fast and more deterministic. In *TACAS '12*, Vol. 7214 of *LNCS*, pp. 95–109. 2012.
[16] S. Mochizuki, et al. Fast translation from LTL to Büchi automata via non-transition-based automata. In *ICFEM '14*, Vol. 8829 of *LNCS*, pp. 364–379. 2014.
[17] S. Safra. On the complexity of omega automata. In *FOCS '88*, pp. 319–327, 1988.
[18] A. Ehrenfeucht and J. Mycielski. Positional strategies for mean payoff games. *International Journal of Game Theory*, Vol. 8, pp. 109–113, 1979.
[19] U. Zwick and M. Paterson. The complexity of mean payoff games on graphs. *Theoretical Computer Science*, Vol. 158, No. 1-2, pp. 343–359, 1996.
[20] 上野篤史ら．環境許容性のあるリアクティブシステム合成法．電子情報通信学会 技術研究報告, Vol. 114, No. 510, pp. 7–12, 2015.
[21] C. M. Li and F. Manyà. *MaxSAT, Hard and Soft Constraints*, Vol. 185 of *Frontiers in Artificial Intelligence and Applications*, chapter 19, pp. 613–631. 2009.
[22] 酒井政裕, 今井健男．SAT 問題と他の制約問題との相互発展．コンピュータ ソフトウェア, Vol. 32, No. 1, pp. 103–119, 2015.
[23] W. Damm and B. Finkbeiner. Automatic compositional synthesis of distributed systems. In *FM '14*, Vol. 8442 of *LNCS*, pp. 179–193. 2014.
[24] N. Yoshiura and N. Yonezaki. Program synthesis for stepwise satisfiable specification of reactive system. In *International Symposium on Principles of Software Evolution*, pp. 58–67, 2000.

音声認識システムの語彙列受理可能性テスト自動化
Automated Lexicon-Acceptability-Test for Speech Recognition System

岩間 太[*]　福田 隆[†]

あらまし　音声認識システムは音声データを処理して認識結果の語彙列データを返す．一般に，音声認識の認識結果となり得る語彙列はその音声認識が持つ言語モデルによって定められるため，音声認識が「その言語モデルによって定められる語彙列を発話した音声を，言語モデルにより受理される等価な語彙列に変換し得る」という特徴を持つことは，この音声認識が音声データを正しく認識するための必要条件となり得る．本論文では，音声認識システムに対する自動化可能なテスト観点として，この必要条件を確認するという観点を提案し，この観点におけるテストを一定範囲において自動化する仕組みを考案する．また，このテスト自動化手法を実装したプロトタイプを用い，提案テスト手法の有用性を評価する．提案したテスト観点および自動化の仕組みは，従来，専門家に頼っていた音声認識システム，特に，特定用途向け音声認識システムのテスト工程の一部を自動化しそのコストを削減させることが期待できる。

1 導入

音声認識 (ASR − Automatic Speech Recognition) システムは，近年において，社会的により多くの場面で使われ始めてきている．近い将来における音声認識システムの普及が予想され [1]，一般的な状況においての使用が想定されている「汎用的な音声認識システム」と共に，特定業務や特定用途における発話音声を対象とした「特定用途向け音声認識システム」の開発機会の増大が見込まれる．そのため，従来，音声認識分野の専門家が主に行ってきていた音声認識システムのテストに対するよりシステマティックが手法が望まれている．

音声認識システムの認識に関するテストは，認識すべき音声データが意図したとおりの語彙列に変換されることを確認するものである．そのため，このテストでは，その音声認識システムが対象とする音声の種類や特徴 (e.g. 大人/子供，女性/男性)，またそのシステムが使用される状況 (e.g. 電話，車内) に応じた，様々なバリエーションの音声データが正しく認識されることを確認する必要がある．音声認識システムの認識テストは，通常，この認識の頑健性 (ロバスト性) の確認に焦点が当てられており，また，テスト結果の判断 (十分な頑健性を持つかなど) や，その結果を受けてのテスト対象音声認識システムの変更・修正 (統計モデル構築のための学習データやアルゴリズム，各種パラメーターなど) が必要となるため，専門家による，しかも，属人的な作業として，実施されているのが現状である．

本論文では，音声認識システムの認識テストについてソフトウエア工学的に考察し，認識の頑健性確認テストの前提となる，音声認識の基本的な**テスト観点**を提案する．また，この観点に基づくテストが一定範囲において (全) 自動化可能であることを示す．直観的に述べると，このテスト観点は，テスト対象の音声認識が，その認識語彙列に従う典型的な音声を正しく認識する能力を持つことを，認識の頑健性からは分離して確認する観点である．そのため，このテスト観点に基づくテストは，音声認識システムの構成要素やその配置関係の欠陥，または，利用している統計モデルのデータ破損 といった類のソフトウエアの構成に関する不具合の存在を，認識精度や認識の頑健性に関する不具合から分離して指摘することを可能にする．

---

[*]Futoshi Iwama, IBM Research - Tokyo
[†]Takashi Fukuda, IBM Research - Tokyo

図 1 音声認識システム概要、及び、使用されるモデル (音響モデル，語彙辞書，言語モデル)

本論文の貢献は，音声認識システムの基本的な認識機能を確認するためのテスト観点の提案と定式化，及び，この観点におけるテスト自動化装置の構築である．そのために我々は，以下のソフトウエア工学的 手法・アイデアを用いる：

(1) 認識の頑健性や精度確認を含んだ現状の音声認識性能テストは,『音声認識システムが「その言語モデルにより定められる語彙列を発話した音声を，言語モデルで受理される等価な語彙列に変換し得る」という性質を持つ』ことの確認を含むという点に着目し，この観点を分離されたテスト観点として定式化する．

(2) (1) の観点に基づくテストを，(a) 音声認識が持つ言語モデルからテスト文を一定の網羅基準のもと生成し，(b) 各テスト文から，発話特性の異なった複数の音声合成を用いて，複数の音声データを合成し，(c) それら複数の音声データを当の音声認識で認識させ得られた複数の認識結果語彙列が，全体として元のテスト文と等価であることを確認する，というステップにより自動化する．

本論文の構成は以下のとおりである．まず 2 節において，音声認識システムに対する上述のテスト観点を導入し議論する．次に 3 節において，この観点のテストを自動化する仕組みを考案して提示し，4 節において，この仕組みに基づいたテストシステムを評価しその有用性と今後の課題を確認する．最後に 5 節，6 節において，関連する研究との比較を行い，本論文をまとめる．

2 語彙列受理可能性テスト

本節では，まず音声認識システムの処理を概観する．その後，その基本的認識機能確認のためのテスト観点を導入し，この観点に基づくテストについて議論する．

2.1 音声認識システムの概要

一般的な音声認識システムの処理の流れと，関係する部位ならびに使用される主要なモデルを図 1 に図示する．全体として発話音声は時系列信号 (音声データと呼ぶこととする) としてデジタル化され，特徴抽出部において，適切な特徴情報を含む特徴ベクトルの時系列データに変換される．その後，言語識別部において，この特徴ベクトル列が認識対象言語上の幾つかの語彙列にスコア (結果の蓋然性を示す) を伴って変換され，最もスコアの高い語彙列が認識結果として出力される[1]．

例えば，"*tendo-waiine*" という様な発話をある ASR システムで処理すると，⟨「天童はいいね」:0.7⟩, ⟨「天道はいいね」:0.2⟩, ⟨「天井はいいね」: 0.1⟩ などと，認識語彙列の候補とともにそのスコアが計算され，最終的に最もスコアの高い語彙列「天童はいいね」とその確率を意味するスコア 0.8 が認識結果として返される．

言語識別部に着目すると，この部位の処理を行うプログラムは，通常**デコーダー**と呼ばれ，3 つの主要なモデルに依存している．**音響モデル**は，音素から特徴ベクトル列への確率的な対応を表し，**語彙辞書** (発音辞書) は，語彙から音素列への確率的な対応を表すものである．**言語モデル**は認識結果の言語の文法とその言語における語彙列の蓋然性を表すモデルである．模式的には，この 3 つのモデルの情報により

---

[1] 語彙列の構文解析情報など他の情報も含まれ得るが，語彙列とスコアは基本的な認識結果である．

特徴ベクトル列から音素列，そして，語彙列へと変換が行われ，結果の各語彙列に対しスコアが計算される．特徴ベクトル系列，音素列，語彙列をそれぞれメタ変数 v, x, w で表すと，音響モデルは $P_A(v|x)$，語彙辞書は $P_D(x|w)$，言語モデルは $P_L(w)$ という (条件付) 確率で表現され得る．デコーダーの実際の処理は，上記の模式的なものと異なり，各モデルを同時に考慮した結果の事後確率 $P_A(v|x)P_D(x|w)P_L(w)$ 〜 w が与えられたときの v の確率〜をなるべく最大にする語彙列 $\hat{w}$ (以下の式 (1)) を計算することで実現される [2]．

$$\hat{w} = \arg\max_{w} P_A(v|x)P_D(x|w)P_L(w) \tag{1}$$

通常，音響モデルには隠れマルコフモデル (HMM) が用いられ，語彙辞書は語彙 w が x と読まれる確率 (例えば，語彙「私」が「watakushi」，「watashi」と発話される確率がそれぞれ 0.3, 0.7 など) を保持している対応表で表現される．言語モデルは，認識対象の言語の構造が比較的決まっている場合は，確率付き有限状態変換器 (WFST) などの文法で，一方，幅広い自然文を認識する必要がある場合は，N-gram(WFST で表現可能である) などの統計的モデルが用いられる [2]．

これらのモデルは ASR の開発・改善・拡張に伴い，同時に準備され，修正・拡張される必要があるため取替え可能なモデルとして準備されるのが一般的である．例えば，音響モデルは処理する音声が男性/女性/子供/大人のものかといったことなどに依存して修正され，語彙辞書は新しい単語や新しい読み方の追加，言語モデルは認識結果として得られるべき語彙列の構造や蓋然性の変更に応じて修正される．

2.2 語彙列受理可能性テストの定式化

提案するテスト観点を直観的に述べれば，音声認識が，その言語モデルが定める認識語彙列を発話して得られる，最低限典型的な音声データの一つを，正しく認識する能力を持つことを確認する観点である．以下，本 2.2 節では，このテスト観点が音声認識システム一般に対して想定できることを示しつつ，その観点を明確に示したい．そのための方針として，まず，幾つかの準備の後，音声認識に対して現状行われている認識に関するテストを一定水準で形式的に記述する．その後，提案するテスト観点に基づくテストを定式化し対比することとする．

テスト対象の音声認識システムを S で表す．S が認識結果とすることのできる語彙列は，S の言語モデル P_L により，一定の小さな確率 ϵ より大きな確率で受理される語彙列の集合に含まれる．そのため，この語彙列集合を S **の認識言語** (その要素は **認識語彙列**) と呼び $\mathcal{L}(S, \epsilon)$ で表す．S の認識言語は以下で与えられる：

$$\mathcal{L}(S, \epsilon) = \{w | P_L(w) > \epsilon, P_L は S の言語モデル \}$$

$\mathcal{L}(S, 0)$ に含まれない語彙列は S の認識結果の語彙列にはなり得ない．

ここで S をテストするために必要なテストデータについて考えるため，S により正しく認識される必要のある音声データを S **の正例音声**，S の正例音声を書き起こした結果として得られる可能性のある文章を S **の正例語彙列** と名付け，S に対して想定される全正例語彙列からなる (仮想的な) 集合を $\Omega(S)$ と置く．通常，言語モデルが S の仕様に対して正しく定義されていれば，認識語彙列は (それを発話したものは正しく処理される必要があるため) 正例語彙列となる ($\mathcal{L}(S, \epsilon) \subseteq \Omega(S)$)．

今，S の理想的なテストを考えると，S の使用に際して想定されるすべての状況・条件において，S の正例語彙列 w を発話した結果として得られる可能性のある正例音声を集めテストに用いる必要がある．例えば，対象を自動車内という状況に限定し，同じ語彙列 w を同じ人物が同じように発話したとしても，まったく同じ波形の音声を得ることは現実的に不可能であるため，テスト対象となる音声データのバラエティは無数に存在することとなる．このような，正例語彙列 w を発話した結果得られる無数の正例音声すべてからなる (仮想的な) 集合を w **の理想正例音声集合** と名付ける．同時に，この理想的な正例音声集合を各語彙列に対して求めてくれる仮想的な関数を想定し，それを S **の発話オラクル** と名付け $\mathbf{Sp}[S](\cdot)$，もしくは，$\mathbf{Sp}(\cdot)$

で表す．$\mathbf{Sp}[S]$ の定義域は $\Omega(S)$ を含み，$w \in \Omega(S)$ に対して $\mathbf{Sp}[S](w)$ は空集合ではない (正例音声を書き起こしたものが正例語彙列なので)．S の正例語彙列 w の理想正例音声集合が $\mathbf{Sp}[S](w)$ となる．ここで，音声データ，音声データ集合をメタ変数を $d, \mathcal{D}$ で表すことにし，$\mathbf{Sp}(w) \supseteq \mathcal{D} \ni d$ を満たす $d, \mathcal{D}$ を w による添え字表現を用いて $d_w, \mathcal{D}_w$ と表記する．これら $d_w, \mathcal{D}_w$ を**語彙列 w に従う**音声データ，音声データ集合と呼ぶ．d_w はテスト結果の期待値 w を伴うテストデータとみなせる．

現状，音声認識分野で実施されるテストデータ準備では，まず S の正例音声サンプルが収集され，そこから正例語彙列集合 $W \subset \Omega(S)$ が作られ，それをもとにテストデータとしての正例音声集合が準備される場合が多い．その際，$\mathbf{Sp}$ のような関数は存在しないため，テスト従事者が，S の対象音声や利用環境などを考慮して各正例語彙列 w ごとに十分なテストデータ集合 $\mathcal{D}_w \subset \mathbf{Sp}(w)$ を集めてくることとなる．

定義 1 (音声認識システム S) 音声認識システム S は次を持つものとする：音声データから特徴ベクトル系列への変換関数 $\mathbf{ext}(\cdot)$ (特徴抽出部に相当)，音響モデル P_A，語彙辞書 P_D，言語モデル P_L，そして，式 (1) により特徴ベクトル系列から結果の語彙列を計算する関数 $\mathbf{dec}(\cdot)$ (デコーダーの機能に相当) である．

また，テストの出力結果が正しいかどうかの判定のため，2 つの語彙列が同じ語彙列と見なせるか/見なせないかを判定する**語彙列等価判定** $dpm(\cdot, \cdot)$ を仮定する．実際にはこの判定機能は音声認識の用途に応じて，文字列間距離や音素間距離を利用した DP-Matching [2][3] などを用いた形で実現されている．例えばある dpm_1 では dpm_1(サクラチル, 桜散る) $= true$ となるが，別の dpm_2 では dpm_2(将棋アプリ起動, ショウギアプリ起動) $= false$ となる．

S に対する正例の認識テストは以下のように述べられる (ただし以下 dpm を固定し $w_1 \cong w_2 \Leftrightarrow dpm(w_1, w_2) = true$ とする)：

定義 2 (正例認識テスト) S に対して，テストに十分な $W \subset \Omega(S)$ を選択し，さらに，各 $w \in W$ に対して，空でない十分な $\mathcal{D}_w \subset \mathbf{Sp}[S](w)$ を準備し，以下を確認：

$$\forall w \in W \subset \Omega(S). \ \forall d_w \in \mathcal{D}_w \subset \mathbf{Sp}[S](w). \ (\mathbf{dec}(\mathbf{ext}(d_w)) \cong w)$$

直観的には，まず S の十分な正例語彙列集合 W に含まれる正例語彙列 w ごとに様々な条件のもと正例音声を集めることで，各 w ごとのテスト結果の期待値付きのテストデータ集合 $\mathcal{D}_w$ を準備する．そして集めたすべての正例音声 $d_w \in \mathcal{D}_w$ が dpm のもとで w と等価な語彙列として認識されるかを確かめるというテストである．

今，本論文で提案するテスト観点は，S に対する以下の語彙列受理可能性テストを行う観点として述べられる：

定義 3 (語彙列受理可能性テスト) S に対して，テストを行うに十分な $W \subseteq \mathcal{L}(S, \epsilon)$ を選択し，以下を確認：

$$\forall w \in W \subset \mathcal{L}(S, \epsilon). \ \exists d_w \in \mathbf{Sp}[S](w). \ (\mathbf{dec}(\mathbf{ext}(d_w)) \cong w)$$

これは，S が「その認識語彙列に従う音声データの, 最低限, 最も都合のよい典型的なものでも一つを, その語彙列と等価な語彙列に変換し受理する能力を持つ」ことを，同一認識語彙列に従う多様な音声データに対する認識精度の確認や認識の頑健性の検査といった観点から分離して，確認する観点となっている．

S の認識語彙列が S の正例語彙列になるという妥当な仮定のもと，語彙列受理可能性テストは，次の意味で，通常行われている正例認識テストの必要条件となる．

補題 4 (語彙列受理可能性テストの必要性) 共通の $W \subseteq \mathcal{L}(S, \epsilon)$ を選択したとき，共通の語彙列等価判定のもと，S の語彙列受理可能性テスト (合格) は S の正例認識テスト (合格) の必要条件となる．

$\mathcal{D}_w$ が空でないことと $\mathcal{L}(S, \epsilon) \subseteq \Omega(S)$ に注意すると，定義 2, 3 から補題 4 が成立つ．

2.3 語彙列受理可能性テストで分離して見つけられる不具合

前節 2.2 で述べたとおり,「語彙列受理可能性テスト」は音声認識システムの基本的な認識能力を確認するテストであり, 通常行われている正例認識テストの必要条件となっている. 本節ではこのテストで確認できる/できないことを議論する.

S が「語彙列受理可能性テスト」に不合格の場合, S の特定の認識語彙列が存在し, この語彙列に従うすべての (あるいは典型的な) 音声データが, S によってその語彙列と等価な語彙列としては認識されないこととなる. S の構成・処理を考えると, 不具合部分とその原因は以下の通りである (経験上, 順に可能性が高い):

F1 語彙辞書: 特定語彙に対応する特定の読み方 (音素列) のデータ抜け/不具合など.
F2 音響モデル: 特定音素の性質を規定するデータの抜け/不具合など.
F3 デコーダー: デコーダーアルゴリズムの不具合.
F4 特徴抽出部: 音声データから特徴ベクトル系列への変換モジュールの不具合.

F1 は, 例えば, 特定の語彙「天童」が抜けていたり, また, 語彙「見物」の読み "kenbutsu" は登録されているが, 別の読み "mimono" が抜けているといった不具合である. 駅名や人名を表す語彙や読み方の漏れ/誤りなど ASR の開発・拡張において頻繁に起こりえる不具合である. F2 も同様に, 音素モデル上で特定の音素のデータが漏れていたり異常値が混入していたりする不具合であり, 統計モデル (音響モデル) の学習や拡張の際に生じ得るものである. F3 は認識精度とも関わる不具合であるが, デコーダのアルゴリズムやその設定 (例えば途中段階で残す語彙列の候補の数など) によって, 特定語彙列が, 他の似ているが等価でない語彙列として認識されてしまうといった不具合である. 例えば語彙「岩間」に従う音声 "iwama" がどうしても「イワナ」と認識されてしまうといった不具合である. F4 相当の不具合が起こることはまれであるが, 特に多くの認識語彙列に従う音声が正しく認識されないといったテスト結果になった場合など調査が必要である.

一方で提案テスト観点では, 例えば, 以下の事柄についてはテストできない:
N1 音声認識の認識精度や認識に関する頑健性が十分かということ.
N2 受理されるべきではない音声が認識されないこと (負例テスト).
N3 想定される正例語彙列を言語モデルが正しく表現していること.

例えば, ASR の認識語彙列「天童まで」に従った音声データが一つ正しく認識されたとしても, この語彙列を違った形で発話して得られる, 発話する個人ごとにも異なってくる音声データ, また, 駅周辺の環境や自動車内でこの語彙列を発話して得られる音声データなどが正しく認識されるとは限らない. このような認識の頑健性に関するテストは行えない (N1). これは提案したテスト観点では, ASR が「その認識語彙列に従う音声を正しく認識する基本能力がある」といったことを「各認識語彙列に従う音声を典型的なものでも最低一つは正しく認識できる」ことで確認しているためである. また負例テストについてもこのテスト観点では確認できない (N2). しかし, どのような音声であっても不受理にはせず, 何かしらの認識語彙列として認識するという音声認識システムが多いこともあり, 正例テストがテストの大部分を占める. 最後に, ASR の言語モデル自体の誤り (文法の誤り) は検出できない (N3). 例えば, 言語モデルが定める認識語彙列が ASR の仕様で想定される正例語彙列に含まれていない場合, 提案テスト観点は特定の語彙列を誤って正例語彙列と見なしていることとなり, そのテスト結果を信頼できなくなる.

提案する音声認識システムの「語彙列受理可能性テスト」は, 一般に, その言語モデルの正しさ (N3 の確認) を前提としたテストであり, 同時に, 認識精度の確認テスト, 及び, 認識の頑健性のテスト (N1) や負例テスト (N2) の前提となる. このテスト観点は, 従来, 正例認識テスト (定義 2) として認識精度や認識の頑健性のテストなど同時に行われていた, 音声認識システムの基本的な認識能力に関する不具合 (F1,2,3,4) に関するテストを, 特に N1 に相当する観点から分離して, 確認するというテスト観点となっている.

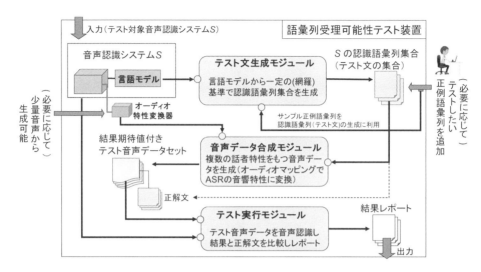

図 2 語彙列受理可能性テストを (一定範囲で) 自動化するシステムの概要

3 語彙列受理可能性テストの自動化

本節では，前 2 節で述べた「語彙列受理可能性テスト」を一定の範囲で自動化する仕組みを提案し議論する．基本的なアイデアは，1 節 (導入) の (2) で述べた通りである．この処理を実現したテストシステムの概要を図 2 に示す．以下，同図 2 の主要な 3 つのモジュールについて記述する．

「テスト文生成モジュール」では，言語モデルから，一定の基準 (特定確率以上で受理/文法規則の全網羅など) のもと，この言語モデルで受理される語彙列の集合をテスト文として生成する．WFST で与えられた言語モデル例からエッジ網羅基準のもとテスト文を生成した例を図 3 に示す．一方，幅広い自然言語を扱う N-gram などの統計的言語モデルの場合，適当な網羅基準のもと認識語彙列を生成しても，ASR の実際の使用では扱うことの少ない語彙列が多く生成される可能性がある．これは統計的モデルの場合，多くの不自然な語彙列が低い確率でも受理されるためである．そのため，現実的には，テスト従事者がテストしたい正例語彙列を入力する，もしくは，入力されたサンプル正例語彙列の部分語彙列を多く含む様々な認識語彙列を大規模な統計的言語モデルから生成するといったことが必要/有用となる．

「音声データ生成モジュール」の内部構成を図 4 に示す．語彙列受理可能性テスト (定義 3) を厳密に行うためには $\mathbf{Sp}$ が必要だが，現実にはそのような $\mathbf{Sp}$ は存在しない．そのため我々は，「理想的な正例音声集合 $\mathbf{Sp}[S](w)$ を，S の認識語彙列 w に従う S が正しく認識すべき典型的な音声データで代表させ，この典型的な音声データを音声合成で生成する音声で代用する」という方針を採る．ここで，S が認識すべき典型的な音声データを高い確度を持って生成させるため，図 4 に示すように，「異なった話者特性を生成する複数の音声合成を用いて一つのテスト文から複数のテスト用音声データを生成させる」という構成を用いる．結果として一つのテスト文から複数のテスト音声データが得られる．また関連して，自動車車内など特殊音響環境下で使用する音声認識システムに対しては，準備されたどの音声合成でもその典型的な音声データを生成できない場合があり得る．この問題に対処するため，音声データを特殊音響環境下のものに変換するオーディオ特性変換器を利用する．このような変換器は，想定音響下の少量音声データから実際に構築可能である [4] [5]．

「テスト実行モジュール」では，各テスト文から図 4 に示される形で合成された複数の音声データを S 自身に認識させ，複数の認識結果の語彙列を得た後，これら

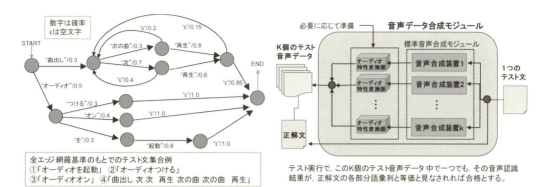

図 3　言語モデル (の一部) の例 (WFST)　　図 4　音声データ生成モジュールの構成

語彙列の全体 (つまり集合) をもとのテスト文 (正解文) と比較する．認識語彙列に従う音声データで正しく認識されるものが存在し得るのかという定義 3 を考慮すると，この比較は，認識結果語彙列の何れかが正解文と等価かどうか判定するというよりも，「複数の認識結果語彙列の何れか一つの部分語彙列が正解文の各部分語彙列と等価だと判定されれば，複数認識結果語彙列全体と正解文は等価であると判定する」という比較になる．例えば，正解文「天童駅まで一枚」と 2 つの認識結果語彙列「天童駅 前一時」，「点と駅 まで一枚」の全体は等価であると判定する (下線部を繋ぎ合せれば正解文を構成できるため)．この等価判定は，テスト文と等価な文字列として認識される音声データを，複数の合成音声データからの各部分音声データを繋ぎ合わせることで構成できるかどうかを判定するものとなっている．後述の実験のテスト合格判定，誤差率測定でもこの判定基準を用いる．このような語彙列等価判定は DP-Matching の改良により構築できるがその詳細は本論文では省略する．

本節において，我々は，異なった話者特性を生成する複数の音声合成が全体として，テスト対象音声認識に高精度で認識される正例音声を生成できるという仮定 (次節で検証) のもと，その複数の音声合成で **Sp** を代用している．提案テストシステムは，この意味での一定の範囲において語彙列受理可能性テストを自動化している．

4　語彙列受理可能性テスト自動化システムの評価

本節では，前 3 節で述べたテストシステムの実験を通した評価について記述する．

4.1　テストシステムの評価実験

テストシステムを評価するためのプロトタイプを作成し評価実験を行った．ここでは特に以下の基本的事柄の評価結果について記述する：
BQ　複数の音声合成は，音声認識システムが正しく認識する音声を生成可能か？
RQ1　テストシステムは語彙辞書の部分的な欠損を検出できるか？
RQ2　テストシステムは音響モデルの部分的な欠損を検出できるか？

前 3 節で構築したテストシステムは，BQ に肯定的に答えられることを前提としている．この BQ を評価するため，異なった方式の 2 つの一般的な音声認識 ASR1, ASR2 を用いて評価実験を行った．ASR1 は Gaussian Mixture Model に基づく [6]，ASR2 は Deep Learning に基づく [7] 音声認識システムである．一般に，後者の方式の ASR の方が学習データに近い音声に対しては比較的認識精度が良いが，学習データに存在しない特性の音声に対しては前者の方式の ASR の方が良いといわれている．今回用いたどちらの ASR ともその学習データには音声合成で得られた音声は使用していない．実験概要と結果を図 5 に示す．実験では，まず，コールセンター業務で典型的に発せられる語彙列を含む 20 のテスト文を生成した．次に，様々な特性を

評価内容：生成した20のテスト文から，音声合成モジュールMで複数の音声データを合成させ，これらの音声を対象音声認識で認識させ，正解文と比較し誤り率を計算した (e.g. M=B1 ならば，Male-normal, -rapid からの2つの音声の認識結果が全体として正解文と等価かどうかを判定)．

- %CERは文字単位の誤り率 (全体の何%の文字が正しく認識されなかったかを示す)
- maleは男性音声，femaleは女性音声
- rapidは早い発話の音声，slowは遅い発話の音声

対象：ASR1(GMM/HMM方式)

M	TTS構成	%CER
A1	Male-normal	5.91
B1	A1 + male-rapid	2.76
C1	B1 + male-slow	0.78
A2	C1 + female-normal	0.12
B2	A2 + female-rapid	0.00
C2	B2 + female-slow	0.00

対象：ASR2(DNN/HMM方式)

M	TTS構成	%CER
A1	Male-normal	6.05
B1	A1 + male-rapid	3.63
C1	B1 + male-slow	2.62
A2	C1 + female-normal	1.41
B2	A2 + female-rapid	1.21
C2	B2 + female-slow	0.00

図 5　複数の音声合成が生成した音声データの対象音声認識システムによる認識誤り率

持つ複数の音声合成で構成された音声データ合成モジュールで，各テスト文から音声データを生成させ，これらの音声を各音声認識で認識させ認識結果語彙列を得て，それらをもとのテスト文と比較した．その結果の，各音声合成モジュール M に対する文字単位での誤り率 (CER-charactor error rate) を図 5 に示している．音声合成システムは Open JTalk [8] の性別 (male,female) と発話速度 (normal,rapid,slow) の設定を様々に変更したものを用いた．例えば female-slow は発話速度の遅い女性音声を合成する音声合成である．言語モデルは N-gram で与えられた一般的用途の幅広い日本語自然文を扱うものである．生成した文は例えば「アノー 問題のほうを確認させていただいているのですけども」「今お時間よろしいでしょうか．何度も留守番電話にメッセージ残していただいて申し訳ありません．」などである．

図 5 によると，音声合成を一種類のみ使用するモジュール A1 で生成した音声データは，何れの音声認識でもその CER が 6%前後 (統計的には 6/100 = 16.66.. 字に 1 字認識を誤る) であり，対象音声認識に正しく認識されるべき十分に典型的な音声データとはいえない．しかし話者特性の異なる 6 個の複数音声合成を用いたモジュール C2 で生成した音声データは，何れの音声認識でも CER が 0%である．これは，BQ が肯定的に答えられること，特に，性別と発話速度が異なる複数の音声合成のみを用いて，非常に高い精度で、一般的な音声認識に正しく認識される音声を，生成可能であることを示している．

RQ1,RQ2 はテストシステムが 2.3 節で記載した F1,F2 に相当する不具合を見つけることが可能であるかどうかを問うものである．この RQ1,RQ2 を評価するため，先の評価実験で使用した音声認識 ASR2 の語彙辞書における一部の語彙の読みを誤ったものに変更し，この誤りをテストシステムで発見できるかを実験した．同様に，音響モデルにおいて，一部の音素の音響尤度が不自然に低くなるように調整し，この誤りを発見できるか実験した．生成したテスト文は先ほどと同じ 20 文で，6 種類の音声合成を使った音声データ合成モジュール (図 5 の C2) を用いた．

語彙辞書に混入させた不具合と実験結果を図 6 に示す．「確認」以外の誤り語彙を含む文は，テストシステムで不合格と判定されその不具合が検出できた．一方 kakuniN と kakushiN といった音素間の特性が似ている不具合は検出できなかった．大規模システムの語彙辞書は，Web などのソースから何かしらのルールに基づいて自動生成されることが多く，人が作成するときには起こらないような誤りが混入するため，図 6 のような誤りの混入は極端な例ではなく実際に十分起こりえるものである．

音響モデルに関しては，音素"ch"と"N"に関わるデータに異常値を混入させた ASR2 で実験を行った．結果としてこれらの音素に対応する語彙は，一語彙を除きすべてテストシステムで不合格と判定されその不具合が検出できた．それぞれの認識結果例を図 7 に示す．下線部が正しく認識されている語彙列であり，どの音声合成からの音声も，欠陥音素に対応する語彙部分が正しく認識できていないことがわかる．一方で「こんにちは」というテスト語彙列は音素"N"に欠陥を含んだ ASR2 のもとでも正しく認識された．これは「こんにちは」ではこの"N"音が欠損して

以下の語彙の読みを誤ったものに変更した
語彙辞書を用いた音声認識システムをテスト

誤り語彙	改変前	改変後
語彙	正しい読み	誤った読み
完全	kaNzeN	kaNpeki
記録	kiroku	shiruroku
ある程度	aruteido	aruhodo
正直	shoo:jiki	masanao
確認	kakuniN	kakushiN

テスト結果:「完全」「記録」「ある程度」
「正直」を含む文はテスト不合格(不具合発見),「確認」を含むテスト文はテスト合格(不具合発見できず).

・音響モデルの音素"ch"(「ち」に相当)に欠陥を含ませた場合の例
テスト文:「とてもびっくりしましたね。**ちょっと**お求めいただけなかったんですけど。」の認識結果

```
male normal:   とてもびっくり しました。ので ショップ お求めいただけなかったんですけど
male rapid:    びっくりしました。とこいただけなかったんですけど
male slow:     とてもびっくり しました。ので復興 お求めいただけなかったんです恵子
female normal: とてもびっくり しましたね。ショット お求めいただけなかったんですけど
female rapid:  とてもびっくり しましたね。もともといただける 方向けの
female slow:   とてもびっくり しましたね。ショプ お求めいただけなかった 短命 政権 の
```

・音響モデルの音素"N"(「ん」に相当)に欠陥を含ませた場合の例
テスト文:「**確認**しますね。それでは少々 お待ち下さい。」の認識結果

```
male normal:   各にしますので。それでは少々 お待ち下さい。
male rapid:    各に します。それでは所々 お待ち下さい。
male slow:     各日も 含めて。それでは少々 お待ち下さい。
female normal: 各にしますね。それでは少々 お待ち下さい。
female rapid:  確定しますね。所々 お待ち下さい。
female slow:   株主 前です ね。それでは 少々 お待ち下さいっ。
```

どちらの例も欠陥のある音素を含む語彙「ちょっと」と「確認」だけがすべての音声データで正しく認識されていない。

図 6 語彙辞書への混入欠陥　　**図 7** 音響モデルに欠陥を混入させた ASR での認識結果

も,そのほかの音素からの尤度と言語モデル上の言語尤度で「ん」が補われてしまうためだと思われる.結果として RQ1,RQ2 ともに肯定的に答えられ,テストシステムは語彙辞書や音響モデルのデータ欠陥不具合を検出可能なことが示唆された.

4.2　提案テストシステムのテストソリューションとしての有効性と今後の課題

上述の評価実験から,一般的な音声認識システムに対し,「語彙列受理可能性テスト」自動化装置を構築できることが確認された.個別のテスト対象音声認識システムに対しても,性別,発話速度,さらには,年齢などの発話特性の異なる音声合成を十分に準備することで,その音声合成モジュール構築できると思われる.その系統的な構築方法の確立は今後の課題である.このテスト手法は,音声認識システムの既存の正例認識テストの前段階として行うのに適している.このテストにより,音声認識システムの基本的な認識能力が早い段階で,認識精度や認識の頑健性に関する不具合から分離した形で,確認できるからである.また,高いレベルでの自動化が実現できるテストであるため追加工数も一定程度に抑えることができ,従来行われているテストに追加する形でも導入することが現実的に可能だからである.

一方,未評価の項目も幾つかある.まず,現状,特殊環境下で使用される ASR に対する評価はきちんとは行えていない.そのような ASR に対する提案した観点でのテストに,オーディオ特性変換器を用いる構成が効果的であることの評価は今後の課題である.また,統計的な言語モデルとサンプル正例から,一定の網羅性基準を議論できる形で,対象システムが高い確率で扱うと想定されるテスト文を生成する手法が,自動化度合い向上には必要となる (現在はアドホックに生成させている).このような統計的言語モデルからの効率的なテスト文生成手法も今後の課題である.

5　関連研究

音声合成を利用してテスト音声データを生成するという考え自体はすでに提案されている [9][10].しかしながら,これらの技術報告/研究では複数の音声合成を使用することとその必要性には触れられておらず評価実験も記載されていない.4.1 節の評価結果 (特に図 5,図 7) に示唆されている様に,単独の音声合成では,テストに利用できる品質の音声データを合成できるとはいい難い.テスト不合格となった場合に,合成された音声データに問題がある可能性も低くないからである.我々は,この問題を複数の音声合成を用いるというアイデアで解決している.また,上記の研究 [9][10] においては,人手でテスト文を準備しているが,我々は,テスト文集合 (の一部) を言語モデルから生成することで自動化の程度を上げている.

複数の音声認識システムの認識結果を用いて認識精度を向上させる手法は広く提

案・実現されている [11] [12] が，音声認識システムの基本的能力を確認するため，複数の音声合成から生成された音声データから得られる複数の認識結果全体を正解文と比較するという本論文の手法は，提案したテスト観点の自動化に特有だと思われる．

特殊音響下で使用される音声認識のテストに対して，Rusko 等 [10] は，特に音声合成で得た音声に対して，音声認識の利用環境に合わせた雑音の追加，および，チャネル変換による頑健性検証のためのテスト音声データ生成を提案している．しかしながら，単独の音声合成のみを考えており，チャネル変換を実際に行う具体的な方法が示されていない．一方，我々は少量音声データから構築できるオーディオ特性変換器を用いてそのような音声認識のテストを行うことを提案している．

音声認識システムのテスト自動化/効率化に関しては [13] に言及されている．そこでは，回帰テストで必要となる周辺タスク，特に，音声データの管理タスク，テスト音声のレコーディング，テストの実行，結果比較の一部自動化が示されている．我々は音声認識システムの認識に関わるテストの一部を自動化する方法を示した．

6 おわりに

本論文では，音声認識システムの基本的な認識能力を，認識の頑健性や認識精度の確認といった観点から分離して，確認するテスト観点を導入した．また，この観点に基づくテストを一定の範囲で自動化するテストシステムを構築し，その有効性を実験により確認した．今後の改良・拡張の方針としては，統計的な言語モデルから網羅基準を議論できる形でテスト文を生成する方法の考案，および，音声認識のロバスト性の一部も同様の枠組みでテスト可能にするために，多様さを持つテスト用音声を生成するためのより高度なテスト用音声合成手法の考案が挙げられる．

参考文献

[1] Gartner Inc. Hype cycle for emerging technologies. Hype Cycles 2014 Research Report.

[2] Dong Yu and Li Deng. *Automatic Speech Recognition: A Deep Learning Approach*. Springer Publishing Company, Incorporated, 2014.

[3] 中川聖一. パターン情報処理. 丸善出版株式会社, 1999.

[4] Osamu Ichikawa, Steven J. Rennie, Takashi Fukuda, and Masafumi Nishimura. Channel-mapping for speech corpus recycling. In *Proc. of 2013 IEEE International Conference on Acoustics, Speech, and Signal Processing (ICASSP 2013)*, pp. 7160–7164, IEEE, 2013.

[5] Takashi Fukuda, Osamu Ichikawa, Masafumi Nishimura, Steven J. Rennie, and Vaibhava Goel. Regularized feature-space discriminative adaptation for robust asr. In *Proc. of 15th Annual Conference on the International Speech Communication Association (Interspeech)*, 2014.

[6] Takashi Fukuda, Ryuki Tachibana, Upendra Chaudhari, Bhuvana Ramabhadran, and Puming Zhan. Constructing ensembles of dissimilar acoustic models using hidden attributes of training data. In *Proc. of IEEE International Conference on Acoustics, Speech, and Signal Processing (ICASSP 2012)*, March 2012.

[7] T.N. Sainath, A. Mohamed, B. Kingsbury, and B. Ramabhadran. Deep convolutional neural networks for lvcsr. In *Proc. of IEEE International Conference on Acoustics, Speech, and Signal Processing (ICASSP 2013)*, March 2013.

[8] Open jtalk. http://open-jtalk.sourceforge.net/.

[9] Hubert Crepy, Jeffrey Kusnitz, and Burn Lewis. Testing speech recognition systems using test data generated by text-to-speech conversion. US Patent No. 6,622,121 B1, Sep 2003.

[10] Milan Rusko, Marian Trnka, Sakhia Darjaa, Robert Sabo, Stefan Benus Juraj Palfy, and Marian Ritomsky. Test signals generator for asr under noisy and reverberant conditions using expressive tts. In *FORUM ACUSTICUM*, European Acoustics Association, 2013.

[11] J. Fiscus. A post-processing system to yield reduced word error rates: Recognizer output voting error reduction (rover). In *IEEE Workshop on Automatic Speech Recognition and Understanding*, 1997.

[12] L. Mangu, E. Brill, and A. Stolcke. Finding consensus in speech recognition: word error minimization and other applications of confusion networks. *Computer Speech and Language*, Vol. 14, , 2000.

[13] R. A. Dookhoo. Automated regression testing approach to expansion and refinement of speech recognition grammars. Master Thesis,University of Central Florida, 2008.

命令型プログラミング言語における
初学者向け動作理解支援ツールの提案

A Support Tool for Beginners of Programming to Understand
Imperative Program's Behaviour

蜂巣 吉成[*] 吉田 敦[†] 阿草 清滋[‡]

あらまし 本研究では，命令型プログラミング言語を対象にして，初学者のプログラムの動作理解を支援するツールを提案する．命令文を実行し，プログラムの状態である変数の値の集合を変化させることで，計算が行われることを学習者に理解させるために，提案ツールはプログラム実行時における各命令文を実行した後のすべての変数の値と分岐文や繰り返し文の条件式の真偽を自動的に記録し，表形式で提示する．試作したツールを学生に使用してもらい，ツールによってプログラムの誤り箇所を特定できた例を示す．

1 はじめに

大学で行われているプログラミング演習において，学習者にプログラムの動作を理解させることは重要である．初めてプログラミングを学ぶ学習者(以下，初学者)はプログラムの動作を理解することに慣れていないので，実行結果を見て誤っていることがわかっても，プログラムのどこに原因があるのかを判断することは難しい．

プログラムの動作を理解して誤り箇所を発見するには，デバッガでブレイクポイントを設定してステップ実行し，実行される命令文や変数の値の変化を確認したり，ソースコード中に出力文を挿入して，実行経路や変数の値を確認する方法がある．しかし，これらの方法を実践するにはプログラムの制御の流れを理解できていることが必要であり [7]，制御の流れすら十分に理解できない初学者にとっては難しい．

本研究では，命令型プログラミング言語を対象にして，初学者のプログラムの動作理解を支援するツールを提案する．初学者はプログラムにおける状態変化を理解してプログラムをトレースすることが難しいとの指摘がある [5]．命令型プログラミング言語では命令文を実行し，プログラムの状態である変数の値の集合を変化させることで，計算が行われる [4]．学習者が計算の過程を理解できるように，提案ツールがプログラム実行時における各命令文を実行した後のすべての変数の値と分岐文や繰り返し文の条件式の真偽を自動的に記録し，それを表形式で提示する．変数の値の変化を理解できるように，各命令文の実行後の基本型の変数，配列の値の集合を表示する．制御の流れを理解できるように，条件式の真偽を表示し，どの命令文が実行されたかがわかるように表示する．提案するツールでは，プログラム全体の制御の流れと変数の値の変化を俯瞰的に見るビューを提供し，頭の中で制御の流れを前後に移動しながらプログラムの動作を確認できるようにする．本研究では，C言語を対象とし，基本型やその配列，if 文や for 文，while 文を用いた main 関数のみで構成されたプログラムを対象にする．

2 関連研究

プログラミング学習支援環境 AZUR は，C プログラムの制御構造や再帰関数の動作を可視化する [8]．分岐や繰り返しなどの制御文の制御範囲が明確になるようにイ

---

[*]Yoshinari Hachisu, 南山大学理工学部
[†]Atsushi Yoshida, 南山大学理工学部
[‡]Kiyoshi Agusa, 南山大学理工学部

ンデントを線状に図示し，逐次実行によりボールが線の上を動くアニメーションを表示する．各実行点での変数の値は表形式で表示されるが，変数の値の履歴を一覧表示することなどはできない．

WADEIn II は C プログラムの式や演算子の評価の理解を支援するためのプログラム可視化システムである [2]．式の評価における変数の左辺値や右辺値，++ や && などの演算子による計算などを学習者にアニメーションと自然言語で説明する．代入式やインクリメント演算子による変数の値の変化に対する理解支援にはなるが，変数の値の履歴の表示や制御の流れなどの理解支援は行っていない．

Avis は Java プログラムのソースコードを入力として，フローチャート，逐次型実行経路図，モジュール遷移型実行経路図を出力し，プログラムの流れ，振舞い，モジュール間のつながりに対する理解を支援するシステムである [6]．しかし，変数に関する理解支援は行っていない．

デバッガを利用してプログラムの動作理解を支援する方法もある [1][3]．デバッガは逐次的に実行しながら，ある実行点における変数や式の値などを把握するための機能が基本であり，ブレイクポイントの設定なども含め，効果的に利用するにはプログラムの制御の流れを理解できることが必要である [7]．[1] ではオブジェクト指向プログラムにおけるオブジェクトの関係について，[3] では並行メソッド呼び出しについてデバッグ支援などをおこなっているが，本研究の対象者は繰り返しによる計算などを理解しようとしている初学者である．

袴田らは Java プログラムを対象に初学者向けデバッガ DENO を提案している [9]．DENO はブレークポイントを設定しなくても起動時にプログラム先頭で停止し，以降はステップ実行のみでプログラム終了まで動作する．一般にデバッガではステップイン，ステップオーバー，ステップアウトの 3 種のステップ実行機能があるが，DENO ではこれを統合し自動で使い分けられるようにしている．文科系の学生を対象にしたプログラミング演習で DENO を活用したところ，50%の学生が自発的に DENO を利用してプログラムの動作確認をしたことを報告している．半数の学生が利用しなかった理由の一つとして何回もステップ実行することの手間を挙げている．

Sorva らによって教育用プログラム可視化システムがサーベイされているが [5]，コンピュータの動作原理を理解するために変数をアイコンなどのメタファーで可視化するアニメーションシステムや，デバッガのような逐次実行によるシステムが多い．本研究で提案するような変数の値の履歴を表示し，制御の流れの中で変数の値が変化して計算が進んで行く過程を概観できるシステムは見当たらなかった．

3 動作理解支援ツールの提案
3.1 命令型言語のプログラム動作理解
命令型言語によるプログラムの動作を理解することは，データや制御の流れを把握し，データ構造やアルゴリズムなどのより抽象化された概念に結びつけながら，全体の入出力の仕様や内部の処理手順を明確にしていくことである．初学者にとっては，そのための基礎となるプログラムの状態変化，すなわち，命令文により各変数がどのように変更されるか，制御文における条件式の真偽によりどの命令文が実際に実行されるのか，といった基本的な計算の過程を正確に把握する能力を養うことが重要である．つまり，制御の流れと変数の値の変化を俯瞰的に見るビューを提供し，頭の中で，制御の流れを前後に移動しながら，プログラムの動作を確認できるようにすることが必要である．

3.2 動作理解支援ツールの設計
本論文で提案するツールでは，プログラム実行時における各命令文を実行した後のすべての変数の値と分岐文や繰り返し文の条件式の真偽を自動的に記録し，それらを俯瞰的に見られるように表形式で表示する方法を採用した．利用者がブレーク

ポイントの設定や逐次実行を行わずに，どの命令文が実行されたか，どのように変数の値が変化していったかを確認することができる．

if文について，条件式の真偽を確認できるようにするために真偽を表示し，どの命令文が実行されているかを確認できるように実行されなかった命令文をグレーで薄く表示する．繰り返し文について，繰り返しを続けるための条件の真偽の変化を確認できるように条件式の真偽を表示する．繰り返しにおける変数の値の変化を確認できるように，各繰り返し毎にその繰り返し本体の各文を実行した後の変数の値を表示する．何回繰り返されるかを確認できるようにするために，繰り返し回数分，別個の変数の表として作成し，二次元的に表示する．

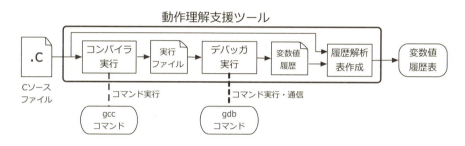

図1　動作理解支援ツールの処理の概略

提案ツールの処理の流れを図1に示す．図中の長方形はツールの内部処理を表し，矢印はその入出力を表す．ツールの入力であるCのソースファイルをgcc -gでコンパイルした後，実行ファイルをgdbでステップ実行し，実行された命令文と変数の値を取得し，その結果を解析して表形式で画面に表示する．

3.3　実現

提案ツールはJavaで実現した．ツールの規模は約2400行である．外部コマンド (gccとgdb) の実行にはProcessBuilderクラスを，表の表示にはSwingを利用した．

図2はツールを起動した画面である．表の列は左から順に行番号，ソースコード，条件式の真偽，各変数の値である．条件式の真偽の列にはif文や繰り返し文の条件式の真偽が表示される．変数の列は，実行された命令文の行のみが表示され，その行の命令文が実行された後の変数の値が表示される．実行されない命令文や初期化されていない変数宣言文はソースコード列の表示がグレーになる．

ソースコード内にif文があると表の"COND"の列に各if文の条件式の真偽が"true"か"false"で表示される．else文には表示されない．else-if文が連続して続く場合は実行されたif文の条件式のみが表示される．

図2は入力された点数からGP (Grade Point) を計算して表示するプログラムである．左は正しいプログラムであり，右はelseがなく誤ったプログラムである．提案ツールにより，誤りのあるプログラムでは19行目と22行目の2つのif文の条件式が真となって共に実行されていることがわかる．

ソースコード内に繰り返し文があると，繰り返し文の実行回数に応じて表の右側に各繰り返し毎に新しい表が追加される．新たに表示される表のソースコードの列には繰り返し部分のみのソースコードが表示される．

図3に階乗を計算するプログラムをツールで表示させた例を示す．一番左の通常の表の表示で，繰り返しの各回の実行過程を省略したプログラム全体の変数の値の変化を見ることができる．その右側には各回の繰り返しの表が表示されており，各回の繰り返しにおいて実行された命令文による変数値の変化を確認できる．右方向に表をたどることにより，何回繰り返され，いつループを抜けたのかが把握できる．

	Source Code	COND	score	point
1	#include <stdio.h>			
2				
3	int main(void)			
4	{			
5	int score, point;			
6				
7	printf("Input Score: ");		-107...	-1...
8	scanf("%d", &score);		75	-1...
9				
10	if (score<0 || score>100) {	IF-false	75	-1...
11	point = -1;			
12	} else if (score >= 90) {	IF-false	75	-1...
13	point = 4;			
14	} else if (score >= 80) {	IF-false	75	-1...
15	point = 3;			
16	} else if (score >= 70) {	IF-true	75	-1...
17	point = 2;		75	2
18	} else if (score >= 60) {			
19	point = 1;			
20	} else {			
21	point = 0;			
22	}			
23				
24	printf("point=%d\n", point);		75	2
25				
26	return 0;		75	2
27	}			

	Source Code	COND	score	point
1	#include <stdio.h>			
2				
3	int main(void)			
4	{			
5	int score, point;			
6				
7	printf("Input Score: ");		-10...	-1...
8	scanf("%d", &score);		75	-1...
9				
10	if (score<0 || score>100) {	IF-false	75	-1...
11	point = -1;			
12	}			
13	if (score >= 90) {	IF-false	75	-1...
14	point = 4;			
15	}			
16	if (score >= 80) {	IF-false	75	-1...
17	point = 3;			
18	}			
19	if (score >= 70) {	IF-true	75	-1...
20	point = 2;		75	2
21	}			
22	if (score >= 60) {	IF-true	75	2
23	point = 1;		75	1
24	}			
25	if (score < 60) {	IF-false	75	-1...
26	point = 0;			
27	}			
28				
29	printf("point=%d\n", point);		75	1
30				
31	return 0;		75	1
32	}			

図 2　動作理解支援ツールによる実行結果表示画面 (条件文の真偽の表示)

	Source Code	...	n	i	fact
1	int main(void)				
2	{				
3	int n, i, fact;				
4	printf("Input n: ");		1...	-1...	-1...
5	scanf("%d", &n);		5	-1...	-1...
6	fact = 1;		5	-1...	1
7	i = n;		5	5	1
8	while(i>0){				
9	fact = fact * i;				
10	i = i - 1;				
11	}				
12	printf("%d! = %d\n", n, fact);		5	0	120
13	return 0;		5	0	120
14	}				
15					

	Source Code	COND	n	i	fact
1					
2					
3					
4					
5					
6					
7					
8	while(i>0){	L-true	5	5	1
9	fact = fact * i;		5	5	5
10	i = i - 1;		5	4	5
11					
12					
13					
14					
15					

	Source Code	COND	n	i	fact
1					
2					
3					
4					
5					
6					
7					
8	while(i>0){	L-true	5	4	5
9	fact = fact * i;		5	4	20
10	i = i - 1;		5	3	20
11					
12					
13					
14					
15					

図 3　繰り返し文の表示画面

4　評価
4.1　評価方法
　試作した動作理解支援ツールをプログラミング演習を履修済みの大学 3 年生に利用してもらい，動作理解に役立つかを確認する．学生 10 名をツールを使うグループと使わないグループに分け，4.2 節で示す 3 問を解いてもらい，プログラムの誤りが訂正できるかを確認する．対象者がプログラミングを履修済みなので，単純な繰

り返しの他にソートなどのアルゴリズムに関する問題も用意した．いずれも，コンパイルエラーはないが誤りのあるプログラムである．なお，両グループともソースコードを編集し，コンパイル，実行することができる．

4.2 問題
問1 バブルソート
　　繰り返し文の比較の条件が適切はでなく，無駄な比較を行っている誤り．
問2 右下が直角な直角二等辺三角形の表示
　　余分な空白が表示される誤り．
問3 文字列の大文字と小文字を入れ替えてコピー
　　if-else-if 文が必要な箇所を，独立した2つのif文で条件判定している誤り．

　問1では学生には無駄な繰り返しを行っていることを伝え，問3では適切にコピーできていないことを伝えて修正させた．問2は期待される実行結果と誤ったプログラムによる実行結果を提示して修正させた．

　図4は提案ツールにより問3のプログラムの実行結果を表示させた画面の一部である．7行目のifはelse-ifでないと正しく動作しない．

	Source Code	COND	str1	str2	i
1					
2	for(i = 0 ; str1[i] != '\0' ; i++){	L-true	"Hello World", '\0'...	"h", '\0' ...	1
3	str2[i] = str1[i];		"Hello World", '\0'...	"he", '\0' ...	1
4	if('a' <= str2[i] && str2[i] <= 'z'){	IF-true	"Hello World", '\0'...	"he", '\0' ...	1
5	str2[i] = str2[i] - 'a' + 'A';		"Hello World", '\0'...	"hE", '\0' ...	1
6	}				
7	if('A' <= str2[i] && str2[i] <= 'Z'){	IF-true	"Hello World", '\0'...	"hE", '\0' ...	1
8	str2[i] = str2[i] - 'A' + 'a';		"Hello World", '\0'...	"he", '\0' ...	1
9	}				
10	}				

図4　問3をツールで表示させた例

4.3 評価結果の分析
　評価の結果，問1と問2ではツール利用の有無による正当数には大差はなかった．問3では，訂正できた人はツール未使用者では1人に対して，ツール使用者では4人であった．図4のツールによる表示を見ても分かる通り，4行目のif文の条件を満たした場合，小文字が大文字に変換され，その変換された文字が7行目のif文の条件も満たしていることが分かる．これは，実行される繰り返しをすべて表示したこと，条件式の真偽を表示し，if文により実行される命令文と実行されない命令文を区別して表示したことにより誤りを発見することができたと考える．

　ツール利用者にツールの感想を自由に記述してもらったところ，誤りを見つける手助けになったという意見や，初学者の学習に有効だという意見があった．一方で，見やすくするために表の列の幅の調整が面倒である，繰り返しのソースコードを何度も表示せずに一番左のソースコードだけで十分などのユーザインタフェースに関する不満もあった．

5　考察
　本研究ではif文や繰り返し文などの基本的な構文を対象としているが，ポインタや関数についての理解支援について考察する．本ツールでは，GDBを用いているので，各変数のアドレスを取得することが可能である．表にアドレスに対応する変

数名を表示することでポインタの理解支援が行える．学習者が定義した関数が1度だけ呼び出される場合は，関数の命令文の横に仮引数やローカル変数の値を表示することで，関数内の処理についての理解支援を行うことができる．しかし，関数が複数回呼び出される場合は，別の表に表示したとしても，その関数がいつどこで呼ばれたかが分かりづらい．関数の動作理解を行うためには，呼び出し元を選択してそのときの関数内部の実行結果のみを表示したり，関数の各呼び出しの実行結果を3次元的な表で可視化するなどの方法が必要である．

本研究では，初学者の書くプログラムが数十行程度であり，変数の数も少ないと仮定しているが，ソースコードが長くなるにつれ，ループの繰り返し回数や変数が多くなり，初学者が着目したい変数の変化を確認しづらくなる問題が発生しうる．繰り返し回数の範囲を指定した表の表示や，プログラムスライシングを用いて，プログラム内の任意の文の着目する変数に影響を与える一部のコードや変数の値を強調して表示させるなどの特定の変数に着目した支援方法も必要である．

6 おわりに

本研究では，プログラミング学習において初学者の動作理解を支援するツールを試作した．プログラム動作の俯瞰的なビューを与えるために，GDB を用いてソースコードをステップ実行し，実行された命令文における変数の値を表形式で提示した．実際にツールを学生に使用してもらい，ツールなしでは発見が難しい誤りを発見できることを確認した．

今後の課題としては，ポインタや関数の分かりやすい表示や，初学者が着目した変数に影響を与える文や変数の強調表示，ユーザインタフェースの改善などがあげられる．多くの学習者にツールを利用してもらい，効果を測定することも今後の課題である．

謝辞 本研究の一部は，JSPS 科研費 26350344，2015 年度南山大学パッヘ奨励金 I-A-2 の助成を受けて実施した．

参考文献

[1] Bennedsen, J. and Schulte, C.: BlueJ Visual Debugger for Learning the Execution of Object-Oriented Programs?, *Trans. Comput. Educ.*, Vol. 10, No. 2(2010), pp. 8:1–8:22.

[2] Brusilovsky, P. and Loboda, T. D.: WADEIn II: A Case for Adaptive Explanatory Visualization, *Proceedings of the 11th Annual SIGCSE Conference on Innovation and Technology in Computer Science Education*, ITICSE '06, ACM, 2006, pp. 48–52.

[3] DeLine, R., Bragdon, A., Rowan, K., Jacobsen, J., and Reiss, S.: Debugger Canvas: Industrial experience with the code bubbles paradigm, *2012 34th International Conference on Software Engineering (ICSE)*, pp. 1064 – 1073.

[4] Sethi, R.: プログラミング言語の概念と構造 [新装版], ピアソンエデュケーション, 2002.

[5] Sorva, J., Karavirta, V., and Malmi, L.: A Review of Generic Program Visualization Systems for Introductory Programming Education, *Trans. Comput. Educ.*, Vol. 13, No. 4(2013), pp. 15:1–15:64.

[6] 喜多義弘, 片山徹郎, 冨田重幸: Java プログラム読解支援のためのプログラム自動可視化ツール Avis の実装と評価, 電子情報通信学会論文誌 D, 情報・システム, Vol. 95, No. 4(2012), pp. 855–869.

[7] 吉村巧朗, 亀井靖高, 上野秀剛, 門田暁人, 松本健一: ブレークポイント使用履歴に基づくデバッグ行動の分析, 電子情報通信学会技術研究報告. KBSE, 知能ソフトウェア工学, Vol. 109, No. 307(2009), pp. 85–90.

[8] 古宮誠一, 今泉俊幸, 橋浦弘明, 松浦佐江子: プログラミング学習支援環境 AZUR-ブロック構造と関数動作の可視化による支援-, 情報処理学会研究報告. ソフトウェア工学研究会報告, Vol. 2014, No. 5(2014), pp. 1–8.

[9] 袴田大貴, 松澤芳昭, 太田剛: 初学者向けデバッガ DENO の設計とアルゴリズム構築能力育成授業への適用効果, 情報教育シンポジウム 2013 論文集, Vol. 2013, No. 2(2013), pp. 197–202.

Webアプリケーションフレームワーク用のコード生成ツールによるプロトタイプ開発支援
Supporting Prototype Development by a Code Generation Tool for Web Application Framework

京谷 和明[*]　伊藤 恵[†]

あらまし 近年，Web アプリケーション開発ではアジャイル型開発の導入等により，プロトタイプを迅速に作成するケースが増えている．こういった開発の効率化のために，Web アプリケーション開発では様々な自動生成ツールやフレームワークが導入されている場面が増えている．しかし，フレームワークや自動生成ツールを導入する場合は，学習コストがかかってしまうことが多く，導入が難しい．そこで，本研究では Web アプリケーション開発を行う際に一般的に作成され，理解もしやすい画面遷移図と ER 図からフレームワーク用のコードを生成することで，迅速にプロトタイプのシステムを作成することができ，仕様変更があった際にもモデルを書き換えればすぐにシステムに反映させることのできるツールの開発を行った．

1 背景

Web アプリケーション開発ではアジャイル型の開発手法を導入し，プロトタイプを開発する場面が増えている．迅速にプロトタイプを開発し，それを顧客に見せ，フィードバックを得てプロトタイプを修正していく作業を反復することでシステム開発が進む．この反復にはコストがかかることが多い一方，開発の効率化のために様々なフレームワークや自動生成ツールが導入されている．

フレームワークを導入するメリットとしては，一度フレームワークの扱い方を覚えれば，開発効率を上げることができ，品質の均質化を行うことができることである．デメリットとしては，フレームワーク毎に定義や作法が異なり，フレームワークについて学習せずに開発を進めるとデバッグやテストを行う際に，余計に時間がかかってしまう場合が多いことである．

自動生成ツールを導入するメリットとしては，設計図やドキュメントを活かすことで開発工数を減らせることである．デメリットとしては，設計を細部まで行わなければ，うまく自動生成を行えないことが多いことである．設計を完全に終わらせてから実装工程に移るウォーターフォール型のシステム開発では，これらの自動生成ツールは非常に有効かもしれないが，プロトタイプを迅速に作成するアジャイル型のシステム開発等では，設計に多くの時間を割くことが難しい場合がある．

2 目的

本研究では設計を容易に行うことができるモデルから自動生成を行うことで，プロトタイプのシステムを迅速に開発することのできるツールの開発を行う．また，フレームワークの構造にしっかりと則ったソースコードを自動生成することで品質を向上させ，コメントの生成も行うことでそのフレームワークを扱ったことがない人でも理解のしやすいコードを生成できるようにすることを目的とする．本論文におけるプロトタイプシステムとしては，主にデータアクセス周りにおける機能を考慮しているため，レイアウトや画面内における振る舞いは考慮していない．

---

[*]Kazuaki Kyoya 公立はこだて未来大学
[†]Kei Ito, 公立はこだて未来大学

3 関連研究
3.1 UMLを入力とするソースコード自動生成ツールの開発
河村，浅見らの研究 [1] ではWebアプリケーションの3層アーキテクチャの構造に着目し，クラス図とシーケンス図からフレームワーク用のコードを自動生成するツールの作成に取り組んでいる．この研究で作成されたツールを適用することで，9割以上のソースコードの生成に成功している．しかし，クラス図とシーケンス図はフレームワークを扱う場合，ある程度そのフレームワークを使ったシステム開発の経験が無いと作成が難しいことがある．

3.2 フレームワークを用いたJavaWebアプリケーション自動生成システムの試作と評価
菰田，中所らの研究 [2] ではシステムエンジニアの生産効率を向上させるために，WebアプリケーションフレームワークであるStrutsとO/Rマッピングフレームワークである Hibernate を用いて，Excel のワークシートからデータベースとビジネスロジックを自動構築できるシステムの開発を行った．このシステムはコーディング時間を削減することを意図したものであるが，開発対象の規模が大きくなるとExcelによる設計書では視認性などの問題が発生し，記述が困難であると予想される．

4 アプローチ
本研究では，プロトタイプのシステムを迅速に開発できることに主眼を置く．単にコード生成率を重視するのではなく，必要とするモデルを簡単にし，少ない手順でフレームワーク用のコードを自動生成できるようにする．

4.1 扱うフレームワークとモデル
本研究で扱うモデルは画面遷移図とER図である．アジャイル型の開発手法を取り入れたWebアプリケーション開発においてもデータベースの知識があれば，作成は容易である．本研究で扱うフレームワークはCakePHPである．公式サイトからファイルをダウンロードし，開発したいシステムに合わせてファイルを追加し，コードを記述することでシステム開発が行える．CakePHPはMVCアーキテクチャに則ったフレームワークであり，データベースへの接続処理をModel，画面表示処理をView，内部処理をControllerに記述する．本研究ではこのMVCアーキテクチャの構造に着目し，画面遷移図とER図から，CakePHPのソースコードを自動生成する．

4.2 ツール構成図
ツールはJavaを使って作成する．画面遷移図とER図は，UMLを中心としたモデリングを行うことのできるツールastah*を使って作成する．astah*で記述された画面遷移図とER図のXMLファイルをJavaを使って解析し，各画面の名前や，テーブル名からファイルを生成し，ツール内に埋め込まれてるCakePHPのソースコードをそのファイルに記述する．図1に本ツールの構成図を示す．

4.3 ツールによるコード生成
ER図からは，主にModelに関するソースコードの自動生成を行う．ER図のテーブル名から各Modelファイルを生成し，リレーションシップが存在した場合は，それらに関するコードも自動生成する．また，astah*ではカラムのデータの型や，空の値を許すか否かを記述することもできるので，バリデーションに関するコードもModelに生成する．

画面遷移図からは，ViewとControllerに関するソースコードの自動生成を行う．画面の名前に「一覧」と記述されていたらControllerとViewにテーブルの中身を

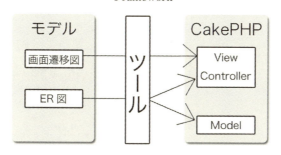

図 1 ツールの構成図

一覧表示させるコードを生成し,「追加」と記述されていたら入力フォームを表示させるコードを生成し, フォームの中身をテーブルに追加するコードを生成する. 本ツールは現在, 一覧表示, 追加, 削除, 全削除, 編集, 履歴表示, ログイン機能を生成することができる. ツールに予め登録されている「一覧」,「追加」等の単語が画面の名前に含まれているか調べることで, 生成される機能が決定される. 今回は画面遷移図の遷移ラベルからは情報を読み込んでいないが, 遷移先の選択条件はこの遷移ラベルから読み取れるようにする予定である. 画面遷移図だけではどのテーブルに対して処理を行うのかが不明なため, 各画面のプロパティ領域に ER 図と対応するテーブル名を記述しておく. 例えば, ツールの評価で用いる面談予約管理システムでは, 図 2 の画面遷移図の面談候補日時登録画面のプロパティ領域に candidates と記述すると, candidates テーブルに対するデータ登録処理のコードが生成される.

開発者は CakePHP の知識が無くても, astah* でこれらの画面遷移図と ER 図を作成し, 本ツールでそれらのファイルを選択することで, 即座に自動生成が行えるようになる. また, astah* では ER 図から SQL へエクスポートすることも可能なので, データベースの構築も自動化を行うことができる.

4.4 コメントの生成

ソースコードの生成を行う際には, コメントの生成も同時に行う. CakePHP 独自のコードや, プログラマが加筆修正を行いそうな箇所, Web アプリケーションの基本的な構造, 条件分岐などにそれらに関する説明のコメントを自動生成する. プログラマが加筆修正を行いそうな箇所の一例として, ログイン機能を生成したときに, その画面が認証されたユーザのみがアクセスできるか, 全てのユーザがアクセスできるかの指定を行うコードの下に, 指定方法の例をコメントとして生成する.

5 ツールの評価

本ツールの有用性を確認するために, 面談予約管理システムの自動生成を行い, 顧客側からシステム変更の依頼を受けた際に, どの程度機敏にシステムの改変を行えるのかの評価を行った. また, CakePHP のソースコードを簡便に自動生成でき, プロトタイプ開発にも使用されることのある bake と呼ばれるツールでも同様にプロトタイプ生成を行い, 本ツールとの比較を行った.

5.1 実験の手順

面談予約管理システムとは, 学生が教員に対して面談の予約を行いたいときに利用できる Web アプリケーションである. 教員が顧客として面談情報の登録, 削除, 編集, 一覧表示, 全削除, 履歴表示, 面談候補日の登録, 削除, 編集, ユーザの追加, ログインができるシステム開発の依頼をし, それに対して画面遷移図 (図 2) と ER 図 (図 3) の作成を行い, それらのモデルに本ツールを適用した.

生成されたプロトタイプを見て顧客から, ユーザ情報に性別情報を追加したい,

との追加要求を受け，ER 図の修正を行い，再度本ツールを使って自動生成を行った．さらに，面談タイトルも追加や削除ができるようにしてほしい，との追加要求を受け，画面遷移図の修正を行い，再度本ツールを使って自動生成を行った．画面遷移図と ER 図の修正箇所は図 4 の通りである．

同様に bake を使って自動生成を行い，修正時間や生成量等を比較した．

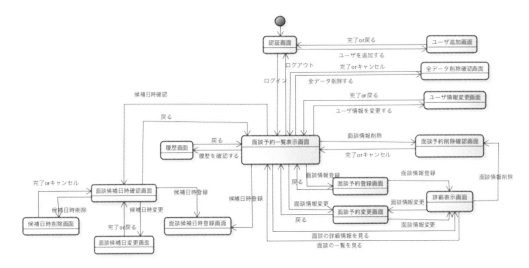

図 2　面談予約管理システムの画面遷移図

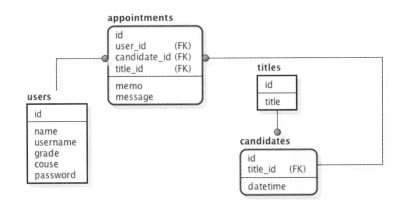

図 3　面談予約管理システムの ER 図

5.2　本ツールによる生成結果

図 2 と図 3 のモデルに対して本ツールを適用したところ，21 個のファイルが自動生成された．仕様通りのコードが全て生成されたわけではないが，必要となるデータアクセス周りの機能は全て自動生成を行うことができた．仕様通りに生成されなかった点は，面談情報の一覧表示の際に本来は今日以降の情報のみを表示する仕様だが全ての面談情報を表示するよう生成された点や，本来は教員と学生とで閲覧できる画面に差があるがすべて共通で生成された点などであった．

続いて，ER 図に修正を加えて自動生成を行った結果，ファイル数に違いはなかったが，コードの行数に違いが出た．違いが出た箇所としては，ユーザの登録の際に

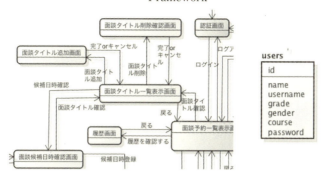

図4 修正された画面遷移図と ER 図の一部

性別の登録や編集ができるよう，2行のコードが生成されていた．Model には，性別を登録する際にフォームが空の値を許さないように，バリデーションが1行生成された．他にも面談情報の一覧表示や詳細表示画面で性別が表示できるように，6行のコードが生成された．

画面遷移図に修正を加えて自動生成を行った結果は，ファイル数にも違いが出た．1回目で生成されたファイルに加え，3つのファイルが自動生成されており，行数としては129行のコードが生成されていた．面談タイトルの View と，Controller に面談タイトルの追加，一覧表示，削除の処理ができるようになっており，面談情報と，面談候補日の一覧表示画面には，面談タイトルの一覧表示画面に遷移できるよう，それぞれ1行のコードが生成されていた．

5.3 bake による生成結果

bake でも同様の手順で自動生成を行った．bake ではモデルを用意する必要はなく，データベースを用意し，環境変数などを設定することで扱えるようになる．bake で自動生成できる機能は，本ツールと同様にデータアクセス周りの機能であり，追加，削除，編集，一覧表示，詳細表示の5つの機能を一括で生成する．表1に本ツールと bake との生成結果の比較を示す．

表1 各ツールの生成結果の比較表

	生成率	1回目の生成時間	2回目の生成時間	3回目の生成時間
本ツール	80%	時間がかかる	かなり迅速	迅速
bake	50%	時間がかかる	少し時間がかかる	迅速

1回目の生成では，まずデータベースとの接続の設定を行った．ドライバーや接続ポートなどの10個の項目について問われるため，それらに答えていくことでデータベースとの接続を行った．その後 MVC のどの部分を生成するのかを尋ねられるので，それに答えていくことで自動生成を行った．例えば Model を生成する場合は Model を選択し，どのテーブルを生成対象とするか，バリデーションを設定するか，アソシエーション (関係) を生成するかどうかの3つの項目を尋ねられた．バリデーションは各カラムに対し，1つずつ指定する必要があり，Model 同士のアソシエーションも，各テーブルに対し1つずつ答える必要があった．設計書がないため，頭のなかで考えてアソシエーションを答える必要があった．Controller や View も同様に対応するテーブルを指定し，scaffolding や CRUD を作るか否か，ヘルパーやコンポーネントを扱うかなどを答えていく必要があった．Controller は7つの項目，View は2つの項目について尋ねられた．モデルの作成をしなくても自動生成を行うことができたが，上記の手順を踏まなければならないため，本ツールで自動生成

した場合より少し手間がかからない程度であった．

2回目の自動生成ではデータベースの設定を行い，ユーザの Model と View ファイルに対して自動生成を行った．バリデーションに関するコードが2行，性別の登録フォームに関するコードが2行生成されていた．全ての Model, View に対して自動生成を行う必要はなかったが，修正が及ぶ Model と View に対しては，また最初からどのように自動生成を行うのかを指定しなかればならなかった．

3回目の自動生成では面談タイトルの View と Controller に対して新規に自動生成を行った．この自動生成において317行ものコードが自動生成されたが，詳細表示や編集などの必要のない機能やそれらへの画面遷移が生成されていたため，不要なコードが多かった．

6 考察

1回目の自動生成では bake のほうがやや早く自動生成を行えたが，本ツールではログイン機能や全削除機能，履歴表示機能も自動生成できていた．また，モデルの存在により，可視化や意識共有といった観点から見ても本ツールのほうが有用性が高いと思われる．2回目の自動生成では，本ツールでは ER 図に性別カラムを1行追加するだけですぐに自動生成を行うことができ，複数の箇所の修正も一括で行われていた．bake では開発者が修正が及びそうな箇所を考え，1つずつ自動生成しなければならなかったため，本ツールのほうが迅速に修正を行うことができた．3回目の自動生成では新たに画面を3つ作成しなければならなかったため，手間としては bake による自動生成とあまり変わらなかった．しかし，画面遷移図があるおかげで本ツールのほうが柔軟に必要な機能だけを自動生成できた．bake ではプロトタイプをそのまま実システムの開発に使うことになった場合，不要な機能を削除する作業が入る．また，修正が広範囲に及ぶ場合，bake では修正のし忘れが発生してしまう恐れがあるが，本ツールではモデルの存在により修正のし忘れを予防することができる．これらのことから，bake と比較すると，画面遷移図と ER 図から直接迅速に自動生成を行ってくれるため，本ツールのほうが有用性が高いと思われる．

7 まとめ

本研究では画面遷移図と ER 図から CakePHP のコードを自動生成することにより，プロトタイプ開発支援を行うことのできるツールの開発を行った．本ツールを面談予約管理システムに適用し，顧客から修正の指摘を受け，自動生成を繰り返す実験を行った結果，迅速に修正を行うことができた．また，同様に CakePHP の自動生成を行うことのできる bake と比較した結果，本ツールのほうが有用性が高いことを示すことができた．

今後の展望としては，自動生成できる機能を増やしていき，より柔軟に自動生成を行えるようにしていきたい．また，プログラマが加筆修正を行った箇所は上書きされずに必要な箇所だけ修正されるようにし，毎回加筆し直す手間を省けるようにしたい．さらに実際のアジャイル型のシステム開発に本ツールを取り入れて，プロトタイプシステムの作りやすさの評価を行いたい．

参考文献

[1] 河村美嗣, 浅見可津志, UML を入力とするソースコード自動生成ツールの開発, 全国大会講演論文集, 第72回, 一般社団法人情報処理学会, 2010, p337-p338, https://ipsj.ixsq.nii.ac.jp/ej/?action=pages_view_main&active_action=repository_view_main_item_detail&item_id=139630&item_no=1&page_id=13&block_id=8, 参照 (2015-9-24)

[2] 薗田直樹, 中所武司, フレームワークを用いた JavaWeb アプリケーション自動生成システムの試作と評価, 全国大会講演論文集, 第71回, 一般社団法人情報処理学会, 2009, p289-p290, https://ipsj.ixsq.nii.ac.jp/ej/?action=pages_view_main&active_action=repository_view_main_item_detail&item_id=138442&item_no=1&page_id=13&block_id=8, 参照 (2015-9-24)

データ駆動要求工学 D2RE の提案

A Model and Framework of D2RE(Data-Driven Requirements Engineering)

藤本 玲子[*]　原 起知[†]　青山 幹雄[‡]

あらまし　現行の要求獲得は人手に頼っていることから，獲得した要求の合理性も明らかとはいえない．本稿では，データ分析を通して要求を獲得するデータ駆動要求工学 D2RE (Data-Driven Requirements Engineering)の概念とデータ分析に基づく要求獲得方法を提案する．OSS の CKAN の開発リポジトリのユーザストーリを分析し，提案方法の妥当性を示す．

Summary. This article proposes a concept of D2RE (Data-Driven Requirements engineering). Conventional requirements elicitation largely depends on the input from stakeholders, and activities of analysis, and sacrifices the rationale of the requirements elicited. This article proposes a process and techniques to elicit the requirements from data. An application to the analysis of user stories of CKAN open source software development demonstrates the feasibility of the proposed method.

1　問題の背景と課題

　適切な要求定義がソフトウェア開発の成否の鍵であることは広く知られており，特に要求工学の最上流工程である要求獲得の重要性が認識されている．しかし，現行の要求獲得には，人手に頼ることから，合理的な要求獲得の欠如という問題がある．要求獲得がステークホルダ個人の主観や要求アナリスト個人の技量に依存しているのが現状である．

　一方，いわゆるビッグデータに対して予測的データ分析(Predictive Analytics)，ビジネスインテリジェンス(BI: Business Intelligence)，ビジネスアナリティックス(Business Analytics)などの新たな技術を応用して顧客の意図や振舞いを分析し，製品やサービスを改善する方法が開発，適用されている．このような技術を企業の業務分析へ応用するアプローチも現れてきている．

　本稿では，上記の問題を解決するためにデータ分析に基づく要求獲得の新しい方法としてデータ駆動要求工学 D2RE (Data-Driven Requirements Engineering)の概念を提案する．D2RE の妥当性を示すためにアジャイル開発における多様なユーザストーリ文書の分析からステークホルダ要求を構造化する方法と，その構造化のためのプロトタイプを開発した．プロトタイプを，オープンソースソフトウェア CKAN を開発する GitHub 上に蓄積されたユーザストーリのデータへ適用し，提案方法の妥当性と効果を示す．

　本稿では，研究課題(RQ: Research Question)として以下の 2 点を設定した．
　RQ1: アナリティックス技術を応用した要求獲得方法を明らかにする
　RQ2: 提案方法の妥当性を例題で明らかにする．

2　関連研究
(1) 要求獲得とステークホルダ分析
　一般の要求工学における要求獲得では，要求の源泉となるステークホルダを特定するため

---
[*] Reiko Fujimoto, 南山大学大学院 理工学研究科 ソフトウェア工学専攻
[†] Yukitomo Hara, 南山大学大学院 理工学研究科 ソフトウェア工学専攻
[‡] Mikio Aoyama, 南山大学理工学部ソフトウェア工学科

のステークホルダ分析が研究され，広く実践されているが[1]，現行のステークホルダ分析は人手に頼っている．一方，アジャイル開発では，ステークホルダがシステムに果たしてほしい意図の簡潔な記述(brief statement of intent)であるユーザストーリが用いられている[5]．

(2) ビジネスアナリティックス(BA)とビジネスインテリジェンス(BI)

ビッグデータの分析技術と利用の発展とともに，データ分析に基づくビジネスパフォーマンスに関する様々な洞察を得るビジネスアナリティックスと呼ばれる技術が発展している[3]．しかし，要求工学が対象とするビジネス構造の分析については萌芽的な段階に留まっている．

(3) データ分析の要求工学への適用

ビジネスインテリジェンス(BI)などのデータ分析を企業の意思決定に適用する方法が提案されている．また，企業を感知応答(Sense-and-Response)モデルで捉え，BI により得た感知に対して，i*と BIM(BI Modeling)を用いて，適切な応答を俊敏に選択し，対応する方法の提案がある[6]．しかし，人手に頼る部分が大きく，複雑な組織では対処しきれない可能性がある．また，i*モデルを用いてメッセージログを分析し，タスク間の依存関係の分析を行う提案がある[4]．しかし，要求獲得までには至っていない．

3 アプローチ

図 1 にデータ駆動要求工学(D2RE)のアプローチを示す．

D2RE は，従来の要求獲得を補完するアプローチと位置づけている．なぜなら，データから得られる要求に関する情報は完全とは言えない可能性があるからである．さらに，データから獲得した要求の意味づけにはステークホルダの意見などが必要であると考えられるからである．

従って，D2RE は，従来の人手による要求獲得を補完し，獲得した要求品質の向上効果が期待できる．

図 1　D2RE のアプローチ

4 D2RE のプロセス

図 2 に D2RE の A* (A Star)プロセスモデルを示す．以下の3つのアクティビティ群を繰り返す構造をとる．

(1) Assumption (仮説設計)

仮説設計では次の 2 つのアクティビティを行う．

　a) ゴール設計: 対象システムとその解決すべき問題によって，D2RE で果たすべき目的が異なると考えられることから，これをゴールとして設定する．

　b) 要求仮説設計: ゴールに基づき，仮説を定義する．

(2) Analysis (データ分析と仮説検証)

データ分析による仮説検証を行うため，次のアクティビティを行う．

　a) データ分析による仮説検証の設計: 要求仮説検証のためのデータの選択とその分析方法の選択を行う．

　b) データ収集: データの取集とその管理を行う．データの種類に応じて，適切な収集方法を選択する必要がある．

　c) データ分析による仮説検証

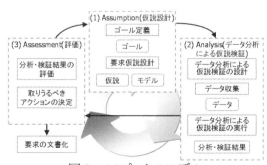

図 2　A*プロセスモデル

の実行: 収集したデータを分析し,仮説を検証する.
(3) Assessment (評価)
データ分析による仮説検証結果の評価を行い,必要であれば,(1)~(2)のプロセスを繰り返す.要求が獲得できたと判断できた場合は,文書化する.

5 D2RA のプロトタイプ実装とユーザストーリ分析への適用・評価
5.1 目的と方法

D2RE の A*プロセスに基づき,データ分析を実行するシステムを D2RA(D2RE Analyzer)と呼ぶ.図3にD2RAの参照アーキテクチャの構成例を示す.提案したD2REとそれをシステムとして実現するD2RAの妥当性を示すため,D2RAのプロトタイプを実装し,実際のオープンソースソフトウェア(OSS)のユーザストーリへ適用した.ユーザストーリは統一された形式で記述されているため,全てのユーザストーリに対して同一の分析手法を適用することにより,妥当性のある結果が得られると考える.ユーザストーリからステークホルダのインタレスト(意図)を推定し,ステークホルダ間の意図の構造を明らかにし,主要ステークホルダを特定する.これは主要ステークホルダが強いインタレストを示す要求を,獲得すべき要求とすることを目的とする.これは,ステークホルダ分析をデータ分析によって行ったことに相当する.

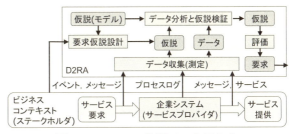

図3 D2RA の参照アーキテクチャ

5.2 D2RA プロトタイプのアーキテクチャと実装

D2RAプロトタイプのアーキテクチャを図4に示す.プロトタイプはPythonで実装した.GitHub上のITS (Issue Tracking System)からチケットとして発行されたユーザストーリをGitHub APIを用いて取得する.

一般にユーザストーリの記述は標準化されてはいないが,式[1]で定義される「ユーザの声」形式(UVF: User Voice Form)が広く利用されている[5].

As a <役割(Role)>, *I can* <アクティビティ(Activity)>
so that <ビジネス価値(Business Value)>   [1]

これは,「役割」としてアクティビティを果たすことにより,「ビジネス価値をもたらす」を意味し,本システムでは UVF の表現形式を用いる.本形式のユーザストーリからインタレストを抽出し,テキスト分析を行う.「役割」をステークホルダ名とした.

ユーザストーリのテキスト分析では自然言語処理ライブラリNLTKを用いる.ストップワードを除いて頻出単語とその出現回数を算出し,ステークホルダごとの頻出単語の集合から共通の頻出単語集合を抽出する.頻出単語をインタレストとし,ノードデータを作成する.

ステークホルダ,インタレスト,エッジの各エッジデータから,グラフ作成ライブラリ NetworkX でイン

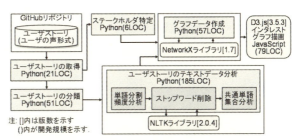

図4 D2RA プロトタイプシステムのアーキテクチャ

タレストグラフのデータを作成し，グラフ描写ライブラリを用いてインタレストグラフとして表現する．インタレストグラフは，人とそのインタレストをノードとし，その間の関係をエッジで連結したグラフである[8]．

5.3 CKAN のユーザストーリ分析への適用

(1) CKAN の「ユーザの声」形式のユーザストーリ分析への適用

データカタログを作るための OSS である CKAN[3]にプロトタイプを適用した．CKAN を選んだのは，適切な規模で，かつ，ユーザストーリが公開されていたためである．

(2) インタレスト分析

インタレスト分析ではユーザの声形式で書かれた 61 個のユーザストーリを分析した．User, Publisher, Owner など 9 個のステークホルダがユーザストーリから特定できた．その結果は，図 4 に示すインタレストグラフで視覚的に表現した．黄色のノードがステークホルダ，青色と赤色のノードはそれぞれ，固有インタレストと共通インタレストを示す．ノード名はインタレストを表す単語である．エッジの太さは式[2]で定義されるインタレスト出現数を，ノードの大きさは式[3]で定義されるインタレスト総出現数を表す．

インタレスト出現数
= 特定ステークホルダのユーザストーリ中の特定インタレスト出現数　　　　　　[2]

インタレスト総出現数 = 全ユーザストーリ中の特定インタレスト出現数　　　　　　[3]

(3) インタレストグラフによるステークホルダ分析

インタレストグラフからステークホルダのインタレストとその間の関係を分析し，ステークホルダ要求を特定した．

 a) 主要共通インタレストの特定

  複数のステークホルダにリンクを持つ共通インタレストとして 22 個が特定できた．共通インタレストの上位 14 個のインタレスト総出現数をステークホルダごとに色別し，図 6 に示す．特定した共通インタレストの中で最大のノード dataset が主要共通インタレストとして確認できる．

 b) 主要ステークホルダの特定

  インタレストグラフの定義から，主要ステークホルダを共通インタレストで高いインタレスト出現数を持つステークホルダとして定義する．図 6 から，dataset に特に強いインタレストを持つステークホルダ user, publisher, data wrangler が dataset の主要ステークホルダとして特定できる．

 c) 強いインタレストを持つ要求の部分集合の特定

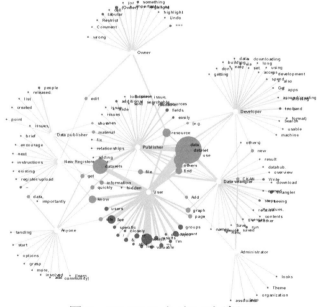

図 5　CKAN のインタレストグラフ

主要なステークホルダの user, publisher, data wrangler が発行したユーザストーリはそれぞれ31個, 14個, 5個であった. その中で単語 dataset を含むユーザストーリ数は user 21個, publisher 9個, data wrangler 3個である. 以上の三つのステークホルダが強いインタレストを持つ要求の部分集合を特定できた.

(4) 要求の部分集合とインタレスト総出現数の関係

図7にuserと publisher, data wrangler のインタレストごとのインタレスト含有率を示す. インタレスト含有率を式[4]で定義した.

$$\text{インタレスト含有率} = \frac{\text{特定のステークホルダの特定のインタレストを含むユーザストーリ数}}{\text{特定のステークホルダの全ユーザストーリ数}} \quad [4]$$

横軸は dataset から graph まで, インタレスト総出現数が高い順に左から並ぶ. 縦軸はインタレスト含有率を示す. Dataset はどのステークホルダにも高い確率で含まれていることがわかる.

また, インタレスト濃度を式[5]で定義した. インタレスト含有率は一つのユーザストーリに同じ単語が一回出現しても複数回出現しても変わらないのに対し, インタレスト濃度は一つのユーザストーリに同じ単語が複数回出現するほどそのインタレスト濃度は高くなる.

$$\text{インタレスト濃度} = \frac{\text{特定のステークホルダ内のインタレスト出現数}}{\text{特定のステークホルダの全ユーザストーリ数}} \quad [5]$$

図8にインタレスト濃度とインタレスト含有率の推移を示す. x軸はインタレスト濃度, y軸はインタレスト含有率を示す. インタレスト濃度に対してインタレスト含有率が小さいインタレストがある. そのインタレスト, つまりy＜xの範囲にあるインタレストは, 一つのユーザストーリに複数含まれる. そのインタレストはそのユーザストーリで強調されていると考えられる.

6 議論
6.1 研究課題について

本研究の意義を, 3つの研究課題に沿って, 議論する.

(1) RQ1:

本稿で提案した D2RE のプロセスとそれを実現した D2RA のアーキテクチャは, プロトタイプの CKAN への適用を通して, 定量的にユーザストーリを分析し, 注目すべきステークホルダの意図を発見できたことから, 有効性を確認できた.

(2) RQ2:

CKAN への適用により, 有効性を確認したが, 更なる検証が必要である.

6.2 関連研究との比較

本研究の関連研究として, ソーシャルデータ分析[8]や文献[7]で

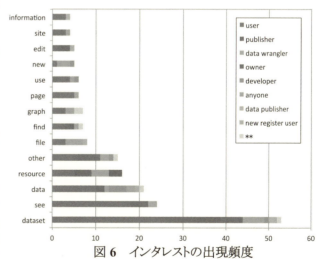

図6　インタレストの出現頻度

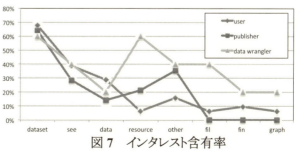

図7　インタレスト含有率

提案されたメッセージ分析によるタスク分析がある．これらのアプローチは，いずれも，構造化されたモデルを前提として，その構造の関係をデータにより分析する方法である．それに対して，D2RE での構造を含めて推定する点で，従来方法にはない新たな課題を解決している点に意義がある．

さらに，CKAN の例に見られるように，ステークホルダ間の意図の分析を可能とすることにより，要求獲得に直接結びつく支援の可能性を示した点で意義があると言える．

6.3 本研究の意義について

以上の議論から，本研究は，ビジネスアナリティックスなどのデータ分析技術を要求獲得へ導入するアプローチを提案し，その実現可能性を示したことにより，要求工学の新たなアプローチとその効果を示した点で意義があると言える．

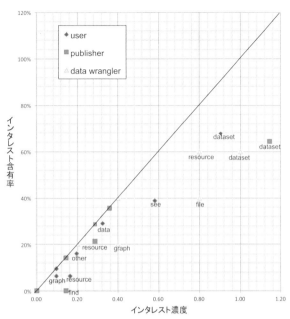

図 8 インタレストの濃度と含有率の推移

7 まとめ

要求工学へビジネスアナリティクスのアプローチを導入し，データ分析に基づく新しい要求獲得のモデルと方法を提案した．提案方法を支援するツールのプロトタイプを実装し，オープンソースソフトウェア CKAN のユーザストーリを分析し，ステークホルダの意図とその構造を発見した．

本提案は要求工学における人手によらない新たなアプローチを可能とし，合理的な要求を俊敏に獲得する方法の可能性を示した点で意義がある．

今後の予定として，提案した D2RE フレームワークの深化と，ユーザストーリの分析手法を見直し更なる要求獲得の妥当性を検証する．

参考文献

[1] 青山 幹雄，ほか，動的利害相互作用に基づくステークホルダ分析方法の提案と節電問題への適用評価，コンピュータソフトウェア，Vol. 30, No. 3, Jul. 2013, pp. 102-108.
[2] CKAN User Stories Overview, http://docs.ckan.org/en/ckan-1.8/user-stories.html.
[3] J. R. Evans, Business Analytics, 2nd ed., Pearson, 2015.
[4] A. Ghose, et al., Data-Driven Requirements Modeling: Some Initial Results with i*, Proc. of APCCM 2014, Jan. 2014, pp. 55-64.
[5] D. Leffingwell, Agile Software Requirements, Addison-Wesley, 2011.
[6] S. Nalchigar and E. Yu, From Business Intelligence Insights to Actions, Proc. of PoEM 2013, LNBIP Vol. 165, Nov. 2013, pp. 114-128.
[7] M. A. Russell, Mining the Social Web, 2nd ed., O'Reilly, 2014.

SPL における近似的製品導出に関する一考察

On Approximate Product Derivation for SPL

岸 知二[*]　野田 夏子[†]

あらまし SPL での製品導出ではモデル間の不整合により手戻りが発生することがある．本稿では可用性重視の立場から，手戻りを減らす近似的製品導出の方法について考察する．

1　はじめに

分散コンピューティングの世界では，ネットワークのトラブルを考慮した際には一貫性と可用性とを両立させることができない(CAP 定理)[1]ため，一貫性より可用性を重視する考え方が広まっている．ソフトウェア工学においても，進化の早さなどに由来する不確かさに対応するために，正しさより可用性を重視し，それなりに十分な(well enough)近似的解をとる考え方へのシフトが指摘されている[6]．例えばアジャイル開発などで採用されているタイムボックスアプローチでは，決められた期限になれば当初計画したすべてのフィーチャが実現されていなくてもリリースを行う．これは必ずしも完全なものでなくても使えるソフトウェアを手にすることをより優先する考え方である．

本稿では，SPL(Software Product-Lines)開発[2]における製品導出を題材に，可用性重視の視点から近似的構成管理について議論する．製品導出における可用性重視とは，大規模，複雑化，変化の常態化の中で一貫性や完全性を過度に追求せず，それなりの製品を早く得るという意味と捉える．具体的には SPL 開発での製品導出[4]を，問題空間での可変性を表現するフィーチャモデル[9]と解空間でのコンポーネントの可変性を表現するアーキテクチャモデルに基づき，指定したフィーチャ群を実現するコンポーネント集合を求める問題として捉え，その製品導出における近似的構成管理[7][8]の方法を提案するとともに，可用性重視の観点からその利点や課題について考察する．

本稿は以下のように構成される．2 章では本稿の想定する SPL の製品導出について述べる．3 章では製品導出のひとつの課題として手戻りの問題を指摘する．4 章では手戻りを改善するための近似的製品導出について提案する．5 章では関連する議論を行う．

2　SPL での製品導出[8]

本稿で想定する製品導出に関し，利用するモデルと製品導出の方法について説明する．

2.1　フィーチャモデルとアーキテクチャモデル

フィーチャモデル[9](以下 FM)は，ステークホルダーにとって観測可能な SPL の特徴を可変性の観点から記述したもので，本稿では外部仕様のような問題空間の可変性を表現するモデルとして捉える．図 1 左上は FM の例である．あるフィーチャ群が FM で表現される制約を満たす場合，そのフィーチャ群はその FM において正しい構成であるといい，そのフィーチャ群を FM 製品と呼ぶ．アーキテクチャモデル(以下 AM)は，SPL のコンポーネントを可変性の観点から記述したもので，設計や実装といった解空間での可変性を表すモデルとして捉える．フィーチャモデルと同様のメタモデルを持つものとす

---

[*] Tomoji Kishi, 早稲田大学
[†] Natsuko Noda, 芝浦工業大学

るが，図法上コンポーネントは角丸四角で表現する．図 1 の右上は AM の例である．あるコンポーネント群が AM 上で表現される制約を満たす場合，そのコンポーネント群はその AM において正しい構成であるといい，そのコンポーネント群を AM 製品と呼ぶ．

FM と AM の間にはトレーサビリティリンク(以下 TL)が定義される．FM 中の各フィーチャに対して 0 個以上のコンポーネントを対応付ける．フィーチャは対応付けられたコンポーネント群によって実現されると考える．図 1 右下は TL の例である．

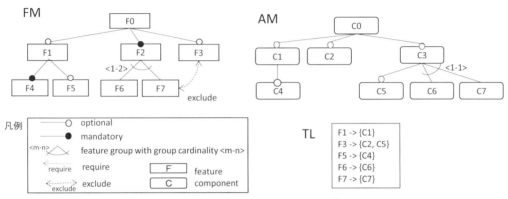

図 1 製品導出に使われるモデル

2.2 製品導出の手順

製品導出の入力はフィーチャの集合であり，これを指定フィーチャ(群)と呼ぶ．出力は指定フィーチャ群を実現する AM 製品である．そのような AM 製品は複数存在しうるが，それらの中のいずれかひとつを出力する．以下に想定する製品導出手順を示す．

1. 指定フィーチャ群を含む FM 製品を求める．そのような FM 製品が複数あるときは，いずれかひとつを選ぶ．このステップは繰り返されうるが，その際は過去に選ばれた FM 製品は除外する．そのような FM 製品がなければ製品導出は失敗する．
2. ステップ 1 で得られた FM 製品中のフィーチャと TL で関連づけられているすべてのコンポーネントを得る．このコンポーネント群を指定コンポーネント群と呼ぶ．
3. ステップ 2 で得られた指定コンポーネント群を含む AM 製品を求める．それが製品導出の出力となる．そのような AM 製品が複数あるときは，いずれかひとつを出力する．そのような AM 製品がなければ，ステップ 1 に戻る．

3 製品導出における問題

3.1 製品導出の手戻り

手順からわかるように，製品導出においては，手戻りの問題が発生しうる．図 1 の FM の例では 12 個の FM 製品が存在するが，そのうち 3 製品は対応する AM 製品がないため，製品導出のステップ 1 でそれらの FM 製品が選択されると，ステップ 3 で対応する AM 製品が求まらずステップ 1 に戻って再度導出を試みる必要が生じる．

正しい構成の FM 製品と AM 製品が，過不足なく存在するように FM と AM とが整合した形で構築され，正しく TL が定義されていれば手戻りは発生しない．しかし現実には以下のような理由で不整合が発生する状況が多いと考えられる．

- 意図しない不整合：整合したモデルを作る意図はあっても，モデル定義・修正の時間のずれ，メンテナンスの後延ばし，作業エラーなどで不整合が起こる．

- 意図的な不整合：不整合を意図・許容している状況．例えば FM は将来計画まで見通して作成するが，AM は現存の設計や実装のみを反映している場合など．
- 設計・実装制約による不整合：リソース制約やコストなどの設計・実装上の理由で FM 上には存在しない制約が持ち込まれる状況．あるいは設計・実装上は多様な組み合わせができてしまうがそのすべての組合せを製品仕様とは認めていない状況．積極的な意図ではないが，明示的に認識されることも多い．

本稿の立場は，こうした不整合を完全に除去することは現実的に困難であり，それを認めた上で可用性を上げたいというものである．本稿における，可用性を上げるとは，過度な完全性を求めず AM 製品をできるだけ早く得るという意味である．あるいは AM 製品が存在しない場合は，存在しないことをできるだけ早く知るという側面も含まれる．そういう観点からは，手戻りの発生は望ましくない．

3.2 問題分析

手戻りの原因のひとつは，素朴に言えば「必要以上」のフィーチャを含んだ FM 製品を導出しているからと考えられる．ステップ 1 で導出された FM 製品から指定コンポーネント群が得られ，それを含む AM 製品を導出するわけなので，指定コンポーネント群は AM 製品導出における制約になる．制約が強いとそれを満たす AM 製品は少なくなり，弱くなれば多くなる．指定フィーチャを実現する AM 製品を求めるという目的にとって「必要以上」な制約をできるだけ減らすことによって，手戻りが減ると考えられる．

4 近似的製品導出

4.1 目的

近似的製品導出の目的は，SPL の製品導出において発生しうる手戻りを減らし，可用性重視の製品導出を実現することである．そのために「必要以上」のフィーチャを含まない近似的な FM 製品を導出する．以下「必要以上」とは何かについての立場に応じた，二つの導出方法を提案する．

4.2 近似的導出法 1 – 指定フィーチャの実現

製品導出の目的は，指定フィーチャ群を実現する AM 製品を得ることである．従ってひとつの立場は，指定フィーチャ群を実現するという目的に不可欠な制約以外は「必要以上」であるというものである．その立場をとるなら，指定フィーチャ群（および必須フィーチャ群）のみから構成される製品を近似的 FM 製品として製品導出を行えばよい．

表 1　{F2, F3} を指定して得られる AM 製品

	C0	C1	C2	C3	C4	C5	C6	C7	対応する正しい構成の FM 製品
#0	1	1	1	1	1	1	0	1	有り
#1	1	1	1	1	0	1	0	1	無し
#2	1	1	1	1	1	1	1	0	有り
#3	1	1	1	1	0	1	1	0	無し
#4	1	0	1	1	0	1	0	1	無し
#5	1	0	1	1	0	1	1	0	有り

例えば図 1 の例で F3 が指定フィーチャの場合を考えると，ステップ 1 ではこのフィーチャと必須フィーチャ F2 を加えた {F2, F3} を近似的 FM 製品として，ステップ 2 以降を実行する．TL で F3 と対応づけられた C2, C5 が指定コンポーネントとなる．これを含む AM 製品は 6 種類あり(表 1)．これらのうちのいずれかひとつが製品導出の出力となる．なお表では各行が製品を表し，その製品に含まれるコンポーネントには 1 が，含ま

れないものには0が示されている.

　この方法で得られるAM製品は指定フィーチャF3を実現している．もしもこの方法でAM製品が見つからなければ，指定フィーチャを実現するAM製品は存在しないので，手戻りは発生しない．そういう意味で可用性重視の観点からは有利な方法である．

　しかしながら，この手法で得られたAM製品に対しては，必ずしも正しい構成のFM製品が存在するとは限らない．得られたAM製品に含まれるコンポーネント群からTLを逆に辿って得られるフィーチャ群がFM中で正しい構成である保証はない．上記の例では，6つのAM製品のうち，正しい構成のFM製品が存在するのは3つである．このようなAM製品がwell enoughであるかどうかは，製品導出の目的によるが，指定フィーチャのみ早期に実現・確認する状況はありうると考えられる．

4.3　近似的導出法2 – 正しいフィーチャ構成の実現

　得られたAM製品が実現するフィーチャ群がFM上で正しい構成であることを求める立場を考える．このときに何が「必要以上」であるかを厳密に議論することは難しいが，本稿では「必要以上」の一部を簡易的に発見する方法を示す．基本的な方針は，FMやAMをそれぞれクラスタに分割し，指定フィーチャを含むFM製品やAM製品を得るために必要なクラスタ群と，それとは独立した(直交した)クラスタ群に分割するものである．なお，本稿でのクラスタとはルート直下のノード以下のサブ木を指す．

　図1のFMでは，F1以下のサブ木は，F2以下のサブ木やF3以下のサブ木とクロスツリー制約(requires, excludes)を持たず独立している．表2は指定フィーチャが{F1, F5}のとき導出される4つのFM製品である．F1以下のサブ木構成は3製品とも{F1, F4, F5}となっているが,それと直交するF2とF3以下のサブ木には4つの構成{F2, F3, F6}, {F2, F6, F7}, {F2, F6}, {F2, F7}が存在するので，それが組み合わさって4製品が導出されている．問題はこれらのうちひとつはAM製品を持たない点である．つまり，指定フィーチャ{F1, F5}の選択とは無関係なF2とF3以下のサブ木の構成によって，手戻りが発生したりしなかったりするわけである．この場合，指定フィーチャ選択に関わる{F1, F4, F5}を近似的FM製品としてAM製品を導出すれば手戻りがなくなる．

表 2　直交したクラスタの影響の例

	F0	F1	F2	F3	F4	F5	F6	F7	対応するAM製品
#0	1	1	1	1	1	1	1	0	有り
#1	1	1	1	0	1	1	1	1	無し
#2	1	1	1	0	1	1	1	0	有り
#3	1	1	1	0	1	1	0	1	有り

　上記の観測に基づき，指定フィーチャの選択に関わるクラスタ群と，関わらないクラスタ群を識別・分離し，それぞれ独立に製品導出して，得られた製品の集合和をとることでAM製品を得る．なおクラスタの分割はFMだけでなくAMに対しても行う．

　分割の手順は以下である．図2は図1の例に対する分割を説明する図である．なおTLは直感的に接続が分かるようにフィーチャとコンポーネント間の線で示している

1. クラスタへの分割：ルート直下のノードのサブ木をクラスタとする．以下FM, AMのクラスタをそれぞれFMクラスタ, AMクラスタと呼ぶ．例ではFMがfc0, fc1, fc2の3つのクラスタに，AMがac0, ac1, ac2の3つのクラスタにそれぞれ分割される．
2. 指定フィーチャを含むFMクラスタの識別：指定フィーチャが含まれるFMクラスタを識別する．例えばF3を指定フィーチャとすると，fc2が対応する．
3. クロスツリー制約でつながるFMクラスタの識別：ステップ2で識別されたFMク

ラスタ中のフィーチャとクロスツリー制約でつながるフィーチャを含むFMクラスタを識別する. 例ではexclude関係があるため, fc1が識別される.

4. TLでつながるAMクラスタの識別：ステップ3までに識別されたクラスタ群中のフィーチャとTLでつながるコンポーネントを含むAMクラスタを識別する. 例ではac1, ac2がそれに対応する.
5. クロスツリー制約でつながるAMクラスタの識別：ステップ4で識別されたAMクラスタ中のコンポーネントとクロスツリー制約でつながるコンポーネントを含むAMクラスタを識別する. 例ではそのようなAMクラスタは存在しない.
6. TLでつながるFMクラスタの識別：ステップ5で識別されたAMクラスタ群が含むコンポーネントとTLを逆に辿って関連づけられるフィーチャを含むFMクラスタを識別する. ステップ4までに識別されたFMクラスタは当然これらに含まれるが, それ以外のFMクラスタが存在する可能性があるのでそれを識別するためである. 例ではそのようなFMクラスタは存在しない.

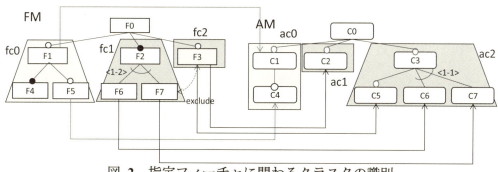

図2　指定フィーチャに関わるクラスタの識別

上記により, 指定フィーチャに関わるFMクラスタとAMクラスタが識別される. それ以外のクラスタは, 指定フィーチャの選択には関わらない. 例では, FMクラスタfc1, fc2とAMクラスタac1とac2は指定フィーチャF3を含む製品導出に関係するが, FMクラスタfc0とAMクラスタac0は, 関わらず独立している.

このようにクラスタを2分割した後, それぞれから製品導出を行い, それぞれから得られたAM構成の集合和をとることで最終的なAM製品とする.

1. 指定フィーチャに関わるクラスタ(およびルートノード)から製品導出を行う. 例ではFMはfc1, fc2, AMはac1, ac2を用いる. この場合FMでの正しい構成は{F0, F2, F3, F6}の一つしかなく, AM製品として{C0, C2, C3, C5, C6}が得られる.
2. 指定フィーチャに関わらないクラスタ（およびルートノード）から製品導出を行う. 例ではFMはfc0, AMはac0を用いる. 例では, FMの正しい構成は3通りあるので, ひとつを選びAM製品を求める. この例の場合, どのFM製品もAM構成を持つので手戻りは発生しない. FM製品として{F0, F1, F4}が選ばれたとする, これに対応するAM製品は2つあるが, その中でAM製品{C0, C1}が選ばれたとする.
3. ステップ1, ステップ2で得られたAM構成の和をとり, 最終製品を得る. 例では, {C0, C1, C2, C3, C5, C6}が得られる.

この方法では, 製品導出を2回行う必要があるが, それぞれのサイズは小さくなり導出コストは小さくなる. また導出されるFM製品は通常の製品導出よりも小さくなるため, AM製品導出時の制約が小さくなり手戻りが減ることが期待される. また AM製品が得られた場合は, 実現されるフィーチャ群はFMにおいて正しい構成となる. なおス

テップ 2 は指定フィーチャと無関係なので，より手戻りが減少しうる方法も考えられる．

5 議論

SPL の製品導出には様々な状況や方法が考えられ，それぞれに求められる特性が異なる．本稿では FM と AM という複数の可変性モデルが関連づけられ，多段階に製品導出を行う状況を想定し，手戻りの削減という観点から有利と考えられる方法を提案した．今回は FM と AM という組み合わせを考えたが，この設定はマルチプロダクトライン[5][10]や staged configuration[3]などにも応用できると考えられる．

近似的導出法 1 では，指定フィーチャは実現されるが正しいフィーチャ構成かどうかは保証されない．近似的導出法 2 では，正しいフィーチャ構成の AM 製品が得られる．一方，近似的導出法 1 は手戻りが発生しないのに対し，近似的導出法 2 では手戻りの発生原因のひとつである制約を小さくすることはできるが，手戻りは発生しうる．なお，FM, AM, TL は多様なパターンが考えられ，状況によってはクラスタの分割ができないなど，必ずしも手戻りが削減されるとは限らない．手戻りの期待値がどのような状況でどの程度削減できるかを評価する必要があるが，それは今後の課題である．

可用性重視[6]という考え方は，正しいものを作るというモノづくりの感覚からすると許容されないと受け取られる場合が多いが，アジャイル開発などの形で実は既に広まっている．進化型プロトタイプなども，まず近似的な製品を作り徐々に完成度を上げていくアプローチとみなすこともできる．こうした考え方は今後より広まっていくものと考えている．

6 おわりに

本稿では SPL の製品導出を例に，可用性重視の考え方に基づく近似的製品導出の方法を提案した．提案手法の評価やリファインは今後の課題である．

7 参考文献

[1] Brewer, Eric A.: Toward Robust Distributed Systems, keynote, PODC, 2000.
[2] Paul Clements and Linda Northrop, Software Product Lines: Practices and Patterns. Addison-Wesley, 2001.
[3] Krzysztof Czarnecki, Simon Helsen, and Ulrich W. Eisenecker, Staged configuration through specialization and multilevel configuration of feature models. Software Process: Improvement and Practice, 10(2):143–169, 2005.
[4] Sybren Deelstra, Marco Sinnema, Jan Bosch, Product derivation in software product families: a case study. Journal of Systems and Software, 74(2):173–194, January 2005.
[5] Deepak Dhungana, Dominik Seichter, Goetz otterweck, Rick Rabiser, Paul Grünbacher, David Benavides, J. Galindo, Configuration of multi product lines by bridging heterogeneous variability modeling approaches. In Proceedings of the 15th Software Product Line Conference (SPLC '11), 2011.
[6] David Garlan: Software Engineering in an Uncertain World, FoSER'10, pp125-128, 2010.
[7] 岸知二，川嶋優樹，野田夏子: 近似的モデリングアーキテクチャに関する考察, 情報処理学会, SES2014, pp.152-157, 2014.
[8] 岸知二，宮里章太，野田夏子:近似的構成管理について，ソフトウェア工学研究会報告, 2014-SE-186(15), pp1-7, 2014.
[9] Kyo Kang, Sholom Cohen, James Hess, William Novak, A. Spencer Peterson, Feature-oriented domain analysis (FODA) feasibility study. CMU/SEI-90-TR-21, 1990.
[10] Rob van Ommering, Jan Bosch, Widening the scope of software product lines - from variation to composition. SPLC'02, pp.328-347, 2002.

大規模システム向け仕様ルール整合性検証方式
Consistency Verification of Specification Rule for Large-scale System

小山 恭平，伊藤 信治，山本 一道 *

> あらまし IF-THEN 形式で記述された複数の仕様ルールの整合性は，仕様ルールのペアの整合性を網羅的に検査することで検証できる．しかし，仕様ルールのペア数は，仕様ルール数の 2 乗オーダとなるため，大量の仕様ルールの整合性を検証する場合，検証に数時間から数日かかる．本稿では，仕様ルールの結果部に着目して，仕様ルールを予めグルーピングし，一部のペアに対し，整合性を検査することで，全体の整合性を検証する方式を提案する．また，提案方式を公共系システムに適用した結果について報告する．

1 はじめに

近年，システムの高品質化を目的として，開発の上流工程で形式手法を適用し，品質を作り込む取り組みが活発になっている．たとえば，パリ地下鉄プラットフォームドアの制御システムの開発やシャルルゴール空港の無人シャトル制御システムの開発は，形式手法を適用することで，システムの高品質化に成功した例と言える [3]．

我々もシステムの高品質化を目的として，上流工程でシステムの仕様の矛盾を検出するため，複数のビジネスルールの整合性を検証する取り組み [4] を行っている．複数のビジネスルールの整合性は，単純には 2 つのビジネスルールを網羅的に選択し，そのペアの整合性を検査することで，検証できる．このとき，組合せのオーダは $O(n^2)$ となり，大量のビジネスルールの整合性検証を実用時間で行うことは困難であった．

本稿では，大量のビジネスルールの整合性検証を実用時間 (数分程度) で完了させるため，ビジネスルールをグルーピングし，ビジネスルールの組合せの一部に対して整合性を検査することで，全体の整合性を検証する方式を提案する．また，提案方式を公共系システムのビジネスルールに適用した結果について報告する．

2 仕様ルールと整合性の定義

本章では，対象とする仕様ルールと仕様ルールセットの整合性の定義を示す．

2.1 仕様ルールとは

仕様ルールとは，システムの仕様を IF-THEN 形式で記述したものであり，ビジネスルールの一種である．以降では，2 つ以上の仕様ルールの集まりを仕様ルールセットと呼び，仕様ルールセットから，2 つの仕様ルールを選択した組を仕様ルールペアと呼ぶ．

ビジネスルールは，Business Rule Group [2] によって，「ビジネスルールとは，ビジネスの観点を制約または定義する記述」と定義されている．この定義の下，Halle [1] は，ビジネスルールを表 1 に示す 7 個の区分に分類した．本稿で検証対象とする公共系のシステムの仕様は，表 1 の Inference の集まりであり，図 1 の記法で記述するものとする．以降では，図 1 に従って記述された Inference を，単に仕様ルールと呼ぶ．仕様ルールの条件部には，比較式を用いた論理式を記述可能であり，結果部には，変数と項目値の等価関係を表す論理式を記述可能である．たとえば，図 2 の備品発注時の承認者に関する仕様は，図 3 のように記述する．

ここで，仕様ルール中の変数において，条件部に出現する変数を入力変数，結果

---

*Oyama Kyohei, Itoh Shinji, Yamamoto Kazumichi,(株)日立製作所　研究開発グループ　システムイノベーションセンタ

表 1 ビジネスルールの分類

分類名	定義
Term	変数名や値などすでに同意済みの名詞や名詞句
Fact	前置詞や動詞を使って，Term を関連付ける記述
Mandatory Constraint	ビジネスで，起きるべき状況または，起きてはいけない状況の記述
Guideline	ビジネスで起きた方が良い状況または，起きない方が良い状況についての警告
Action enabler	条件を満たした時，開始するビジネスイベントやメッセージ等の記述
Computation	値を取得するための計算方法の記述
Inference	条件を満たした時に，確立される新たな fact に関する記述

```
⟨仕様ルール⟩  ::= ⟨ルール ID⟩ : IF ⟨条件部⟩ THEN ⟨結果部⟩
⟨ルール ID⟩  ::= Rule⟨整数値⟩
⟨条件部⟩    ::= (⟨条件部⟩) ∧ (⟨条件部⟩) | (⟨条件部⟩) ∨ (⟨条件部⟩)
               | (⟨条件部⟩) → (⟨条件部⟩) | ¬ (⟨条件部⟩) | ⟨比較式⟩
⟨比較式⟩    ::= ⟨変数⟩ ⟨比較演算子⟩ ⟨項目値⟩
               | ⟨変数⟩ ⟨比較演算子⟩ ⟨変数⟩
⟨比較演算子⟩ ::= = | ≠ | < | > | ≤ | ≥
⟨結果部⟩    ::= ⟨変数⟩ = ⟨項目値⟩
⟨変数⟩      ::= ⟨文字列⟩
⟨項目値⟩    ::= ⟨文字列⟩ | ⟨整数値⟩
*⟨文字列⟩ は任意の文字列を表す．⟨整数値⟩ は任意の整数値を表す．
```

図 1 仕様ルールの記法定義

1. 200,000 円以下の備品の発注の際には，課長の承認が必要である
2. 200,000 円以上の備品の発注の際には，部長の承認が必要である

図 2 備品発注時の承認者に関する仕様の例

$Rule_1$: IF 備品の価格 ≤ 200,000 円 THEN 承認者 = 課長
$Rule_2$: IF 備品の価格 ≥ 200,000 円 THEN 承認者 = 部長

図 3 仕様ルールとして記述した例

部に出現する変数を出力変数と呼ぶ．また，ある仕様ルールの出力変数が別の仕様ルールの入力変数として出現することはないとする．したがって，ある仕様ルールの適用結果が，別の仕様ルールの適用に影響を与えることはない．今回対象とする公共系のシステムの仕様は，この仕様ルールの記法によって，記述可能である．

2.2 仕様ルールセットの整合性とは

本稿では，仕様ルールセット R の整合性を次のように定義する．

> **定義 1** R が整合性を満たす $\iff$ R が矛盾ルールペアを含まない

また，矛盾ルールペアを次のように定義する．

> **定義 2** 矛盾ルールペア $\{Rule_i, Rule_j\} \iff$ 条件部判定式が充足可能，かつ，結果部判定式が充足不能な仕様ルールペア $\{Rule_i, Rule_j\}$
>
> $$条件部判定式 \stackrel{\text{def}}{=} Cond_i \land Cond_j$$
> $$結果部判定式 \stackrel{\text{def}}{=} Res_i \land Res_j$$
>
> ここで，$Cond_k$ は，$Rule_k$ の条件部を表し，Res_k は，$Rule_k$ の結果部を表す．

たとえば，図3において，仕様ルールペア $\{Rule_1, Rule_2\}$ の条件部判定式及び結果部判定式は，それぞれ，「(備品の価格 ≤ 200,000 円) ∧ (備品の価格 ≥ 200,000 円)」，「(承認者 = 課長 ∧ 承認者 = 部長)」となる．ここで，条件部判定式は，備品の価格に 200,000 円を割り当てたとき真となるので，充足可能である．対して，結果部判定式は，承認者にどのような項目値を割り当てても真にならないので，充足不能である．したがって，$\{Rule_1, Rule_2\}$ は矛盾ルールペアであり，備品の価格が 200,000 円のとき，承認者を決定できないことを意味している．

2.3 整合性検証の課題

仕様ルールセットの整合性を検証するには，全ての仕様ルールペアが矛盾ルールペアでないことを示せば良い．以降では，仕様ルールペアが，定義2を満たすかどうかの判定を仕様ルールペアの矛盾判定と呼ぶ．

仕様ルールペアを網羅する場合，仕様ルール数を n とすると，矛盾判定を適用する仕様ルールペア数のオーダは $O(n^2)$ となる．したがって，仕様ルール数が膨大な場合，検証に多くの時間を要することになる．たとえば，6000個の仕様ルールを持つ仕様ルールセットの場合，我々の推定では，約11日要する．

3 グルーピング整合性検証方式

本章では，大規模な仕様ルールセットにおいて，矛盾ルールペアを高速にすべて検出する整合性検証方式を提案する．

3.1 処理概要

本研究では，2.3節で述べた課題を解決することを目的に，仕様ルールの結果部に着眼した．

矛盾ルールペアは，結果部判定式が充足不能であることが必要条件であり，逆に，充足可能な場合は矛盾ルールペアではない．結果部は，「〈出力変数〉 = 〈項目値〉」という構造で，出力変数と項目値の等価関係を表している．したがって，同じ出力変数に，異なる項目値を対応付けしている場合，充足不能になるので，結果部判定式の充足可能性は「出力変数」と「項目値」を比較するのみで判定できる．

表2に出力変数と項目値の一致/不一致のパターンによる仕様ルールペアの結果部判定式の充足可能性を示す．

表2のNo.1の場合，結果部判定式は，$(VAR_A = val_a) \land (VAR_B = val_b)$ となる．ここで，VAR_A と VAR_B は，それぞれ異なる出力変数であり，val_a は VAR_A の項目値，val_b は VAR_B の項目値である．この場合，上記の結果部判定式は，充足可能である．

次に，表2のNo.2の場合，結果部判定式は，$(VAR_A = val_a) \land (VAR_A = val_a)$

表2　出力変数と項目値による結果部判定式の充足可能性判定

No	出力変数	項目値	充足可能性
1	不一致	-	充足可能
2	一致	一致	充足可能
3	一致	不一致	充足不能

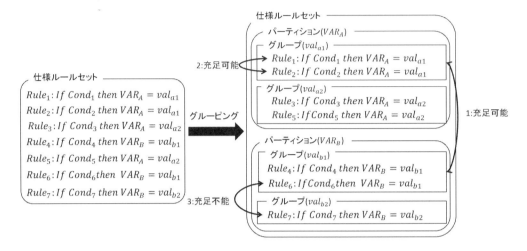

図4　ルールグルーピングの例

となる．ここで，VAR_A は出力変数であり，val_a は VAR_A の項目値である．この場合，上記の結果部判定式は，充足可能である．

最後に，表2の No.3 の場合，結果部判定式は，$(VAR_A = val_a) \wedge (VAR_A = val_b)$ となる．ここで，VAR_A は出力変数であり，val_a, val_b は VAR_A の項目値であり，$val_a \neq val_b$ である．この場合，上記の結果部判定式は，充足不能である．

このとき，表2の No.3 が矛盾ルールペアの可能性がある．また，それ以外のパターンは，結果部判定式が充足可能であり，矛盾ルールペアではない．つまり，矛盾判定は不要である．したがって，出力変数と項目値を用いて，仕様ルールをグルーピングすることで，表2の No.3 に該当する仕様ルールペアを効率的に取得する．

本稿では，次の3つのステップから構成するグルーピング整合性検証方式を提案する．

Step1 仕様ルールをグルーピングする
Step2 結果部が充足不能な仕様ルールペアを抽出する
Step3 Step2 で抽出した仕様ルールペアに矛盾判定を適用する．

Step3 の矛盾判定では，既に仕様ルールペアの結果部判定式が充足不能だと判明しているので，条件部判定式の充足可能性のみを判定する．

次節では，提案方式のコアとなる STEP1 のルールグルーピングの詳細を述べる．

3.2　ルールグルーピング

提案方式では，出力変数とその項目値を用いて，次の2つの観点で仕様ルールをグルーピングする．

- 同じ出力変数を持つ仕様ルールをひとつにまとめる (パーティション)
- 同一パーティション内で，項目値が同じ仕様ルールをひとつにまとめる (グループ)

このグルーピングの例を示したものが図4である．このとき，仕様ルールペアが属する「パーティション」と「グループ」の一致/不一致の組合せは，表3の3つの

表3　仕様ルールペアのパーティション/グループの組合せ

No	パーティション	グループ	表2との対応
1	不一致	-	1
2	一致	一致	2
3	一致	不一致	3

表4　サンプル仕様ルールセットの詳細

名前	仕様ルール数
小規模仕様	490
大規模仕様	5,880

表5　実験用PCの仕様

CPU	$9 cores \times 2.7GHz$
Memory	8Gbyte
OS	Windwos Server 2012 R2[1]

パターンになる．

このとき，表3のNo.1は，パーティションの定義から，出力変数が一致しないので，表2のNo.1に対応する．次に，表3のNo.2は，パーティションとグループの定義から，出力変数と項目値が一致するので，表2のNo.2に対応する．最後に，表3のNo.3は，パーティションとグループの定義から，出力変数が一致し，かつ，項目値が一致しないので，表2のNo.3に対応する．

以上から，表3の中で，結果部判定式が充足不能となる組合せは，No.3のみである．したがって，パーティションごとに，2つのグループを選択し，各グループから1つずつルールを取り出すと，必ず結果部が充足不能な仕様ルールペアが取得できる．

提案方式では，グループの選択パターン及び，グループからのルールの取り出しパターンを全て網羅することで，結果部が充足不能な仕様ルールペアだけを全て取得する．

4　整合性検証時間の評価

本章では，表4に示す公共系システムの仕様ルールセットに対し，表5の仮想マシンを用いて，整合性検証を実施した結果を述べる．このとき，各仕様ルールセットにおいて，出力変数の数は仕様ルール数の半分程度であり，各出力変数が取り得る項目値は，2〜3個程度である．

表6は，各仕様ルールセットにおける整合性検証の結果を示した表である．ここで，検査対象仕様ルールペア数とは，矛盾判定を適用した仕様ルールペア数であり，組合せ網羅方式とは，全仕様ルールペアに対して，矛盾判定を適用する方式である．また，検証時間は，グルーピングと全検査対象仕様ルールペアの矛盾判定の処理時間である．この表から，大規模仕様の場合，矛盾判定の処理時間が一定であると仮定すると組合せ網羅方式では検証に約11日，掛かる[2]のに対して，提案方式では，約2分で検証可能であった．また，ルールグルーピングの処理時間の時間を測定したところ，数ミリ秒〜20ミリ秒であり，検証時間にほとんど影響を与えていない．

大規模仕様の検証を約2分でできた要因は，$_{5880}C_2(17,284,260)$個の仕様ルールペアのうち，結果部が充足不能な4,920個の仕様ルールペアに矛盾判定を適用することで，仕様ルールセットの整合性が検証できたからである．

---

[1] Windows Serverは，米国Microsoft Corporationの米国およびその他の国における登録商標または商標です．

[2] 推定値 = 0 sec(グルーピングの処理時間) + 0.056 sec(矛盾判定の処理時間の実測値(平均)) × 17,284,260(仕様ルールペア数)

表6 整合性検証の結果

名前	仕様ルール数	提案方式		組合せ網羅方式	
		検査対象仕様ルールペア数	検証時間(sec)	検査対象仕様ルールペア数	検証時間(sec)
小規模仕様	490	410	2.11	119,805	525.85
大規模仕様	5,880	4,920	125.71	17,284,260	(推定)967,918.56

5 関連研究

LUO ら [5] は，ルールの整合性を高速に検証する方式 (MSPD) を提案し，航空機の滑走路選択ルールに適用した結果，6,847 個の IF-THEN ルールの整合性を 181.18 秒で検証可能であることを示している．ここで，このルールセットを提案方式で検証した場合，ルールセットは，出力変数をひとつしか持たないため，MSPD よりも時間がかかると考える．しかし，MSPD が想定するルールでは，条件部に「変数名 = 項目値」を論理積で繋いだ論理式のみを記述可能であり，大小関係を表す比較式や論理和を含む複雑な論理式を記述できない．それに対して，仕様ルールでは，条件部に任意の比較式を用いた論理式を記述可能であり，適用範囲が広い．

6 まとめ

本稿では，大規模な仕様ルールセットの整合性検証の高速化を目的とし，仕様ルールをグルーピングし，一部の仕様ルールペアに矛盾判定を適用することで，仕様ルールセットの整合性を検証する方式を提案した．

提案方式を公共系のシステムの仕様ルールセットに適用した結果，大規模仕様 (仕様ルール数:5880) の検証を約 2 分で実行可能であることを確認した．Halle [1] のビジネスルールの分類では，他にも Computation が存在する．提案方式は，仕様ルール (Inference) を対象としており，Computation の整合性検証には，拡張が必要である．今後は，Computation の整合性を検証できるように，提案方式を拡張する．

参考文献

[1] B.V.Halle, Business Rules Applied, Building Better Systems Using the Business Rules Approach, John Wiley & Sons, Inc., New York, NY, 2001
[2] Business Rule Group: Defining Business Rules,
http://www.businessrulesgroup.org/first_paper/br01c0.htm (確認日:2015/06/17)
[3] 独立行政法人 情報処理推進機構: 「形式手法適用調査」報告書,
http://www.ipa.go.jp/files/000004547.pdf (確認日：2015/04/14)
[4] 伊藤 信治, 佐藤 直人, 金藤 栄考, 宮崎邦彦, 森浩起, 木村 誠, 山口 潔: SMT ソルバを活用した決定表作成・検証方式, 電子情報通信学会技術研究報告. SS, ソフトウェアサイエンス 113(489),2014, pp.7-11
[5] LUO Qian, TANG Chang-jie, LI Chuan and YU Er-gai : Detecting self-Conflicts for Business Action Rules,in Conference Record of the Computer Science and Network Technology(ICCSNT2011), Vol.2, IEEE, 2011, pp.1274-1278

拡張要求フレームモデルによる応答性に関する要求の検証

A Verification Method of the Correctness of Requirements for Responsiveness with extended Requirements Frame

松本 佑真[*]　笠井 翔太[†]　大西 淳[‡]

あらまし　要求記述における機能要求の正しさを検証するために筆者らは要求フレームモデルを用いた検証手法を開発してきた．本稿では，要求フレームモデルを拡張することによって自然言語で書かれた日本語要求記述における非機能要求，中でも応答性に関する要求に誤りがないことを検証する手法を提案する．また手法に基づいてツールを試作した．具体事例を用いて手法とツールの有用性を述べる．

1　はじめに

ソフトウェア要求文書に誤った要求が含まれていると，それが原因となって要求定義以降の開発段階でさらなる誤りを生み出す恐れがある．要求仕様の品質とソフトウェア開発の成否は大きく関わっており，ソフトウェア開発を成功させるためにも，要求仕様中の誤りを早い段階で検出し，除去することが望まれる．

要求記述中の機能要求に着目し，その正しさを検証する手法として，要求フレームモデルを用いた検証手法[5]を開発してきた．この手法では機能要求の正しさは検証できるが，非機能要求の正しさは保証されないという問題がある．また，要求言語として文法や語彙を制限した日本語要求言語 X-JRDL[5] によって記述された要求記述であることを前提としており，自然言語で記述された一般の要求文書には，そのままでは適用できないという問題がある．

本稿では，自然言語で記述された日本語要求の非機能要求の正しさを保証する手法を提案する．要求フレームモデルは機能要求の表現に特化しているため，非機能要求を表現に対応するように拡張した要求フレームを新たに定義する．

以下では，要求フレームモデルについて最初に説明し，非機能要求，特に応答性に関する要求に対応した要求フレームの拡張について述べる．次に，この拡張した要求フレームを用いた応答性に満する要求に誤りがないかを検証する手法を述べる．

2　要求フレームモデルと要求言語

要求言語（Requirements Language）は，要求仕様化のための言語である．本研究室では，格文法に基づいた制限日本語によって，機能要求の仕様化を目的とした要求言語 X-JRDL（eXtended Japanese Requirements Description Language）を開発している [5]．X-JRDL では，仕様に現れる名詞を人間（Human）型，機能（Function）型，データ（Data）型，ファイル（File）型，制御（Control）型，装置（Device）型の 6 種の型のいずれかに，動詞をデータの流れ，データや機能の構造，ファイルの操作など 10 種の動作に関する動作概念のいずれかに，形容詞を「大きい」，「小さい」，「等しい」といった 6 種の比較演算に関する概念のいずれかに，それぞれ制限している．また，文は一つの動詞とその動詞に対応する動作概念の必須格に当てはまる名詞を中心として構成される．X-JRDL では，要求フレーム (格フレーム) と名付けた動作概念と必須格に対する枠構造が用意されており，各概念はそれぞれ異なっ

---

[*]Yuuma Matsumoto, 立命館大学情報理工学部 (現在，パナソニック SN ソフトウェア株式会社)

[†]Shouta Kasai, 立命館大学情報理工学部

[‡]Atsushi Ohnishi, 立命館大学情報理工学部

た格構造をもっているとしている．
　この日本語要求言語は文法と語彙を制限した制限言語ではあるが，自然な日本語表現を可能としている．日本語要求言語と要求フレームでの解析のメリットは以下の通りである．
1. 格の抜けや誤った名詞の型を検出できる
2. 日本語表現は異なっても同じ意味ならば同一の内部表現に変換される
3. 新規の動作概念であっても，その格構造を定義することによって解析ができる
4. 文脈から代名詞や抜けた格の名詞を推定できる
5. 重文や連体修飾節といった複文も解析できるため，前項4の特長と合わせ，自然な日本語文を表現できる

一方デメリットとしては以下が挙げられる．
1. 文法や語彙を制限しているため，一般の要求仕様書に対して，そのまま適用することができず，制限された表現に変換してから適用する必要がある
2. 機能要求に特化しており非機能要求には適用できない．

これらのメリットを生かしつつ，デメリットを解消する．

3　非機能要求

　非機能要求は機能要求以外の要求を意味している．代表的な非機能要求は性能要求であり，ほかにはインタフェース要求，論理データベース要求，遵守すべき標準規約や設計制約等からの要求，最終ソフトウェア製品が満たすべき品質特性を実現するための要求がある [2,6].
　制限言語ではなく自然言語である日本語によって記述された要求文書中の非機能要求を対象として，表現は異なっても同じ意味ならば同一の内部表現に変換できるような仕組みを検討する．内部表現に変換することによって，冗長な要求や矛盾した要求，あいまいな要求といった誤りを検出できるようにする．ここでは代表的な非機能要求である性能要求，特に応答性に関する要求をとりあげる．

3.1　応答性に関する要求

　応答性に関する要求に関連する語句についてテキストマイニング手法を用いて調べた研究がある [7]．[7] では，Web上の70件のプロジェクトでの自然言語で書かれたRFP (Request for Proposal) を，テキストマイニングツールKH-Coderで解析し，特定の非機能要求特性と関連する語句を同定した上で，そこから一般的な語句を除き，RFP中で特徴づけられる語句を追加している．それらの語句を図1に示す．

平均応答，ハードディスク応答性能，平均処理応答，ネットワーク転送容量，転送応答性，最少レスポンス，安定的レスポンス，画面レスポンス，ターンアラウンド，最大スループット，VPNスループット，応答性，ハードディスク容量，メモリ使用率，応答時間，最少応答，平均読み出し遅延，秒以内

図1　応答性に関する要求に関連する語句

　図1の18個の語句を基に「応答」，「レスポンス」，「ターンアラウンド」，「秒以内」の4つの語句を本研究では応答性に関する要求を抽出するための語句とする．当初は4つの語句に加えて「容量」，「スループット」，「使用率」，「平均」も検索キーワードとして18個の語句のすべてを部分的には含むようにしていた．しかしながら，今回対象とした文書から検索された応答性要求について検討したところ，4つの語句だけで，応答性に関する要求文はもれなく抽出できることが判明した．対象とするRFPや要求文書中の要求の表現に依存するが，「ハードディスク容量」や「メモリ使用率」などは応答性に関する要求よりも資源効率に関する要求に関連付けされると

思われる．このため今回は，必要最小限の検索キーワードを示した．

Web 上の自然言語で書かれた 17 件の，RFP，調達仕様書や外注仕様書といった要求文書に対してこれらの 4 つの語句を 1 つ以上含む文を抽出した結果を図 2 に示す．用いた文書は経産省の「たい積場安定解析システム」，「ニュース速報提供システム」，「技術調査関連報告書の省内共有データベース・システム」，「自動車リース業実態調査の集計システム」，「対外経済政策総合サイト」，「通関統計加工分析システム」，「化審法製造（輸入）実績等届出の汎用電子申請システム」，「白書類の SGML 化ならびに一般公開用データベース・システム」，「文書関係事務処理システム」，「補助金等行政担当職員向け執行状況管理データベース・システム」，「省エネ法定期報告書等情報管理・分析システム」，厚労省の「職業安定行政関係システム」，「雇用保険サブシステム」，「雇用対策サブシステム」，法務省の「出入国管理システム」，「地図管理システム」，茨城県の「統合型 GIS サービス提供システム」の 17 文書である．

これらの文書に対し，4 つの語句によって抽出できなかった応答性に関する要求は皆無であった．また，抽出された文で，全く同じ表現の文は 1 つの文と見なした．図 2 で 3 番目と 4 番目の要求文は同一の文書に記載されていたが，他はすべて異なる文書に記載されていた．1 つの応答性に関する要求を 2 文や文書をまたがって記述された事例が 2 件あったが，そのような要求は対象外とした．

図で 9 番目の要求文での「応答する」の主体や 10 番目の要求文での「質疑応答する」の主体は人間であり応答性に関する要求とは言えない．このように，語句を含む文であっても必ずしも応答性に関する要求文とは限らない．応答する主体がシステムやツールである場合を応答性に関する要求と判断する必要がある．

---

1. レスポンス時間の目標値は平常時 3 秒以内，ピーク時 5 秒以内とする．
2. 業務アプリケーションを利用する場合のレスポンス（プログラムの応答時間）については，別途調達される本稼働運用するハードウェアに実装される状態で，現行と同等レベル以上を確保することが必要となる．
3. 情報検索処理における応答時間は概ね 5 秒以内とする．
4. 情報登録処理における応答時間は概ね 3 秒以内とする．
5. 職員 100 人が CMS に同時にアクセスし作業した場合においても，レスポンス（実行から応答までの時間）は 3 秒以内を実現すること．
6. …任意の操作から完了までの応答時間を示すこと．なお，応答時間は 3 秒以内が望ましい．
7. システム（サーバ）の応答時間については，利用者にストレスを感じさせない十分なレスポンスを確保する．
8. レスポンスタイムが概ね 1 秒以内であること．
9. 異動入力後の更新処理時には必ず「更新確認」のメッセージが表示されそれに応答することによって実更新が行われる仕組みとなっていること．
10. プレゼンテーションは，1 者につき 50 分（提案説明 35 分，質疑応答 15 分）とし，出席者は 3 名を上限とする．

図 2　抽出された応答性に関する要求文

---

7 番目の要求文は「利用者にストレスを感じさせない十分なレスポンス」といった定性的な表現になっており，「ストレスを感じさせない」ための応答時間は開発者によって解釈が異なる可能性がある．このような定性的な表現は一意に解釈できないことからあいまいさの原因となってしまう．

1 番目の文では応答時間が「3 秒以内」と「5 秒以内」の 2 つが記載されているが，それぞれ条件が「平常時」と「ピーク時」で異なっており，矛盾はしていない．このように応答時間に関する異なる値が記載されていても，条件が異なれば矛盾とは

表 1 応答性に関する要求の要求フレーム

動作主格	目標格	条件格	重要度
応答する主体	性能目標	応答条件	必須か暫定

ならない．逆に特定のシステムに関して，応答時間に関する異なる値が記載されており，条件が無いあるいは同じ条件となっている場合はお互いに矛盾する要求とみなすことができる．

6番目の文では文末が「望ましい」となっており，必須な要求ではなく暫定的な要求と判断できる．同じ要求でも必須な要求と暫定的な要求は区別する必要がある．

3.2 応答性に関する要求のための要求フレーム

3.1 節での検討を基に，応答性に関する要求の意味を表すための要求フレームを提案する．「応答する」の主体が異なれば要求は異なるため，動作主格が必要である．性能目標が定性的か定量的か，定量的な場合はその値によって要求が決まるため，性能目標に相当する目標格が必要となる．さらに応答の条件を表す条件格，必須か暫定かを表す重要度の4つの属性をもつフレームを表1のように定義する．

表2に図2で示した1～8の要求文を表1の要求フレームに基づいて解析した結果を示す．動作主格がカッコ付の表現となっているものは，元の文からは動作主である名詞が判定できない場合を示している．要求文書では特定のシステムの要求文で，かつ文の主語がそのシステムである場合，主語は明記されない場合がほとんどであり，動作主格を単独の文で解析することは難しい．ここでは文書の表題，目次や章構成から動作主格を判断した結果をカッコ付で示している．

図2の第1の文は，表2では1番目と2番目の内部表現に変換されている．これらの内部表現では動作主格が同一であるが，目標格と条件格がそれぞれ異なっており，異なる条件で性能目標が異なると解釈できる．図2の第2の文は，表2の3番目の内部表現に対応するが，目標格に数値がない．「現行と同等レベル以上」とあるが，現行システムの仕様を確認する必要がある．図2の第3の文と第4の文も，動作主格は同一であるが，目標格と条件格がそれぞれ異なっており，異なる条件下でのそれぞれの性能目標が示されていると判断できる．しかしながら性能目標に「概ね」という表現があり，あいまいさが残る．図2の第6の文は，文末が「望ましい」となっており，あいまいさが残る．第7番目の文は，目標格に数値目標が明記されておらず，定性的な性能目標となっており，あいまいと判断できる．

一方，図2の9番目の文には「応答する」という動詞が明示されているものの，「メッセージが表示され，それに応答する」の主体はシステム利用者と思われる．利用者が応答する場合は，応答性に関する要求とは言えない．10番目の文でも「応答」という表現が含まれるが，「質疑応答」する主体はプレゼンテーションを行う人間であり，これも応答性に関する要求とはいえない．これらの文のように，応答する動作主体が人間である場合は性能要求ではないと判断し，解析の対象とはしない．

4 品質特性の検証とツール

要求文書からキーワードによって応答性に関する文を抽出し，応答性に関する要求であるかどうかを利用者に判断してもらう．次に，応答性に関する要求を自然言語解析ツール CaboCha[3] で解析し，その結果を利用して，表1の形式の内部表現に変換することにより，以下の品質特性を検証できる．

冗長性 動作主格，目標格，条件格，重要度がすべて同一の文が複数存在する場合は，これらは同一の要求であり，冗長な要求文であると判断できる．冗長な要求は誤りではないが，変更が生じた際に一方のみを変更し，他方を変更し忘れると矛盾となる．このように冗長性は矛盾の原因となる可能性があるため，冗

表 2　図 2 の要求文 1〜8 の内部表現

文番号	動作主格	目標格	条件格	重要度
1	(電子申請システム)	3 秒以内	平常時	必須
1	(電子申請システム)	5 秒以内	ピーク時	必須
2	(雇用保険サブシステム)	現行と同等レベル以上	業務アプリケーションを利用する場合	必須
3	(医療補助金給付管理システム)	概ね 5 秒以内	情報検索処理	必須
4	(医療補助金給付管理システム)	概ね 3 秒以内	情報登録処理	必須
5	CMS	3 秒以内	職員 100 人が CMS に同時にアクセスし作業した場合	必須
6	(県域統合型 GIS)	3 秒以内		暫定
7	システム (サーバ)	利用者にストレスを感じさせない十分な		必須
8	(物質調達等支援システム)	概ね 1 秒		必須

長性を指摘する．

あいまい性　目標格が定性的あるいは抜けている場合は，あいまいな要求文と判断できる．あいまいな要求は誤解の原因となるため，あいまい性を指摘する．

矛盾性　動作主格と条件格が同一だが，目標格または（かつ）重要度が異なる場合は，お互いに矛盾する要求文と判断できる．矛盾する要求を基に開発を進めるのは好ましくなく，矛盾性を指摘する．

不完全性　応答すべき主体は存在するが応答性に関する要求がない場合は，応答性に関する要求の抜けと判断できる．要求の抜けも好ましくなく，これにより不完全性を指摘する．

その他　動作主格と目標格が同一であるが条件格が異なる場合は，条件を論理和で結合するべきか，動作主格または目標格の値が誤っている可能性がある．このため警告を出す．

以上の方針に基づいて，Java 言語を用いて Eclipse 4.4 Luna 上でプロトタイプを試作した．プロトタイプは約 500 行で 2 人月のプロダクトとなった．図 3 に試作したシステムの実行例を示す．本ツールは上記の 4 つの品質特性を検証対象としているが，重要度については未実装である．

5　関連研究

[1] では構造化言語で記述された性能要求をペトリネットモデルに変換し，矛盾とあいまいさを検出する．本研究では自然言語で記述された非機能要求を対象としている点と不完全性と冗長性も検出可能な点で異なる．

[4] では要求仕様書を含むソフトウェア文書で用いられている名詞の抽象度を利用して，あいまいさを判定するが，名詞のあいまいさ以外から生じる非機能要求のあいまい性を検出できない．また完全性や冗長性，無矛盾性は対象としていない．本研究では抜けから生じるあいまい性，冗長性や矛盾を検出できる．

[5] では日本語制限言語で記述された要求仕様を対象にして，機能要求の品質特性を検証するが，非機能要求は対象外としている．本研究では自然言語で書かれた非機能要求である応答性に関する要求の品質特性を検証することができる．

[7] では RFP から抽出した非機能要求の明確さを機械学習によって評価する手法を提案している．RFP によってあらかじめ用意した指標を満たしているかどうかを判定できる．本研究では非機能要求を抽出する語句の選定に関して [7] の成果を活

図 3 応答性に関するあいまいな要求の検出例

用させていただいているが，個々の応答性に関する非機能要求について品質を評価する点で異なっている．

6 おわりに

RFPといった要求文書に記述された応答性に関する要求を解析して，そのあいまいさ，矛盾，冗長度，抜けを指摘する手法を提案した．また，手法に基づいたシステムを試作した．さらに，17種類の要求文書に対して，応答性に関する要求を抽出したうえで，手法を適用し，評価を行った．2か所以上に分離して記述されたり，他の文書を参照するような非機能要求は正しく解析できないが，それら以外の応答性に関する要求は正しく解析できた．

今後は，他の要求仕様に対しても有効かどうか評価を進め，一部未実装な機能も含めツールの機能拡充に努めたい．また，応答性に関する要求以外の非機能要求についても検討を進めたい．

参考文献

[1] Cin, M, D.: "Structured Language for Specifications of Quantitative Requirements," Proc. The 5th IEEE International Symposium on High Assurance Systems Engineering (HASE), pp.221-227, 2000.
[2] IEEE: "Recommended Practice for Software Requirements Specifications," Std 830-1998, 1998.
[3] 工藤 拓, 松本 裕治:「チャンキングの段階適用による日本語係り受け解析」, 情報処理学会論文誌, 第43巻6号, pp.1834-1842, 2002.
[4] 森崎修司, 遠藤 充, 杉山岳弘:「出現単語の抽象度を用いたソフトウェアドキュメント評価の計算機支援にむけた分析」, 電子情報通信学会論文誌, Vol.J98-D, No.2, pp.275-286, 2015.
[5] 大西 淳, 阿草 清滋, 大野 豊:「要求フレームに基づいた要求仕様化技法」, 情報処理学会論文誌, 第31巻2号, pp.175-181, 1990.
[6] 大西 淳, 郷 健太郎:「要求工学」, ソフトウェアテクノロジーシリーズ9 プロセスと環境トラック, 共立出版, 2002.
[7] 齊藤 康廣, 門田 曉人, 松本 健一:「RFPにおける機械学習による非機能要件の評価」, 情報処理学会, ソフトウェア工学研究会報告 2013-SE-179(5), 1-7, 2013.

シェイプに基づく RDF 文書検証定義と検証方法の提案

The Definition and the Method of RDF Documents Validation Based on Shape

中島 啓貴[*]　青山 幹雄[†]　成田 貴大[‡]　脇田 宏威[§]

あらまし　ソフトウェア開発において RDF を用いたデータ連携が提案されている. しかし, RDF 文書の検証の定義やその方法は未確立である. 本稿では, 実用的な RDF 文書検証の定義を提案し, シェイプに基づく RDF 文書検証方法を提案する. 検証器のプロトタイプを実装し, 妥当性を確認した.

Summary. RDF is used for collaborating data in software development. However, the definition and method of RDF documents validation is not established. We proposed a definition of practical validation of RDF documents, and a method of the validation with Shape. We implemented a prototype of validator, and demonstrated the validity of the proposed method.

1　背景

ソフトウェア開発において, LDP (Linked Data Platform) 上で RDF(Resource Description Framework)を用いたデータ連携が提案されている[5]. この連携のために RDF で表現されるリソース間の関係の整合性制約の表現としてシェイプの概念が提案され, その表現言語として, Resource Shape[1]等が提案されている. しかし, シェイプに基づく RDF 文書の検証の定義やその方法は未確立である.

2　研究課題

本稿では, RDF 文書検証を確立するため, 次の 3 つを研究課題とした.

(1) シェイプに基づく RDF 文書検証の定義
(2) シェイプ定義言語 Resource Shape に基づく RDF 文書検証方法の提案
(3) プロトタイプによる提案方法の妥当性の確認

3　関連研究

3.1　シェイプとシェイプ定義言語 Resource Shape

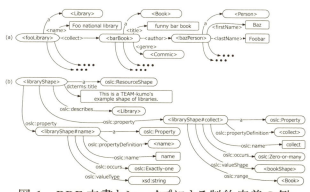

図 1　RDF 文書とシェイプによる制約定義の例

シェイプは RDF グラフに対する整合性制約の定義である[1][7]. 図 1(a)にデータセットの例をしめす, データセットとは RDF グラフの集合である. また, 図 1(b)にシェイプ定義言語の 1 つである Resource Shape を用いシェイプを定義した例を示す. このシェイプは, Library 型のリソースの Name プロパティと Collect プロパティに対する制約を定義し, 図 1(a)は制約対象となる.

---

[*] Hiroki Nakashima, 南山大学
[†] Mikio Aoyama, 南山大学
[‡] Takahiro Narita, 南山大学
[§] Koki Wakita, 南山大学

3.2 PelletICV(Pellet Integrity Constraint Validator)

PelletICVは，RDFデータベース上のデータセットに対し定義された整合性制約を扱うための検証器である[3]．PelletICV は OWL で記述された知識を整合性制約とみなし，整合性制約とデータセットの無矛盾性をSPARQLクエリから成るテストスイートを用いて確認する．

3.3 RDFUnit

RDFUnit は，RDF 文書の品質評価のためにテストスイートを生成する[6]．OWL やその他様々な言語を用いた制約定義に対応しており，言語ごとに用意された構文解析器を用いてSPARQL クエリのテストスイートを生成する．

4 アプローチ

本稿では，RDF 文書検証を実現するために，以下の 3 つのアイデアを提案する．

4.1 局所閉世界に基づくRDF文書検証の定義

RDF は開世界仮説を前提としており，前提条件なしに閉じた文書に対する検証を適用することはできない．そこで，検証の定義に局所閉世界仮説を導入し，RDF 文書の検証を定義した．

4.2 制約と矛盾を検出するクエリを用いた違反の検出

Resource Shape を用いて定義されたシェイプはリソースであり，制約はデータセットとして定義される．また，制約対象のプロパティは RDF 文書上で，グラフとして存在する．これらより，制約違反は矛盾した制約定義と制約対象のプロパティの対と表現できる．この対を検出するSPARQL クエリを作成し，この対の検出を以って制約違反の検出とした．

4.3 検証の有限時間内での遂行

シェイプに基づく検証は制約定義の循環やエラーの発生を許すため無停止，もしくはエラーによる停止の可能性がある．提案方法は，検証の局所中断を導入し，停止を可能とする．

5 シェイプに基づくRDF文書検証の定義

5.1 前提条件

RDF は開世界仮説を前提とした，意味定義が可能である．開世界仮説は記述の不完全性を許すため，記述されている内容のみを扱う，従来の閉世界仮説に基づく検証を適用することができない．この問題の一解決方法として，局所閉世界仮説(Local-Closed-World Assumption)[2]を導入し，検証結果に影響するデータセットを限定したRDF 文書検証を定義する．

5.2 用語の定義

RDF 文書検証とリソース検証を以下のように定義する．

定義 1: RDF 文書検証

RDF 文書において制約違反の有無を確認し，検証結果を得ること

定義 2: リソース検証

あるリソースとそれに関連付けられたシェイプをもとに，シェイプの適用性の判断とリソースと適用されたシェイプにおける制約違反の有無の確認し，リソース検証結果を得ること．

定義 3: 制約対

制約関係にある，整合性制約と制約対象プロパティの対．

定義 4: 制約違反

制約違反とは制約対の制約と制約対象プロパティの記述が矛盾すること．

定義 5: 検証範囲

検証範囲は，検証対象 RDF 文書の作成者が意図した範囲とする．この定義より，ある RDF 文書を基準とした検証範囲を図 2 に示す．この検証範囲には，次の 3 つがが含まれる．

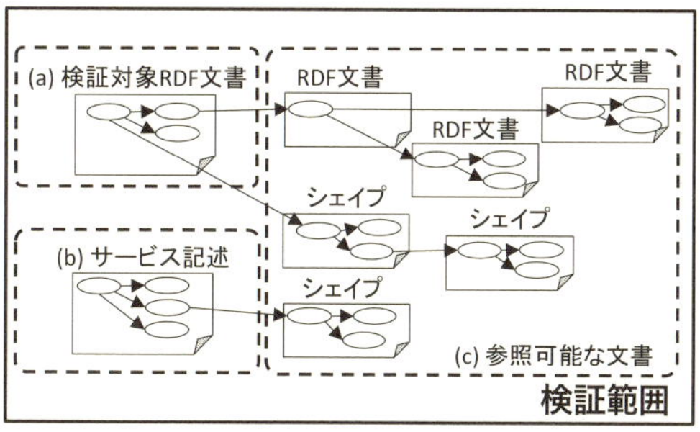

(a) 検証対象 RDF 文書
(b) サービス記述
(c) 範囲内の文書から参照可能なグラフのうち RDF 文書として逆参照可能な RDF 文書

サービス記述とは RDF 文書を扱うサービスの情報を表現する RDF 文書である．サービス記述では，サービスが扱う RDF 文書に対するシェイプを定義することができる．この仕様は OSLC (Open Services for Lifecycle Collaboration)により定義されている[5].

また，定義(c)のは帰納的である．

図 2 検証範囲

5.3 リソースに対するシェイプの適用

RDF 文書の検証は任意の型のリソースを受け付け検証する必要がある．しかし，シェイプには，任意の型のリソースにも適用される総称リソースと特定の型のリソースのみに適用される型付きのシェイプが存在し，すべてのシェイプで定義された制約が成立するわけではない．従って，検証ではリソースに対するシェイプの適用可否を判断する必要がある．そのため，検証においてリソースとシェイプは関連付けと適用の 2 つの関係をとるものとする．

関連付けとは，リソースに対して適用すべきシェイプを結びつけることである．検証の過程で，検証結果の決定に正当性の確認が必要なリソースにシェイプを関連付ける．

適用とは，リソースに対してシェイプが有効になることである．関連付けられたシェイプのうちすべての適用可能なシェイプがリソースに対して適用される．リソースは適用されたシェイプに定義されたすべての整合性制約を満たさなければならない．

シェイプがリソースに適用された際に発生するすべての制約は，制約対として抽出可能であり，検証でそれぞれの制約対に対が制約違反となっているか否かを確認する．

5.4 入力

RDF 文書検証の入力は，検証対象 RDF 文書とサービス記述である．ただし，サービス記述は定義されていない場合もあるので，任意とする．

5.5 出力

RDF 文書検証の出力は，検証結果を表す検証結果リソースである．検証結果リソースは検証情報と診断リソースを含む．検証情報は検証に関する情報と，検証結果を含み，検証結果は正当，違反ありのいずれかをとる．診断リソースは違反を特定するための情報を含む．

6 RDF 文書検証の方法

シェイプに基づく RDF 文書検証の定義をもとに制約定義に Resource Shape 2.0 を用いた RDF 文書検証方法を提案する．

6.1 前提条件

提案方法は RDF 文書の構文誤りを検出しない，そのため，RDF 文書の構文は正しいものとする．また，空白ノードのリソースに違反が存在すると，検証結果リソースに十分な診断情報を表現できなくなるため，空白ノードが ValueShape 制約の対象とならないことを前提とする．

6.2 RDF 文書検証の結果の定義

提案方法における RDF 文書の検証結果は正当，違反ありに加え，失敗をとるものとする．提案方法には，検証の定義に定義されていない検証の局所中断という動作が含まれる．局所中断が発生した場合の検証結果は，検証の定義で定義された正当，違反ありのどちらとも異なるため，検証の過程において局所中断が発生したことを表す検証結果，失敗を導入した．

検証結果は，すべての制約対の検証結果の集約として決定する．

各制約対の検証結果は部分的な検証結果となる．部分的な検証結果はプロパティ検証結果，シェイプ検証結果，リソース検証結果の3種類がある．部分的な検証結果の集約関係を図3に示す．

6.3 Resource Shape により定義される制約

Resource Shape により定義される制約は以下の7つである．

(1) AllowedValues 制約, (2) MaxSize 制約, (3) Occurs 制約, (4) Range 制約, (5) Representation 制約, (6) ValueShape 制約, (7) ValueType 制約

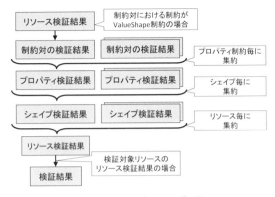

図 3 検証結果の集約

これらの制約のうち，ValueShape 制約以外の6つの制約は SPARQL を用いた違反の検出が可能である．ValueShape 制約はプロパティの値となったリソースに違反がないことを制約条件とする制約で関連付けを定義する．

6.4 SPARQL クエリを用いた違反検出

制約違反は矛盾を含む制約対と定義している．従って，制約違反の検出には，矛盾を含む制約対を検索する SPARQL クエリを用いることができる．違反の検出に用いる SPARQL クエリは診断クエリと呼ぶこととする．

SPARQL クエリは部分グラフの検出と同時にリソースを変数バインディングとして取得できる．提案方法では，診断クエリはこの変数バインディングを用いて違反の検出と同時に診断リソースを生成する．診断リソースには違反条件毎に異なったエラーの型リソースをプロパティとして付加し，制約対象のプロパティがどのように制約に違反したのかを判断できるものとする．

6.5 ValueShape 制約の判定のためのリソース検証

ValueShape 制約の違反検出には，制約が適用されたプロパティの値のリソース検証が必要である．そのため，提案方法では ValueShape 制約は関連付けを発生させる制約とし，リソース検証を呼び出すものとした．そのリソース検証の結果が正当であればこの制約は充足し，違反があれば制約は違反となる．

6.5.1 循環定義の発生への対応

ValueShape 制約の検証のため，リソース検証が発生し，そのリソース検証の中で ValueShape 制約の検証が必要となる場合がある．このことから，制約定義に循環が生じる可能性がある．

循環した制約定義をそのまま検証すると検証は無停止となる．そこで，本検証方法では，制約の循環定義の検出を行い，循環の始点となるリソースとシェイプを特定し，依存関係の解決を局所中断する．

制約の循環定義の検出には，シェイプ検証への入力をリソースとシェイプをノードとし依存関係を有向グラフで表現した依存関係グラフを用いる．

検証の過程において，制約の循環が発生した場合，依存関係グラフに閉路が構成される．この性質を利用し，検証の過程で依存関係グラフの更新を行い，閉路が検出されると，制約の循環定義が発生しているものとし，局所中断の処理を行う．これにより制約の循環定義による無停止を回避する．

6.6 シェイプ全不適用に起因するエラーへの対応

リソースに1つ以上のシェイプが関連付けられ，かつ1つもシェイプが適用できない場合，検

証の定義では，これをエラーとして扱うとしている．提案方法ではこのような場合，あるリソースに対して，局所的な検証エラーが発生したものとして扱い，検証の局所中断を行う．これによりエラーが発生としても，検証は停止可能である．

6.7 診断リソースの構成

診断クエリによって生成させた診断リソースは検証エンドポイントに登録され，検証結果リソースも同様に検証エンドポイントに登録され診断リソースにリンクされる．検証が完了するとこれらはエンドポイントを介して参照可能となる．

ValueShape 制約に違反が発生した場合，ValueShape の診断リソースの他に，リソース検証を行ったリソースの診断リソースが生成される．これらの診断リソースは ValueShape 制約の診断リソースから参照されるため，エラーの特定が可能である．

6.8 検証プロセス

検証プロセスは検証環境構築アクティビティと検証アクティビティから構成される．

6.8.1 検証環境構築アクティビティ

検証環境構築アクティビティは，検証対象 RDF 文書とサービス記述を入力として受け取る．入力をもとに逆参照可能な RDF 文書を取得し検証範囲内のすべてのリソースを検証エンドポイントに登録する．検証エンドポイントは検証プロセスで一貫して利用する，以降のプロセスでは検証結果リソース以外のリソースを登録しない．

6.8.2 検証アクティビティ

図 4 に示す検証アクティビティでは，検証対象 RDF 文書とサービス記述とタイムスタンプを入力として受け取り，サブアクティビティとしてリソース検証を行う．検証対象 RDF 文書のリソース検証結果より，検証結果を決定し，検証結果リソースの URI を出力する．

6.8.3 リソース検証アクティビティ

リソース検証アクティビティでは，あるリソースに関連付けられたすべてのシェイプのシェイプ検証アクティビティをサブアクティビティとて実行する．そして，得られたシェイプ検証結果を集約し，リソース検証結果を決定する．

6.8.4 シェイプ検証アクティビティ

シェイプ検証アクティビティでは，あるシェイプに定義されたすべての制約が制約対象とするプロパティのプロパティ検証アクティビティをサブアクティビティとして実行する．そして，得られた，プロパティ検証結果を集約し，リソース検証結果を決定する．

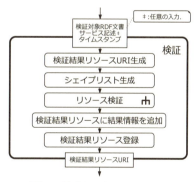

図 4 検証アクティビティ

6.8.5 プロパティ検証アクティビティ

プロパティ検証アクティビティでは，ある制約対象プロパティを含むすべての制約対の検証を行う．ValueShape 制約以外の制約の検証は診断クエリを用いて行い，ValueShape 制約の検証はプロパティの値のリソース検証の結果をもとに行うため，サブアクティビティとして，リソース検証を実行する．診断クエリの結果とリソース検証結果をもとにプロパティ検証結果を決定する．

7 プロトタイプによる妥当性確認

提案方法をもとに検証器のプロトタイプを作成し提案方法の妥当性を確認した．

7.1 確認方法

各制約を表現する診断クエリ群に対するブラックボックス型の単体テスト，検証プロセスを構成する各アクティビティに対するブラックボックス型の単体テスト，そして，検証アクティビティの例題への適用を通した結合テストを行った．

8 評価と考察
8.1 RDF 文書検証の定義
　検証範囲は，異なる開発環境間，あるいはアプリケーション間のデータ連携のユースケースをもとに設定した．それらのユースケースでは，この定義が有効であることを確認した．しかし，RDF 文書の利用はこれらのユースケースばかりではないため，様々なユースケースの定義とそれに対する妥当性確認が必要である．

8.2 Resource Shape に基づく RDF 文書検証方法
　現在，オントロジー言語 OWL で記述された制約定義を利用した RDF 文書検証方法である Pellet ICV[3], RDFUnit[6]などが提案されている．しかし，OWL は本来，オントロジー記述言語であり，制約定義言語としての利用は，OWL の語彙に定義された本来の利用法から逸脱している．このような利用法は，リソースの概念に違反し，複数のデータセット間の相互利用性が保証されない．一方，Resource Shape は本来の意味で制約定義言語であり，これを用いた提案方法では検証と相互利用性の両立が可能である．

　提案方法が生成する診断リソースはエラーが型として付加される．エラーの型リソースは逆参照により，エラーの意味定義を参照できるため，ユーザのリソース修正を支援することが可能である．

8.3 プロトタイプによる提案方法の妥当性の確認
　結合テストして適用した例題は，テスト向けに作成したリソースである．今後，実例に対して提案方法を適用し，提案方法の妥当性について考察する必要がある．

9 今後の課題
　検証対象のリソースに空白ノードが存在する場合，そのままでは参照不可能である．そのため，空白ノードに対する制約違反の有無を正しく判断できない．この問題は空白ノードのスコーレム化により解決可能であると考えられるので，それに対応した検証方法の定義が必要である．

　提案方法では，シェイプが Resource Shape の仕様に準拠しているものと仮定するが，Resource Shape で記述されたシェイプもまた RDF 文書であるため，シェイプによる検証が可能である．しかし，シェイプを検証するためのシェイプが必要である．

10 まとめ
　局所閉世界仮説をもとにシェイプに基づく RDF 文書検証の定義を行い，その定義を基にシェイプ定義言語 Resource Shape に基づく RDF 文書の検証方法を提案した．検証器のプロトタイプにより，提案方法の妥当性を確認した．提案方法は異なるアプリケーション間や開発環境間で RDF 文書として共有されるデータの検証に適用できる．

11 参考文献
[1] A. G. Ryman: "Resource Shape 2.0," http://www.w3.org/Submission/2014/SUBM-shapes-20140211 (2014.02.11).
[2] E. Bertion, et al.: "Local Closed-World Assumptions for Reasoning about Semantic Web data, " Proc of AGP '03. 10 pages (Sep. 2013).
[3] H. Pérez-Urbina, et al.: "Validating RDF with OWL Integrity Constraints," http://docs.stardog.com/icv/icv-specification.html (2012).
[4] M. Bergman:"The Open World Assumption: Elephant in the Room," http://www.mkbergman.com/wp-content/uploads/kalins-pdf/singles/the-open-world-assumption-elephant-in-the-room.pdf
[5] OSLC:"Open Services for Lifecycle Collaboration," http://open-services.net (2015).
[6] S. A. R. Cornelissen, et al.: "RDFUnit," http://aksw.org/Projects/RDFUnit.html (2014).
[7] W3C: " RDF Data Shapes Working Group Wiki," https://www.w3.org/2014/data-shapes/wiki/ (2015).

SMTに基づくシステム部品組合せ設計検証手法
SMT-based method for modular system design and verification

藤平 達[*] 三坂 智[†] 茂岡 知彦[‡]

あらまし MCUを中心にセンサやアクチュエータ等の部品を組合せる組込みシステムを対象として，SMTソルバを利用した設計検証手法を検討し，ツールを試作した．本ツールでは，部品の依存関係に基づく制約とシステム要件をSMTソルバの入力形式に変換し，SMTソルバで解くことにより，要件を充足する部品の組合せを導出する．サンプルケースについて試行した結果，正しい部品組合せが出力されることを確認した．

1 はじめに

センサやアクチュエータ等の様々な部品を組合せる組込みシステムでは，通常，パーソナルコンピュータ用の汎用プロセッサではなく，MCU(Micro Controller Unit)を使用する．その理由は，コスト・性能・パッケージ・周辺機能のスケーラビリティが高く，システム要件に応じて，適切な部品を選択できることにある．周辺機能とは，MCUに信号線と端子を介して部品を接続し，制御する為のI/Fである．MCUには非常に多くのベンダ・製品が存在し，搭載する周辺機能も多様である．

一方で，一般にMCUの端子数は限られている為，搭載する全ての周辺機能を同時に利用することはできない．MCUの各端子には，予め決められたいくつかの周辺機能で使用する信号から1つを選択し，割当てる．各端子に割当可能な信号はMCUのデータシートに記載されている．したがって，必要とする周辺機能を実際に使用可能かどうかについては，データシートを参照し，各周辺機能の信号を重複なく端子に割当てられるかどうかを判定する必要がある．また，部品によって，接続する周辺機能が異なる為，システムの多機能化に伴って構成部品の組合せは複雑化する傾向がある．この為，人手による試行錯誤に基づく作業では，しばしば不整合による手戻りが発生し，工数増大の要因となりやすい．

そこで，我々は，SMT(Satisfiability Modulo Theories)ソルバ[1]を活用し，システム部品組合せ設計を半自動化する手法を検討した．SMTは，命題論理式の充足可能性問題(SAT)[1]に背景理論と呼ばれる決定可能な1階述語論理体系を統合するものである．SMTソルバは，入力として与えられた論理式が真となる変数の組合せを解として出力する．システムを構成する部品とMCUの周辺機能を変数として，部品間の依存関係に基づく制約とシステム要件をSMTソルバの標準入力形式であるSMT-LIB2.0[2]に変換し，SMTソルバで解くことにより整合性のある部品の組合せを求めることができる．本稿では，試作したツールの概要と，簡単なサンプルケースについて評価実験を行った結果について述べる．

2 システム部品組合せ設計の概要

図1にシステム部品組合せ設計要素の関係をクラス図として示す．機能要件，部品，周辺機能，信号，端子間の関係は，複数の組合せが存在する．各関係における制約とシステム全体に跨る非機能要件とを満足する組合せを決定する必要がある．システム部品組合せ設計の一般的な手順を以下に示す．

1. システム要件決定：システム要件として製品の機能要件及び非機能要件を決定

---

[*]Toru Fujihira, 株式会社日立製作所 研究開発グループ システムイノベーションセンタ

[†]Satoshi Misaka, 株式会社日立製作所 研究開発グループ システムイノベーションセンタ

[‡]Tomohiko Shigeoka, 株式会社日立製作所 研究開発グループ システムイノベーションセンタ

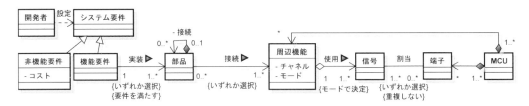

図 1　システム部品組合せ設計要素の関係

する．例えば，機能要件として温度測定を行う場合，その測定範囲や精度等の属性を決定する．また，例えば，非機能要件として全部品のコスト上限等の属性を決定する．
2. 部品候補抽出：機能ごとにセンサやアクチュエータ等の実装部品の候補をリストアップする．機能を実現する為の部品は通常，複数の方式・製品がある．また複数の部品を接続する場合もある．
3. 部品選択：機能要件毎に，その属性に基づき，部品候補の中から部品を選択する．
4. 周辺機能要件決定：選択した部品の仕様に基づき，MCU との接続に必要な周辺機能数とモードを決定する．モードとは，周辺機能の使い方であり，例えばシリアル通信機能における送信・受信等である．モードによって使用する信号は変化する．
5. MCU 選択：選択した部品を接続する為の周辺機能要件に基づき，MCU を選択する．このとき，MCU の備える周辺機能数だけでは判断できず，必要な周辺機能を端子に割当可能か判定する必要がある．
6. OS/ドライバ/ミドルウェア選択：選択した部品および MCU を動作させる為のソフトウェア部品として OS/ドライバ/ミドルウェアを選択する．
7. システム要件検証：上述の各手順で決定した部品の組合せが，システム全体に跨る要件を満たすかどうかを検証する．例えば，選択した部品のコストの合計額が上限値を超えないことを確認する．要件を満たせない場合は，部品を変更してやり直す必要がある．

以上のように，システム部品組合せ設計の過程では，上流のシステム要件から部品の依存関係をたどりながら，多様な要件を満たすように部品の組合せを決定する必要がある．

3　ツールの概要
3.1　構成
試作したツールの概略構成を図 2 に示す．

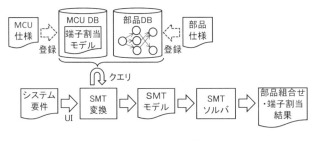

図 2　ツール概略構成

本ツールの入力と出力は，以下のとおりである．

- 入力：システムに対する機能要件，非機能要件，MCU 機種
- 出力：入力要件の充足可否，充足可能な場合の部品の組合せと MCU 端子割当

機能要件，非機能要件は予め決められた種類のものであり，その属性を指定する．本ツールでは，候補となる部品の仕様と依存関係，および MCU 端子割当モデルを予めデータベースに格納する．ここで，モデルとは，制約を論理式として表現したものであり，特に SMT ソルバの標準入力形式である SMT-LIB2.0 [2] で記述したものを指している．MCU 端子割当モデルは，図 1 の MCU と周辺機能間の各関係における制約を記述し，MCU のデータシートに記載される端子割当仕様に基づく静的なモデルである．したがって MCU 機種ごとに予め作成しておき，動的に生成することはしない．使用する周辺機能数とモードを入力変数とし，MCU の各端子に割当てる周辺機能の信号種別を出力変数としている．

また，本ツールでは，入力された要件と，データベースから参照する各部品仕様および依存関係とから，取り得る部品組合せを抽出し，部品組合せモデルとしてモデル化する．部品組合せモデルは，図 1 の機能要件と周辺機能間の各関係における制約を記述する．部品の選択パターンを入力変数とし，使用する周辺機能数とモードを出力変数としている．

部品組合せモデルと MCU 端子割当モデルを統合し，SMT ソルバにより解を出力することで，システム全体の要件を充足する部品組合せと MCU 端子割当を求めることができる．

3.2 部品依存関係のデータベース管理

図 1 に示したようにシステム部品組合せ設計の過程でたどる機能要件と各部品との依存関係は，グラフ構造を形成している．グラフ構造とは，ノード群とノード間の連結関係を表すエッジ群とで構成される抽象的なデータ型である．システム部品組合せ設計においては，各機能要件および部品がノードに相当し，機能要件と各部品との依存関係がエッジに相当する．機能要件に対応する部品は，単一とは限らず，複数の部品を接続する場合がある．また，サブ基板や回路ブロックのように部品を階層的に取り扱うことも想定される．したがって，システム部品依存関係は，深さが異なる非定形的なグラフ構造を形成する．この特性を考慮すると，システム部品依存関係を管理するデータベースとして，表形式に基づく一般的な関係データベースよりもグラフ型データベースが適していると考えられる．グラフ型データベースでは，ノード間で深さの異なる経路の探索が容易であり，例えば，機能要件から MCU の周辺機能までの依存関係の検索に適用可能である．本ツールでは，グラフ型データベースの 1 つである Neo4j [3] をシステム部品依存関係データベースとして使用した．

3.3 部品組合せモデルの生成

部品組合せモデルとして記述する制約を以下に示す．
- 接続性に関する制約
    - 「一つの機能要件に対応する部品パスのうち，いづれか一つを選択する」
    - 「一つの部品パスが選択されるならば，その部品パスに接続される周辺機能とモードを使用する」
- 機能要件に関する制約
    - 「一つの部品パスが選択されるならば，その部品パスの属性は機能要件を満足する」
- 非機能要件に関する制約
    ここでは，システム全体にまたがるコストなどの非機能要件を想定している．
    - 「一つの部品パスが選択されるならば，対応する機能要件のコストは，部品パスを構成する部品のコストの合計である」
    - 「全機能要件のコストの合計は，コスト上限値以下である」

上記の部品パスとは，機能要件毎に取り得る部品接続のパターンである．部品組合せモデルでは，MCU 端子割当モデルと統合する為，部品パス毎に必要となる MCU 周辺機能を元に，システム全体で使用する MCU 周辺機能数を定義する．

なお，機能要件の項目に関しては，個別の部品パス内に閉じた制約モデルであり，例えばセンサの測定精度に関する制約などである．この為，部品組合せモデルの生成にあたっては，部品依存関係データベースに対して，部品パスを対象に検索を行う．クエリの実行時に機能要件に関するフィルタリング処理を追加することによって，機能要件の制約を満たさない部品パスを排除することが可能である．その場合，SMT ソルバに入力する部品組合せモデルとして，機能要件の項目は不要となる．以下に両方式の比較を示す．

1. クエリフィルタ有：機能要件によってデータベース検索結果が変化する為，毎回モデルを生成する必要がある．
2. クエリフィルタ無：候補部品構成が変化した場合のみモデルを生成する．

両方式の実行時間については，実験により判断することとした．

3.4 MCU 端子割当モデル

MCU 端子割当モデルの記述においては，周辺機能の各信号を整数型として定義し，各々の信号について他と重複しない一意の値を割り当てる．そして各端子に割り当てる信号を整数型の変数として定義する．また，周辺機能は複数の信号を使用するが，モードによって使用する信号が異なる．そこで周辺機能のモードを表現する為にビットベクタ型の変数を定義する．MCU 端子割当モデルに記述する制約を以下に示す．

- 端子に関する制約
    - 「一つの端子に割当可能な信号は，いづれか一つである」
    - 「所定の端子数のパッケージでは，所定の端子が存在しない」（同一データシートに，端子数の異なるシリーズ製品が記載される場合）
- 信号に関する制約
    - 「一つの信号を割当可能な端子は，いづれか一つである」
- 周辺機能要件に関する制約
    - 「指定モードに一致する周辺機能チャネル数が必要数と等しい」

MCU は，多数の端子と周辺機能を持つ．また，同じ周辺機能でも複数のチャネルがあり，信号はそれぞれ異なる．この為，人手で MCU 端子割当モデルを生成するのは，工数が大きく，誤りも発生しやすい．そこで，図3に示すように，データシートに記載される端子割当仕様を集約した表形式データを人手で作成し，それを入力としてツールにより MCU 端子割当モデルを生成するようにした．

以下，各表の記載内容について説明する．

- 端子割当表：端子毎に割り当て可能な周辺機能信号のリスト
- パッケージ端子表：パッケージ毎の各端子の有無（シリーズ製品の場合）
- 周辺機能チャネル表：周辺機能毎のチャネル名のリスト
- 周辺機能信号モード表：周辺機能毎の信号名とモード名のリスト
- 信号名対応表：MCU 端子割当モデル内で定義される周辺機能信号の値のリスト（SMT ソルバの出力値を信号名に変換する際に使用する）

4 試行結果と考察

試作したツールの評価の為，図4に示す簡単なサンプルケースについて試行した．実験条件を表1に示す．サンプルケースでは，機能要件として，温度測定機能の範囲と精度及び位置決め機能のステップ角を入力する．また，非機能要件として，全体の部品コストとドライバのコードサイズ上限値を入力する．

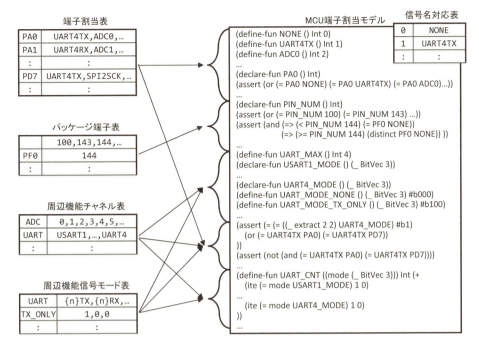

図3　MCU端子割当モデルの生成

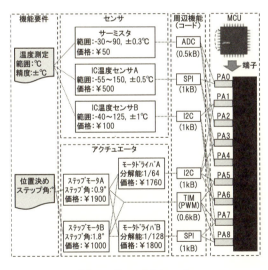

図4　サンプルケース

4.1　システム部品組合せ設計検証

　サンプルケースでは，温度測定機能に対して3種類のセンサのうち1つを選択する．位置決め機能に対して2種類のステップモータのうち1つを選択してMCUに直結する場合と，さらに2種類のモータドライバのうち1つを経由する場合の6通りの組合せがある．したがってシステム全体の候補部品の組合せパターンは18通りである．試作ツールが正しく動作するか確認する為，各パターンが解となるように要件設定と部品属性を変更し，実行した結果，全て正しく出力されることを確認し

表 1　実験条件

CPU	Intel® Core™ i7-3820 3.60GHz
チップセット	Intel® X79 Express
メモリ	DDR3-1600 32GB
OS	Windows 7 Professional SP1 (64bit)
SMTソルバ	CVC4 1.4 (SMT-LIB2 Language)
対象MCU	STM32F429xx, LQFP100
機能要件	温度測定：測定範囲, 精度 位置決め：ステップ角
候補部品	温度センサ3種 ステップモータ2種＋モータドライバ2種
非機能要件	コスト, コードサイズ（ドライバ）
実装言語	Ruby 1.9.3
データベース	Neo4j 2.1.7 Community Edition サーバモード（localhost）
実行時間計測	Powershell Measureコマンドにより10回実行時の平均値

た．また，解の無い要件設定で実行した場合も，正しく判定されることを確認した．

4.2　実行時間

表2に実行時間の計測結果を示す．部品組合せモデルの2つの生成方式について試作し，実行時間を比較した．部品依存関係モデル化処理とソルバ制御処理の各実行時間も計測しているが，オーバヘッドの為，合計値は，全体の計測値と一致しない．方式1（クエリフィルタ有）よりも，方式2（クエリフィルタ無）のほうが若干有利であるが，両方式の差は実用上，ほぼ差が無いと考えられる．しかし，部品数が増大してくると差が無視できなくなる可能性がある．さらに，将来的にデータベースを複数ユーザから共有利用可能とする為にリモート化することを想定すると，通信にかかる時間が加算され，さらに差が開くことも予想される．

表 2　実行時間 (ms)

処理	方式1 （クエリフィルタ有）	方式2 （クエリフィルタ無）
部品依存関係モデル化	2226	2058
ソルバ制御	1521	1718
全体	2925	2881

5　まとめ

本稿では，SMTソルバを利用したシステム部品組合せ設計検証方式について検討した．サンプルケースについて試作評価した結果，入力したシステム要件を充足する部品組合せと端子割当が正しく出力される事を確認した．

今後の展開として，解が複数ある場合の最適解の導出，解が無い場合の不整合箇所特定及び要件緩和方法の検討が挙げられる．また，ネットワークシステムなどにおける性能要件など，非線形な非機能要件への対応も課題である．

参考文献

[1] 梅村 晃広: SATソルバ・SMTソルバの技術と応用, コンピュータソフトウェア, Vol. 27, No. 3, pp. 24-35, 岩波書店, 2010.
[2] Clark Barrett, Aaron Stump, and Cesare Tinelli:The SMT-LIB Standard Version 2.0, *http://smtlib.cs.uiowa.edu/papers/smt-lib-reference-v2.0-r12.09.09.pdf*, 2012.
[3] Aleksa Vukotic, Nicki Watt, Tareq Abedrabbo, Dominic Fox, Jonas Partner:Neo4j in Action, Manning Publications, 2014.

段階的検査法にモジュラ化手法を用いた
モデル検査の実用化

Practical Application of Model-Checking Using Modular Approach with Stepwise Method

小飼 敬[*]　宮島 卓巳[†]　上田 賀一[‡]　山形 知行[§]　武澤 隆之[¶]

あらまし 検査対象を機械的かつ網羅的に探索するモデル検査は，探索範囲の指数的増加のため適用が困難である．そこで，検査対象を構造と振舞いの観点から結合度の低い箇所を分割することでモジュラ化を行い，別々に検証し，1回に探索する範囲を制限することでモデル検査の実用化を目指す．本研究では，列車運行システムにおいてモジュラ化の有無による実験結果を比較し，有効性を評価する．

1 はじめに

近年，システムの不具合が個人のみならず社会に大きな影響を与えることが認知されてきている．本研究で対象としている情報制御システムは，社会インフラ系の制御システムであり，不具合の発生が社会生活に悪影響を与えるため，高い信頼性が求められる．この問題の解決法の1つとして形式手法が挙げられ，モデル検査は機械的かつ網羅的にシステムの品質を保証できることから注目されている．特に，モデル検査器 SPIN は理論と実用の両面で多大な貢献があり，実用的なシステムの検証に多くの適用実績がある [1]．

しかし，モデル検査の実践導入にあたり，障壁となるのは状態爆発問題である．より実践的なシステムに対してモデル検査を適用する場合，状態爆発問題の対応は重要な課題である [2]．

著者らはこれまで，状態空間を分割し，検査対象に必要な属性に着目して検査を行う段階的検査法を提案している [3]．モデル検査を2段階に分けて処理するものであり，検査に扱う状態が削減され，状態爆発を防ぐことができる．

ところが，段階的検査法でも状態爆発が発生する場合がある．1次処理で着目状態間の遷移関係を取得する時，状態空間を小領域に分割しても状態爆発による検査不能になることがある．また，着目属性の組合せによる着目状態が爆発的に増加して実行時間が大幅にかかることもある．

そこで本研究では，段階的検査法に加えて，検査対象の振舞いモデルをいくつかのモジュールに分割してそれぞれ検証を行うモジュラ検証により状態爆発を防ぐ手法を提案する．本手法の有用性を評価するために，列車運行システムに適用した結果と考察について述べる．

2 背景
2.1 振舞いモデル

振舞いモデルは，検査対象の振舞い仕様をモデル検査ツールのモデル記述言語で記述したものである．本研究の振舞いモデルの定義を以下に示す．

- $V = \{v_1, v_2, ..., v_n\}$　V は検査対象システムの属性集合で定義する．各要素 v_i は

---

[*]Kei Kogai, 茨城工業高等専門学校
[†]Takumi Miyajima, 日立産業制御ソリューションズ
[‡]Yoshikazu Ueda, 茨城大学
[§]Tomoyuki Yamagata, 日立製作所
[¶]Takayuki Takezawa, 日立製作所

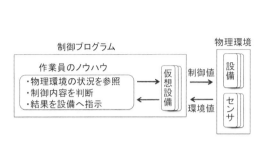
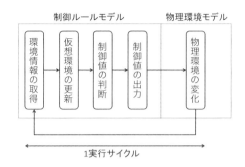

図 1 情報制御システムの構成　　　図 2 振舞いモデルの動作の流れ

属性である.
- $s = \{a_1, a_2, ..., a_n\}$　状態 s は, システムの属性のとる値の集合で定義する. $\{a_1, a_2, ..., a_n\}$ は $\{v_1 = a_1, v_2 = a_2, ..., v_n = a_n\}$ の簡易表現である.
- $a_i \in D_i$　D_i は属性 v_i のとる値の有限集合で定義する.
- $s \in S$, $s_0 \in S$　S は対象システムがとりうる状態の集合で定義する. モデル検査では全ての状態を検査する. また, 状態 s_0 を初期状態と定義する.
- $R \subseteq S \times S$　R は状態から状態への遷移関係を表す.

2.2 情報制御システム

情報制御システムは作業員が手作業で行っていた設備の制御を自動で行うため, 作業員のノウハウをルールとして体系化し, そのルールをもとに自動または半自動で設備を制御するシステムのことである. 主に社会インフラの制御システムとして利用される. 情報制御システムの構成を図 1 に示す.

情報制御システムに対しモデル検査を適用するために, 振舞いモデルを作成する必要がある. 本研究では, 図 1 における制御プログラムを制御ルールモデルとして, 物理環境を物理環境モデルとしてモデル化する. これら 2 つのモデルをあわせて振舞いモデルとする. 振舞いモデルの動作の流れを図 2 に示す.

3 段階的検査法

3.1 段階的検査法における定義

着目属性　例えば, $\Box v_1! = false\ \&\&\ v_2! = false$ を検査項目にしたとする. これは, 属性 v_1, v_2 が同時に属性値 false にならないことを意味している. このときの着目属性は, 検査対象の振舞いモデルの他属性に関わらず v_1 と v_2 である. このように, 検査項目に関係がある属性を着目属性と呼ぶ. また, 対象システムの着目属性の集合を $V_f = \{v_1, v_2\}$ と表す.

着目状態　対象システムの着目属性のとる値の集合で定義する. $s_f = \{a_1, a_2\}$ と表し, $\{a_1, a_2\}$ は $\{v_1 = a_1, v_2 = a_2\}$ の簡易表現である.

部分遷移　対象システムがとりうる着目状態集合を S_f と定義すると, 部分遷移関係は $R_f \subseteq S_f \times S_f$ と表すことができる. 部分遷移は R_f の要素の 1 つであり, 着目属性値が変化したときの遷移を指し, 他の属性の変化に影響されない.

3.2 実装

2 段階の処理に分けて検証する. 段階的検査法によって着目状態に関するグラフ探索問題に帰着させることができる.

1 次処理:着目状態間の部分遷移の取得　着目した属性の状態遷移モデルを作成するために, 全ての着目状態間の遷移関係をモデル検査ツールによって取得する.

2次処理：状態空間の横断の結合 1次処理によって取得した部分遷移をつなぎ合わせ状態遷移モデルを生成し，検査項目を満たすか探索を行う．

4 モジュラ検証
4.1 モジュール化の概要
本研究では，検査対象全体を対象システム，検査対象全体の振舞いモデルを全体モデル，分割後の検査対象をモジュール，各モジュールの振舞いモデルを部分モデルと定義する．全体モデルの状態集合を S とすると，各モジュールの状態集合は $S_1, S_2, ..., S_n$ と表すことができ，他の定義も同様とする．

4.2 モジュール間の相互関係
本研究では，モジュール間の相互関係を次のように分類する．
物理的制約による相互関係 あるモジュールの物理環境モデルの設備が別のモジュールの物理環境モデルの設備と同一である．
制御ルールによる相互関係 あるモジュールにおいて，別のモジュールの属性によって制御値を決定する制御ルールが存在する．

4.3 システムのモジュール化手法
本研究では，分割後のモジュール間の相互関係が少なくなるように，以下の3つの方法で分割を行っている．
物理結合度 物理的制約による相互関係が最小になるように分割する．これは，2つに分割したモジュールの2つの属性集合 V_1, V_2 は $V = V_1 \cup V_2$ を満たし，物理的制約による相互関係にあたる属性集合 $P = V_1 \cap V_2$ の要素数が十分少ない時，分割可能であることを意味している．
構造的対称性 物理環境モデルの設備が対称になるように分割する．これによって分割後のモジュールのどちらか一方を検証すれば良いので処理の効率が向上する．モデルを2つのモジュールに分割した時，2つの属性集合 V_1, V_2 は $V = V_1 \cup V_2$ を満たし，V_1 と V_2 が意味的に一致したとき構造的対称性があるとする．
振舞い結合度 ドメイン領域を分割した時，振舞いの影響が最小になるように分割する．これは，2つに分割したモジュールのある属性に対するドメイン領域 D_1, D_2 は $D = D_1 \cup D_2$ を満たし，ドメイン領域の共有域 $C = D_1 \cap D_2$ の要素数が十分少ない時，分割可能であることを意味している．

本研究では，部分モデル内の着目状態，部分遷移の削減効果と2次処理の増大の観点から，物理結合度．構造的対称性，振舞い結合度の順で適用した．

4.4 モジュラ検証における定義
着目属性 検査項目に関係する属性に加え，相互関係を表すために必要な別モジュールの属性がモジュラ検証における着目属性となる．着目属性の集合 $V_f = \{v_1, v_2, g_1, g_2\}$ と表す．(g_1, g_2 は別モジュールの属性を表す)
着目状態 対象モジュールの着目属性のとる値の集合で定義する．別モジュールの属性は別モジュールのドメイン領域に従う．$s_f = \{a_1, a_2, b_1, b_2\}$ と表し，$\{a_1, a_2, b_1, b_2\}$ は $\{v_1 = a_1, v_2 = a_2, g_1 = b_1, g_2 = b_2\}$ の簡易表現である．
部分遷移 モジュール内の部分遷移関係は段階的検査法と同様である．これに加え，モジュール間を横断する遷移が部分遷移にあたる．例えば2つのモジュールに分割したとすると，1次検証ではそれぞれ $R1_f \subseteq S1_f \times S1_f$ と $R2_f \subseteq S2_f \times S2_f$ が取得される．次に2次処理時のモジュール間の横断をつなぎ合わせる処理で $R12_f \subseteq S1_f \times S2_f$ と $R21_f \subseteq S2_f \times S1_f$ を作る必要がある．これは，$R = R1_f \cup R2_f \cup R12_f \cup R21_f$ を満たさなければならない．本研究では横断をつなぐ処理を状態結合とよぶ．

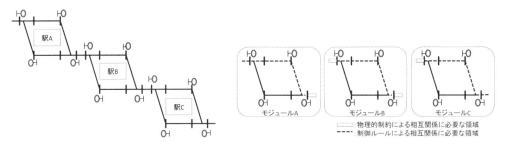

図 3　亀の子構造駅の路線構成図　　　　図 4　各モジュールの路線構成図

5　適用事例

5.1　列車運行システム

列車運行システムは列車が安全に移動するために，信号機を用いて列車の移動を制御するシステムである．物理環境モデルには，線路の最小構成単位である軌道回路，列車の列車ルートで複数の軌道回路から構成される進路，進路を制御する信号機，制御対象である列車の計 4 つの設備が存在する．

列車運行システムでは「列車が衝突しない」「デッドロックが発生しない」の 2 つを検査項目とする．

5.2　実験

本研究では，亀の子構造とよばれる路線構成をもつモデルと，実在する駅とよく似た路線構成をもつモデルに対して，段階的検査法だけを用いた場合とモジュラ検証を加えた場合で実験を行った．いずれも振舞いモデルは Promela で記述され，モデル検査ツールは SPIN を利用した．

5.2.1　亀の子構造駅

適用する亀の子構造の路線構成を図 3 に示す．この路線構造の場合，通常の信号機の制御ではデッドロックが発生する．例えば，駅 B のホームに列車が 2 台在線している状態で，駅 A と駅 C からそれぞれ駅 B に向けて列車を進行すると，在線している 4 台の列車がすべて進行できない状態となり，デッドロックとなる．この問題を解決するため進行方向先の在線状況を確認して信号機を制御する回避ルールを追加する．

今回，モジュラ検証では物理結合度の観点から 2 回分割を行い，1 次処理を行うために十分な規模になったと判断した．物理結合度の観点で分割したモジュールの路線構成図を図 4 に示す．このときの相互関係は，物理的制約として "競合する軌道回路"，制御ルールとして "デッドロック" が存在する．

適用実験では，正常に動作するモデルと回避ルールを除いて不具合が発生するモデルに対して列車の最大数を 4 台として実験を行った．対象モデルと各モジュールの着目属性数を表 1 に示す．

5.2.2　Y 駅構造駅

実在する駅とよく似た構造の駅を Y 駅構造駅とする．Y 駅構造の路線構成を図 5 に示す．Y 駅構造駅は亀の子構造駅の路線構成と比べ，制御する信号機の数が多く，選択できる進路も多いため規模が非常に大きい．

この路線構成は，軌道回路 AT, BT, CT, DT を直線で引いた時左右で対称性をもつので分割が可能である．よって対称性を用いて分割を行い，部分モデルを作成した．しかし，この規模でも 1 次検証は終了せず，分割が十分でなかった．そこでさらに振舞い結合度の観点で，列車の進行方向が同一なドメイン領域で分割を行った．各モジュールの構成図を図 6 に示す．

適用実験では，各モデルに対して列車最大数を 6 台として実験を行った．Y 駅構

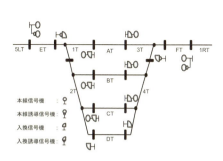

図5　Y駅構造の路線構成図

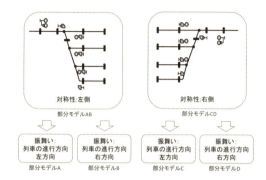

図6　各モジュールの路線構成図

表1　亀の子構造駅モデルに対する着目状態数

モデル	着目状態数
全体モデル	527,337
部分モデル A	59,976
部分モデル B	302,144
部分モデル C	59,976

表2　Y駅構造駅におけるモデルに対する着目状態数

モデル	着目状態数
全体モデル	26,225,845
部分モデル AB(左側)	320,750
部分モデル CD(右側)	320,750
部分モデル A(左側左方向)	15,435
部分モデル B(左側右方向)	116,875
部分モデル C(右側左方向)	116,875
部分モデル D(右側右方向)	15,435

表3　亀の子構造駅の実行時間

手法	回避策	1次処理	状態結合	2次処理	総時間
段階的検査法	なし	486m35s	-	13s	486m48s
	あり	460m06s	-	13s	460m19s
モジュラ検証	なし	142m55s	55s	11s	144m01s
	あり	142m32s	53s	12s	143m37s

表4　Y駅構造駅の実行時間

手法	1次処理	状態結合	2次処理	総時間
段階的検査法	×	-	×	×
モジュラ (対称性のみ)	×	×	×	×
モジュラ (対称性＋振舞い)	288m23s	×	×	×

造モデルでは規模が非常に大きく，全ての初期状態の取得が困難だったため，進路の開始点の属性に絞って生成した．進路の開始点は網羅されているので，1次処理後は全ての着目状態が取得できる．そのため状態空間の広がりがなくなるまで実行する必要がある．1次処理時の初期状態数を表2に示す．

5.3　評価

表1を用い，亀の子構造駅を段階的検査法とモジュラ検証で実験した結果を表3に示す．モジュラ検証は3つのモデルでかかった実行時間の総和である．

同様に，表2を用い，Y駅構造駅を段階的検査法とモジュラ検証で実験した結果を表4に示す．表中の×は24時間以上実行しても終わらなかった場合を表す．

亀の子構造のモデルでは，1次処理時の実行時間の大幅な短縮効果が現れている．着目状態数を減らし，モデル規模を縮小できるモジュラ検証では実行時間が短縮され，さらに状態爆発への可能性を減らすことができると考えられる．亀の子構造のモデルは相互関係に用いる属性が多く，モデル間の横断をつなぐ部分遷移が増えた

ため，状態結合処理に時間がかかり，部分遷移の削減効果が得られにくかった．モジュール間の結合度が低い程，部分遷移の削減効果が大きく，逆に結合度が高い程削減効果が小さくなる．すべての属性が相互関係に必要な場合ではモジュラ検証は不可能（効果がない）である．そのため，より結合度の低い分割方法で対象システムを分割する必要がある．

Y 駅構造のモデルでは，対称性による分割と振舞い結合度の観点による分割を行わなければ 1 次処理が終わらない結果となり，削減効果がはっきりと現れている．次の 2 次処理では，分割量が増加したことからモデル間の横断をつなぐ処理が大幅に増大してしまい終わらない結果となってしまった．

本手法では分割量が少なくなる程，1 次処理の処理量が増大する．逆に分割量が多くなる程，2 次処理の処理量が増大する．したがって，1 次処理と 2 次処理のバランスが最良になる分割を行うことで，最良の効率が得られると考えられる．

6 関連研究

検査対象の振舞いモデルに対してモジュラ検証する研究が数多く存在する．文献 [4] では，Rely-Guarantee 技術をはじめとしたモジュラ検証の理論が紹介されている．Rely-Guarantee 技術は，他のモジュールの動作を外部環境として捉え，モジュールと外部環境から検証を行う技術であり，本研究でも同様の考え方でモジュラ検証を行っている．この技術を用いてモジュラ検証を行う研究も存在し，文献 [5] ではマルチスレッドのソフトウェアを検証する際に，スレッドごとに検証する手法を提案している．各スレッドごとに検証を行い，他スレッドの動作を仮想環境としてモデル化し検証する．これらモジュラ検証の多くでは，モジュールの検査を繰り返すことで外部環境を生成し，状態空間の広がりがなくなるまで検査する．本研究では，情報制御システムでの着目属性が既知であり，外部環境を網羅的に生成することで同じ検査を行わなくてよいという特徴をもった手法となっている．

7 まとめ

本研究では情報制御システムにおけるモデル検査を適用時に発生する可能性がある状態爆発問題に対する対策アプローチを示した．振舞いモデルを，物理的結合度の観点やモデルの対称性，振舞い結合度の観点から分割し，1 度に検証する範囲をさらに小さくして検証することで，状態爆発を防止できる．2 つの適用事例から，モデル検査を利用して網羅探索を行う 1 次処理では実行時間を大幅に削減することができるが，現在の 2 次処理の方法では対象システムが大規模になった時に処理が完了できない可能性があることが分かった．しかし，2 次処理はデータ処理が大部分を占めるため，アルゴリズムの改善によって，処理オーダを改善することが可能であると考えられる．今後の課題として，2 次処理の効率化やモジュラー化方法の検討があげられる．

謝辞 本研究は JSPS 科研費 25330075 の助成を受けた．

参考文献

[1] Mordechai Ben-Ari 著, 中島 震 監訳: SPIN モデル検査入門, オーム社 (2010).
[2] 石黒正揮: ソフトウェア開発における形式手法導入に関する課題と解決アプローチ, 先端ソフトウェア工学に関する Grace 国際シンポジウム—形式手法の産業応用ワークショップ 2010— (2010).
[3] 宮島 卓巳ら: 情報制御システムにおける部分モデルと相互関係を用いたモデル検査の実用化, ソフトウェア工学の基礎 XX, 近代科学社, Vol.39, pp.215-220 (2013).
[4] Carlo Alberto Furia:A Compositional World - a survey of recent works on compositionality in formal methods,*Technical Report 2005.22, Dipartimento di Elettronica e Informazione, Politecnico di Milano* (2005).
[5] Cormac Flanagan, Shaz Qadeer:Thread-Modular Model Checking, *Model Checking Software Lecture Notes in Computer Science, Volume 2648*, pp.213-224 (2013).

情報量に基づく非機密化プリミティブの記述位置候補の順位付け
Entropy-based Ranking Method for Declassifiers Placement

桑原 寛明[*]　國枝 義敏[†]

Summary. This paper proposes a method for ranking the candidates of declassifiers placement. Though the declassification is a useful method to resolve illegal information flow, there may be many candidates of declassifiers placement. Our proposed method calculates the amount of entropy of declassified constructs for each candidate and ranks the candidates in ascending order of calculated entropy. This paper shows how to calculate the Shannon's entropy of each expression in the program and a simple example of our ranking method.

1　はじめに

型検査に基づく情報流解析は，機密情報がプログラムの外部に漏洩しないことを検査する手法である [1] [2] [3] [4]．型としてデータの機密度を利用し，機密度の低いデータが機密度の高いデータに依存しないことを表す非干渉性を満たすように型システムが構築される．非干渉性は，機密データ自体の漏洩だけでなく機密データを推測できる情報の漏洩も存在しないことを表すよい性質である．しかし，外部から観察可能な動作を機密データに基づいて変更することが禁止されるため，非干渉性を満たしながら実用的なプログラムを作成することは困難である．

この問題に対し，本来は不正であるとみなされる機密度の高いデータから低いデータへの情報流を開発者が明示した場合に限って認める非機密化 (Declassification) と呼ばれるアプローチが提案されている [5] [6] [7]．例えば，Sabelfeldらは式eの機密度を強制的にηとみなすことを意味する式レベルのプリミティブ declassify(e, η) を持つプログラミング言語とその型システムを提案している [6]．開発者は，declassify式を適切に記述することで，機密度の高いデータから低いデータへの情報流を容認していることを型システムに示し，型システムは開発者の意図を踏まえて型検査を行う．非機密化は非干渉性の厳しい制約を緩和しながら安全なプログラムを構築するための有益な手法である．

プログラムに含まれる不正な情報流は一通りには限らず，複数の不正な情報流すべてに対処する必要がある．Sabelfeldらのdeclassify式のような非機密化プリミティブ(Declassifier)を手作業で適切に記述することは容易ではないが，非機密化プリミティブの適切な記述位置を列挙する手法が提案されている [8] [9] [10]．これらの手法を用いると，不正な情報流を解消するために非機密化プリミティブを記述すべきプログラム中の位置を容易に知ることができる．著者らが提案する手法 [10] では，情報流解析のための型システムを制約充足問題に帰着させ，充足不能な制約集合のMinimal Correction Subset(MCS)に含まれる各制約が由来するプログラムの構成要素を非機密化プリミティブの記述位置とする．MCSとは，取り除くことで元の制約集合が充足可能となる要素の極小部分集合を指す．

一般に，充足不能な制約集合のMCSは複数存在するため，非機密化プリミティブの記述位置の組み合わせは一意ではない．本稿では，非機密化プリミティブの記述位置の組み合わせが複数存在する場合に，それらを順位付ける手法を提案する．非機密化プリミティブの記述は不正な情報流の容認を意味するが，そのような情報流は可能な限り少ない方が望ましい．そこで，非機密化プリミティブを記述するこ

---

[*]Hiroaki Kuwabara, 立命館大学情報理工学部
[†]Yoshitoshi Kunieda, 立命館大学情報理工学部

$$\begin{array}{rcl}
\eta & ::= & L \mid H \\
B & ::= & \{\overline{\eta\ x;}\ \overline{S;}\} \\
S & ::= & x = e^l \mid \text{if } (b^l)\ B\ \text{else}\ B \mid \text{while } (b^l)\ B \\
e & ::= & x \mid n \mid \text{op}(e^l, e^l) \\
b & ::= & \neg b^l \mid \text{cmp}(e^l, e^l)
\end{array}$$

図 1　対象言語の文法

とで記述位置のプログラム構成要素の情報が流出するとみなし，プログラム構成要素が持つ情報量に基づいて非機密化プリミティブの記述位置の各組み合わせについて発生する不正な情報流の大きさを求める．非機密化プリミティブの記述により発生する不正な情報流の大きさの合計が小さくなる順に記述位置の組み合わせを順位付ける．本稿では，Shannon のエントロピーに基づいて順位付ける方法を示す．

2　非機密化プリミティブの記述位置候補の順位付け

非機密化プリミティブの記述位置候補は [10] の手法に基づいて求める．本稿における対象言語の文法を図 1 に示す．η は機密度であり，変数の型として用いる．簡単のために機密度は $L \sqsubseteq H$ を満たす L, H の 2 段階とする．B はブロックであり，最外のブロックをプログラムとみなす．$\overline{A}$ は長さ 0 以上の有限リストの略記である．ブロックの先頭でローカル変数を宣言できる．S は文，e は整数値の式，b は真偽値の式である．以下，e を整数式，b を真偽式と呼び，双方を区別しない場合は単に式と呼ぶ．x は変数，n は整数定数であり，op は適当な二項演算，cmp は適当な比較演算を表す．非機密化プリミティブとして式に対して記述する declassify 式を用いる．l は declassify 式を記述可能な式の位置を表すラベルであり，プログラム中のラベルはすべて異なるとする．以下ではラベルが重要でない場合は省略する．

任意のプログラムに対し制約集合を生成するアルゴリズムを図 2 に示す．図中の κ や添字付きの κ_i, κ_e などは機密度を表す変数である．図中の機密度変数 κ はすべてフレッシュである．つまり，それぞれの文や式に対して新しい機密度変数が用意される．$\Delta \Vdash e : \kappa \parallel C$ は型環境 Δ のもとで式 e に対して生成される制約集合が C であることを表す．文やブロックについても同様である．一部の制約には由来する式を示すラベルを付ける．式 e^l に関する制約に $\kappa_1 \sqsubseteq^l \kappa_2$ のようにラベル l を付けることで，この制約がラベル l が付けられた式 e^l に由来することがわかる．

生成された制約集合が充足不能であれば，対象のプログラムには不正な情報流が存在する．declassify 式を適切に記述することで解決できるが，一般に不正な情報流は複数存在し，それぞれについて複数のプログラム構成要素が関係するため，declassify 式の記述位置は一意に決まらない．そこで，充足不能な制約集合からラベル付き制約のみを含む MCS をすべて抽出し，抽出された各 MCS について，含まれる各制約に付けられたラベルに対応する式の集合をその MCS を解消するための declassify 式の記述位置候補とする．充足不能な制約集合には MCS が存在し，MCS が取り除かれた制約集合は充足可能であることから，MCS に含まれる各制約が由来する式に declassify 式を記述すれば充足不能な制約集合は生成されない．MCS に含まれる各制約が由来する式の組み合わせが declassify 式の記述位置の組み合わせに対応する．充足不能な制約集合に対し一般に MCS は複数存在するため，declassify 式の記述によって解消可能な各 MCS について declassify 式の記述位置を求め，それぞれを候補とする．

[10] の手法では，declassify 式の記述位置は式に限定される．そこで，declassify 式の記述位置の式が持つ情報量に基づいて記述位置候補を順位付ける手法を提案する．実際には，MCS と記述位置候補は一対一に対応するため MCS を順位付ける．

$\mathcal{L}$ をプログラム中のラベルの集合として，プログラム中のラベルと情報量を対応

$$\frac{\Delta, \overline{x : \eta} \Vdash S_i : \kappa_i \parallel \mathsf{C}_i \quad i \in \{1, \ldots, n\}}{\Delta \Vdash \{\overline{\eta\, x};\, S_1;\ldots S_n;\} : \kappa \parallel \bigcup_i (\mathsf{C}_i \cup \{\kappa \sqsubseteq \kappa_i\})} \text{ [C-BLOCK]}$$

$$\frac{\Delta \Vdash e : \kappa_e \parallel \mathsf{C}_\mathsf{e} \quad \eta_x = \Delta(x)}{\Delta \Vdash x = e^l : \kappa \parallel \mathsf{C}_\mathsf{e} \cup \{\kappa_e \sqsubseteq^l \eta_x, \kappa \sqsubseteq \eta_x\}} \text{ [C-ASSIGN]}$$

$$\frac{\Delta \Vdash b : \kappa_b \parallel \mathsf{C}_\mathsf{b} \quad \Delta \Vdash B_t : \kappa_t \parallel \mathsf{C}_\mathsf{t} \quad \Delta \Vdash B_f : \kappa_f \parallel \mathsf{C}_\mathsf{f}}{\Delta \Vdash \text{if } (b^l)\ B_t \text{ else } B_f : \kappa \parallel \mathsf{C}_\mathsf{b} \cup \mathsf{C}_\mathsf{t} \cup \mathsf{C}_\mathsf{f} \cup \{\kappa_b \sqsubseteq^l \kappa, \kappa \sqsubseteq \kappa_t, \kappa \sqsubseteq \kappa_f\}} \text{ [C-IF]}$$

$$\frac{\Delta \Vdash b : \kappa_b \parallel \mathsf{C}_\mathsf{b} \quad \Delta \Vdash B : \kappa_B \parallel \mathsf{C}_\mathsf{B}}{\Delta \Vdash \text{while } (b^l)\ B : \kappa \parallel \mathsf{C}_\mathsf{b} \cup \mathsf{C}_\mathsf{B} \cup \{\kappa_b \sqsubseteq^l \kappa, \kappa \sqsubseteq \kappa_B\}} \text{ [C-WHILE]}$$

$$\frac{\eta = \Delta(x)}{\Delta \Vdash x : \eta \parallel \emptyset} \text{ [C-VAR]} \qquad \frac{}{\Delta \Vdash n : L \parallel \emptyset} \text{ [C-CONST]}$$

$$\frac{\Delta \Vdash e_1 : \kappa_1 \parallel \mathsf{C}_1 \quad \Delta \Vdash e_2 : \kappa_2 \parallel \mathsf{C}_2}{\Delta \Vdash \text{op}(e_1^{l_1}, e_2^{l_2}) : \kappa \parallel \mathsf{C}_1 \cup \mathsf{C}_2 \cup \{\kappa_1 \sqsubseteq^{l_1} \kappa, \kappa_2 \sqsubseteq^{l_2} \kappa\}} \text{ [C-OP]}$$

$$\frac{\Delta \Vdash b : \kappa_b \parallel \mathsf{C}_\mathsf{b}}{\Delta \Vdash \neg b^l : \kappa \parallel \mathsf{C}_\mathsf{b} \cup \{\kappa_b \sqsubseteq^l \kappa\}} \text{ [C-NOT]}$$

$$\frac{\Delta \Vdash e_1 : \kappa_1 \parallel \mathsf{C}_1 \quad \Delta \Vdash e_2 : \kappa_2 \parallel \mathsf{C}_2}{\Delta \Vdash \text{cmp}(e_1^{l_1}, e_2^{l_2}) : \kappa \parallel \mathsf{C}_1 \cup \mathsf{C}_2 \cup \{\kappa_1 \sqsubseteq^{l_1} \kappa, \kappa_2 \sqsubseteq^{l_2} \kappa\}} \text{ [C-CMP]}$$

図 2　制約集合生成アルゴリズム

付ける関数 $E : \mathcal{L} \to \mathbb{R}^+$ が存在する，すなわちプログラム中のそれぞれの式が持つ情報量は既知であると仮定する．ここで，式が持つ情報量の具体的な求め方は問わない．ラベル付き制約のみを含むMCSを M，M に含まれる各制約に付けられたラベルの集合を $\mathcal{L}_M$ とすると，M に基づいてdeclassify式が記述される各式の情報量の合計は $\sum_{l \in \mathcal{L}_M} E(l)$ である．この値が小さい順にMCSを順位付ける．

3　式の情報量

実際にMCSを順位付けるためには，declassify式が記述され得る式の具体的な情報量を求める必要がある．情報量に着目した情報流解析である量的情報流については様々な研究 [11] [12] [13] [14] [15] [16] が行われており，本研究では量的情報流における情報量を応用する．量的情報流における情報量として，未知の値に関する情報量の期待値であるShannonのエントロピー，未知の値の特定に必要な問い合わせ(guess)の平均回数であるguessingエントロピー，未知の値を1回の問い合わせで特定できる確率に基づくmin-entropyなどが利用される．本稿ではShannonのエントロピー（以下，単にエントロピーという）を利用する．

プログラム中の式のエントロピーを求めるためには，式を確率変数であるとみなし，その確率分布（取り得る値とその確率）が得られればよい．例えば，式 e の取り得る値の集合が $\{v_1, \ldots, v_n\}$，値が v_i となる確率が p_i であるとすると，e のエントロピーは $\mathcal{H} = -\sum_{i=1}^{n} p_i \log p_i$ のように求められる．

図1の言語の確率分布に基づく意味を図3に示す．各変数の初期値に関する確率分布を与えてこの意味に従ってプログラムを実行すれば各式の確率分布が得られる．

$$\frac{\Gamma_i \vdash S_i \triangleright \Gamma'_i \quad i \in \{1,\ldots,n\} \quad \Gamma_i = \begin{cases} \Gamma, \overline{x:\mu} & \text{if } i = 1 \\ \Gamma'_{i-1} & \text{otherwise} \end{cases}}{\Gamma \vdash \{\overline{\eta\, x};\, S_1;\ldots S_n;\} \triangleright \Gamma'_n \downarrow \overline{x}} \text{[D-BLOCK]}$$

$$\frac{\Gamma \vdash b : \mu \mid \Gamma_t; \Gamma_f \quad \Gamma_t \vdash B_t \triangleright \Gamma'_t \quad \Gamma_f \vdash B_f \triangleright \Gamma'_f}{\Gamma \vdash \text{if } (b)\ B_t \text{ else } B_f \triangleright \mu(\texttt{tt}) \cdot \Gamma'_t + \mu(\texttt{ff}) \cdot \Gamma'_f} \text{[D-IF]}$$

$$\frac{\Gamma \vdash b : \mu \mid \Gamma_t; \Gamma_f \quad \mu(\texttt{ff}) < 1 \quad \Gamma_t \vdash B \triangleright \Gamma' \quad \Gamma' \vdash \text{while } (b)\ B \triangleright \Gamma''}{\Gamma \vdash \text{while } (b)\ B \triangleright \mu(\texttt{tt}) \cdot \Gamma'' + \mu(\texttt{ff}) \cdot \Gamma_f} \text{[D-WHILE-T]}$$

$$\frac{\Gamma \vdash b : \mu \mid \Gamma_t; \Gamma_f \quad \mu(\texttt{ff}) = 1}{\Gamma \vdash \text{while } (b)\ B \triangleright \Gamma_f} \text{[D-WHILE-F]} \qquad \frac{\Gamma \vdash e : \mu}{\Gamma \vdash x = e \triangleright \Gamma[x : \mu]} \text{[D-ASSIGN]}$$

$$\frac{\mu = \Gamma(x)}{\Gamma \vdash x : \mu} \text{[D-VAR]} \qquad \frac{}{\Gamma \vdash n : [n \mapsto 1]} \text{[D-CONST]}$$

$$\frac{\Gamma \vdash e_1 : \mu_1 \quad \Gamma \vdash e_2 : \mu_2}{\Gamma \vdash \text{op}(e_1, e_2) : \mu} \text{[D-OP]}$$
where $\mu(v) = \sum_{(x,y) \in \text{dom}(\mu_1) \times \text{dom}(\mu_2), [\![\text{op}]\!](x,y) = v} \mu_1(x)\mu_2(y)$

$$\frac{\Gamma \vdash b : \mu \mid \Gamma_t; \Gamma_f}{\Gamma \vdash \neg b : [\texttt{tt} \mapsto \mu(\texttt{ff}), \texttt{ff} \mapsto \mu(\texttt{tt})] \mid \Gamma_f; \Gamma_t} \text{[D-NOT]}$$

$$\frac{\Gamma \vdash e_1 : \mu_1 \quad \Gamma \vdash e_2 : \mu_2}{\Gamma \vdash \text{cmp}(e_1, e_2) : \mu \mid \Gamma_t; \Gamma_f} \text{[D-CMP]}$$
where $\mu(v) = \sum_{(x,y) \in \text{dom}(\mu_1) \times \text{dom}(\mu_2), [\![\text{cmp}]\!](x,y) = v} \mu_1(x)\mu_2(y)$,
$b = \text{cmp}(e_1, e_2)$,
$\Gamma_t(x) = \begin{cases} \mu(\texttt{tt})^{-1} \cdot (\Gamma(x) \uparrow \mathit{tt}(b, x)) & \text{if } x \in d(b) \land \mu(\texttt{tt}) \neq 0 \\ \Gamma(x) & \text{otherwise} \end{cases}$,
$\Gamma_f(x) = \begin{cases} \mu(\texttt{ff})^{-1} \cdot (\Gamma(x) \uparrow \mathit{ff}(b, x)) & \text{if } x \in d(b) \land \mu(\texttt{ff}) \neq 0 \\ \Gamma(x) & \text{otherwise} \end{cases}$

図 3　対象言語の意味

ただし，プログラムが停止しない初期値の組み合わせが含まれている場合は得られない．初期値に関する確率分布の作り方は任意であり，開発者が手作業で作成する他に，プログラム実行時の入力をログに記録して作成することも可能である．

確率分布 $\mu = [v_1 \mapsto p_1, \ldots, v_n \mapsto p_n]$ は，値が v_i となる確率が p_i であることを示し，$\text{dom}(\mu) = \{v_1, \ldots, v_n\}$ および $\mu(v_i) = p_i$ とする．$v \notin \text{dom}(\mu)$ ならば $\mu(v) = 0$ である．実数 r に対し $r \cdot \mu = [v_1 \mapsto r \cdot p_1, \ldots, v_n \mapsto r \cdot p_n]$ とするが，$r \cdot p_i$ が 1 より大きい場合は 1 とする．$\mu_1 + \mu_2$ を $(\mu_1 + \mu_2)(v) = \mu_1(v) + \mu_2(v)$ のように定義する．値の集合 V に対し，$\mu \uparrow V$ は μ から V に含まれない値を取り除いた確率分布を表す．$\Gamma = x_1 : \mu_1, \ldots, x_m : \mu_m$ はプログラム中の変数と確率分布の対応を記録する環境であり，変数 x_i の確率分布が μ_i であることを示す．この時，$\text{dom}(\Gamma) = \{x_1, \ldots, x_m\}$ および $\Gamma(x_i) = \mu_i$ であり，$x \notin \text{dom}(\Gamma)$ に対し $\Gamma(x) = []$ とする．$[]$ は空の確率分布であり，任意の値 v に対して $[](v) = 0$ である．実数 r に対し $r \cdot \Gamma = x_1 : r \cdot \mu_1, \ldots, x_m : r \cdot \mu_m$ とする．$\Gamma_1 + \Gamma_2$ を $(\Gamma_1 + \Gamma_2)(x) = \Gamma_1(x) + \Gamma_2(x)$ のように定義する．Γ に含まれる x の確率分布の更新を $\Gamma[x : \mu]$ のように表し，$\Gamma[x : \mu](x) =$

μ および $y \neq x$ なる y に対し $\Gamma[x:\mu](y) = \Gamma(y)$ とする．$\Gamma\downarrow\overline{x}$ は Γ から $\overline{x}$ 中の変数のエントリを除いた環境である．tt は真の値，ff は偽の値を表す．真偽式 b に対し，$d(b)$ は b の値が直接的に依存する変数の集合を表す．$tt(b,x)$ は b の値が真となる時に変数 x が取り得る値の集合，$f\!f(b,x)$ は b の値が偽となる時に変数 x が取り得る値の集合である．一般に $tt(b,x)$ と $f\!f(b,x)$ は互いに素ではない．

ブロックあるいは文 S に対する規則 $\Gamma \vdash S \triangleright \Gamma'$ は，環境 Γ のもとで S が実行されると Γ が Γ' に変化することを表す．つまり，プログラムの実行に伴う各変数の確率分布の変化が得られる．ブロックの先頭では変数を宣言できるが，宣言された変数 x の初期値に関する確率分布 μ として任意の確率分布を与えられるとする．

整数式 e に対する規則 $\Gamma \vdash e : \mu$ は，環境 Γ のもとで e の確率分布が μ であることを表す．変数の確率分布は環境に記録されており，定数 n については確率 1 で値が n である．D-OP 規則から，$op(e_1, e_2)$ の値が v となる確率は $[\![op]\!](e_1, e_2) = v$ となるように e_1 と e_2 が適切な値を取る確率の合計である．ここで，$[\![op]\!]$ は二項演算の意味を表す．例えば，$x : [1 \mapsto \frac{1}{2}, 2 \mapsto \frac{1}{2}], y : [1 \mapsto \frac{1}{3}, 2 \mapsto \frac{1}{3}, 3 \mapsto \frac{1}{3}]$ の時，$x + y : [2 \mapsto \frac{1}{6}, 3 \mapsto \frac{1}{3}, 4 \mapsto \frac{1}{3}, 5 \mapsto \frac{1}{6}]$ である．

真偽式 b に対する規則 $\Gamma \vdash b : \mu \mid \Gamma_t; \Gamma_f$ について，μ は環境 Γ のもとでの b の確率分布である．Γ_t は b の値が真，Γ_f は b の値が偽であるという条件付きで各変数が取り得る値の確率を表す環境であり，b の値に直接的に影響を与える変数の確率分布が Γ から更新される．D-CMP 規則の $[\![cmp]\!]$ は比較演算の意味を表す．

4 例

簡単な例として，以下のプログラムに対し declassify 式の記述位置候補の順位付けを示す．

```
{
  L l; H h; if (l <² h¹) { l = 1; } else { l = 0; }
}
```

ここで，ラベル 1 は変数 h の参照，ラベル 2 は比較式 l < h を指す．このプログラムは，機密度の高い変数 h の値を条件とする分岐先で機密度の低い変数への代入が行われており，不正な情報流が存在する．図 2 のアルゴリズムによって生成される制約集合は充足不能であり，この制約集合のラベル付き制約のみを含む MCS から，ラベル 1 の変数参照式とラベル 2 の比較式が declassify 式の記述位置候補となる．

2 つの式のエントロピーを求めるために，それぞれの確率分布を求める．l と h の初期値に関する確率分布を環境 $\Gamma = l : [0 \mapsto 1], h : [0 \mapsto \frac{1}{3}, 1 \mapsto \frac{1}{3}, 2 \mapsto \frac{1}{3}]$ のように定める．この時，ラベル 1 の変数参照式の確率分布は $\mu_1 = \Gamma(h) = [0 \mapsto \frac{1}{3}, 1 \mapsto \frac{1}{3}, 2 \mapsto \frac{1}{3}]$ である．ラベル 2 の比較式の確率分布は図 3 の D-CMP 規則より以下のように求められる．

$$\frac{\Gamma \vdash l : [0 \mapsto 1] \quad \Gamma \vdash h : [0 \mapsto \frac{1}{3}, 1 \mapsto \frac{1}{3}, 2 \mapsto \frac{1}{3}]}{\Gamma \vdash l < h : \mu_2 \mid \Gamma_t; \Gamma_f}$$

ここで，$\mu_2 = [\text{tt} \mapsto \frac{2}{3}, \text{ff} \mapsto \frac{1}{3}]$, $\Gamma_t = l : [0 \mapsto 1], h : [1 \mapsto \frac{1}{2}, 2 \mapsto \frac{1}{2}]$, $\Gamma_f = l : [0 \mapsto 1], h : [0 \mapsto 1]$ である．以上より，ラベル i の式のエントロピー $\mathcal{H}_i$ は μ_i より

$$\mathcal{H}_1 = 3 \cdot \frac{1}{3} \log 3 = \log 3$$

$$\mathcal{H}_2 = \frac{2}{3} \log \frac{3}{2} + \frac{1}{3} \log 3 = \log 3 - \frac{2}{3} \log 2$$

である．$\mathcal{H}_2$ の方が小さいためラベル 2 の比較式に declassify 式を記述する方が望ましいと判断できる．

5 おわりに

本稿では，情報流解析のための型検査に失敗する不正な情報流を含むプログラムに対し，型検査を成功させるための`declassify`式の記述位置の候補を順位付ける手法を提案した．`declassify`式の記述位置であるそれぞれの式について情報量を求め，情報量の合計が小さい候補の順位を高くする．プログラム中の各式について取り得る値とその確率を表す確率分布を変数の初期値に関する確率分布から求める手法を示し，Shannon のエントロピーに基づいて`declassify`式の記述位置候補を順位付ける例を示した．

今後の課題として，Shannon のエントロピー以外の情報量に基づく順位付けを検討すること，機密度の低い変数の値は既知であるとの条件付きエントロピーを用いること，`declassify`式の記述位置である式の情報量とその式が依存する機密度の高い変数の関係を明らかにすること，セキュリティに関する性質と情報量の関係を明らかにすることが挙げられる．

参考文献

[1] Anindya Banerjee and David A. Naumann. Secure Information Flow and Pointer Confinement in a Java-like Language. In *Proceedings of the 15th IEEE Computer Security Foundations Workshop*, pp. 253–267, 2002.

[2] 黒川翔, 桑原寛明, 山本晋一郎, 坂部俊樹, 酒井正彦, 草刈圭一朗, 西田直樹. 例外処理付きオブジェクト指向プログラムにおける情報流の安全性解析のための型システム. 電子情報通信学会論文誌 D, Vol. J91-D, pp. 757–770, 2008.

[3] Andrei Sabelfeld and Andrew C. Myers. Language-Based Information-Flow Security. *IEEE Journal on Selected Areas in Communications*, Vol. 21, No. 1, pp. 5–19, 2003.

[4] Dennis Volpano, Geoffrey Smith, and Cynthia Irvine. A Sound Type System for Secure Flow Analysis. *Journal of Computer Security*, Vol. 4, No. 2, pp. 167–187, 1996.

[5] Andrei Sabelfeld and David Sands. Dimensions and Principles of Declassification. In *Proceedings of the 18th IEEE Computer Security Foundations Workshop*, pp. 255–269, 2005.

[6] Andrei Sabelfeld and Andrew C. Myers. A Model for Delimited Information Release. In *Software Security - Theories and Systems*, Vol. 3233 of *LNCS*, pp. 174–191. 2004.

[7] Gilles Barthe, Salvador Cavadini, and Tamara Rezk. Tractable Enforcement of Declassification Policies. In *Proceedings of the 21st IEEE Computer Security Foundations Symposium*, pp. 83–97, 2008.

[8] Dave King, Susmit Jha, Trent Jaeger, Somesh Jha, and Sanjit A. Seshia. On Automatic Placement of Declassifiers for Information-Flow Security. Technical Report NAS-TR-0083-2007, Network and Security Research Center, 2007.

[9] Dave King, Susmit Jha, Divya Muthukumaran, Trent Jaeger, Somesh Jha, and Sanjit A. Seshia. Automating Security Mediation Placement. In *Programming Languages and Systems*, Vol. 6012 of *LNCS*, pp. 327–344. 2010.

[10] 桑原寛明, 國枝義敏. 情報流解析における Declassifier の配置手法. コンピュータソフトウェア, Vol. 32, No. 1, pp. 136–146, 2015.

[11] David Clark, Sebastian Hunt, and Pasquale Malacaria. A static analysis for quantifying information flow in a simple imperative language. *Journal of Computer Security*, Vol. 15, No. 3, pp. 321–371, 2007.

[12] Pasquale Malacaria. Assessing Security Threats of Looping Constructs. In *Proceedings of the 34th ACM Symposium on Principles of Programming Languages*, pp. 225–235, 2007.

[13] M. Backes, B. Kopf, and A. Rybalchenko. Automatic Discovery and Quantification of Information Leaks. In *Proceedings of the 30th IEEE Symposium on Security and Privacy*, pp. 141–153, 2009.

[14] Chunyan Mu and David Clark. Quantitative Analysis of Secure Information Flow via Probabilistic Semantics. In *International Conference on Availability, Reliability and Security*, pp. 49–57, 2009.

[15] Geoffrey Smith. On the Foundations of Quantitative Information Flow. In *Foundations of Software Science and Computational Structures*, Vol. 5504 of *LNCS*, pp. 288–302. 2009.

[16] Pasquale Malacaria and Jonathan Heusser. Information Theory and Security: Quantitative Information Flow. In *Formal Methods for Quantitative Aspects of Programming Languages*, Vol. 6154 of *LNCS*, pp. 87–134. 2010.

自然言語ドキュメントの形式化モデリングについて
On Formal Modeling of Natural Language based Documents

林 信宏[*]　大森 洋一[†]　日下部 茂[‡]　荒木 啓二郎[§]

あらまし 形式手法は，ソフトウェア開発の上流工程における仕様や設計の問題点を発見する強力な技術である．しかし，形式手法を導入するには，どの手法でもまず形式モデルの構築が必要である．開発現場で形式手法を利用するには，自然言語ベースのドキュメントから形式モデルを構築する（形式モデリング）場合が多く，形式手法導入の最初のハードルとなる．本稿は，形式手法 VDM(Vienna Development Method) を導入する場合を考慮し，自然言語ドキュメントから VDM モデルを構築する形式化モデリング過程について議論し，初歩的なモデルを提案する．そして提案モデルを簡単な事例に適用し，可能な発展について述べる．

Summary. Formal methods are powerful technologies for finding ambiguities and defects in early phases of software development such as specification and design. To use formal methods in software development, the first task is to build formal models no matter which formal method is being used. For practiccal software development, to build a formal model usually means formal modeling from natural language based documents, which is the first hardle for introducing formal methods. In this paper, we focus on VDM(Vienna Development Method) and propose a preliminary model of formal modeling process that constructs VDM models from natural language based documents. We also apply our model on a simple example and discuss possible future directions.

1 はじめに

ソフトウェア開発の上流工程における形式手法の適用は，仕様や設計を数理論理的に記述し，証明やアニメーション（シミュレーション）によって検証及び妥当性の確認を行うことである．形式手法の適用によって，発見しにくい仕様や設計の問題点を数理論理的・網羅的に発見できる．また，単なる検証ではなく，形式モデルの構築，及び検証と確認の過程によって，仕様や設計の曖昧さや漏れを検出する効果がある．

形式手法をソフトウェア開発に導入するには，どの形式手法を使ってもまず形式モデルを構築しなければならない．つまり，形式手法を利用するために形式モデリングの過程を完成することが必要である．形式モデリングは，対象システムを理解して利用する形式手法のモデリング言語で形式モデルを検証可能まで記述する過程である．この過程は，対象システムの理解及び利用する形式手法の理解が両方求められているため，高度な認知・推理・洞察能力が求められる困難な作業だと認識されている．

また，開発現場に形式手法を導入する場合，既に開発プロセスの各フェーズに関するドキュメントがあるため，形式モデリング過程は自然言語ベースのドキュメントから形式モデルを構築する流れになるのが一般的である．この場合，既にドキュメントがあるため，システムを全面的理解して形式モデルを記述することより，ドキュメントを形式モデルに翻訳するような形になる．

自然言語ベースのドキュメントから形式モデルの構築までの過程に関する手順ら

---

[*]Hsin-Hung Lin, 九州大学
[†]Yoichi Omori, 九州大学
[‡]Shigeru Kusakabe, 九州大学
[§]Keirjiro Araki, 九州大学

しき説明は，既に [1] [2] [3] にも言及されていて，新しい問題ではない．しかし，この過程では知識体系，人間の認知メカニズムなど幅広く関係があるため，手順に従って適用することが未だに困難な作業であり，形式手法を導入するときのハードルとなる．

本稿は，自然言語ベースのドキュメントから形式モデルの構築までの過程において，既存の手順を踏まえて形式モデリングのモデルを提案する．主なアイデアは，自然言語ベースのドキュメントを文の集まりとして見て，形式モデリング過程を文単位で形式エンコードするメカニズムとして考える．文単位に分割することによって，形式モデリングの対象の複雑さが減少し，形式モデリングの困難さも軽減することを考えている．現段階では，まだ初歩的なモデルなため，提案モデルに対して簡単な事例に適用し，可能な発展と修正について議論することまでとする．

2 VDM
2.1 VDMの概要

VDM(Vienna Development Method) [1] [2] は，IBM のウィーン研究所で 1960 年代から 70 年代にかけて開発された形式手法である．VDM の仕様記述言語（VDM-SL）は高階記述言語で形式的な文法と意味論が定義されていて，いくつかの抽象型を提供している：ブーリアン (bool)，自然数 (nat)，トークン (token) などからなる基本型，及びレコード (record)，直積 (product)，集合 (set)，写像 (map) などからなる複合型がある．

VDM は，ソフトウェア開発の上流工程において対象システムの任意の抽象レベルにおける仕様を VDM モデルとして記述し，対象システムの機能が要求通りであるか正確性と完全性の観点で検証を行う．さらに，作成した VDM モデルは開発下流工程の活動ガイドとして利用できる．VDM モデルの構築を通して，開発早期に対象とするシステムに対する理解を明確にし，欠陥を発見して取り除くことでソフトウェアの品質を上げる効果が実証されている [4]．

VDM で用いる仕様記述言語は本来プログラミングの仕様記述のために VDM-SL が提案され，さらにオブジェクト指向の概念を取り入れた VDM++ がある．VDM を使うには，The Overture Tool [5] や VDMTools [6] といったツールが提供されている．これらのツールを利用して，VDM モデルの編集（モデリング），検証（文法検査，型検査，証明課題生成），アニメーション（インタプリタによる実行）ができる．VDM は実行可能な陽仕様として記述できるので，その特性を活かしてテスト技法と併用して上流から下流まで開発工程の全活動を繋げることが可能である [7]．

2.2 既存のVDMモデル構成手順

第 1 章で述べたように，VDM モデルの構築手順について，既に [1] [2] [3] にも言及されている．また，IPA（情報処理推進機構）も適用手順に関する報告書・参考資料を公開している [8]．この中，[1] で述べた手順はもっとも一般的だと考えられる．この手順を表 1 で示す．

簡単に言うと，ドキュメントから名詞及び動詞を選出し，それぞれ記述すべき型と関数・操作として考え，徐々ドキュメントを読み（理解し）ながら VDM モデルを完成する過程である．この手順は一般的であり，具体的には事例それぞれで試行しながらモデリングを行う必要がある．

3 自然言語文書の形式化モデリング
3.1 概要

自然言語ベースのドキュメントから形式モデルを構築する形式モデリング過程は，図 1 で示すような過程だと考えられる．この過程において，人間は計算機的補助を利用してモデリングを行い，モデルが完成するまでの作業である．図 1 の過程に対

表 1　ゼロからのモデルの構成手順 [1]

1	要求を読む．
2	可能性のあるデータ型（しばしば名詞から）と関数（しばしば動詞から）とを抽出する．
3	型に関する表現の概略を描く．
4	関数に関する概略を描く．
5	要求から不変な性質を決定することによって型定義を完成させ，それらを定式化する．
6	関数定義を完成させ，必要があれば，型定義を変更する．
7	要求を再検討して，モデルの中で各項目が考慮されていることを確認する．

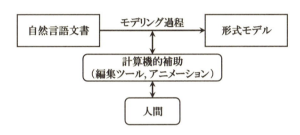

図 1　形式モデリング過程

して，表1は人間がこの作業を実行する時の一般的な手順である．

ここから，我々は更に認知科学 [9] の考えを取り入れ，この過程においてどのような計算論的モデルが考えられるかを思考する．認知科学では，人間の知識過程を計算機モデルとみなし，人間の脳は思考・推論のメカニズム及び記憶（メモリ）を持つ計算論的モデルとして考える．我々はこの概念を借りて，図1と表1の形式モデリング過程における適切な計算論的モデルを探る．この計算論的モデルの目的は，形式モデリング過程において脳の知識過程の解明ではなく，形式モデリング過程というメカニズムは，どんな操作と操作の組み合わせで構成されるかの思考及び提案である．

本稿は，自然言語ドキュメントから VDM モデルを作成する形式モデリング過程を以下のように捉える：
1. 自然言語ドキュメントは，「文」という単位で構成される文書である．
2. 「文」は，自然言語の要素で構成される意味を持つエンティティである．
3. 1つの文は，1つ（または複数）の VDM モデルにエンコードすることができる．
4. VDM モデルは，定義ブロックという単位で構成される．定義ブロックは VDM の文法に従えば自由に定義できる．
5. 自然言語ドキュメントから VDM モデルを作成する過程は，ドキュメントの要素である文を逐次的に VDM モデルにエンコードする過程である．

以下は，これらの考えを VDM-SL の形で表現し，説明する．

3.2　形式モデリング過程の VDM-SL モデル

前節で述べた形式モデリング過程についての考えの1～4を，以下の VDM-SL コードで表現する：

```
types
  document = seq of sentence;
  sentence = seq of char;
  model = set of definition | nil;
  definition = seq of expr;
```

```
    expr = seq of char;
```
　自然言語ドキュメント (document) は文 (sentence) で構成されている．文は自然言語の要素で構成されているが，ここでは単に文字列 (seq of char) で表現する．VDM モデル (model) は，定義ブロック (definition) で構成されていて，何も定義されていない場合は空の VDM モデル (nil) とする．VDM モデルの定義ブロックは，式 (expression) で構成されていて，式は，VDM の文法を省略して単に文字列 (seq of char) で表現する．

　ここまでは，自然言語ドキュメントの形式モデリング過程についての型の定義である．考えの 5 については，VDM-SL の関数で表現する：
```
  functions
    encode : sentence -> model
    encode(s) == is not yet specified;

    integrate : model * model -> model
    integrate(m1,m2) == is not yet specified;

    modeling_s : sentence * model -> model
    modeling_s(s,m) == integrate(encode(s),m);

    modeling : document -> model
    modeling(doc) ==
      if len doc = 0 then nil
      else
        modeling_s(hd doc, modeling(tl doc));
```
　形式モデリング過程を表現するのは，最後の関数の modeling である．modeling 関数は，document の要素の sentence を再帰的（逐次的）[1] に処理し，VDM モデルを作成する．処理の内容は，modeling_s で定義したように，文 (sentence) をエンコードし，そして既にエンコードした文からなる VDM モデルと合併する．ここでは，エンコードする (encode) 及び合併する (integrate) の 2 つの関数がある．この 2 つの関数は，基本的には，人間が文を「翻訳」して既に作った VDM モデルに入れて整合をとる作業であり，形式モデリング過程で一番重要な作業である．今の段階では人間が行う「操作」で具体的なメカニズムがないから，未定義のままにする．

　文のエンコード作業において，人間の解釈と認識に影響されるため，作成可能な VDM モデルは複数あると考えられる．モデルの合併はいくつかの結果をもたらす．たとえば，単に既存モデルに定義ブロックを追加すること，既存モデルの定義ブロックを見直すこと，または既存モデルの定義ブロックを削って関連の定義ブロックを修正することがあげられる．

3.3　事例の適用

　前節は，形式モデリング過程について VDM-SL モデル（以下，提案モデル）の型と関数で初歩的に定義した．本節は，提案モデルの定義をもって簡単な事例に対してエンコード (encode) と合併 (integrate) の適用を中心に説明・議論を行う．

　事例は，[1] の例題，化学プラント警報システムに対する要求，を提案モデリング過程にする．この例題の要求文書を表 2 で示す．この要求文書は，8 つの文（R1 から R8）で構成されている．提案モデルは，逐次的にそれぞれの文に対してのエンコードして VDM モデルを作成し，前の文で作成した VDM モデルと合併する．例えば，R1 に対して，encode 関数は，

---

[1]関数は再帰的で最後の文が一番先にエンコードされるように定義したが，逐次的に見ても問題がない．

表2　化学プラント警報システムに対する要求 [1]

R1	このプラントの警報を管理する計算機システムを開発する．
R2	警報に対処するために，4種類の専門分野が必要である．すなわち，電気，機械，生物，化学の4種類である．
R3	システムが稼働している期間では常に，専門家が勤務していなければならない．
R4	各専門家は各自の専門分野の一覧をもつことができる．
R5	システムに報告される警報には，おのおのの専門分野が指定されており，警報には専門家が理解できる記載事項が付いている．
R6	システムが警報を受け取ると常に，適切な専門分野の専門家を見つけて呼び出さなくてはならない．
R7	専門家は，システムデータベースを用いて，自分たちがいつ勤務するのかを確認できる．
R8	勤務している専門家の数を知ることができなければならない．

```
Plant :: alarms = set of Alram;
Alarm = token;
```
の型定義を含む VDM モデルが作成できる．つまりプラントが警報発生情報 (alarms) を持っている．R1 だけでは Alarm 型に関する詳細な情報がないため，token で表現する．R2 は，警報の種類（専門分野）が4つあることを述べる．従って，

```
Alarm :: quali : Qualification;
Qualification = <Elec> | <Mech> | <Bio> | <Chem>;
```
のように，エンコードした VDM モデルでは，Alarm 型を quali を含む複合型にし，quali は Qualification 型で4つの専門分野の列挙型にする．そして，R2 のエンコード結果と R1 のエンコード結果と合併する (integrate 関数を実行する) ことで，

```
Plant :: alarms : set of alarm;
Alarm :: quali  : Qualification;
Qualification = <Elec> | <Mech> | <Bio> | <Chem>;
```
の定義ブロックがある VDM モデルができた．

R3 は，専門家と稼働期間に関する型と制約条件を述べる．専門家は，（1つまたは2つ以上の）専門分野を持っているので専門分野の集合を持つ複合型にする．また，各々の専門家が持つ専門分野の集合は空集合になってはいけないので，Expert 型の不変条件を付ける．稼働期間については，詳細情報がないため，まず期間を表す Period という token 型を定義する．そして，システムの稼働期間は，専門家に対応をとる必要があるため，Plant 型に sch を追加する．sch の型 Schedule は，Period から Expert への写像で，専門家が勤務している期間を表現する．どんな稼働期間においても勤務している専門家がいる制約条件を Schedule の不変条件として定義する．結果として，以下の VDM モデルができた．

```
Expert :: quali : set of Qualification
  inv ex == ex.quali <> {};
Period : token;
Plant :: sch : Schedule
Schedule = map Period to set of Expert
  inv s == for all exs in set rng s & exs <> {}
```

R3 に関するエンコードは，文が短いにもかかわらず，情報量が多いため，型及び関連する制約条件まで定義することとなり，作成した VDM モデルの定義の量も多くなった．続きの合併の作業は R2 の場合と類似しているため，ここでは省略する．

ここまでのエンコードは，型と型の制約条件の定義の作成だけだが，関数及び操作に関しても同じような作業 (encode, integrate) で VDM モデルを作成する．例え

ば，R6 は警報の専門分野を持つ専門家を見つけ出すことであり，型の Expert と Qulification をもって関数の ExpertToPage を定義することになる．実際，encode で行う作業は，単純にモデルを書けてしまうことではなく，表 1 の手順を実行することである．ただし，文単位でエンコードすることで各々のエンコード作業がしやすくなる効果がある．

一方，R3 のエンコード過程において，専門家の型は「専門」という用語の意味を考慮した上で決めたことに見える．単純なエンコードなら token 型ですべきだが，人間が行う作業の観点では，前の文または既存の VDM モデルを参照する操作が入ったと自然に考えられる．従って，前の文の参照は，前の文からできた「文脈」といった情報を改めて定義する必要がある．我々も今後，「文脈」を導入する方向が自然で妥当だと考える．例えば， [3] が提案した用語辞書がヒントとなる．

4　おわりに

本稿は，自然言語ドキュメントから VDM モデルを作成するまでの形式モデリング過程について，計算論的モデルを提案し，簡単な事例に適用して議論を行った．提案モデルは，自然言語ドキュメントを文の集まりで扱い，形式モデリング過程は文の集まりを逐次的にエンコード (encode) と合併 (integrate) する作業の系列として扱う．実際の作業内容として，表 1 の一般的な手順で文単位で行うこととする．

提案モデルの作業内容は，従来の形式モデリング過程とは大きい違いはないが，全体ではなく文単位でエンコードするメカニズムなので，作業がしやすくなる効果が考えられる．また，システム全体に対する理解は，文ごとで逐次的進んでいく形になり，従来の予め全体を理解した上でモデルを作成する習慣と異なる．提案モデルは，基本的に文の順番と関係なくエンコード・合併の作業が行えるが，ドキュメントをどこから理解・着手すべきかの問題がない．ただし，適切な順番を取ると，エンコードと合併の作業がよりスムーズに進められる．

提案モデルは，まだ初歩的で具体的に encode と integrate のメカニズムははっきりしていないが，人間が行う作業のままで良いとする．ただし，3.3 節で述べたように，前の文の参照となる文脈を考える必要があり，用語辞書 [3] のような概念を取り入れて補完することを計画している．現時点では，前述文脈の概念と合わせて encode と integrate のメカニズムをもっと詳しく探ってモデリングの適用に反映する必要がある．このため，提案モデルの方式で複数事例で形式モデリングを行うことを計画している．

謝辞　本研究は JSPS 科研費基盤研究 (S)24220001 の助成を受けたものである．

参考文献

[1] John Fitzgerald, Peter Gorm Larsen, 荒木 啓二郎（訳）, 張 漢明（訳）, 荻野 隆彦（訳）, 佐原 伸（訳）, 染谷 誠（訳）. ソフトウェア開発のモデル化技法. 岩波書店, 2003.

[2] John Fitzgerald, Peter Gorm Larsen, Paul Mukherjee, Nico Plat, Marcel Verhoef, 酒匂 寛（訳）. VDM++ によるオブジェクト指向システムの高品質設計と検証：仕様の品質を飛躍的に高める手法. 翔泳社, 2010.

[3] 大森 洋一, 荒木 啓二郎. 自然言語による仕様記述の形式モデルへの変換を利用した品質向上に向けて. 情報処理学会論文誌プログラミング（PRO）, 3(5):pp 18–28, 2010.

[4] 中津川 泰正, 栗田 太郎, 荒木 啓二郎. 実行可能性と可読性を考慮した形式仕様記述スタイル. コンピュータ ソフトウェア, 27(2):pp 130–135, 2010.

[5] Overture Tool. http://overturetool.org

[6] SCSK VDMTools. http://www.vdmtools.jp

[7] 中津川 泰正, 栗田 太郎, 荒木 啓二郎. 形式仕様記述手法を用いた FeliCa カード開発におけるテスト実施効率の考察. ソフトウェア技術者協会, ソフトウェアシンポジウム 2013 論文集.

[8] 情報処理推進機構 (IPA). 形式手法活用ガイドならびに参考資料, http://www.ipa.go.jp/sec/softwareengineering/reports/20120928.html.

[9] 村田 厚生. 認知科学―心の働きをさぐる. 朝倉書店, 1997.

VDM++ 要求仕様に対する網羅的テストによるスレッド安全性の確認
Safety check of threads in the VDM++ specification by exhaustive test set

大森 洋一[*] 林 信宏[†] 荒木 啓二郎[‡] 日下部 茂[§]

あらまし 一階述語論理と集合論に基づくフォーマルな仕様記述言語 VDM++ は，型検証や状態モデリングといった静的検証が容易である反面，動的な振る舞い検証が困難である．我々は，振る舞い検証の中でも大きな課題となっているスレッドの安全性に関して，実行可能な仕様のアニメーションにおける網羅的テストを活用した検証手法を提案する．本手法は VDM++ の型記述における柔軟性を損なわずにスレッドに関する振る舞いをモデル化し，その組み合わせを網羅的に検証する．本稿では，スレッドの安全性検証を含む例題を用いて，VDM++ によるモデルから得られるテスト系列と満たすべき条件に関する情報から，不具合を生じるテストケースを発見する手順を示す．

1 研究背景
1.1 ソフトウェアの早期検証
　フォーマルメソッドは，計算機システムの仕様を数理的に表記することおよび，その仕様を検証基盤として利用する手法である [1]．フォーマルメソッドは上流工程からのソフトウェア品質向上に有用であることが知られており，提案初期から利用されてきたプラント制御や交通管制といったクリティカルシステムだけでなく，さまざまな応用分野，適用範囲において多くの実用例がある [2]．VDM はシステムのモデル化と分析，詳細設計やコーディングへ至るための技術体系であり，一階述語論理と同値性に関する集合論に基づくフォーマルメソッドの一種である．1960 年代後半から長期に渡って使用されており，安定した検証ツールと多くのユーザおよび実用例をもつ [3] [4]．

　VDM++ は，VDM の記述言語のひとつであり，ISO 標準となっている VDM の仕様記述言語 VDM-SL をオブジェクト指向及び非同期並列・並行処理に関して拡張したものである．VDM++ の検証ツールには，The Overture Tools [5][1] や VDMTools [6][2] があり，記述したモデルの構文検査や型検査，仕様アニメーションと呼ばれるインタプリタによる対話的実行，証明課題の自動生成，簡単な自動証明といった機能を備えている．

　VDM++ 仕様の振る舞いは，仕様の入出力値を評価する仕様アニメーションにより確認できる [7]．このためには VDM++ は仕様を実行可能な形式で記述することが必要であり，また非決定性を含む仕様に対しては実行時に人間による操作が必要となる．このような前提の下で，仕様アニメーションの操作系列は仕様に対するテスト系列とみることができる．VDM++ で記述された仕様は有限状態機械であるから，網羅的なテスト生成により初期状態から禁止状態に至る本質的なテスト系列をみつけることにより，振る舞い検証を行う．

---
[*]Yoichi Omori, 九州大学
[†]Hsin-Hung Lin, 九州大学
[‡]Keijiro Araki, 九州大学
[§]Shigeru Kusakabe, 九州大学
[1]詳細は http://overturetool.org 参照．
[2]詳細は http://www.vdmtools.jp/ 参照．

以下，第 2 章で VDM++ による仕様に含まれる並行性について述べる．第 3 章では，VDM++ 仕様から有限状態機械を抽出し，初期状態から与えら得た禁止状態へ遷移する操作系列を効率的に導出する手順を説明する．さらに第 4 章でパーキングデッキの事例を用いて，提案手法が並行性の検証にどのように役立つかを評価する．第 5 章ではまとめと今後の課題について述べる．

2 VDM++並行性に関する振る舞い検証
2.1 VDM++ の非決定性
仕様の振る舞いに関する問題のうち，並行動作に関する部分はレビューでは発見しにくい．ツールによる振る舞い検証では，こうした他の手法では発見が困難な問題の発見が期待される．VDM++ では仕様記述の対象の並行性に関する性質をモデルとして記述できるが，その検証手段は確立しているとはいえない．

VDM++ は，対象システムに含まれる並行性を非同期に実行されるスレッドとして thread セクションに，同期に関する条件を sync セクションに記述する．thread セクションにはスレッドとして実行される手続きを記述する．thread セクションをもつオブジェクトは，start キーワードにより thread セクションの並行実行が開始される．このとき，本質的に非決定的な仕様では，実装の際にプログラマがその実行順序を決定する．この点は，実行順序に関する明確な実行モデルが決まっているプログラム言語と仕様としての VDM++ の異なる点である．つまり VDM++ において，スレッド内の実行順序は逐次的であるが，複数のスレッド間の実行順序は非決定的であり，仕様の正しさを検証するためには実行順序に関してすべての組み合わせをテスト系列として生成すればよい．

2.2 関連研究
VDM 同様に一階述語論理に基づくフォーマルメソッドである Z や B-Method は振る舞い記述を可能とした Event-B に発展しているが，モデル検査などの動的検証は提供していない [8]．

仕様の動的な検証には，SPIN [10]，NuSMV [11] などのモデル検査ツールが用いられることが多い．モデル検査は，有限状態定義として記述した検査対象にたいして，その振る舞いが時相論理で与えられる条件を満たすかどうかを判定する．しかしながら VDM や Z/B と比較して，型定義に制限があったり，状態爆発を避けるためにプログラムの抽象化が必要であったりといった制約がある．VDM からモデル検査用のモデルへの変換も試みられているが，変換可能なモデル記述要素が限られていたり，意味の保存が保証されないなどの課題が解決していない [12]．

本研究では，仕様記述の段階で振る舞い検証を行うことにより，本質的にモデル検査における状態爆発を避けるという観点から VDM++ を対象とする．このような目的で開発されたフォーマルメソッドに TLA+ がある [13]．ただし，現状では TLA+ およびその検証ツールである TLC にもそれほど複雑なデータ構造や大きなモデルは扱えないという制約が残っている．

また，本研究の目標は Alloy による有界モデル検査と共有する部分が大きい．記述言語の違い以外に，Alloy が時相論理に基づいて生成されたモデルの振る舞い検証を行うのに対し，本研究はあくまでテストによる振る舞い検証となる．本研究の手順では予め実行可能なモデルを記述しなければならない代わりに，どのテスト系列のどの部分に問題があったのかという反証分析は容易である．

3 テストによる振る舞い検証
VDM++ による仕様は，一階述語論理を背景とした型システムに基づく静的検証を一義的な目的としている．しかしながら，VDM++ の豊富な型定義機能を活用して，演算アルゴリズムや状態操作に関する詳細を定義し，実行可能な仕様を

記述し，実現可能性を確認することが可能である．このとき，実行可能な仕様に具体的な値を入力し，対応する出力値を得る仕様アニメーションにより，内的な矛盾を含まないかどうかという仕様検証だけでなく，入力に対して予想した出力が返ってくるかといったテストの観点から，仕様の妥当性確認を VDM の専門家以外でも行うことが可能となる．

本研究で提案するテストによる検証は，モデル検査と異なり，全ての命令の組み合わせを検証するものではない．対象とするのは，並行処理において，さらに特定手順の組み合わせを網羅的に生成する部分のみである．したがって，開発期間やコストの制約によりモデル検査を適用できないような場合に，モデル検査のような完全な証明は得られない代わりに，特に問題が生じては困る処理，仕様としての確信が得たい部分を優先的に検証できる．

具体的な手順は，第 4 章の事例に基づいて説明する．

3.1 VDM++ からの網羅的並行テスト系列の抽出

本研究では，実行可能な VDM++ に含まれる並行性に関する仕様記述から，以下の手順によりスレッドに含まれる命令列を逐次化した網羅的なテストの組み合わせを生成する．

1. 改造した VDM++ パーサによる関連するスレッド群の抽出
   VDM++ の記述をパースしながら，スレッドによる並行処理記述の部分を特定する．パーサには，The Overture Tools の一部である VDMJ を利用した [14]．VDMJ は Java によるオープンソースの VDM++ インタプリタであり，文法検査を行うパーサと，式の評価を行うインタプリタからなる．このパーサ部分で，並行実行を指定する start または startthread で指定された thread セクションをファイルへ書き出すように改造した．

2. 関連するスレッド群から，実行され得る命令列の順序の組み合わせを生成
   VDM++ の並行処理は非同期実行モデルであるので，明示的な同期以外は任意の順序で各スレッドが実行される．ただし，それぞれのスレッド内部では命令の実行順序が変わることはない．したがって，並行実行される部分全体としては，各スレッドの命令列をキューとみなし，任意のキューの先頭から命令をとってくる組み合わせの数だけ実行順序の組み合わせがあり得ることになる．

3. 生成した命令列を VDMUnit で自動実行実行可能な形式へ変換
   逐次化した命令列の組み合わせ数は，命令数 C1 の Thread1, 命令数 C2 の Thread2 に対して，
   $$_{C1}P_{C1+C2} = \frac{(C1+C2)!}{C1!C2!}$$
   一般に n 個のスレッドに対して，
   $$\frac{(C1+C2+\ldots Cn)!}{C1!C2!\ldots Cn!}$$
   となり，手作業での適用は難しい．
   VDMUnit は JUnit などと同様の単体テストフレームワークであり，実行可能な VDM++ 記述に対して，ツール上から自動的にテストを実行できる [17]．この VDMUnit で適用可能な形式で，逐次化したそれぞれの命令列を保存する．

図 1 にこの手順の概要を示す．

4 並行性を含んだ事例

本手法を評価するために，パーキングデッキの事例について VDM++ によるモデル化を行い，その並行性の検証を行った．パーキングデッキは内部に多数の駐車スペースをもつ複数階からなる建物であり，例題が George Mason University の講義における課題として公開されている [15]．

パーキングデッキの観点からは，車はそれぞれが自律的に行動するオブジェクト

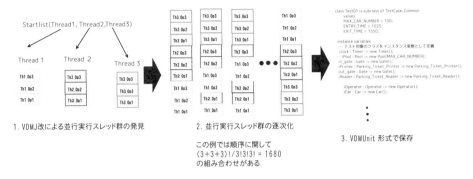

図 1 スレッドの逐次化

であるので，一台ごとにスレッドにより制御されるものとして，VDM++ モデルを記述した．VDM++ のスレッドは非同期実行されるので，これらのオブジェクト群全体の時計を "Timer" 型の変数 clock で管理する．

例題と VDM++ モデルとのトレーサビリティは，フォーマルな用語辞書により保証する．フォーマルな用語辞書は，自然言語による仕様書に含まれる意味単位とそのフォーマルな意味定義を管理する用語辞書である．我々はフォーマルな用語辞書を効率的に作成，維持するためのツール JODTool を作成し，公開している [16].

例題の実行可能な VDM++ 記述は，9 クラス 241 行，テストのためのインスタンスクラスが 24 行となった．

4.1 並行性の検証

パーキングデッキはリアクティブなシステムであり，この問題における並行性は自律的に動作する車によりもたらされる．このモデルにおける並行性のうち，安全性に関わる性質として，図 2 のような状況を考える．

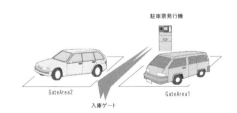

図 2 入庫する車の排他制御

ここで「ゲートを通過してすぐの位置に車があり，別の車が入庫しようとしている場合，入庫ゲートが開いてはいけない」，すなわち，入庫しようとしている車の位置を gatearea1，ゲート通過直後の車の位置を gatearea2 とした時，2 台目進入できるは gatearea2 が空いているときのみである．

この安全性に関する性質の VDM++ による記述は，ゲートに車が入場する操作の事前条件となり，図 3 のようになる．この VDM++ 記述に対して車が 1 台だけの場合も，2 台の車が続けて入庫する場合も問題なく実行できる．

ここで，自明でない場合として，「車が gatearea2 を通過した後，何らかの理由でまた後退して進入する」場合を考える．1 台の車がこのような振る舞いをしても問題は生じず，2 台の車がこのような振る舞いをしても，タイミングによっては問題が生じない．しかし，1 台目が gatearea2 に戻ってきたタイミングで 2 台目が進入しようとすれば車の衝突が発生する．実際，VDM++ のツールを利用した仕様アニメーションでは，特定の命令実行順でしか評価できないので，このような場合を

```
public enter : () ==> ()
enter() == (
        area := <occupied>
)
pre area = <empty>;
```

図3　車一台が入場する時のゲートに関する事前条件

```
iCar.pass_in_gate();
in_gate.enter();
in_gate.close();
iCar.clear_in_gate();
in_gate.leave();

jCar.reach_in_gate();
clock.set_time(ENTRY_TIME2);
jPrinter.set_time(clock.get_time());
jPermit := iPrinter.print();
jPermit := iPrinter.tookoff(jPermit);
in_gate.open();
iCar.back_in_gate();
in_gate.enter();
jCar.pass_in_gate();
in_gate.close();
jCar.clear_in_gate();
in_gate.leave();
```

図4　並行実行で問題を生じるテスト系列

みつけるのは難しい．プログラムのテストでは実行環境に依存した問題をみつけることができるが，VDM++ のモデル，すなわち仕様としては，あらゆるスレッドの実行環境で問題が生じないことを保証できなければ十分でない．
　この問題を検出するテストとして，2 台の車のインスタンス iCar, jCar が上記の後退を含む振る舞いを thread として並行実行する場合を考える．それぞれのスレッドは 11 命令を含むので，テストケースはひとつあたり 84 行のクラスが $(11+11)!/(11!11!) = 705,432$ 個となった．これらのテストケースは上記の手順により，自動生成されたものであり，手作業での VDM++ 記述は前述のとおり 300 行弱である．この組み合わせのうち，問題が見つかったものの一部を図 4 に示す．
　Car 型の状態変数 iCar および jCar がそれぞれスレッドとして自律的に動けるとした場合，それぞれが gatearea2 に同じタイミングで移動しようとするこのテスト系列は，組み合わせのうち最初に見つかったものである．実際に，このテスト系列は仕様アニメーションによりエラーを生じることが確認できた．

5　まとめと今後の課題

　本研究では，並行性を含んだ VDM++ 仕様の検証する以下の手順を提案した．まず VDM++ 仕様からスレッドとして並行実行される手続きを抽出し，抽出した手続きと並行実行されるスレッドの組み合わせから，実行される可能性のある順序で逐次化されたテスト系列を網羅的に作成する．実行可能な VDM++ 仕様の検証ツールおよび VDMUnit を利用した仕様アニメーションにより，発見したテストケースを適用し，問題が生じるテストを特定する．この手順を例題を用いて，提案した手順が有向であることを確認した．
　ここで重要なのは，一台の車の場合は問題ない振る舞いであっても，二台の車で並行実行すると問題が生じる場合があったという点であり，本研究で目指していた，VDM++ に関する一見分かりにくい動的な振る舞いに関する検証法として，本提

案の有効性が示すことができた．この例題は実用的な大きさではないが，テスト生成および実行にかかる時間は無視できる程度であった．

その一方で，同じ原因で問題を生じるテスト系列がたくさん見つかるという問題もあった．すなわち，本例題で問題を生じるのは，先行車の後退と後続車の前進が続けて起こる場合であり，その他のゲートにおける処理の組み合わせは無駄である．現在は，人間による探索打ち切りを行なっているが，より効率的な検証には効率的なテスト系列の生成や，結果分析の自動化が望まれる．

謝辞 事例となる Park Deck Problem の例題を公開していただいた George Mason University の Dr. Hassan Gomma に感謝する．本研究の一部は，JSPS 科研費 24220001，基盤研究 (S) 「アーキテクチャ指向形式手法に基づく高品質ソフトウェア開発法の提案と実用化」の成果による．

参考文献

[1] Cliff B. Jones. Software development based on formal methods. In *Proc. of the CRAI Workshop on Software Factories and Ada*, Vol. 275 of *LNCS*, pp. 153–172, 1987.
[2] IPA/SEC. 厳密な仕様記述における形式手法成功事例調査報告書. Technical report, 独立行政法人 情報処理推進機構, http://www.ipa.go.jp/sec/reports/20130125.html, 2013.
[3] Marcel Verhoef, Peter Gorm Larsen, and Jozef Hooman. Modeling and validating distributed embedded real-time systems with vdm++. In *Proc. of the 14th International Symposium on Formal Method*, pp. 147–162, 2015.
[4] Taro Kurita, Fuyuki Ishikawa, and Keijiro Araki. Practices for formal models as documents: Evolution of vdm application to "mobile felica" ic chip firmware. In *Proc. of the 20th International Symposium on Formal Method*, pp. 593–596, 2015.
[5] Peter Gorm Larsen, Nick Battle, Miguel Ferreira, John Fitzgerald, Kenneth Lausdahl, and Marcel Verhoef. The overture initiative – integrating tools for vdm. *SIGSOFT Software Engineering Notes*, Vol. 35, No. 1, pp. 1–6, 2010.
[6] John Fitzgerald, Peter Gorm Larsen, and Shin Sahara. Vdmtools: Advances in support for formal modeling in vdm. *SIGPLAN Notice*, Vol. 43, No. 2, pp. 3–11, 2008.
[7] Juan Bicarregui, Jeremy Dick, Brian Matthewsa, and Eoin Woods. Making the most of formal specification through animation, testing and proof. *Science of Computer Programming*, Vol. 29, No. 1-2, pp. 53–78, 1997.
[8] Steve Schneider. *Concurrent and Real Time Systems: The CSP Approach*. John Wiley & Sons, Inc., 1999.
[9] Peter Gorm Larsen, Kenneth Lausdahl, and Nick Battle. Combinatorial testing for vdm. In *Proc. of the 8th IEEE International Conference on Software Engineering and Formal Methods*, pp. 278–285, 2010.
[10] Gerard J. Holzmann. The model checker spin. *IEEE Transactions on Software Engineering*, Vol. 23, No. 5, pp. 279–295, 1997.
[11] Alessandro Cimatti, Edmund Clarke, Enrico Giunchiglia, Fausto Giunchiglia, Marco Pistore, Marco Roveri, Roberto Sebastiani, and Armando Tacchella. Nusmv 2: An opensource tool for symbolic model checking. In *Proc. of 14th International Conference on Computer Aided Verification*, pp. 259–364, 2002.
[12] Kenneth Lausdahl, Hiroshi Ishikawa, and Peter Gorm Larsen. Interpreting implicit vdm specifications using prob. In *Proc. of the 12th Overture Workshop on VDM*, pp. 1–15, 2014.
[13] Leslie Lamport. *Specifying Systems: The TLA+ Language and Tools for Hardware and Software Engineers*. Addison-Wesley Longman Publishing, 2002.
[14] Nick Battle. Introduction to vdmj. In *Proc. of the 6th Overture Workshop*, pp. 19–28, 2009.
[15] Hassan Gomma. Course assignments for software modeling and design. http://mason.gmu.edu/ hgomaa/assignments.html.
[16] Yoichi Omori, Keijiro Araki, and Peter Gorm Larsen. Jodtool on the overture tool to manage formal requirement dictionaries. In *Proc. of the 13th Overture Workshop*, pp. 3–17, 2015.
[17] John Fitzgerald, Peter Gorm Larsen, Paul Mukherjee, Nico Plat, and Marcel Verhoef. *Validated Designs For Object-oriented Systems*, chapter 9.5 The VDMUnit Framework, pp. 214–224. Springer, 2005.

UMLモデリング教育を支援するルールベースのクラス図採点支援ツール
Tutoring Support Tool for Rule-based Scoring of Class Diagrams in UML Modeling Education

宮島 和音[*]　小形 真平[†]　香山 瑞恵[‡]　岡野 浩三[§]

あらまし オブジェクト指向開発教育において，クラス図教育の充実化・効率化は重要である．一般に，使用する語彙を限定しない課題では正解が唯一に定まらず，解答は自然言語表現のブレにより多様化する．そのため，特に多人数教育では教師が個別に採点・フィードバックを返すことに時間を要する．結果として，学習者の学習の効率性を阻害する問題に繋がる．そこで，本研究では，自然言語表現の適否により正否が変わる評価項目において，教師による採点・フィードバック作成を支援するルールベースのクラス図採点支援ツールを実現する．そして，提案ツールの有無による採点の比較実験の結果から，フィードバック提供の効率化に重要となる採点の効率性と質について，提案ツールが有効であったことを示す．

1 はじめに

オブジェクト指向開発では，UMLクラス図[1]を適切に記述する能力が極めて重要である．そのため，課題学習などを通し，学習者の当該能力を効果的に向上できるように，従来からクラス図の診断項目や自動診断方法が提案されてきた[2][6][7][8][9][10][11][13]．特に自動診断方法では，学習者は自身のクラス図へのフィードバック（不適切な箇所と根拠およびその改善のヒント）を知る機会が早期に得られる．

しかし，使用する語彙を限定しない課題では，自然言語の語義に階層構造や曖昧性があることから，全ての正解を事前に確定することは困難であるため，たとえば，正解例に基づく自動診断方法[2]では例に沿わない正解を不正解とする危険性がある．この危険性を回避しようにも，教師が自然言語の特性を踏まえて，課題の正解を網羅する正解例を用意することは困難であり，時間を要する．一方，実際の教育場面では正解を網羅した正解例は必須でなく，学習者の答案の範囲で正否を適切に判定でき，不正解であれば，その原因を診断できれば良い．

このことから，本研究では，診断の効率性よりも適切性を重視し，教師が学習者の答案に沿って効率的に採点やフィードバックを行える方法を検討する．その場合，100人規模の答案があったとしても，教師の作業時間を短縮できる工夫が重要となる．そこで，教師が容易に作成できる採点ルールに基づき，自然言語表現に対する採点とフィードバック生成を自動化するクラス図採点支援ツールを提案する．採点とフィードバックの適切性は，学習者の答案から導出される採点ルールを介して，教師が採点することで担保する．その上で，効率性は提案ツールにより，採点ルールの作成を半自動化し，採点とフィードバック生成を自動化することで向上する．なお，クラス図の記法や，採点に必要な評価項目は先行研究[6]のものを利用する．

提案ツールの有効性を評価するための以下のResearch Questions (RQs)に答えるべく，提案ツールの有無による採点の効率と結果の差異を測る実験を行った．

RQ1. 提案ツール使用時は未使用時に比べて採点を効率化できるか？
RQ2. 提案ツール使用時は未使用時に比べて同質以上の採点結果を得られるか？

---
[*]Kazune Miyajima, 信州大学
[†]Shinpei Ogata, 信州大学
[‡]Mizue Kayama, 信州大学
[§]Kozo Okano, 信州大学

受講生が100人程度の授業で得た3種の答案を用いた実験の結果，RQ1については，課題文の解釈の自由度が低く，解答者数が多い場合に提案ツールは採点を効率化できた．RQ2については，採点結果の○×の差異から質を測った結果，若干の差異は生じたが，その原因を踏まえ，同質以上の採点結果が得られる見込みを得た．以上から，100人程度の答案への採点支援として提案ツールは有効であった．

2 関連研究

これまでに種々のクラス図の診断項目や自動診断方法が提案されてきた．まず，教育観点のプラグマティックなモデリング規約に基づく診断項目 [9] [11] [13] や自動診断方法 [6] があるが，自然言語表現の適否に関する規約の採点支援は実現されていない．加えて，課題文に依存する自然言語の語彙や意味に関する診断項目 [6] [9] [11] [13] があるが，やはり支援されていない．本研究では，文献 [6] の内，自然言語表現の適否に関する規約の採点支援を実現する．

一方で，教師の正解例に基づく自動診断方法 [2] がある．しかし，使用する語彙を限定しない課題では自然言語表現のブレが生じるため，これに完全には対処できておらず，また対処の完全化は極めて難しい．本研究では，自然言語を適切に解釈できる教師を介して，適切性を損なわない診断を効率化するアプローチを採る．

他にも，メトリクスに基づく診断項目 [10] [11] や，文字列や数の一致による他のモデル図との一貫性に関する診断項目 [8] [9] や自動診断方法 [8]，アンチパターンに基づく診断項目 [12]，モデリングプロセスの記録 [7] があるが，適切な自動化が困難な自然言語表現を持つ図（プロダクト）を対象とする本研究とは趣旨が異なる．

本研究が対象とする，評価基準（全17項目）[4] の内，未支援の項目を表1に示す．表1の略称中の文献番号は同様の趣旨の診断項目を扱う既存研究を表す．

表 1 評価基準 [6]

記述要素	分類	略称	説明
クラス	クラス誤り	抽象度混在	抽象度の異なるクラスがある．
	属性誤り	具体値 [13]	属性名が具体値やクラスを構成する部品名になっている．
		数量	集約とみなせる関連において，関連先クラスのインスタンス数を表す冗長な属性が関連元にある．
		メソッド [11]	振る舞いを表す属性がある．
		同義属性	クラス内に同義の属性がある．
		属性関係無し [11]	クラスに無関係な属性がある．
	関連誤り	関連名誤り [9] [11]	関連名の記述を誤る．
		多重度誤り [8] [11] [13]	多重度の記述を誤る．

3 ルールベースのクラス図採点支援ツールの提案

3.1 概要

関連研究の総括として，自然言語表現が適否に関わる評価項目は，適切な自動化がなされておらず，またその自動化が極めて困難である．そこで，完全手動に比べて，教師が適切性を損なわずにクラス図を効率的に採点できるツールを実現する．

本研究では，専門的な勉学を始める前の初学者を対象に，記法の正しい理解と抽象化能力の向上とを目的とした学習方法を探求する先行研究 [4] を基にする．そのため，クラス図記法は，クラス，属性，関連(関連名，多重度)のみを使用する概念モデル [3] の簡易記法 [4] を用いる．

以下に提案ツールの4つの特長を示す．

- 同一な答案群を個別に採点せずに済むように，提案ツールでは全ての答案の情

報を集約して半自動生成される採点ルールを基に自動採点できる．
- 教師が答案を不正解とした根拠を評価項目に沿って漏れなく効率的に残せるように，提案ツールでは採点ルールを評価項目に沿う採点根拠にできる．
- フィードバックを効率的に作成できるように，提案ツールでは不正解の根拠となる採点ルールの情報から定型的なフィードバックを自動生成できる．
- 手動では採点が不適切であった場合に全ての図を見直す必要があるが，提案ツールでは採点ルールの正否の見直しだけで再採点できる．

3.2 採点の流れ

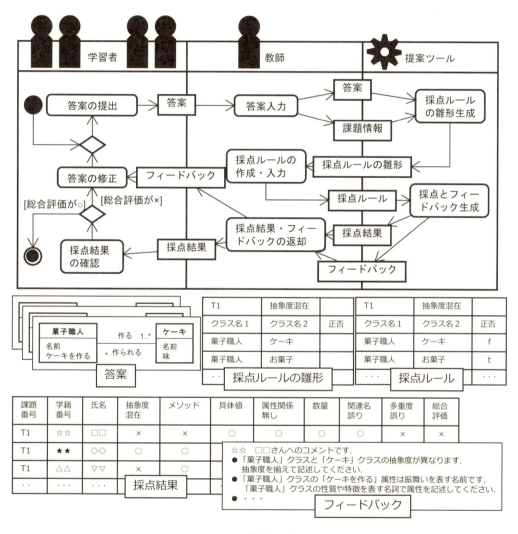

図1 採点の流れ

提案ツールによる採点の流れを図1のアクティビティ図に示す．学習者が答案を提出し，教師は提案ツールへ課題情報（番号と文）とともに答案を入力する．

提案ツールは，答案の情報を集約して採点ルールの雛形（例は図1下部の"採点ルールの雛形"）を生成する．答案に含まれるクラス名，属性名，関連名，多重度を名前要素と総称し，その組み合わせのインスタンスを評価情報と呼ぶ（表2）．雛

形生成では，答案別に評価情報を抽出し，その重複を排除する．たとえば，図1の"答案"例では，"菓子職人"と"ケーキ"のクラス名ペアが抽象度混在の評価情報として抽出される．重複とは，評価情報間で内容が文字列レベルで完全一致することである．ただし，抽象度混在のクラス名および同義属性の属性名は，名前要素が組として一致しておれば重複とみなす．最終的に"評価項目"ごとに"名前要素の組み合わせ"と"正否"からなる csv 形式の表を採点ルールの雛形として自動生成する．

表 2 　評価項目に沿った採点のための名前要素の組み合わせ

評価項目	名前要素の組み合わせ
抽象度混在	クラス名1，クラス名2（"クラス名1"のクラスと"クラス名2"のクラスは異なる）
メソッド/具体値/属性関係無し	クラス名，属性名（"属性名"は"クラス名"のクラスが持つもの）
同義属性	クラス名，属性名1，属性名2（"属性名1"と"属性名2"は"クラス名"のクラスが持つもの）
数量	関連元クラス名，属性名，関連先クラス名，関連名（"属性名"は"関連元クラス名"のクラスが持つもの）
関連名誤り	関連元クラス名，関連先クラス名，関連名
多重度誤り	関連元クラス名，関連先クラス名，関連名，多重度

　教師は雛形に正否を与えて採点ルール（例は図1下部の"採点ルール"）を完成する．評価情報が評価項目から正しいと判断するならば"t"，不正と判断するならば"f"を"正否"項目に入力するだけで良い．提案ツールは採点ルールに基づいて課題・学習者ごとに，採点結果（例は図1下部の"採点結果"）を○×で出力する．結果が×の場合，フィードバック（例は図1下部の"フィードバック"）を×の根拠となった採点ルールから生成する．学習者は，フィードバックを得て全ての評価項目が○となるまで修正と再提出を繰り返す．

3.3 提案ツールの限界

　第一に，汎化関係や実現関係，属性の型や操作を対象とせず，クラス名が単一の論理概念であるかどうかかなどの診断項目 (たとえば，[9] [11]) に対応していない．これらは，扱える図要素の種類を増やし，評価項目や名前要素の組み合わせを教師が拡張できる仕組みを実現して，解決を図る．第二に，課題文を満たす評価情報の不足を採点できない．この問題は正解に必要な評価情報を指定できる仕組みを実現することで解決を図る．その際，自然言語表現のブレに対処しやすいよう類語辞書の導入も検討する．最後に，適切に採点できる教師を支援するが，採点が正確であることを保証するものではない．

4 評価実験
4.1 概要

　第1章で述べた2つのRQsに答えることを目的とする．そのため，提案ツールの有無による採点の効率と質の差を測った．

　提案ツールは，モデリングツール astah [5] の API を利用して Java でフィードバック機能以外を試作した．採点対象は，先行研究 [6] で得た3種 (T1 から T3[1]) の答案であり，解答者数は T1 が 92 名，T2 が 89 名，T3 が 50 名であった．被験者（採点者）は先行研究 [6] の理解者1名である．

　RQ1 に関する採点の効率性を測るために，採点開始から終了までの採点時間を計測した．RQ2 に関する採点の質を比較するために，T1 を例に採点結果を分析した．ここでの質は，提案ツールの有無による○×の採点結果の差異から観測する．差異

---
[1] 実際の課題番号とは異なるが，ここでは便宜上の番号 Task n（Tn）を与えている．

とは，被験者・評価項目ごとに○×が異なった件数を指す．採点は， 3種の課題 (T1:菓子職人，T2:オンラインストア，T3:犬モデル) に対して，採点ツールを T1:使用→未使用，T2:未使用→使用，T3:使用→未使用とし，この順序で行った．

4.2 課題
採点対象となる 3 種の課題の課題文と特徴を述べる．T1 は，小規模な基礎課題で，課題文を解釈して適切な図を記述できるかどうかを問う．以下に課題文を示す．
- 洋菓子職人は菓子職人である．
- 菓子職人はお菓子を作る．
- 洋菓子職人はショートケーキといったお菓子を作る．
- お菓子は種類によって甘かったり、苦かったりする．
- 洋菓子職人はお菓子を共作することもある．

T2 は，T1 と同様の趣旨で規模がより大きいが紙面の都合上省略する．T3 は，記法の用語を用いた条件および既存クラスを指定することで，用語の理解や適切な抽象度でクラス図を記述できるかどうかを問う．以下に課題文を示す．
- 少なくとも 4 つのクラス（「足」クラスと「舌」クラスを必ず含む）を含めた犬モデルを作成しなさい．
- 各クラスには意味のある名前と属性を与え，クラス間には関連（関連名含む）と多重度を示しなさい．
- 人工物・自然物等の実際ありうる対象をモデル化しなさい．

本課題では，解答者が属性名などを自由に決めるため，答案が多様化しやすい．

4.3 結果
採点時間は，T1：ツール有で 28 分 2 秒，T1：ツール無で 1 時間 3 分 19 秒，T2：ツール有で 45 分 50 秒，T1：ツール無で 1 時間 20 分 7 秒，T3：ツール有で 55 分 28 秒，T3：ツール無で 46 分 12 秒となった．

また，T1 での差異は，抽象度混在で 1 件，関連名誤りで 2 件，多重度誤りで 7 件の計 10 件となった．差異の原因は，採点者のケアレスミスであり，本来は提案ツールの有無によらず同一な採点が可能であった．手動と提案ツールでの誤採点した誤りの種類数を計測したところ，総合的に提案ツールの採点の方が適切であった．

4.4 考察
4.4.1 RQ1:採点の効率化
採点時間から，RQ1 の答えは，T1, T2 のように課題文の解釈の自由度が低く，解答者数が多い場合に yes となる．この本質は，提案ツールが類似の答案が多い T1, T2 の採点を効率化したことにあると考えられる．類似の答案が多い課題では，答案間の評価情報の重複数が多い．事実として，集約（重複排除）前の評価情報の数を 100%とすると，集約後は T1 が 30.5%，T2 は 34.3%，T3 は 68.6%に減少しており，T1, T2 の減少が T3 に比べて大きい．

さらなる効率化のためには，つぎの方法が考えられる．1 つは，類義語を統合して，自然言語表現のブレを抑制し，評価情報の量を削減する方法である．もう 1 つは，評価項目間の関係性を利用した段階的な採点を実現して，評価情報の量を削減する方法である．その関係性の例として，関連名誤りがある図は必ず多重度誤りもあることが挙げられる．

4.4.2 RQ2:採点結果の質
採点結果の差異から，表 1 の未支援であった項目では，RQ2 の答えは yes となる．この結論は，つぎの 2 つの理由に基づく．(a) 差異の原因は，採点者のケアレスミスであり，本来は提案ツールの有無によらず同一な採点が可能であった．(b)T1 における差異では，提案ツールでの採点結果が適切なケースが手動より多かった．

4.5 妥当性への脅威
4.5.1 内的妥当性
　採点の時間について，採点順序を工夫したとは言え，被験者が採点内容を学習したことによる影響を完全に排除したとは言えない．しかし，同様な趣旨のT1とT2の採点時間は提案ツールの方が効率的であり，結論を覆す要因にはなりにくい．

　採点の質について，本実験では○×の差異から質を評価しており，課題文に基づく採点の適切性からではない．つまり，提案ツールと手動に○×の差異がない場合でも，採点の根拠が同一であるとは限らない．また，そもそもの構成が大きく異なる答案間で一部の表現が重複してしまった場合に適切に採点できるかどうかの質は扱っていない．真に採点の質を高めたかどうかを評価するには，採点の根拠に踏み込んだ適切性を測ることが課題となる．

4.5.2 外的妥当性
　被験者の数，課題の種類，診断項目，教育観点が限定的であるため，本実験の結果に一般性を保証できない．課題の種類については，たとえば，クラスや関連の数が多い規模の大きい課題は考慮されていない．診断項目については，関連研究（たとえば [11]）で触れられる誤りを検出できなければ，採点の適切性は絶対的には保証できない．教育観点については，実装技術の知識を持つ技術者向け教育における課題に対しては検証できていない．そのため，より多様な実験を行う必要がある．

5 結論
　本研究では，学習者の適切なクラス図学習の効率化を目的に，教師による採点・フィードバック作成を支援するためのルールベースのクラス図採点支援ツールを提案した．評価結果として，提案ツールは採点の効率化と，手動と同質以上の採点に有効であったことが示唆された．今後の課題としては，採点の適切性と効率性の向上，採点の質の評価方法の模索，フィードバックの有効性評価がある．

参考文献

[1] OMG: Unied Modeling Language (UML), http://www.uml.org/, (参照 2015-6-23).

[2] R. W. Hasker: UMLGrader: An Automated Class Diagram Grader, Journal of Computing Sciences in Colleges, Vol. 27, Issue 1, pp. 47-54, 2011.

[3] 児玉 公信: 情報システム設計における概念モデリング, 人工知能学会誌, Vol. 25 No. 1, pp. 139-146, 2010.

[4] 増元 健人, 香山 瑞恵, 小形 真平, 伊東 一典, 橋本 昌巳, 大谷 真: 初学者によるモデリング学習に関する基礎的検討－クラス図による概念モデリング－, 第 38 回情報システム教育学会全国大会講演論文集, pp. 217-218, 2013.

[5] ChangeVision: astah*, http://astah.change-vision.com/ja/, (参照 2015-6-23).

[6] 増元 健人, 香山 瑞恵, 小形 真平, 伊東 一典, 橋本 昌巳: クラス図を用いた基礎的概念モデリングにおける誤り分析に基づく初学者向け誤り自動検出機能の開発, 情報処理学会研究報告ソフトウェア工学（SE）, Vol. 2015-SE-187, No. 15, pp. 1-7, 2015.

[7] 田中 昴文, 橋浦 弘明, 櫨山 淳雄, 古宮 誠一: クラス図作成演習における学習者の編集過程の細粒度分析, 電子情報通信学会技術研究報告 KBSE, Vol. 114, No. 501, pp. 13-18, 2015.

[8] 野沢 光太郎, 松澤 芳昭, 酒井 三四郎: 一貫性・明瞭性診断による静的 UML モデリング学習支援システムの設計と評価, 情報処理学会論文誌, Vol. 55, No. 5, pp. 1471-1484, 2014.

[9] 赤山 聖子, 久住 憲嗣, 部谷 修平, 福田 晃: オブジェクト指向モデリング教育におけるモデル駆動開発ツールの活用方法の検討, 情報処理学会論文誌, Vol. 55, No. 1, pp. 72-84, 2014.

[10] 田村 真吾, 佐藤 美穂, 上田 賀一: UML モデルを対象にした設計品質評価のためのメトリクスの提案, 電子情報通信学会技術研究報告 KBSE, Vol. 107, No. 540, pp. 25-30, 2008.

[11] B. Unhelkar: Verification and Validation for Quality of UML 2.0 Models, Wiley-Interscience, 2005.

[12] A. Maraee, M. Balaban, A. Strum, A. Ashrov: Model Correctness Patterns as an Educational Instrument, Electronic Communication of the European Association of Software Science and Technology, Vol. 52, Software Modeling in Education 2011, 2011.

[13] 大木 幹雄, 秋山 構平: 概念モデリングにおける判断基準の有効性評価と支援ツール開発, 電子情報通信学会論文誌, Vol. J84-D-1, No. 6, pp. 723-735, 2001.

個人商店向け業務アプリ開発と運用による
ソフトウェア工学教育の実践
Software engineering education with developing and runnning business application for private small stores

花川 典子[*]　尾花 将輝[†]

あらまし　ソフトウェア工学の Project-Based Leaning と地域社会貢献を連携させた実践的教育を紹介する．地域社会への IT 化促進による社会貢献の一環で，小規模店舗向け業務アプリの開発と運用を学生チームで実施した．本教育の特徴は従来の開発に加え，受注活動，保守運用，引継ぎ作業までを教育モデルに組み込んだことである．6つの業務アプリを開発し，業務で活用されている．教育効果としては，ソフトウェア開発の知識や技術の獲得のみならず，稼動後の障害発生トラブルの対応方法，引継ぎの重要性の認識，さらに地域社会からの信頼等を確認できた．

1　はじめに

　大学における Project-Based Leaning（以下，PBL とする）等の実践的ソフトウェア工学教育は高い教育効果が報告されている [1]．ソフトウェア工学教育における PBL は進化を続け，e-portfolio をアプローチとした研究 [2] や，ソフトウェアインターンシップモデルを用いて市場で学生を評価する教育 [3]，個人の性格と学習方法 [4] 等の重要な教育効果をもたらしており，PBL はさらなる発展が期待される．
　そこで，阪南大学で実施された PBL と地域社会貢献を連携させた実践的教育を紹介する．本論文では大学の周辺の地域社会に IT サービスを提供することで，地域貢献すると同時に実践的なソフトウェア工学教育を実現する．地域社会貢献は昨今の大学において盛んに強調されている．従来は社会人講座を開設したり，小中学生の体験教室等で地域貢献した．本論文での取り組みは，大学の学生チームが主体となって，IT サービスを地域住民へ提供する．学生の活動内容は，ソフトウェア開発，システム全体の運用や保守，さらに IT サービスを利用するためのリテラシーサポートも含む．
　本論文の IT サービスのターゲットは個人で経営する小規模商店とし，学生チームは仕事を受注する活動から要求獲得のための顧客打ち合わせ，プログラミング，テスト，運用・保守をすべて実施する．特に重要なのは，次の学年への引継ぎを前提とした開発をする点である．過去3年間で実施した本活動の報告をするとともに，教育効果と地域社会貢献について考察する．

2　業務アプリ開発と運用の実践的教育
2.1　概要

　業務アプリ開発の実践的教育とは，実業務で利用するアプリを学生チームで開発し，運用，保守までの全てを提供する過程でソフトウェア工学の知識と技術を学ぶ教育である．例えば，個人経営のヘアサロンやエステサロン，レストラン等の予約システムを学生で開発し，実際の予約業務に利用する．不具合等が発生した場合には急遽バグ修正とテストを実施し本番環境へ移行する．さらに大学教育なので学生の卒業を前提とし，必ず次の学年への引き継ぎ作業を含めた教育とする．また，一般の地域住民へのサービスなので，商店やオフィス内の LAN 環境の整備やオーナー

---

[*]Noriko Hanakawa, 阪南大学
[†]Masaki Obana, 大阪工業大学

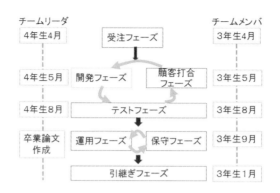

図1 教育モデル

が操作するPCやタブレット購入，設定支援も行う．基本的にすべての作業は無償であるが，学生の交通費等は大学負担となる．

現在までに開発・運用，また開発中の業務アプリは，コピペ検出システム（毎年2回全学レポート試験で運用中），ネイルサロン予約システム，エステサロン予約システム，レストラン予約システム，デジタル観光マップシステム，不動産アプリである．それぞれ，大学や個人商店，個人経営企業，地方自治体で業務として利用されている．

2.2 目的と教育モデル

本教育の目的はPBLを充実させ，PBLではカバーできなかった「受注」「運用」「保守」「引継ぎ」を学習することである．さらに，学生が地域社会に貢献することで，教員以外から評価と信頼を得る機会を提供し，技術や知識のみならず，社会貢献する達成感を学生へ提供することを目的とする．

実践した教育のモデルは7つのフェーズより構成される．期間は1年で，主にゼミ活動として実施する．3年次から始まり4年次まで継続する．開発チームは4年生と3年生で構成されており，基本的には4年生がリーダを務める．教育モデルを図1に示す．次にそれぞれのフェーズの詳細を述べる．

- 受注フェーズ
  業務アプリの仕事を探す活動である．当初はチラシを作成して，大学近隣の商店や学生自宅周辺の商店へ配布し受注活動を行った．現在では，大学の社会連携課が窓口にて受注している．重要なのは，学生と共に要望のあった顧客先へ出向き要望を聴取し，開発可能かどうかを判断する事である．ただし，学生達は自分たちの能力を過大評価する傾向があるため，教員の判断を要する．さらに，受注が決定した後，社会連携課を通して学生が契約書の作成する．担当学生や開発条件等を明記し教員と顧客が押印する．

- 顧客打合せフェーズ
  顧客との詳細な打合せを開始する．本フェーズは開発フェーズとテストフェーズで繰り返し実施し，打合せ回数は約3回と予定する．打合せには必ずチームリーダが参加し，開発メンバは必要に応じて参加する．打ち合わせ内容は議事録にまとめ，打ち合わせ内容の確認と共に要望の再確認を行う．打合せでは，開発途中のデモバージョンの提示も行う．それに従い仕様変更や機能追加を行う．

- 開発フェーズ
  設計やプログラミングを実施する．重要なのはリーダが概要設計を行い，開発ソフトの分担者を決定することである．開発メンバは詳細設計とプログラミング，テストを担当する．開発で利用するプログラミング言語やAPI，その他は

基本的にリーダと教員が決定する．
- テストフェーズ
結合テストと総合テストを実施する．結合テストは開発フェーズで分担したプログラムをリーダの指導のもとに結合する．結合時のエラーをリーダの采配の元で修正を行う．総合テストはプログラムを本番類似のテスト環境へ移行し，テストを行う．本教育ではテスト，本番環境共にレンタルサーバを利用し開発，テストを実施している．大学で提供されるWebサーバの利用も可能であるが，最終的に顧客が利用するレンタルサーバと同じ環境を総合テスト環境としている．
- 運用フェーズ
テスト環境から本番環境への移行を行う．プログラム移行だけでなく，メールサーバ，データベースサーバ，セキュリティ環境等も全て本番環境へセッティングする．さらに，顧客の利用環境を整える．例えば，レストラン予約システムの場合，顧客の予約管理を行う端末の設定や，事務所等の無線LAN構築等を実施する．さらに，レストラン予約システムの場合，レストランに来訪するエンドユーザへの通知方法も検討し，実施する．
- 保守フェーズ
本番稼働中に発生した障害の修正，追加機能要望等を実現する．障害は業務に支障をきたす場合は早急に対応する．リーダを中心に開発メンバが対応することが基本であるが，教員が急遽応援するケースもある．さらに，追加機能要望が発生した場合，対応するかどうかを教員とリーダで判断する．修正する開発量や機能の重要性，開発メンバの時間の余裕等をリーダ中心に判断する．
- 引継ぎフェーズ
本教育の重要なフェーズで，本システムの運用・保守を次の学年のチームへ引き継ぐ作業である．基本的に当初から引き継ぐことを前提として開発を続けており，設計やプログラム情報だけでなく，顧客要望の変化や障害記録，議事録等の全てのプロダクトを引き継ぐ．

2.3 チーム編成と教員の役割

新規開発時では4人から6人の開発メンバと1名のリーダから構成される．1年間の開発が終了した後の安定稼動運用・保守は2名のメンバでチームが構成される．学生は作業負担に応じて，1チームのみに所属して開発に専念する場合と安定稼動後の保守チームと兼任する場合もある．また，優秀なリーダは複数チームのリーダを兼任することもある．チーム編成は本人の希望を考慮して教員が決定する．

教員はリーダを取りまとめる役割に徹する．毎週のリーダとのミーティングを実施し，リーダが開発メンバから聴取した進捗状況や問題点等を教員に報告する．さらに各リーダは問題点の対策を教員へ相談，報告を行う．基本的に教員は保守期間の業務に支障をきたす障害発生の対応以外は深く関与しない．また，顧客との連絡も全てリーダを経由して行う．障害発生や，運用サポートの連絡等の顧客からの全ての連絡をリーダが対応するが，それらの対策案は教員と必ず相談し，対策を行う．

3 開発した業務アプリ事例

本章では開発した業務アプリのひとつであるレストラン予約システムを紹介する．過去3年間の業務アプリ開発の実績を表1に示す．

3.1 レストラン予約システムの概要

本学社会連携課を通して依頼があった，個人で経営する24席の人気のレストランである．毎月20日の0時に次々月の予約を電話対応しており，オーナーも客も徹夜で予約処理を行う．しかし，電話がつながらないとお客からの不満や，留守電にたまった予約が処理できない等の問題があった．

客側のスマートフォン予約画面　　　　オーナーの予約管理画面

図 2　レストラン予約システム

　そこで，スマートフォンなどから予約・管理できるシステムを開発した．本システムは PHP と MySQL を利用した Web アプリケーションで，20 日 0 時からの次々月の一斉予約受付機能，空席を検索，予約キャンセル等の客側の機能を実装した．また，オーナー側の通常の予約管理機能はもちろん，顧客評価機能なども含む予約システムである（図 2 参照）．

　規模は 47 個の php モジュール，およそ 10000 ステップ規模のシステムである．2014 年 9 月から開発を開始し，10 月，11 月，12 月と顧客打合せを重ね，そのたびに仕様変更や仕様追加を行った．基本的に全ての仕様変更，仕様追加を受け入れるため，スパイラルモデル開発で実施した．現在は運用・保守フェーズである．開発体制は 2015 年 3 月までは 4 回生 1 名，3 回生 5 名のチーム，2015 年 4 月以降は 4 回生 2 名のチームである．

3.2　開発と運用での問題点の整理

　2015 年 4 月から本番環境へ移行し，5 月よりシステムを利用した予約業務が開始された．6 月までに本番環境での予約に関する障害等が多数発生した．これらの発生要因について，学生が整理した問題点を述べる．

　開発フェーズでは，オーナーとの打ち合わせの度に追加要望があり，リーダは他の機能への影響を十分考慮せず，純粋に技術的可能性のみをその場で検討して仕様を引き受けた．結果，新しい部分が障害につながった．

　テストフェーズでは，1 月に本番類似のテスト環境で結合，総合テストを行ったが，十分なテストが実施されなかった．開発メンバはテストケースを 1 つ (1 データのみ) だけ実施してテストを完了していた．これに関しては，テスト項目リストを作成するのと同時に様々な端末を用意し，十分な総合テストの実施が必要であった．特に HTML5 等が動作しないブラウザへの対応が不足であった．

表 1　開発した業務アプリ

名称	顧客	アプリ種類	言語，DB	使用頻度	特記
コピペ検出	大学教務課	分散アプリ	Java	年 2 回	レポート試験
ネイル予約	個人商店	Web アプリ	Perl, MySql	常時	
エステ予約	個人商店	Web アプリ	Perl, MySql	常時	電話と併用
観光マップ	地方自治体	Web アプリ	php, JavaScript	常時	
レストラン予約	個人商店	Web アプリ	php, MySQL	常時	現在，保守中
不動産アプリ	小規模企業	Web アプリ	php, MySQL	常時	現在，開発中

最後に本番稼動・運用・保守フェーズでは，レストランオーナーの要望は5月本番稼動であったが，十分なテストが実施されないままの本番稼動となった．さらに，本番稼働中も追加機能要望があり，これらにより，更なる混乱を生じ，単純なモジュールのコピーミスやバージョン管理ミス等が発生した．

各フェーズでの問題点の共通する点として，技術的に実現可能であれば，引き受けたほうがオーナーの信頼を得られると考え，追加要望を実装するが，結果として障害が多く発生した．この理由としては，オーナーの要望を強く尊重しすぎて，客観的なリスク等の配慮が欠落した．自分たちのシステム開発の力量を客観的に測り，力量にあった見積もりが今後の課題である．

4 教育効果の考察

4.1 自主的な問題点考察

前章の「問題点の整理」で述べたように，学生達は産業界のシステムエンジニアのような問題点を指摘できた．教員の多少の誘導はあったが，産業界のシステムエンジニアと同等体験ができたことは貴重である．特に，今回は度重なる要望変更や追加を無条件に受け入れた．リーダは技術的に実現可能であるかどうかだけを判断し，オーナーの信頼や評価を得たいために受け入れたことが問題点だとした．自分たちの力量，どこまでできるかの判断が難しいという．顧客要望と見積もりのトレードオフの重要性を学習できたことは，大きな教育効果と考える．

また，同時にリーダや開発メンバとオーナーの間に強力な信頼関係を築くことができた．オーナーはシステムのみならず，パソコンやLAN設定などでわからないことがあれば，リーダや開発メンバに相談して解決してもらう．学生達は社会の人たちから頼られることの満足感を感じ，大きな自信につながった．本番稼動で障害が発生し，業務に支障が出たが，その際にも手作業での予約管理作業をオーナーとともに実施することで，さらにオーナーからの信頼も得ることができた．ソフトウェア工学教育の知識や経験以外にも人間的に成長することができたと考えられる．

4.2 業務への支障と教育

短所はレストラン業務に支障がでたことである．重大な短所ではあるが，教員とともに1両日中にバグ修正をして，混乱を乗り切ることは学生にとって良い体験であった．オーナーへ大学の社会連携課職員とともに教員が謝罪し，今後も大学教育への協力と理解を依頼した．手作業での予約管理作業を学生達が手伝ったこともあり，オーナーは一定の評価をしてくれた．不測の事態における解決へむけての対処の方法は学生達にとって貴重な経験と学習の機会と考える．他の業務アプリでも少なからず，本番稼動後の障害は発生した．その都度，教員を中心にバグ修正して混乱を乗り切る方策をとった．大学としても謝罪する体制を整えることで，学生は業務アプリに積極的にチャレンジできる環境が実現した．ソフトウェア工学のみならず，大きな人間的な成長を期待できる教育が実施できた．

4.3 プログラミングよりも大切な作業

当初，学生は「運用・保守期間が半年もあるのは長すぎませんか？」と意見していた．1年のうち半年間を運用・保守とすると，実際の活動がほとんどない状態が半年も続くを危惧していた．しかし，ほぼすべてのプロジェクトにおいて後半の運用・保守期間のほうが活発となった．理由は実際に運用を開始してから，顧客からの要望の変更や追加，さらに操作上の問題のサポート，業務に支障がでる障害の早急な対策等，想定外の作業が多く発生したからだ．前半のプログラム開発も重要であるが，業務上でシステムを有用に利用するには，運用開始後の操作サポートや環境設定サポート，さらに業務に応じたシステム改善を継続することが重要であると認識できた．これも大きな教育効果のひとつである．

4.4 地域社会貢献と教育

個人経営商店等，IT化されていない業務を無償でITサービスを提供し，地域社会のIT化促進貢献ができた．対象とした商店や企業はまだ少数であるが，今後，パッケージ化によってさらに多くの商店や企業へアプローチすることができる．顧客の感想は「学生が十分に取り組んでくれた」と評価が高い．さらに，ITサービスを提供する地域社会貢献と学生への教育活動が同時に実施できたことも重要な点である．

4.5 学生の感想

卒業生を含むリーダ経験者に教育効果をアンケートし，3名が回答した．卒業後，システム開発会社で1年目プログラマである卒業生は「現在はプログラミング業務だが，学生時代に業務アプリを体験したので，自分の作業はプロジェクトのどこに位置するかが，すぐに理解できた．」と述べた．また，現役リーダは「自信につながった．就職活動ではこの体験が非常に有効だった．後輩もぜひ参加すべきである．」と回答した．3名とも講義形式やPBLよりも知識，技術，社会性などが非常に身についたと回答した．

4.6 教育効果維持のための要点

本教育を実施するにあたり，教育効果を維持するための要点を以下にまとめる．
- 教員とリーダのミーティングの重要視する．
  - 教員は，リーダより報告・連絡・相談をうけて全体を管理する．
  - 緊急時を除いて，教員は開発等に直接関与しない．
  - リーダからの相談は必ず解決策をチームで考えてくることを指示．
- 基本的なソフトウェア工学教育は他の科目で受講済みのこと．
- 作業標準等はあらかじめ教員からリーダへ提示する．
- 最終的に顧客に対するすべての責任は教員が負うことを覚悟する．
- 顧客と本プロジェクト間をつなぐ学内事務組織を設立する．

5 まとめ

PBLの発展として，地域小規模店舗向け業務アプリ開発と運用の教育を行った．3年生と4年生で構成される教育モデルを作成し，引継ぎを前提とした業務アプリを開発・運用保守した．結果，高い教育効果が確認できたと同時に地域住民からの信頼も得ることができた．今後は従来PBLとの教育効果比較や保守プロジェクト増加対策を検討する予定である．

謝辞 本研究の一部は科研費26330093の助成を受けた．

参考文献

[1] H. Batatia, A. Ayache, and H. Markkanen, "Netpro: An Innovative Approach to Network Project Based Learning", Proc. International Conference on Computers in Education (ICCE), pp. 382-386, 2002.
[2] J.A. Macias, "Enhancing Project-Based Learning in Software Engineering Lab Teaching Through an E-Portfolio Approach", Education, IEEE Transactions on, vol.55, no.4, pp.502-507, 2012.
[3] S.C. dos Santos, F.S.F. Soares, "Authentic assessment in Software Engineering education based on PBL principles a case study in the telecom market", Software Engineering (ICSE), 35th International Conference, pp.1055-1062, 2013.
[4] Y. Yamada, S. Inaga, H. Washizaki, K. Kakehi, Y. Fukazawa, S. Yamato, M. Okubo, T. Kume, M. Tamaki, "The impacts of personal characteristic on educational effectiveness in controlled-project based learning on software intensive systems development", Software Engineering Education and Training (CSEEandT)2014, pp.119-128, 2014.

ソフトウェア開発における Web 検索行動の分析

Analysis of web search action in software development

中才 恵太朗[*]　角田 雅照[†]

あらまし　インターネット上には，プログラミングを行う際に有用な資料が多く存在しており，検索エンジンを活用して資料を参照することにより，作業効率を高めることができる．ただし，検索行動には個人差があり，効率のよい行動を取らないと目的の知識を得ることができない．本研究では，プログラミング時における検索行動を分析することにより，検索方法の指針を得ることを試みた．

1　はじめに

　インターネット上には，プログラミングを行う際に有用な資料が多く存在しており，プログラミング時に検索エンジンを活用して資料を参照することにより，作業効率を高めることができる．プログラミング言語の公式リファレンスの多くはインターネット上に公開されている．その他に，プログラミングに有用なサイトとして，プログラミングに関する Q&A サイト，プログラミング言語入門のサイトがあげられる．Google に代表される Web 検索エンジンで検索を行うことにより，これらの Web サイトの URL(Uniform Resource Locator) を知らなくとも，これらの Web サイトを閲覧することができる．

　ただし，検索行動には個人差があり，適切な検索行動を行わないと必要な情報を得ることができないため，作業が滞ってしまう．そこで本研究ではプログラミング時の検索行動の指針を得ることを目的とし，プログラミング時の検索行動を分析した．特に，検索対象の知識（専門知識）を持たない場合に，探している知識を発見できる場合とそうでない場合の検索行動の差異について着目する．

　専門知識も持つ人とそうでない人とでは検索行動が違い専門知識を持つ人のほうがより適切な行動を行えることが示されている[8]．しかし，ソフトウェア開発のように複雑で高度な知的活動である場合でも検索行動が違うのか，より適切な戦略を示した研究は存在しない．また，ソフトウェア開発の活動において個人の能力に差があることがいくつかの研究で示されているが[2][3][4][5][6][7]，我々の知る限り，ソフトウェア開発における Web 検索の行動に着目し，行動の差異を明らかにした研究は存在しない．

2　実験方法

　本研究では，プログラミング時の検索行動を分析するために，プログラミングに関する問題を作成した．また，問題解答プログラム（被験者の解答を確認し，正解の場合に次の問題を表示する）を作成して実験環境を構築した．その後，問題を被験者に解答させ，アンケートを実施した．実験後に，プログラミング時の検索行動を，アンケート，問題の正誤，解答時間に基づいて分析した．

　情報系学科に所属している学部生 9 人と修士学生 1 人の計 10 人を被験者とした．分析では，効率の高い検索行動の差異を定量的に分析するために被験者をプログラミングが

---

[*] Keitaro Nakasai, 近畿大学
[†] Masateru Tsunoda, 近畿大学

得意であるか不得意であるか，問題の正答率，回答時間についてグルーピングを行い 2.2 節において定義した 5 つの項目について，差異を確かめた．得意か不得意かどうかは被験者に対し，実験実施後にアンケートを行い，プログラミングが得意であるか不得意であるかを解答してもらった．

実験では Windows7 のノート型パソコンを使用し，使用するブラウザ，検索エンジン，開発環境を統一した．検索時の行動を計測するために，キー入力やアクティブにしたウィンドウタイトルなどを記録するソフトウェアを起動した．以降では，問題，分析項目のそれぞれについて詳細を述べる．

2.1 問題

被験者全員が理解しているプログラミング言語である Java を題材とした問題を作成した．また，開発環境も被験者全員が使用したことがある Eclipse を指定した．問題は全部で 4 問とした．紙面の都合上，問題 1 と問題 2 についてのみ解説する．

- 問題 1：Java では，小数点の計算において誤差が生じる場合がある．そこで，Java で正確な計算を行うためのライブラリを使い，正しい計算を行う問題を作成した[1]．適切なライブラリを探す必要がある問題である．
- 問題 2：ArrayList を使ったデータ構造で実装されたプログラムから，連想配列を使ったデータ構造に書き換える問題である，ただし，連想配列を直接使うとは問題文には記載しておらず，どのクラスを使うのかを推測する必要がある問題である．

いずれの問題も，検索を適切に利用することができれば容易に正解に到達できるように問題を作成した．被験者の実験に対する慣れや実験時間の制限を考慮し，前半の問題は難易度を低くし，後半の問題は難易度が高くなるように順序を設定した．検索対象の知識を持たない場合に，探している知識を発見できる場合とそうでない場合の検索行動の差異について分析するため，検索を行う際のタイミングや，検索を行う内容については特に指定せず，自由に行ってもらった．

解答時間は指定せず無制限としたが，各問題で解答時間が 20 分以上経過している場合，問題をスキップすることができるようにした．スキップした場合は不正解とした．問題を正解した場合，スキップした場合のどちらも，現在解答している問題以外の閲覧，解答はできないようにプログラムで制御した．これは，現在取り組んでいる問題における経過時間や検索回数などをできるだけ正確に計測するためである．

2.2 分析項目

以下の 5 項目を定義し，被験者に対する実験を行った後に，それぞれについて集計を行った．

2.2.1 検索結果ページ数÷表示した Web ページ数

検索結果ページ数とは Google での検索結果リストを表示した数を表す（Google の検索の設定でのページあたりの表示件数を 10 とした）．表示した Web ページ数とは Google での検索結果リストとその検索結果リストからアクセスした Web ページ，アクセスした Web ページから別のページを参照した数を合計したものである．

この項目を定義した目的は，検索結果ページから，結果に示されている各ページにアクセスせず，タイトルやスニペット（Web ページの説明文やタイトル）だけで検索キーワードを変えるかどうかなど判断をしたほうがよいのか，逆に，検索結果ページから実際に各ページへアクセスして内容を確認する，もしくは各ページの内容を深く見る（アクセスした Web サイトさらにリンクをたどる）ほうがよいのかを分析するためである．

この項目の値が高い場合，検索結果から別のページを参照した回数（検索ページリストを多く見ている）が少ないことを示し，逆に値が低い場合，検索結果から別のページ

を参照した回数が多いことを示す．

2.2.2　キーフレーズの種類÷検索結果ページ数

キーフレーズの種類とは，検索時に入力された全ての検索キーフレーズから，重複を取り除いた数を指す．この項目の値が高い場合，被験者は検索キーフレーズを頻繁に変更していることを示す．逆に，値が低い場合，被験者は検索結果ページリストを掘り下げていることになる．なお，同一のキーフレーズで検索を何度か行ったり，ブラウザの戻るボタンを多用した場合も，この値が低くなる．

2.2.3　キーワードの種類÷キーフレーズの種類

キーワードの種類とは，検索におけるキーフレーズをキーワードに分けて，重複しているものを除いた数である．Google が公開している検索のヒントでは，検索のキーワードは少ないほうがよいと指摘されている．この方針がプログラミングにおいても適切であるかどうかを確かめるため，この項目を定義した．この項目の値が高い場合，毎回複数個のキーワードを並べて検索していることを示し，逆に，値が低い場合，少ないキーワードで検索していることを示す．

2.2.4　検索結果ページ数÷問題解答時間

この項目の値が高い場合，問題に解答している時間や検索結果以外のページを閲覧するよりも，Web 検索を多く行っていることを示す．逆に，値が低い場合，検索結果（検索結果リストからヒットしたサイトや検索結果リストのタイトルやスニペットの内容について）を詳細に閲覧していることがわかる．

2.2.5　キーワードの種類÷キーワードの合計

キーワードの合計とは，キーワードの重複を許して合計したものである．この項目の値が高い場合，同じキーワードを何度も別のキーフレーズ中で用いず，キーワードを新たに考案していることが多いことを示す．逆に値が低い場合，同じキーワードを各キーフレーズ中で多用していることを示す．この項目を定義した理由は，検索効率を高めるためには，類似したキーワードで検索したほうがよいのか，もしくは毎回キーワードを大きく変更したほうがよいのかを分析するためである．

3　実験結果

問題 1 については正解者が 10 人中 7 人，問題 2 は正解者が 8 人であるのに対し，問題 3, 4 は正解者が 6 人であった．よって，問題 1, 2 は比較的簡単な問題であり，問題 3, 4 は難しい問題であるといえる．このことから，出題順序は比較的適切であった（前半の問題は難易度が低く，後半の問題は難易度が高い）といえる．なお，3 人の被験者が全問正解し，1 人の被験者は全問不正解であった．実験後にアンケートを取ると，検索すべき技術をあらかじめ理解していた被験者は少なかった．すなわち，被験者の知識に大きな違いはないといえる．

以降，2.2 節で定義した項目を，プログラミングを得意と回答したかどうか (2 章参照)，解答時間の長短，問題の正誤によりグルーピングをした結果を示す．表 1 は各項目の平均値を示し，表 2 は各項目の中央値を示す．キーワードの種類÷キーフレーズの種類を除き，それぞれの値は 1 を下回っているため，グループ間に 0.1 程度の差がある場合，相対的には 10% 以上の差があるといえる．

3.1　検索結果ページ数÷表示した Web ページ数

検索結果ページ数÷表示した Web ページ数の平均値を見ると，得意，解答時間短，正答グループのいずれの場合も，不得意，解答時間長，誤答グループよりも値が低かった．中央値においても同様の結果となった．正答と誤答のグループでは，中央値の差は 0.01

表 1 各問題における各項目の平均値

	全体	得意	不得意	解答時間短	解答時間長	正答	誤答
検索結果ページ数÷表示したWebページ数	0.53	0.44	0.57	0.48	0.58	0.51	0.57
キーフレーズの種類÷検索結果ページ数	0.48	0.58	0.44	0.51	0.45	0.51	0.41
キーワードの種類÷キーフレーズの種類	2.44	1.80	2.71	2.24	2.64	2.40	2.52
検索結果ページ数÷問題解答時間	0.73	0.48	0.84	0.55	0.91	0.69	0.82
キーワードの種類÷キーワードの合計	0.59	0.78	0.52	0.72	0.47	0.63	0.50

表 2 各問題における各項目の中央値

	全体	得意	不得意	解答時間短	解答時間長	正答	誤答
検索結果ページ数÷表示したWebページ数	0.56	0.47	0.59	0.50	0.58	0.55	0.56
キーフレーズの種類÷検索結果ページ数	0.45	0.52	0.40	0.50	0.39	0.50	0.37
キーワードの種類÷キーフレーズの種類	2.38	1.83	2.77	2.31	2.44	2.33	2.38
検索結果ページ数÷問題解答時間	0.61	0.46	0.69	0.48	0.73	0.59	0.69
キーワードの種類÷キーワードの合計	0.53	0.75	0.46	0.67	0.43	0.58	0.44

しかなかったが，得意と不得意，解答時間短と解答時間長のグループ間では，平均値で 0.1 以上，中央値で 0.08 以上の差があった．このことから，効率の高い検索行動をおこなった場合，この値が低くなる可能性があると考えられる．

この項目の値は，検索結果のページからそれ以外のページを多く参照した時や，検索結果以外のページから他のページにアクセスした場合にも低くなる．すなわち，スニペットだけ，もしくは Web ページのタイトルを参照しただけで検索結果が違うと判断し，すぐに別の検索キーワードを試すことは適切ではない可能性がある．一見調べようとしている内容と無関係に思える検索結果の場合でも，念のためそれらの Web ページにアクセスし，内容を確認したほうが，プログラミングの作業効率が高まる可能性がある．

3.2 キーフレーズの種類÷検索結果ページ数

キーフレーズの種類÷検索結果ページ数の平均値は，得意，解答時間短，正答のいずれのグループも，不得意，解答時間長，誤答のグループよりも高かった．中央値でも同様の結果となった．得意と不得意のグループの平均値の差と，正解者と不正解のグループの差は 0.1 以上あるのに対し，解答時間短と解答時間長のグループの平均の差は 0.06 とあまり大きくなかった．中央値に着目すると，得意と不得意グループ，解答時間短と解答時間長グループ，正答と誤答グループの差はそれぞれ，0.12, 0.11, 0.13 となった．よって，検索行動の高い行動を行った場合，この項目の値が比較的高くなる可能性がある．

この値が高い場合，検索する際に検索キーワードを頻繁に変更している，あまり検索リストを掘り下げてみていない．つまり，このことから，検索結果の 1 ページ目を精読し，その後別のキーワードを考えて検索するほうが，検索結果ページを掘り下げるより

プログラミングの作業効率が高い可能性がある．

3.3　キーワードの種類÷キーフレーズの種類

　キーワードの種類÷キーフレーズの種類の平均値は，得意，解答時間短，正答のいずれのグループも，不得意，解答時間長，誤答のグループよりも値が低かった．中央値でも同様の結果となった．しかし，得意と不得意のグループにおいて，平均の差は 1.09 であったのに対し，解答時間短と解答時間長のグループの差は 0.4 であり，あまり大きくなかった．さらに，正答と誤答の差も 0.12 であり，あまり大きくなかった．中央値に関しても，得意と不得意のグループ間の差が大きく，その他のグループ間では差が大きくなかった．正答している場合でも熟練者であるとは限らず，その他のグループ間ではこの項目の値の差が小さかったことから，今回の実験結果からは，この項目とプログラミングの作業効率とに関連があるとはいえなかった．

　この項目の値が低い場合，少ないキーワードで検索していることを示すが，Google の検索のヒントにおいても，検索キーワード数は少ないほうがよいと指摘されている．プログラミングにおける検索の場合も，キーワード数を少なくすることにより効率が高まる可能性があるが，今回の実験結果からは検索キーワード数は少ないほうがよいと結論付けることはできなかった．

3.4　検索結果ページ数÷問題解答時間

　検索結果ページ数÷問題解答時間の平均値は，得意，解答時間短，正答グループのいずれも，不得意，解答時間長，誤答グループより値が小さかった．中央値も同様の結果となった．正答と誤答グループの平均値と中央値の差異は 0.1 ほどで他のグループより差が少ない．ただし，得意と不得意グループの差と，解答時間短と解答時間長グループの平均値の差は 0.36 であることから，効率の高い検索行動を行った場合はこの項目の値が低い傾向にあると考えられる．

　この項目の値が小さい場合，問題を解くために検索を多数繰り返すことをしていないことを示す．すなわち，検索結果リストからヒットしたサイトや検索結果リストのタイトルやスニペットの内容について詳細に閲覧していることを示しており，そうすることによりプログラミングの作業効率が高まる可能性がある．

3.5　キーワードの種類÷キーワードの合計

　キーワードの種類÷キーワードの合計の平均値は，得意，解答時間短，正答グループのいずれも，不得意，解答時間長，誤答グループよりも値が大きかった．中央値も同様の結果となった．なお，正答と誤答グループ間の差は，他のグループよりも小さかったが，得意と解答時間短のグループは不得意，解答時間長のグループよりもこの値が大きいことから，効率の高い検索行動を行った場合はこの値が高い傾向にある可能性がある．

　この項目の値が高い場合，同じ検索のキーワードを多用していないことを示している．すなわち，一度使用した検索のキーワードを含むキーフレーズを再び用いることはプログラミング時の検索行動としては効率が高くない可能性がある．プログラミング時には，毎回新たなキーワードを用いることを考慮して検索を行うことにより，効率が高い検索ができる可能性がある．

4　おわりに

　本研究では，プログラミングにおける効率の高い検索行動を明らかにするために，プログラミング時における検索行動を定量的に計測する実験を行った．その際，実験結果やアンケート結果に基づき，被験者をグルーピングし，5 つの項目に関してグループ間の差異を分析した．その結果，以下の検索行動を行うと効率が高い可能性があることが

わかった．
- スニペットだけ，もしくは Web ページのタイトルを参照しただけで検索結果が違うと判断し，すぐに別の検索キーワードを試すことは適切ではない可能性がある．
- 最初の検索結果リストや検索結果のリンクをたどった先のページを熟読することによりプログラミングの作業効率が高まる可能性がある．
- 一度使用した検索のキーワードを含むキーフレーズを再び用いることはプログラミング時の検索行動としては効率が高くない可能性がある．

今後の課題は，被験者に出題する内容をさらに検討することと，分析に用いる項目を新たに定義し，被験者により，それらの項目の値が異なるかどうかを分析し，最適な検索行動についてさらに検討することである．

謝辞 本研究の一部は，文部科学省科学研究補助費（挑戦的萌芽：課題番号 26540029，基盤 C：課題番号 25330090）による助成を受けた．

5　参考文献

[1] ジョシュア・ブロック，ニール・ガフター：罠，落とし穴，コーナーケース Java PUZZLERS，ピアソン・エデュケーション (2005).
[2] Ko, A., and Uttl, B.: Individual differences in program comprehension strategies in unfamiliar programming systems, Proc. International Workshop on Program Comprehension, pp.175-184 (2003).
[3] Rifkin, S., and Deimel, L.: Program comprehension techniques improve software inspections: a case study, Proc. International Workshop on Program Comprehension, pp.131-138 (2000).
[4] Sackman, H., Erikson, W., and Grant, E.: Exploratory experimental studies comparing online and offline programming performance, Communications of ACM , vol.11, no.1, pp3-11 (1968).
[5] 高田義広，鳥居宏次：プログラマのデバッグ能力をキーストロークから測定する方法，電子情報通信学会論文誌 D-I, vol.J77-D-I, no.9, pp.646-655 (1994).
[6] Thelin, T., Andersson, C., Runeson, P., and Dzamashvili-Fogelstrom, N.: A replicated experiment of usage-based and checklist-based reading, Proc. International Symposium on Software Metrics, pp.246-256 (2004).
[7] Uwano, H., Nakamura, M., Monden, A., and Matsumoto, K: Exploiting Eye Movements for Evaluating Reviewer's Performance in Software Review, IEICE Transactions on Fundamentals, vol.E90-A, no.10, pp.317-328 (2007).
[8] White, R., Dumais, S., and Teevan J.: Characterizing the influence of domain expertise on web search behavior, WSDM '09 Proceedings of the Second ACM International Conference on Web Search and Data Mining Pages 132-141 (2009).

インタラクションに注目したアジャイル開発における設計手法
Interaction Driven Design for Agile Development

土肥 拓生[*]　石川 冬樹[†]

> **あらまし**　近年，アジャイル開発に注目が集まってきている．アジャイル開発は，自己組織的で機能横断的な開発チームにより，事前に大量の要求や設計の成果物を作成せずに，反復的に開発を進め，変更への対応を重視する開発である．また，チームとして開発に責任を持ち，経験が浅い開発者であっても開発の全般に渡って意識すべきである．しかしながら，アジャイル開発におけるソフトウェアの設計についての知見は少ないのが現状である．そこで，本稿では，経験が浅い開発者であっても利用可能な，アジャイル開発に適したソフトウェアの設計手法として，インタラクション駆動設計を提案する．

1 はじめに

近年，より複雑で，柔軟なソフトウェアを，より素早く開発することが期待されるようになり，アジャイル開発に注目が集まっている．

ウォーターフォールモデル [1] に代表されるような従来の多くの開発手法では，要求分析者，アーキテクト，システム設計者，コーダー，テスターなど，明確な役割による分業が一般的であった．一方，アジャイル開発においては，要求・設計・実装・テストなどのタスクを特定の開発者に割り当てず，チームとして全てのタスクを実施する自己組織的で機能横断的であることが理想である．このようなチームにおいては，全開発者がチームの成果の責任を負うこととなる．つまり，従来であれば，システムの設計は設計者が負っていたが，アジャイル開発においては，開発者は，これまでの経験に関わらず，要求も設計も実装もテストも把握し，実施することを求められるのである．しかしながら，これまで設計に携わっていなかった開発者が，設計に関わることは容易ではない．また，アジャイル開発における設計は，形式知化されておらず，我々は，経験が浅い開発者であってもアジャイル開発において，設計に意識を持つためには，アジャイル開発の特性を考慮した形式知としての設計手法が必要であると考える．

2 アジャイル開発の特徴と本手法の適用対象

アジャイル開発では，ウォーターフォール型の開発を代表とする従来の開発とは大きく思想が異なり，ソフトウェアの機能は実際に必要となるまで実装しないという XP [2] の YAGNI 原則に代表されるように，変化に対応するためには，事前に全ての設計を行なうことはせず，実装する各機能ごとに設計する進化的設計 [3] のアプローチをとる．

一般的に，実装が進むほど，そのシステムに対する変更のコストは大きくなるが，アジャイル開発においては，継続的インテグレーションや，自動テストといったそのコストを下げるプラクティスが必要となる．同様に，設計という観点から変更に対するコストを下げるためには，凝集度が高い設計であることが望ましい．

また，アジャイル開発では，設計ドキュメントを不要とみなしてはいないが，システムに対する変更の際には，設計ドキュメントも変更し続ける必要があり，そのコストも認識すべきものとしている．そのため，中間生成物としての設計ドキュメ

---

[*]Takuo Doi, 株式会社レベルファイブ, 電気通信大学, 国立情報学研究所
[†]Fuyuki Ishikawa, 国立情報学研究所, 電気通信大学

ントは極力減らすべきである．

2.1 適用対象

本稿において扱う設計プロセスを明確化するために，SEMAT [4] を用いて記述した．SEMAT では，ソフトウェア開発を実施する際に扱うべき要素をアルファとして定義し，アルファ間の関連性を記述する．また，アルファには取り得る状態が定義されている．我々が定義したアジャイルにおいて各機能を実装するための設計業務は，図 1 のアルファから構成され，各アルファはそれぞれ図 2 のような状態を持つと定義する．

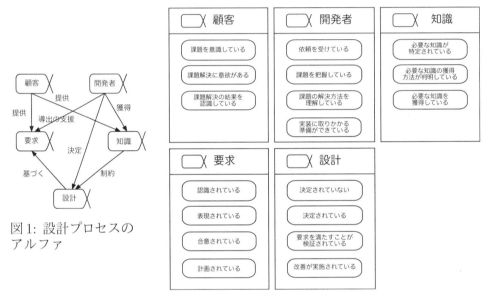

図 1: 設計プロセスのアルファ

図 2: 各アルファの状態

設計プロセスをこのように定義した上で，本稿の手法の対象は次のように限定する．

- 要件アルファは「計画されている」状態である．
- 知識アルファは「必要な知識の獲得方法が判明している」または「必要な知識を獲得している」状態である．
- 設計アルファは「決定されていない」状態であり，設計プロセス終了後は，「要求を満たすことが検証されている」状態となる．

このことは，アジャイル開発を実施する上での標準的なフレームワークである Scrum [5] で言えば，該当機能はプロダクトバックログの上位にあり，現スプリントで実装を予定しており，その機能の実現に必要な業務知識については，既にヒアリング済み，もしくは，必要な際に顧客から情報を取得できる体制がとれており，実現のためのアルゴリズムやライブラリといった技術的な知見はチーム内に存在する状態と言える．

そのため，本稿では，顧客からの要求が曖昧な場合や，非常に大きな技術的課題がある開発は想定していない．

3 インタラクション駆動設計 (IDD)

我々は，2章で定義した設計の支援を実現するために，インタクション駆動設計 (IDD) を開発した．IDD は，UML のシーケンス図を洗練化する一連の手順で構成されている．

3.1 IDD の手順

我々は，経験の浅い開発者がシステムの設計が難しい要因は，機能を論理的に整理できないことであると考える．そこで，IDD では，機能を整理しやすくするために，実現方法と責務とを区別し，責務の詳細化と実現可能性の検証を体系的に行い，責務の達成の実現方法が容易となるまで繰り返す．以下に，インタラクション駆動設計の手順を示す．

1. システムを表わすライフラインを追加し，入力と出力のメッセージを追加する．
2. 各ライフラインについての責務を検討する．
   (a) メッセージに対する責務を明確化し，同粒度の責務に分割できないかを検討する．分割できる場合はそれを列挙する．
   (b) 複数の責務に分割できる場合には，分割した責務ごとにその責務を負うライフラインを作成し，そのライフラインとの間にメッセージを追加する．
3. 各メッセージに対して，メッセージのコンテンツを検討する．
   (a) メッセージにコンテンツを明記する
   (b) 送信者がメッセージのコンテンツを保持しているか確認する．保持していない場合は，必要があればライフラインを追加した上で，コンテンツを取得するためのメッセージのやりとりを追加する．
   (c) 責務を果たす上で情報が足りているか検討する．不足している場合は，受信するメッセージのコンテツを増やすか，その情報を取得する責務を追加するかのいずれかを実施する．
   (d) 責務を果たす上で，コンテンツの形式に変更の必要があるかを検討する．形式の変更が必要な場合には，必要があればライフラインを追加した上で，形式を変更するメッセージのやりとりを追加する．
4. 複数のライフラインの統合を検討する．
5. 各メッセージに対してコンテンツが複数となっているものに対して，他のメッセージでも同一の組み合わせが存在した場合には，ドメインオブジェクトの導入を検討する．
6. 2から5の手順を繰り返す．

手順2においては，ライフラインと責務を対応付け，責務の詳細化にのみ集中させる．その上で，手順3において，責務遂行のための，データのフローを考えることにより，実現可能性について検証する．この作業を繰り返すことにより，その機能を実現するために必要なオブジェクトとそれらの間のメッセージシーケンスを導出する．しかし，これらの手順だけでは，過剰に責務が小さくなったオブジェクトが発生してしまう．そのため，手順4を実施することにより，小さな関連する責務をともに扱うオブジェクトに統合することを検討する．また，主として機能について分析を進めるため，データモデルの構築を実施することができない．そのため，手順5で，機能の実現のために，頻繁に発生するデータの組み合わせから新しいデータモデルを抽出することによりドメインモデルを導出する．

4 実証実験と考察

IDD の有効性の検証のために，1つの機能の要求を元に，設計・実装を実施する実証実験を行った．

4.1 実験概要

今回の実験課題の要約を以下に示す．

> データ a，b，c が格納された csv ファイルを読み込み，a と c および，b と c のデータにおいて線形回帰を実施し，a と b どちらが c のデータを予測するのに適しているかを判定する．なお，今回の線形回帰の計算には Apache Commons Mathematics Library の SimpleRegression を利用することとする．また，今後，データの種類や，回帰モデルの変更などが想定される．

これまでの開発経験による差異も検証するために，新入社員を中心としたソフトウェア会社の若手社員と，クラウドソーシングサービス Lancers に登録している Java の開発経験が 7 年～10 年の開発者の 2 つの母集団を用意し，それぞれの母集団において，IDD を説明した上で IDD を用いて設計し，その設計に基づき実装するグループ A と，設計手法について指示を出さずに実施するグループ B を，それぞれ 3 名ずつで構成し，個人で設計・実装を行う実験を行なった．

なお，新入社員に対する実験においては，作業時間の上限を 8 時間とし，実装を行う上でのスキルが十分でない被験者も含まれたため，開発環境のトラブルなど，設計や実装に関わらない部分についての支援は行なった．

4.2 実験結果

まず，新入社員に対しての実験では，課題を完了できたのは，グループ B の 2 人のみであった．また，グループ A の 3 人はプログラムの実装は間に合わなかったが，IDD によるシーケンス図による設計までは完了することはできた．グループ A の被験者は，3 名ともそれぞれ異なるシーケンス図を作成していたが，全員が線形回帰の結果とその誤差を計算するクラスを導入するなどの共通点が見られた．グループ B では，単一クラスにの単一の長いメソッドによる実装，将来的な拡張を考慮してデータオブジェクトとそのファクトリクラスを導入する構成の実装が見うけられた．

次に，Lancers の開発者に対しての実験では，完成したソースコードに対して，凝集度を中心とした一般的な比較を行なうため，表 1 に示すメトリクスを計測した．グループ A，B のソースコードに対するメトリクスを，それぞれ，表 2，表 3 に示す．

表 1: 計測メトリクス一覧

LOC	コード行数 (Lines Of Code)．古典的なメトリクスの一つであり，プログラムの規模の推定に利用される．
# Classes	プログラムを構成するクラス数．これもプログラムの規模を示唆する指標となる．
LCOM4	Lack of Cohesion Of Methods version 4．凝集度を表す指標．1 であることが最適であり，2 以上であった場合は，クラスが複数の責務を負っていることを意味する．
CC	循環的複雑度 (Cyclomatic Complexity)．このメソッド (クラス) の複雑さを表す指標であり，この指標が大きくなるほど複雑さが増していることを意味する．

表 2: グループ A のメトリクス

	LOC	# Classes	LCOM4	CC
A-1	155	4	1	6.625
A-2	238	5	1	3.167
A-3	296	6	1.167	4.452
平均	230.0	5.0	1.056	4.748

表 3: グループ B のメトリクス

	LOC	#Classes	LCOM4	CC
B-1	53	1	1	4.333
B-2	77	1	2	5.25
B-3	77	1	1	6.75
平均	69.0	1.0	1.333	5.444

4.3 考察

まず，新入社員の母集団に対する実験について検討する．この実験において，プログラムを完成させられたかどうかだけで判断するとIDDを適用することで生産性が悪化することとなる．しかし，グループAの被験者は，明確な設計作業を実施した分，実装に充てる時間が少なくなり，完成するに至らなかったと思われる．また，IDDはシンプルかつ，将来的な変更のために凝集度が高い設計をすることが目的であるため，その設計について注目する．

グループAの被験者が作成したシーケンス図を見ると，知識として提示した責務の区分について，IDDにより責務の分割を明確に意識することにより，同様に責務を分割し，同様の構造となっていた．一方で，知識として明確に分割方法が与えられなかった部分については，それぞれの結果が異なり，この部分が困難な箇所となったと思われる．しかし，アジャイル開発においては，例えば，Scrumのプロダクトバックログ・リファインメントにおいて，顧客が持つ知識を共有することが可能であり，スプリント計画ミーティング，デイリースクラムなどを通して，開発者間での技術的な判断も共有することが可能である．一方，グループBの被験者の設計は，個人のスキルにより大きく異なった．単一のメソッド内で複雑な実装をおこなっていたり，将来的な修正を考慮してファクトリパターンを適用したりしている．これらの設計は，修正が難しくなっていたり，アジャイルの観点から言えば冗長でシンプルではなくなってしまっている．

IDDを適用することにより，責務の分割が明確な場合はアジャイル開発に適した設計を導出することが可能であるとともに，責務の分割をするための情報が不足している要素を見出すことができる．そして，不明瞭な要素についての情報共有の場はアジャイル開発のプラクティスとして埋め込まれているため，その不明瞭さを取り除くことができる．つまり，結果として経験の浅い開発者であっても，IDDを適用したアジャイル開発を実施することで，凝集度が高くシンプルな変更を受容しやすい設計を導出することができると言える．

次に，Lancersの開発者の母集団に対する実験について検討する．この実験においては，グループA，Bのソースコードのメトリクスに差が出た．まず，構成されるクラス数は，グループAが平均5クラスであるのに対し，グループBは，3名とも1クラスにより実装している．また，コードの行数はグループAの方が4倍ほど増えているものの，循環的複雑度はグループAの方が小さくなっている．また，LCOM4もグループAの方が，1に近い．これは，IDDを適用することで，責務によりクラスが分割されクラス数は増えるものの，各クラスの凝集度は高くなりやすいことを示している．また，各クラスの責務が小さいため，循環的複雑度も小さくなったと考えられる．一方，7~10年の経験のある開発者にとっては今回の課題はそれほど大きな処理ではないため，特に指示をしなかった場合には単一のクラスで実装したと考えられる．

どちらの方針が適切かは状況に応じるが，アジャイル開発で変更を許容するという観点から見れば，グループAの方が望ましい．例えば，課題に明記しているように回帰モデルのアルゴリズムを変える場合，グループBの実装では，単一クラスではあるもののプログラム全体への影響を考慮する必要があるのに対し，グループAの実装であれば，回帰モデルを計算するクラスのみの修正で可能となる．

ところで，IDDにおいてシーケンス図を用いた設計を行なっているが，この際に作成したシーケンス図は設計ドキュメントとして管理するものではなく，実装後は使い捨てることを想定している．本手法は万能な設手法ではなく，実装の詳細まで完全に計画するものでもない．そのため，IDDによる設計に基づいて実装した際に，その設計を変更することもあれば，将来的な機能の変更で設計が変更されることも想定される．よって，このシーケンス図をしっかり管理するよりも，実装から設計を読みとる方が現実的であると考える．特に，我々が開発したインタラクション記述言語IOM/T [6] を用いて実装すると，設計ドキュメントと同等の情報を自動抽出

が可能であり，IDD の有効性がより高まる．

5 関連研究

従来の開発手法と比べると，アジャイル開発自体が注目を集めるようになってからの期間が短く，アジャイル開発を前提とした学術研究は多くはなく，塩浜らが，アジャイル開発の適切なイテレーション期間の推定手法について提案 [7] するなどに限られている．

Jackson 法 [8] や構造化分析 [9]，ICONIX [10] など，様々な設計手法が考案されている．特に，ICONIX との共通点は多いが，従来の開発における設計手法は，事前に全てを決定するという前提で，そのドキュメントにも大きな価値を置いているという点で異なる．IDD は，経験の浅い開発者であってもアジャイル開発において変更を許容しやすい凝集度の高い設計を導くための手法である．

6 まとめ

本稿では，アジャイル開発に有効な設計手法として，インタラクション駆動設計 (IDD) を提案した．さらに，IDD を利用することにより，経験が浅い開発者であっても，アジャイル開発の特性に合った凝集度の高くシンプルな設計を導くことができることを実証実験により示した．

今回の実験の被験者は限られており，対象となるソフトウェアの特性については検証できていない．また，実際に反復的な開発において実験できてはいない．そのため，今後は，より様々なケースにおいて IDD の有効性の検証を進めていく予定である．

参考文献

[1] W. W. Royce. Managing the development of large software systems: Concepts and techniques. In *Proceedings of the 9th International Conference on Software Engineering*, ICSE '87, pp. 328–338, Los Alamitos, CA, USA, 1987. IEEE Computer Society Press.

[2] Kent Beck. Extreme programming. In *Proceedings of the Technology of Object-Oriented Languages and Systems*, TOOLS '99, pp. 411–, Washington, DC, USA, 1999. IEEE Computer Society.

[3] Martin Fowler. Extreme programming examined. chapter Is Design Dead?, pp. 3–17. Addison-Wesley Longman Publishing Co., Inc., Boston, MA, USA, 2001.

[4] Ivar Jacobson, Pan-Wei Ng, Paul E. McMahon, Ian Spence, and Svante Lidman. *The Essence of Software Engineering: Applying the SEMAT Kernel*. Addison-Wesley Professional, 1st edition, 2013.

[5] Ken Schwaber and Mike Beedle. *Agile Software Development with Scrum*. Prentice Hall PTR, Upper Saddle River, NJ, USA, 1st edition, 2001.

[6] Takuo DOI, Nobukazu YOSHIOKA, Yasuyuki TAHARA, and Shinich HONIDEN. IOM/T: An interaction description language for multi-agent systems. In *Fourth International Joint Conference on Autonomous Agents & Multi Agent Systems AAMAS2005*, 2005.

[7] R. Shiohama, H. Washizaki, S. Kuboaki, K. Sakamoto, and Y. Fukazawa. Estimate of the appropriate iteration length in agile development by conducting simulation. In *Agile Conference (AGILE), 2012*, pp. 41–50, Aug 2012.

[8] CORPORATE Learmonth & Burchett Management Systems Plc. *LBMS Jackson System Development (Version 2.0): Method Manual*. John Wiley & Sons, Inc., New York, NY, USA, 1992.

[9] David A. Marca and Clement L. McGowan. *SADT: Structured Analysis and Design Technique*. McGraw-Hill, Inc., New York, NY, USA, 1987.

[10] Doug Rosenberg and Matt Stephens. *Use Case Driven Object Modeling with UMLTheory and Practice*. Apress, Berkely, CA, USA, 2nd edition, 2013.

ワークフローマイニングに基づく潜在的因果関係を考慮した変更推薦モデルの構築
Change guide method considering implicit dependencies based on a workflow mining technique

熊 謙[*] 小林 隆志[†]

あらまし ソフトウェアに対する変更の影響は，依存する他の箇所へ伝播する．保守工程においては因果関係のある要素が不連続に変更されることがあり，直近の変更のみを用いる既存の変更支援手法では正確に推薦できない．より正確に変更箇所を推薦するためには，潜在的な因果関係を処理する必要がある．本研究では，ワークフローマイニング手法を利用することにより，潜在的な因果関係を考慮した変更推薦モデルを構築し，変更支援を行う手法を提案する．

1 はじめに

ソフトウェアはリリース後にも頻繁に機能修正や追加などの保守作業が行われ，成果物に対して変更が行われる．ソフトウェアの大規模化に伴い成果物間の依存関係は複雑であるため，変更の影響によって必要となる変更箇所の特定は大量の労力が必要となり，開発者の不十分な解析により変更漏れや誤解析によるバグ混入などが起こることも少なくない．

この問題に対し，開発者への変更支援のための研究が行われてきた．静的解析に基づく Change Impact Analysis [6] を応用するこれまでの方法に代わり，近年着目されている行動解析に基づく手法では，過去に同時に頻繁に変更されたファイル間には論理的な関係がある [7] とする考え方に基づく．この変更間の相関性を版管理システムの変更履歴などから抽出し次に必要となる変更の予測に利用する．Zimmerman らは，この考え方を応用して，実際にファイルやメソッド単位での変更推薦を行う手法を提案し，eRose というツールを開発している [8]．

しかしながら，版管理システムに記録されている変更履歴は，開発者がコミット処理をした時点での成果物のスナップショット間の変更情報のみが記録されており，コミット処理の間にどのような順で変更が起こったのかは記録されていない．我々はこの点に着目し，コミット処理間のファイル参照や変更操作，実行時の例外発生などを詳細に記録するツール plog [12] を用いて詳細な行動履歴を蓄積し，その解析に基づく変更支援手法を提案してきた [13,14]．これまでに，単純な版管理システムの変更履歴を用いる場合に比べて高い精度で推薦できることを示している [15,16]．

先行研究を含めたこれまでの手法では，行動履歴からファイル・メソッドといった成果物の要素に対する変更の相関性を抽出する際，直前に参照された要素の情報や，成果物にアクセスしていた期間の情報を用いる．実際の開発では，因果関係のある成果物の要素が不連続に変更されることもあり，既存手法の採用する直近の変更のみを用いる方法では判断できない潜在的な因果関係が存在する．より正確に変更箇所を推薦するためには，過去の開発活動を解析し潜在的な因果関係を考慮する必要がある．

例として，ファイル A を変更した場合はその影響がファイル B を経由してファイル C に波及するため，「ファイル A を変更した後にファイル B を変更した場合はファイル C の変更も必要となる」という状況を考える．過去の開発記録を分析し結果，ファイル B を変更した後にファイル X のほうがファイル C よりも頻繁に変更され

---

[*]Qian Xiong, 東京工業大学 大学院情報理工学研究科, xiong@sa.cs.titech.ac.jp

[†]Takashi Kobayashi, 東京工業大学 大学院情報理工学研究科, tkobaya@cs.titech.ac.jp

ていた場合，直近の変更から次の変更を予測すると，ファイル X が上位に推薦される．ファイル A の後にファイル B を変更した場合においては，直近の変更との相関性だけでなく，ファイル A とファイル C に対する変更の潜在的な因果関係を考慮しファイル C を推薦する必要がある．

本研究の目的は，変更間の潜在的な因果関係を考慮した変更推薦手法を開発することである．潜在的な因果関係を発見する方法にワークフロー (WF) マイニング [1] がある．WF マイニングは，外部観測されたイベントログからビジネスプロセス [2] を復元する手法として近年盛んに研究されている．本稿では，潜在的な因果関係を表現できるペトリネットとして WF を復元する Wen らの WF マイニング手法 [4] に着目し，潜在的な因果関係の有無を区別した WF を活用する変更支援手法を提案する．

提案手法では，開発行動履歴から成果物に対する変更の情報を抽出し，Wen らの手法 [4] を利用してシステムに対する変更行動のワークフローをペトリネットとして復元する．この生成したペトリネットに対して，過去の開発における遷移確率と変更間に参照した成果物の情報の 2 つの属性を付与したものを変更推薦モデルとして扱う．

提案手法の大きな特徴は，属性を付与したペトリネットに対してペトリネットの本来のセマンティクスを用いずに推薦候補を計算する点にある．WF マイニングによって復元された WF は過去の活動を正確に反映する反面，過去に行われなかった活動には対応できない．そのため，本研究では推薦候補を算出するための独自の発火ルールと仮想トークン生成法を提案する．発火ルールは，直近の変更までの活動によって生成されたトークンが必要な全プレースに存在する確率と，発火に必要なプレースの一部にのみトークンが存在する場合の発火確率を合わせて用いる．

本研究では，提案手法の有効性を確認するために先行研究 [15] で取得された 15 人分の開発行動履歴を用いて推薦性能の評価実験を行った．実験の結果，潜在的な因果関係を用いない手法と比べ，平均逆順位（MRR）の平均値がメソッドレベル推薦では 0.032 から 0.073 に，ファイルレベル推薦では 0.163 から 0.232 に上昇することを確認し，提案手法の有用性を示した．

2 ワークフローマイニング

ワークフロー (WF) とはビジネスプロセスの全てまたは一部を自動化したものであり，WF を実現する情報システムを WF システムと呼ぶ．ビジネスプロセスは具体的な作業を意味するタスクの集合であり，タスク同士の依存関係によるグラフ構造となる．WF は単一の WF システムで構成されない場合も多く，結果として全体が不明確となる場合がある．WF マイニングは，各タスクの実行時に記録されたイベントログを収集し，WF が実現しているビジネスプロセスを復元するために用いられる．

代表的な WF マイニング手法である Aalst らの α アルゴリズム [3] では，イベントログの出現順から連続する 2 つのタスク間の因果関係を計算し，WF をペトリネット [19, 20] として復元する．復元されたペトリネットは，各トランジションがタスク実行を表し，イベントログに記載されていた順序関係を満たす実行のみが可能なようにプレースが配置される．

例として，図 1(左) に示すタスク A〜E からなる WF を考える．この WF が実行されると「ACD, BCE」の 2 種類のイベントログが記録される．このログに対して α アルゴリズムを適用した場合，「タスク C の前に，タスク A，B が実行される」，「タスク C の後にタスク D,E が実行される」という連続するタスク間の明示的因果関係のみが復元され，図 1(右) のペトリネットが復元される．このペトリネットでは，もともとのペトリネットが表現する「タスク A を実行するとタスク D は実行されるがタスク E は実行されない」という潜在的因果関係が復元できていない．より正確に WF を復元するためには，この潜在的因果関係の考慮が重要となる．Wen ら

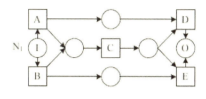 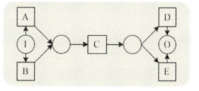

原型のネット　　　　　　　　αアルゴリズムで生成したネット

図1　潜在的因果関係とαアルゴリズム

はこの潜在的因果関係を含めて復元できるWFマイニング手法としてα^{++}アルゴリズム[4]を提案している．

本研究では，開発行動履歴に含まれる変更活動をイベントログとして，α^{++}アルゴリズム[4]を適用することにより，開発における変更プロセスを，変更間の潜在的因果関係を含めたワークフローとして復元する．

3 潜在的因果関係を考慮した変更推薦手法

提案手法では，開発行動履歴からWFをペトリネットとして復元し，過去の成果物への参照行動の情報を合わせて推薦モデルを構築する．潜在的な因果関係を表現できるペトリネットを生成し，過去の開発活動には存在しなかった開発行動に対応できる独自の発火ルールを定めることによって，開発者のそれまでの開発行動の考慮とペトリネットで表現された推薦モデルを逸脱した活動時における推薦の双方に対応する．

3.1 推薦モデルの構築

本研究が想定する開発行動履歴は，開発の際に開発者がメソッドやファイルなどの成果物に対して行った参照や変更といった開発行動が記録されたものである．変更とその順序のほかに，変更間に行った参照についても対象の成果物と所要時間の情報が含まれることを前提としている．提案手法における，推薦モデルの構築は以下の2つの手順からなる．

手順1：構造の生成　学習対象となる過去の開発行動履歴を読み込み，アクセス時間が短い履歴などのノイズを除去する前処理を行う．前処理後の履歴から変更操作だけを抽出して変更イベントログを生成し，α^{++}アルゴリズムを用いることで，変更プロセスの構造を表現するペトリネットを復元する．

手順2：属性の付与　開発行動履歴を分析することで，2つの属性値を計算しペトリネットのアークとプレースに付与し変更推薦モデルを構築する．

以下では各手順について詳しく述べる．

3.1.1 手順1: 行動履歴の前処理とペトリネットの復元

WFマイニング手法は，イベントログに記録されたタスク間の因果関係を正確に復元する．我々のこれまでの調査により，開発者は開発中にコードを理解することに大半の時間を費やすことや開発の最中に多くのファイルが参照されることが分かっている[17]．変更とは関係のないファイルを誤って参照したり，開発作業中に関係のない作業を行うことも確認されており，行動履歴をそのまま用いてしまうと不正確な変更プロセスを復元することとなる．このため，本研究では最小時間T_{min}と最大時間T_{max}を用いて，WF復元に利用するログからノイズとなる履歴情報を除去する．

前処理を行った行動履歴から，変更行動のみを抽出して変更イベントログを生成し，α^{++}アルゴリズムを用いて，変更間の潜在的因果関係を含む変更プロセスの構

造をペトリネットとして復元する．α^{++} アルゴリズムの実行には，Dongen らが構築したプロセスマイニング・フレームワーク ProM [5] を用いる．複数の WF マイニングアルゴリズムが ProM 用に実装されている．

3.1.2 手順 2: 属性の付与

本研究では，WF マイニングによって復元されたペトリネットをそのまま利用せず，確率属性とコンテキスト属性の 2 つの属性を付与する．

確率属性 $E_{p \to c}$ は，過去に起こった明示的な因果関係の発生確率を表現する各アークの属性である．行動履歴における変更は，ペトリネット上ではトランジションが発火したこととして表現されるため，以下の方法で，各プレースからトークンがトランジションに移動した回数をもとに確率を計算する．

まず，前処理済み行動履歴から各変更 c の起こった回数 N_c を抽出する．変更 c に対して，対応するトランジション t_c と t_c を発火するために必要となる全プレース $p_1, p_2, ..., p_n$ との間の各アークを特定し，それぞれのアークの通過回数 $A_{p \to c}$ に N_c を加える．確率属性 $E_{p \to c}$ は，対象アークの通過回数とプレース p からトークンが移動できるトランジションへの全アークの通過回数の合計を用いて以下の式で求める．

$$E_{p \to c} = A_{p \to c} / \sum_k A_{p \to k}$$

コンテキスト属性 $R_{c1 \to c2}$ は変更作業を表現する属性であり，トランジション t_{c1}, t_{c2} 間のプレースに付与される．過去の傾向を表現するために確率属性を導入したが，成果物に対する変更は複数の目的で行われる場合にはその目的を区別することができない．本研究では，変更の目的毎に途中で参照する成果物集合の特徴は異なるという前提のもとに，変更間に参照した成果物の集合をコンテキスト属性として用いる．コンテキスト情報 $R_{c1 \to c2}$ は行動履歴を走査し連続する変更 c_1, c_2 間に参照された成果物名を抽出することで求める．

3.2 推薦モデルを利用した変更推薦

WF マイニングは過去に起こったイベントログから WF を復元する手法であるため，イベントログに記録されていない因果関係は当然抽出されない．ソフトウェア開発活動は，開発者の特性によって作業順が異なる場合が多く，過去の行動履歴と完全に一致しない場合が含まれる．

本研究では，以下の 2 つの拡張を施すことでペトリネットの持つ特徴を生かした変更推薦を行う．
1. コンテキスト属性を用いた参照行動の類似判定に基づく仮想トークンの生成
2. 確率属性を用いた発火確率の算出

推薦プロセスの概要を図 2 に示す．開発者による開発行動を監視し，成果物に対するアクセスがあるたびに図 2 の推薦プロセスが実行される．提案手法では，成果物に対する変更が起こった場合，対応するトランジションをトークンの状態にかかわらず発火させ直後のプレースにトークンを移す．成果物に対して参照が起こった場合には，現在のコンテキスト情報を更新し，作業状況の類似性が高い箇所に仮想トークンを生成する．変更の推薦は，上記の結果計算されたトークンの状況と推薦モデルの属性を用いて算出された発火確率をもとにランキングして提示される．属性を利用した推薦プロセスの詳細を以下で述べる．

3.2.1 仮想トークンの生成

提案手法では，推薦を行う直前までの参照情報とコンテキスト属性と類似性から，実際には行われていない変更活動を仮想的に発生させトークンを生成することで，作業状況が類似する過去の活動の情報を活用し推薦を行う．

直前の変更以降に参照された成果物名の集合を，現在の作業状況を表現するコン

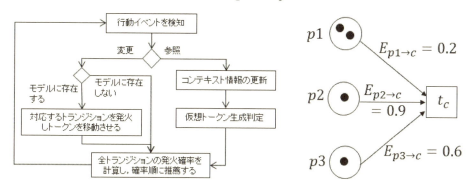

図2 推薦プロセスの概要　　　　図3 発火確率の算出例

テキスト情報 $R_{current}$ として保持し，参照行動が起こるたびに更新を行う．作業状況の類似性は，各プレースのコンテキスト属性との要素の一致度合をもって算出する．定数 R_{sim} を用い，以下を満たすコンテキスト属性を持つプレースに対して，仮想トークンを生成する．

$$|R_{current} \cap R_{c1 \to c2}|/|R_{c1 \to c2}| \geq R_{sim}$$

3.2.2 発火ルールを用いた発火確率の算出

従来のペトリネットのセマンティクスと同様に接続するプレースのすべてにトークンが存在し発火可能とするルール **FP1** と，一部の発火に必要なプレースにトークンが存在しない場合であっても発火可能とする独自の発火ルール **FP2**，さらに **FP1** と **FP2** を併用する手法を提案する．

提案手法 1: FP1

トランジション T_c が発火するために必要なプレース $p_1, ... p_n$ のそれぞれに対して，プレースに存在するトークンの数 K_p とそのプレースからトランジションまでの確率属性 $E_{p \to c}$ を用い，発火に必要な各プレースから，T_c の発火に必要なトークンが全て揃う確率を計算する．図3の例の場合，$FP1_c = 2*0.2*1*0.9*1*0.6 = 0.216$ となる．

$$FP1_c = \prod_p (K_p \cdot E_{p \to c})$$

提案手法 2: FP2

FP1 と異なり，一部のプレースにトークンが存在しなくても発火可能として発火確率を算出する．各プレースから到着するトークン数の期待値を積算し，接続されているプレース数で正規化したものを確率として用いる．図3の例の場合，$FP2_c = (2*0.2+1*0.9+1*0.6)/3 = 0.633$ となる．

$$FP2_c = \sum_p (K_p \cdot E_{p \to c})/n$$

提案手法 3: FP1&FP2

FP1 によって発火する確率がない場合にのみ，FP2 を用いることで，WF マイニングによって復元した変更プロセスの構造を考慮しながら，過去の開発行動と完全一致しない行動への推薦を実現する．

$$FP1\&FP2 = \begin{cases} FP1_c & (FP1_c \neq 0) \\ FP2_c & (FP1_c = 0) \end{cases}$$

4 評価実験

提案手法の有用性を確認するために，前述の **FP1, FP2, FP1&FP2** の3つの発火確率計算方法に，本提案手法を利用しないベースライン手法を加えた以下の4つの

表1 データセット [15] に含まれる開発内容と変更された延べファイル数 (F) とメソッド数 (M)

機能拡張内容	F	M	機能拡張内容	F	M
S01:敵拡張 (パックンが炎を吐く)	23	37	S09:アイテム変更 (ファイア→爆弾)	40	81
S02:アイテム追加 (方向キー操作逆転)	19	34	S10:敵拡張 (ノコノコの挙動変更)	7	12
S03:アイテム変更 (ファイア→ハンマー)	7	20	S11:アイテム追加 (1up キノコ)	9	11
S04:敵拡張 (クリボー→トゲクリボー)	60	75	S12:アイテム追加 (毒キノコ)	11	19
S05:アイテム追加 (しっぽマリオ)	32	91	S13:マリオ拡張 (パンチマリオ)	150	306
S06:アイテム追加 (10 コインブロック)	19	34	S14:敵拡張 (パタパタの挙動変更)	36	71
S07:アイテム追加 (ランダムアイテム)	3	33	S15:アイテム追加 (スター)	13	49
S08:アイテム変更 (ファイア→アイス)	13	21			

方法で変更推薦を行い，その推薦精度を比較する．ベースライン手法は，明示的な因果関係のみを考慮する既存手法を想定し，開発行動履歴から抽出した変更対の頻度のみを用いる．

実験では，データセットを学習用と評価用の2つに分け，学習用データで推薦モデルを作成する．評価用データのそれぞれに対して，行動履歴を逐次読み込みながら変更が起こった時点で推薦候補を各手法で算出し，実際に次に変更が起こった成果物を正解として精度を計算する．

本実験における正解は次に実際に起こった変更である．そのため，推薦精度の指標には単一の正解に対する推薦精度の指標である平均逆順位（Mean Reciprocal Rank, MRR）[18] を用いる．MRR は，n 回の各推薦における正解順位を $r_1, r_2, ..., r_n$ としたとき，以下に定める逆順位 RR_{r_k} の平均である．

$$RR_{r_k} = \begin{cases} 1/r_k & (r_k \neq 0) \\ 0 & (r_k = 0) \end{cases}$$

なお，提案手法を適用する際，前処理のパラメータとして，T_{min}=1[s], T_{max}=1800[s], 仮想トークン生成の閾値 R_{sim} は 0.5 を用いた．

4.1 データセット

本研究では，データセットとして丸岡が取得した行動履歴 [15] を用いる．このデータセットには15人の被験者が，同一のソフトウェアシステムに対してそれぞれ異なる機能拡張をした際の行動履歴が含まれている．対象のソフトウェアはクラス数48，約7000LOC の Java 言語で記述されたスーパーマリオのクローンゲームである．被験者はこのソフトウェアに対して，敵の振舞いの拡張，アイテムの追加，操作キャラクターの振舞いの追加などの拡張をそれぞれ行った．データセットに含まれる開発内容と各変更数を表1にまとめる．開発行動履歴は文献 [7] で提案された Eclipse plugin の plog で取得されている．

4.2 構築された変更推薦モデル

データセットから，S03, S04, S11 の3人分の行動履歴を用いて提案手法を適用して変更推薦モデルを作成した．ファイルレベルでは，トランジション数11，プレース数18，アーク数66のペトリネットが復元され，それらに対して30個のコンテキスト属性が付与された．また，メソッドレベルではトランジション数30，プレース数52，アーク数242のペトリネットが復元され，コンテキスト属性数は118であった．本稿では紙面の都合から，ファイルレベルのペトリネットのみ図4に示す．

4.3 推薦精度の比較の結果

メソッドレベルでの変更推薦について，評価結果を図5に示す．FP1&FP2 の MRR の平均値が最大で0.073であり，ベースラインの0.032と比べて高い値となった．FP1, FP2 に関してもベースラインを上回っており，推薦モデルに基づく変更支援手法によって推薦精度が向上していることがわかる．

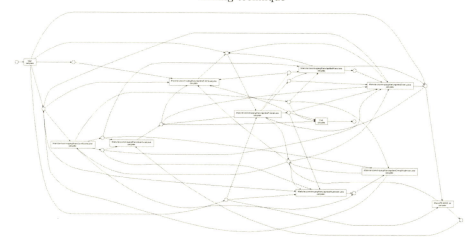

図4 WF マイニングによって復元されたファイルレベルのペトリネット

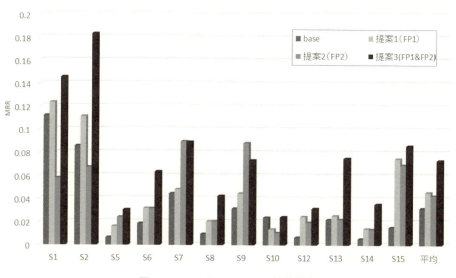

図5 メソッドレベルでの推薦精度

　被験者ごとの MRR 値では，S7,S9 において，FP2 のみを利用する場合と比べ，FP1&FP2 の MRR 値が低い結果となっているが，全体の傾向としては，推薦モデルに対して，必要なすべてのトークンが揃う確率を用いる FP1 がベースラインより良い結果を示し，さらに FP2 と組み合わせることによって推薦精度が向上することが分かった．

　ファイルレベルでの変更推薦について，評価結果を図6に示す．全体の傾向として，FP1, FP2 はベースラインより低い MRR 値となり，MRR の平均値もベースライン (0.163) より低い．この結果から，FP1, FP2 を単体で利用すると，明示的因果関係のみを利用する手法より精度が低下することが分かった．しかしながら，メソッドレベルと同様に FP1&FP2 の MRR の平均値 (0.232) は，ほかの3つの手法よりも高く，ファイルレベルでも有効であることが確認できた．

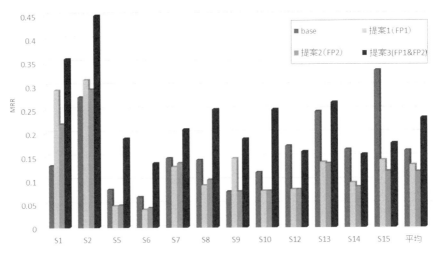

図 6　ファイルレベルでの推薦精度

4.4　議論

　FP1 のみを利用した場合は，メソッドレベルでは全体的にベースラインよりも高い推薦性能を示したが，ファイルレベルではベースラインよりも MRR は低くなる傾向があった．これは，潜在的因果関係を考慮した厳密な発火規則では推薦が行えないケースが多かったことに起因する．FP2 のみを利用した場合に関しても傾向は同様であり，ファイルレベルでの平均はベースラインよりも低くなった．しかしながら，FP1 と FP2 を組み合わせた場合はベースラインを上回る推薦性能が実現できており，FP1 によってペトリネットの構造として表現されている潜在的因果関係を考慮し，FP2 で補完する方法が高い推薦精度を実現できることが分かった．

　また，メソッドレベルでの S5,S10,S12 のように，いずれの手法でも MRR 値が低い結果となる場合が存在した．詳細に確認したところ，対象の成果物が推薦モデルに登場しておらず，推薦順位が 0 となる変更を多く含んでいることが分かった．行動履歴解析に基づく手法は，過去には存在しなかった成果物に対しては推薦を行うことができないため，新しく作成された成果物に対して推薦はできないが，学習数を増やすことにより推薦精度はより向上するものと考える．

　ワークフローマイニングは，「アクティビティの実行結果を利用して次のアクティビティが実行される」という前提に基づき，イベントログからアクティビティ間の因果関係を抽出する．本研究が扱うソフトウェア変更は必ずしも前の変更の結果に依存して起こるものではないため，マイニング結果に因果関係ではない相関関係が含まれる．この点についてはより多くの実験を通して有効性を確認する必要がある．

　本評価の妥当性について議論する．本評価では，実開発時に記録された行動履歴を用い，過去の開発行動に対して提案手法が次の行動を推薦できたことをもって正解とみなしている．実際に提案手法を適用した場合，推薦された内容によって開発者の行動が変化する可能性がある．提案手法の効果をより明確にするためには，提案手法によって支援を受けながら実開発を行うユーザ実験が必要である．

　本実験では同一のプログラムに対して複数人が派生開発した際の履歴を用いている．長期間保守が続いているソフトウェアにおいては，互いに影響を受けない修正が蓄積されることは多数あるものと想定しているが，検証のためには連続した保守活動における行動履歴を用いた実験が必要である．また，実験では特定の 3 人分の履歴から変更推薦モデルを生成した．評価結果を一般化するためには，学習に用いる履歴の量と精度の関係調査を含むより多くの実験を行う必要がある．また前処理のパラメータ T_{min}, T_{mzx} や，本実験で 0.5 と定めた R_{sim} についても，実験を通し

て最適な値を決定する必要がある．

5 関連研究

　ソフトウェア成果物に対する行動履歴を用い，現在の保守作業での変更推薦を行う研究も数多く行われている．Gall らは CVS に蓄積された履歴をもとに，同時に変更される可能性が高いファイル間の依存関係を示し，logical coupling [7] という概念を提案した．eROSE [8] は，Gall らが提案した logical coupling をメソッドレベルで特定し，開発者があるメソッドを変更した際に，次に変更すべきメソッドを推薦するツールである．Kagdi らは，logical coupling で考慮されていなかった変更の順序も考慮し，subversion に記録された行動履歴に基づいて，頻繁に変更されるシーケンスを特定し，変更支援を行った [9]．また，Gerard ら [11] は版管理の履歴に対して，グレンジャー因果検定を適用することで，上記の二つの手法とは異なる依存関係を取得し，変更支援を行った．このように，開発者が行った行動履歴を蓄積し，変更支援手法は数多く提案されている．本研究でも，開発行動履歴を蓄積し，変更推薦を行うが，WF マイニングの概念を導入し，より全体的なプロセスモデルを構築し，参照履歴も考慮することで，有効性が高い手法を提案する．

　我々の先行研究 [13–16] においても，直前の変更以外の変更の情報は一部考慮されているが，変更推薦モデルにおいては明示的因果関係を基準に構築されており，潜在的因果関係は各明示的因果関係の属性として表現されている．本研究では，潜在的依存関係を推薦推薦モデルの構造に含めている点が異なる．

　変更支援以外の目的で，ソフトウェア工学分野で WF マイニングを応用する手法に，Monika らの研究がある．この研究は複数のリポジトリからソフトウェアのバグ解決の WF マイニング [23] を提案したものであり，制御フローや組織的な観点から，三つのソフトウェア・リポジトリのプロセスマイニングを提案している．本手法では，バグ報告，バグ修正，バグ検証，バグのレビューとバグの提出などの行動を定義し，バグ解決のプロセスログから，バグ解決のプロセスモデルを発見する．また，プロセスログから意図したプロセスモデルを自動的に構築する [24] という研究が行われている．前述の手法では，ユーザの行動タイプにより，ユーザの行動ログをモデル化し，ユーザの意図を推測することで，意図的なプロセスを構築する．本研究は，開発者の行動履歴を蓄積し，イベントログを作成し，全体的な成果物への変更ペトリネットを抽出することで，保守作業における変更推薦を行うことができる．

　ペトリネットは様々な分野で応用されているが，基礎的なペトリネットから多くの拡張モデルが提案されており [20]，システムの確率的な事象の表現と解析のために，確率を導入するアプローチはすでに存在している．トランジションの発火を時間でコントロールする時間ペトリネットに対して，トランジションが発火可能になってから発火を開始するまでの時間を連続の確率分布を持つような確率変数で定義する確率ペトリネット (Stochastic Petri Net) が提案されている [21]．Rogge-Solti らが，復元するワークフローのモデルに確率ペトリネットを採用する手法 [22] を提案しており，本研究でも使用した ProM の拡張パッケージも提供されている．本研究で構築される推薦モデルとの違いは，確率ペトリネットは時間ペトリネットの拡張であり，発火可能になってから発火するまでの時間が確率で表現されている点である．本提案手法では，発火確率を表現することで，ペトリネットとして復元されたワークフローの情報をもとに変更推薦を行う．

6 おわりに

　本論文では，開発行動履歴をもとに，WF マイニングを用いて変更間の潜在的因果関係を表現するペトリネットを復元し，開発者への変更推薦モデルを構築する手法を提案した．提案手法では，既存の α^{++} アルゴリズムを用いて復元したペトリネットに対して，各プレースからトランジションまでの遷移確率と，変更間で参照

した成果物に関する情報を付与することで変更推薦モデルを構築した．また，構築したモデルに対して，開発状況に応じた仮想トークン生成と発火確率計算からなる発火ルールを提案した．既存の行動履歴データセットを用いた評価実験により，本研究で提案した変更推薦モデルと発火ルールによる推薦は，明示的因果関係のみでの推薦と比べメソッドレベル，ファイルレベル共に高精度で推薦ができることを示した．

謝辞 本研究の一部は科研費 (#24300006, #25730037,#26280021) の助成を受けた．

参考文献

[1] W.M.P. van der Aalst, B.F. van Dongen, J. Herbst, L. Maruster, G. Schimm, A.J.M.M. Weijters. "Workflow mining．a survey of issues and approaches". Data & Knowledge Engineering archive, 47(2) 237–267 2003

[2] S. Jablonski and C. Bussler. "Workflow Management: Modeling Concepts, Architecture, and Implementation". London: Int'l Thomson Computer Press, 1996.

[3] W.M.P. van der Aalst, A.J.M.M. Weijters, and L. Maruster. "Workflow Mining．Discovering Process Models from Event Logs" IEEE Trans. on Knowledge and Data Engineering, 16(9)．1128–1142, 2004.

[4] L. Wen, W.M. P. van der Aalst, J. Wang, J. Sun．"Mining Process Models with Non-Free-Choice Constructs", Data Mining and Knowledge Discovery, 15(2). 145–180, 2007,

[5] B. van Dongen, A.K. Alves de Medeiros, H.M.W. Verbeek, A.J.M.M. Weijters, and W.M.P. van der Aalst. "The ProM framework．A New Era in Process Mining Tool Support". Application and Theory of Petri Nets 2005, LNCS Vol. 3536. 2005.

[6] Bohner S, Arnold R. "Software Change Impact Analysis". IEEE Computer Society Press 1996.

[7] H. Gall, M. Jazayeri, and J. Krajewski. "CVS release history data for detecting logical couplings". Proc. IWPSE2003.

[8] T. Zimmermann, A. Zeller, P. Weissgerber, and S. Diehl. "Mining version histories to guide software changes" IEEE TSE, 31(6), 429–445, 2005

[9] H. Kagdi, S. Yusuf, and J. I. Maletic. "Mining sequences of changed-files from version histories" Proc. MSR2006.

[10] M. M. Geipel and F. Schweitzer. "Software change dynamics: evidence from 35 java projects". Proc. FSE2009.

[11] G. Canfora, M. Ceccarelli, L. Cerulo, and M. Di Penta. "Using multivariate time series and association rules to detect logical change coupling．An empirical study" Proc ICSM2010.

[12] 谷, 小林, 山本, 阿草. スタックトレース情報を用いた問題解決経験の検索. FOSE2008 論文集.

[13] 加藤, 小林, 阿草. 変更支援のための成果物アクセス履歴マイニング. 信学技報 信学技報 (ソフトウェアサイエンス) No.SS2010-77, 2011

[14] T. Kobayashi, N. Kato, K. Agusa. "Interaction Histories Mining for Software Change Guide", Proc. RSSE2012.

[15] 丸岡, 小林, 阿草. 成果物アクセスの時間的局所性を考慮した変更コンテキストモデル. 電子情報通信学会 信学技報 (ソフトウェアサイエンス), No. SS2012-76, 2013.

[16] 山森, 小林. 活動履歴と過去の推薦状況を考慮した変更支援ツールの試作. 電子情報通信学会 信学技報 (ソフトウェアサイエンス), No. SS2013-84, 2014

[17] R. Minelli, A. Mocci, M. Lanza, T. Kobayashi. "Quantifying Program Comprehension with Interaction Data", Proc. QSIC2014.

[18] E.M. Voorhees. "The TREC-8 Question Answering Track Report" Proc. the 8th Text Retrieval Conference, 1999.

[19] T. Murata, "Petri Nets: Properties, Analysis and Applications" Proc. IEEE, (77)4 541–580, 1989.

[20] 青山, 平石, 内平. ペトリネットの理論と実践, 朝倉書店 (1995)

[21] M.A. Marsan, G. Balbo, A. Bobbio, G. Chiola, G. Conte, and A. Cumani. "The effect of execution policies on the semantics and analysis of stochastic Petri nets". IEEE TSE 15(7)．832–846, 1989.

[22] A. Rogge-Solti, W.M.P. van der Aalst, M. Weske．"Discovering Stochastic Petri Nets with Arbitrary Delay Distributions from Event Logs" Proc. BPM 2013, Springer LNBIP Vol 171. pp. 15-27, 2014

[23] M. Gupta, A. Sureka, S. Padmanabhuni. "Process mining multiple repositories for software defect resolution from control and organizational perspective". Proc. MSR2014.

[24] G. Khodabandelou, C. Hug, R. Deneckre, C. Salinesi. "Unsupervised discovery of intentional process models from event logs". Proc. MSR2014

コードレビューのジレンマ
スノードリフトゲームによる協調行動の分析

Cooperation in Code Review: A Theoretical and Empirical Study

北川 愼人[*]　畑 秀明[†]　伊原 彰紀[‡]　小木曽 公尚[§]　松本 健一[¶]

あらまし　コードレビューは，ソフトウェア開発において作成されたパッチを複数のレビュワーが査読することにより，パッチの中にバグや不具合が含まれているかどうかを確認するプロセスである．近年のコードレビューでは，パッチに含まれるバグや不具合の発見だけでなく，レビュワー間での情報共有を行うことなども目的とされている．しかし，我々がレビュー活動に貢献するレビュワーの貢献者を調査した結果，ただ1人のレビュワーのみがレビューを行う状況や，レビュワー間で最終的な合意形成がなされていないにもかかわらず，途中でレビューをやめてしまうレビュワーが存在することが明らかとなった．そこで，コードレビューを行う状況をゲームモデル化し，レビュワー間の協調行動の分析を行った．その結果，レビュワーにとって，他のレビュワーがレビューを行うならば自身はレビューを行わないことが合理的であること，レビューを行うことによる利得が高いほど他のレビュワーと協力してレビューを行うことが合理的であることを理論的に明らかにした．

1 はじめに

　コードレビューは，ソフトウェア開発プロジェクトにおいて作成されたパッチ(不具合修正や機能追加のために作成されたソースコードの差分)を数人のレビュワーが査読することにより，そのパッチ中に不具合やバグが含まれないかを確認するプロセスである．Rigbyらは，一般的なコードレビューの流れは次の3つのプロセスからなることを示している [1]．1) パッチの作成者は，パッチのレビューを依頼するためにパッチを公開する．2) レビュワーたちはパッチのレビューを行い，修正が必要であればそれをパッチの作成者に提案する．これを繰り返し行い，パッチの品質を向上させる．3) 複数のレビュワーによってパッチの採用が認められた時，そのパッチをプロジェクトのリポジトリにコミットする．近年では，コードレビューはツールを用いて行われており，モダンコードレビューとも呼ばれている．また，近年のコードレビューでは，投稿されたパッチの検証のみではなく，レビュワー間での情報共有やチームメンバーの意識の向上，問題の新たな解決方法の考察なども目的とされている [2]．
　そこで，近年のコードレビューにおいて，レビュワーたちが実際にどのような活動を行っているかを知るため，我々はQtおよびOpenStack上で行われたレビューに関する調査を行った．その結果，多くのレビューでレビュワー間の合意形成がなされている一方で，1人のレビュワーのみがレビューを行う状況や数人のレビュワーが議論を途中でやめてしまう状況が存在することが明らかとなった．コードレビューにおいて，レビュワーから協力が得られないことはプロジェクトの成長やソフトウェアの品質に悪影響を及ぼす [3]．そのため，レビュワーから協力が得られないような状況が生まれる原因について分析を行うことは重要である．

---

[*]Norihito Kitagawa, 奈良先端科学技術大学院大学
[†]Hideaki Hata, 奈良先端科学技術大学院大学
[‡]Akinori Ihara, 奈良先端科学技術大学院大学
[§]Kiminao Kogiso, 電気通信大学
[¶]Kenichi Matsumoto, 奈良先端科学技術大学院大学

本稿では，そのような状況が生まれる原因について分析するため，コードレビューを行う状況について，スノードリフトゲームに基づいてゲームモデルを作成した．スノードリフトゲームは，2人のプレイヤーが協力するもしくは裏切るという2つの戦略のうち，いずれか1つの戦略を選択する状況を想定したゲームモデルであり，囚人のジレンマ同様に社会的ジレンマを表現することができることで知られている [4,5]．コードレビューの場合，協力することはレビューを行うことを表し，裏切ることはレビューを行わないことを表す．このゲームモデルを用いることにより，我々は，レビュワーにとって他のレビュワーがレビューを行うならば自身はレビューを行わないことが合理的であること，レビューを行うことによる利得が高いほど他のレビュワーと協力してレビューを行うことが合理的であることを理論的に明らかにした．また，得られた結果が実際のデータを説明できることを示した．

2 コードレビューの実証的な分析

2.1 既存研究

RigbyおよびStoreyは，OSS開発プロジェクトにおいて，主要なレビュワーグループに注目されなかったパッチは，レビューされないまま放置される傾向にあることを明らかにした [6]．また，コードレビューにおいて，数人の主要なレビュワーが最終的な評価を下すことによって，議論が長期化することが防がれていることを明らかにしている．RigbyおよびBirdは，3つのMicrosoftプロジェクト，1つのAMDプロジェクト，2つのGoogle-ledプロジェクトおよび6つのOSS開発プロジェクトにおけるコードレビューについて，その実態の調査を行った [1]．その結果，現在のコードレビューでは，通常2人のレビュワーによってレビューが行われることが最適であること，レビュワーはバグや不具合を見つけるよりもメンバー間で議論を行うことやコードの修正を行うことを好んでいることなどを明らかにした．McIntoshらは，Qt，VTK，ITK上のプロジェクトの調査を通して，繰り返しレビューが行われたパッチはそうでないパッチに比べ，リリース後に発見されるバグの数が少ないことを明らかにした [3]．同様に，多くのレビュワーによってレビューが行われたパッチはそうでないパッチに比べ，リリース後に発見されるバグの数が少ないことを明らかにした．BosuおよびCarverは，OSS開発プロジェクトにおいて，未熟な開発者は主要な開発者よりもレビューの結果を受け取るまでの期間が2倍から19倍ほど長く，パッチが採用される割合が低いことを明らかにした [7]．また，レビューの結果を受け取るまでの期間が長ければ，開発者の継続してプロジェクトに参加しようとする意欲が減少すると述べている．

2.2 コードレビューの分類

本稿では，レビュワーの合意形成の状況に基づいて，コードレビューの分類を行う．レビュワーの合意形成の状況に基づくコードレビューの分類木を図1に示す．ここでは，以下の4つの設問に応じてコードレビューの分類を行っている．

(1) 何人のレビュワーが参加しているか？レビューが1人のレビュワーのみによって行われているか，2人以上のレビュワーによって行われているかによってレビューを分類する．
(2) レビューは即座に合意形成に至ったか？レビュー開始後，レビュワー間でパッチに対する評価が一致していたかどうかによってレビューを分類する．
(3) レビューは最終的に合意形成に至ったか？(2)においてレビュワー間で評価が分かれた場合，パッチに最終的な評価が下されるまでにレビュワー間で評価が一致していたかどうかによってレビューを分類する．
(4) 最終的な結果はどうであったか？レビューの結果，レビューが行われたパッチが採用されたかどうかによってレビューを分類する．

これらの設問に従い，我々はコードレビューをAからHまでの8パターンに分類

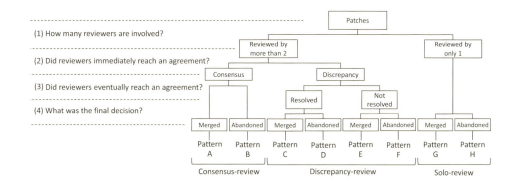

図 1　レビュワーの合意形成の状況に基づくコードレビューの分類木

表 1　Qt および OpenStack におけるパターン別レビュー件数

Pattern	Consensus		Discrepancy (Resolved)		Discrepancy (Not resolved)		Solo	
	A	B	C	D	E	F	G	H
Qt	45,861 (67%)	1,046 (2%)	8,345 (12%)	0 (0%)	4,131 (6%)	7,911 (12%)	559 (1%)	259 (<1%)
OpenStack	61,356 (71%)	106 (<1%)	6,042 (7%)	33 (<1%)	2,109 (2%)	11,437 (13%)	1,409 (2%)	4,057 (5%)

した．
　近年のコードレビューにおいて，レビュワーが実際にどのような活動を行っているかを知るため，我々は，McIntoshらが公開している Qt および OpenStack 上で行われたレビューに関するデータセット [3] の調査を行った．これらのデータセットには，それぞれ Qt における 70,765 件のレビューレポートおよび OpenStack における 92,984 件のレビューレポートが含まれている．それぞれのレビューレポートには，レビューの状況，レビュワーからのパッチに対する評価，レビュワーからのコメントなどの情報が含まれている．これらのレビューレポートの内，我々はレビューの状況が「採用 (merged)」もしくは「不採用 (abandoned)」であり，なおかつコメントが1つ以上存在しているレビューレポートをプログラムを用いて抽出した．最終的に，我々は Qt における 68,113 件のレビューレポートおよび OpenStack における 86,549 件のレビューレポートの調査を行った．
　表1に調査結果を示す．ここでは，AからHまでの8パターンそれぞれに該当するレビューが2つのデータセット中に何件含まれているかを調べた．調査を行ったレビューのうち，約70%のレビューが即座に合意形成に至っていることがわかった (パターンA, B)．また，約10%のレビューでは，意見が分かれながらも最終的に合意形成に至っていることが分かった (パターンC, D)．よって，約80%のレビューが複数人のレビュワーによって行われ，合意形成に至っていることが明らかとなった．一方で，約15%のレビューではレビュワー間で意見が分かれ，合意形成が得られないままレビューが終了していることがわかった (パターンE, F)．また，Qtでは約1%，OpenStackでは約7%のレビューが1人のレビュワーで行われていることがわかった (パターンG, H)．パターンE, Fのような状況が生まれる主な原因は，議論が途中で中断されてしまうことにある．ほとんどの場合，レビュワー間で意見が分かれても，議論は合意形成に至るまで行われている．しかし一方で，途中で数人のレビュワーが意見を出さなくなったがためにレビューが中断されている状況が確認されている．また，パターンG, Hでは，レビューを割り当てられている

レビュワーが一度も議論に参加していない状況も確認されている．以上の結果から，以下のようなリサーチクエスチョンを設ける．

RQ1：なぜレビューに参加しないレビュワーがいるのか？

レビューを行わないことは，プロジェクトの進行やソフトウェアの品質に悪影響を及ぼす[3]．そのため，レビュワーがレビューを行わないことは合理的な行動ではないと考えられる．

RQ2：なぜ議論中に意見を出さなくなるレビュワーがいるのか？

レビュワー間で協力しレビューを行っていたにもかかわらず，途中で議論を中断してしまうことは合理的な行動ではないと考えられる．

以降，3節ではレビューを行う状況をスノードリフトゲームに基づいてゲームモデル化し，レビュワーにとってどのような行動が合理的であるのかについて分析を行う．そして，各リサーチクエスチョンに対して答える．

3 ゲーム理論による分析

3.1 定義

ここでは，本節で用いるゲーム理論に関する用語について定義を行う．基本的に，定義は参考文献[8]の3章に従う．

(完備情報) 戦略型ゲーム 戦略型ゲームは，ゲームに参加するプレイヤー，プレイヤーが選択可能な戦略，プレイヤーが得ることのできる効用値から構成される．戦略型ゲームを表現する方法として，n次元の表を用いる方法がよく知られている．一般に，各行はプレイヤー1が選択可能な戦略を表し，各列はプレイヤー2が選択可能な戦略を表す．それぞれのます目には各プレイヤーが選択した戦略に対応する効用値がプレイヤー1のものから順に書かれている．最後に，全てのプレイヤーが，自身および他の全てのプレイヤーに関する情報(選択可能な戦略および得ることのできる効用値)を持っている時，そのゲームは完備情報ゲームと呼ばれる．

純粋戦略 純粋戦略において，各プレイヤーは自身が選択可能な戦略の中から1つの戦略を選択する．また，自身および他のプレイヤーの選択した戦略の組を(純粋)戦略プロファイルと呼ぶ．

混合戦略 混合戦略において，各プレイヤーは自身が選択可能な戦略の中から，他のプレイヤーの戦略選択確率に基づいて戦略を選択する．

ナッシュ均衡 純粋戦略では，現在の純粋戦略プロファイルにおいて，どのプレイヤーも自身の戦略を変更することによって自身の得ることのできる効用値を最大化することができない時，その純粋戦略プロファイルをナッシュ均衡(Nash equilibrium, NE)と呼ぶ．混合戦略の戦略型ゲームでは，各プレイヤーが得られる期待効用値を最大化するような戦略選択確率の組がNEとして扱われる．NEは戦略型ゲームの解概念の1つであり，合理的な行動選択の結果である．

本稿では，レビュワーA，Bの2人をプレイヤーとするような，2プレイヤー2戦略の純粋戦略および混合戦略の戦略型ゲームを扱う．

3.2 スノードリフトゲームの概要

スノードリフトゲームの概要を，参考文献[4]の7章に沿って説明する．2人の運転手が雪の吹き溜まりの両側で立ち往生している状況を考える．それぞれの運転手はシャベルを所持しており，シャベルで雪をかく(協力する，Cooperate, C)もしくは車で待機する(裏切る，Defect, D)のいずれかの戦略が選択可能である．雪かきを行った場合，家に帰ることができるので利得bを得ることができるが，雪かきで体力を消耗するため，コストc_1がかかる．もし2人が協力して雪かきをするならば，消費する体力を少なくすることができるので，2人は共通して$b - c_2$の効用値を得る．もし片方の運転手が雪かきをし，もう一方が車で待機するならば，雪かき

表2 スノードリフトゲームによるコードレビューモデル

		Reviewer B	
		review (Cooperate, C)	not review (Defect, D)
Reviewer A	review (Cooperate, C)	$(b-\frac{c}{2}, b-\frac{c}{2})$	$(b-c, b)$
	not review (Defect, D)	$(b, b-c)$	$(0, 0)$

をした運転手は雪かきで体力を消耗するため $b-c_1$，車で待機していた運転手は雪かきによる体力の消費がないため b の効用値を得る．もしどちらの運転手も車で待機するならば，状況に変化は生まれないため，それぞれの運転手は0の効用値を得る (ただし，$b > c_1 > 2c_2 > 0$)．このような状況を想定するゲームをスノードリフトゲームと呼ぶ．本稿では，モデルを単純にするため，$c = c_1 = 2c_2$ としてゲームの設定を行う (ただし，$b > c > 0$)．スノードリフトゲームは，社会的ジレンマの分析に適切なモデルであることが知られている [5]．また，Paul は，スノードリフトゲームは OSS 開発プロジェクトにおける社会的ジレンマを表現するうえで，囚人のジレンマよりも適切なモデルであると述べている[1]．

3.3 本稿で扱うゲームの設定

表2に本稿で扱うコードレビューにおけるスノードリフトゲームの効用値表を示す．表2において，各行はレビュワーAが選択可能な戦略を表し，各列はレビュワーBが選択可能な戦略を表す．また，それぞれのます目には各戦略プロファイルに対応する効用値が書かれている．各レビュワーはレビューを行う (C) もしくはレビューを行わない (D) のいずれかの戦略が選択可能である．各レビュワーが得ることのできる効用値は，利得 b とコスト c から構成されている．本稿では，利得 b をコードレビューを行うことによってレビュワーが得ることのできる便益 (パッチの質の向上など)，コスト c をコードレビューを行うことによるレビュワーの損失 (コードレビューにかける時間や労力の損失など) として扱う．レビューを行った場合，パッチに含まれるバグや不具合を発見し，それらを取り除くことによってパッチの品質を高めることができるため，レビュワーは b の利得を得ることができる．それと引き換えに，時間や体力を消費するため，コスト c がかかる．もし2人のレビュワーが協力してレビューをするならば，レビュワーはコストを半分に抑えることができるので，2人は共通して $b-\frac{c}{2}$ の効用値を得る．もし片方のレビュワーがレビューを行い，もう一方のレビュワーはレビューを行わないならば，レビューを行ったレビュワーにはコストがかかるため $b-c$，レビューを行わなかったレビュワーはパッチの品質が高まったことによる便益を得ることができるので b の効用値を得る．もしどちらのレビュワーのレビューを行わないならば，どちらのレビュワーにもコストはかからないが，パッチが放置されることにより，パッチの質に変化は起こらないため，それぞれのレビュワーは0の効用値を得る (ただし，$b > c > 0$)．

3.4 純粋戦略における分析

まずは純粋戦略における本ゲームの NE を求める．各戦略プロファイルにおいて，それぞれのレビュワーがとりえる行動を分析する．

---

[1] Paul Chiusano, The failed economics of our software commons, and what you can about it right now, https://pchiusano.github.io/2014-12-08/failed-software-economics

(**C, C**) それぞれのレビュワーは，戦略 (D) を選択することによって自身が得られる効用値を高くすることができる．よって，この戦略プロファイルは NE ではない．

(**C, D**) それぞれのレビュワーは，戦略を変更することによってこれ以上自身が得られる効用値を高くすることができない．よって，この戦略プロファイルは NE である．

(**D, C**) それぞれのレビュワーは，戦略を変更することによってこれ以上自身が得られる効用値を高くすることができない．よって，この戦略プロファイルは NE である．

(**D, D**) それぞれのレビュワーは，戦略 (C) を選択することによって自身が得られる効用値を高くすることができる．よって，この戦略プロファイルは NE ではない．

以上より，本ゲームには純粋戦略における 2 つの NE，(C, D)，(D, C) が存在する．ここで，$b > b - c$ より，レビュワー A は NE，(D, C) を，レビュワー B は NE，(C, D) を好むことがわかる．よって，それぞれのレビュワーは，他のレビュワーがレビューを行うことを期待し，自分はレビューを行おうとしない動機が存在すると考えられる．

3.5 混合戦略における分析

純粋戦略における分析より，本ゲームには 2 つの NE，(C, D)，(D, C) が存在することがわかった．ここで，NE が 2 つ存在することから，それぞれのレビュワーは自身が得られる期待効用値を最大化するように行動を選択すると考えられる．よって，混合戦略における本ゲームの NE を求める．

レビュワー A が戦略 (C) を選択する確率を p $(0 < p < 1)$，戦略 (D) を選択する確率を $1 - p$ とする．また，レビュワー B が戦略 (C) を選択する確率を q $(0 < q < 1)$，戦略 (D) を選択する確率を $1 - q$ とする．

レビュワー A の視点に立って考える．レビュワー A が戦略 (C)，(D) を選択することによって得られる期待効用値はそれぞれ $(b - \frac{c}{2})q + (b - c)(1 - q)$，$bq$ である．よって，レビュワー A が戦略 (C) を選択するのは，q が

$$(b - \frac{c}{2})q + (b - c)(1 - q) > bq$$
$$q < 1 - \frac{c}{2b - c}$$

を満たすときである．ここで，$n = \frac{b}{c}$ とすると，

$$q < 1 - \frac{1}{2n - 1}$$

同様に，レビュワー A が戦略 (D) を選択するのは，q が

$$q > 1 - \frac{1}{2n - 1}$$

を満たすときである．また，q が

$$q = 1 - \frac{1}{2n - 1}$$

を満たすとき，プレイヤー A はランダムに行動を選択する．以上から，プレイヤー A が戦略 (C) を選択する確率 p は，$0 < q < 1 - \frac{1}{2n-1}$ のとき $p = 1$，$q = 1 - \frac{1}{2n-1}$ のとき $p = l$ $(0 \leq l \leq 1)$，$1 - \frac{1}{2n-1} < q < 1$ のとき $p = 0$ をとる．

レビュワー B の視点に立って考える．レビュワー A と同様に，レビュワー B が戦略 (C) を選択するのは，p が

$$p < 1 - \frac{1}{2n - 1}$$

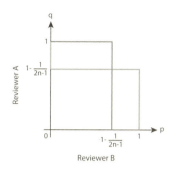

図2　混合戦略のナッシュ均衡

を満たすときであり，レビュワーBが戦略(D)を選択するのは，p が
$$p > 1 - \frac{1}{2n-1}$$
を満たす時である．また，p が
$$p = 1 - \frac{1}{2n-1}$$
を満たすとき，プレイヤーBはランダムに行動を選択する．以上から，プレイヤーBが戦略(C)を選択する確率 q は，$0 < p < 1 - \frac{1}{2n-1}$ のとき $q = 1$，$p = 1 - \frac{1}{2n-1}$ のとき $q = m$ ($0 \leq m \leq 1$)，$1 - \frac{1}{2n-1} < p < 1$ のとき $q = 0$ をとる．

図2に本ゲームにおける混合戦略のグラフを示す．グラフには，プレイヤーAが戦略(C)を選択する確率 p の関数およびプレイヤーBが戦略(C)を選択する確率 q の関数が示されており，それぞれのグラフの交点は本ゲームの混合戦略におけるNEを表す．よって，本ゲームには混合戦略における3つのNE, $(1, 0)$, $(1 - \frac{1}{2n-1}, 1 - \frac{1}{2n-1})$, $(0, 1)$ が存在する．$(1, 0)$, $(0, 1)$ はそれぞれ，純粋戦略におけるNE, (C, D), (D, C) に対応するため，ここでは $(1 - \frac{1}{2n-1}, 1 - \frac{1}{2n-1})$ に注目する．ここで，$(1 - \frac{1}{2n-1}, 1 - \frac{1}{2n-1})$ は，「Aは $1 - \frac{1}{2n-1}$ の確率で戦略(C)を選択し，Bは $1 - \frac{1}{2n-1}$ の確率で戦略(C)を選択する」ことを示す．よって，A，Bがお互いに戦略(C)を選択する確率は
$$(1 - \frac{1}{2n-1})(1 - \frac{1}{2n-1}) = (1 - \frac{1}{2n-1})^2$$
となる．$f(n) = 1 - \frac{1}{2n-1}$ とする．$b > c > 0$, $n = \frac{b}{c}$ より，$n > 1$．$f(n)$ は $n > 1$ において単調増加するため，$(1 - \frac{1}{2n-1})^2$ は n の値が大きくなるほど値が大きくなる．すなわち，c に対する b の比率が高いほどA，Bがお互いに戦略(C)を選択する確率は高くなる．

同様に，レビュワーAが戦略(D)を選択し，レビュワーBが戦略(D)を選択する確率は $(\frac{1}{2n-1})^2$ であり，これは $n > 1$ の範囲で単調減少する．すなわち，c に対する b の比率が低いほどレビュワーA，Bがお互いに戦略(D)を選択する確率は高くなる．

3.6　考察

2節において，我々は，1人のレビュワーのみがレビューを行う状況や，レビュワー間で合意が得られていないにも関わらず，数人のレビュワーが途中で議論をやめてしまう状況が存在することを定量的に示した．そして，それらの状況が生まれる原因を分析するため，2つのリサーチクエスチョンを設けた．3節では，それら

2つのリサーチクエスチョンに答えるため，レビューを行う状況をスノードリフトゲームに基づいてゲームモデル化し，純粋戦略および混合戦略における NE を求め，レビュワーにとって合理的な行動は何かを分析した．ここでは，求めた NE から，2つのリサーチクエスチョンに答える．

3.6.1　RQ1：なぜレビューに参加しないレビュワーがいるのか？

結果：3.4 節より，純粋戦略における NE から，レビュワーにとって合理的な行動は，他のレビュワーと異なる行動をとることである．特に，他のレビュワーがレビューを行っている場合は，自分はレビューを行わないようにすることが合理的である．

原因の分析：なぜ他のレビュワーにレビューを任せ，自分がレビューを行わないことが合理的な行動となるのであろうか？その理由として，OSS 開発プロジェクトでは，プロジェクトメンバーの貢献を他のすべてのメンバーも得ることができることがあげられる．OSS 開発プロジェクトはその特徴から，開発への参加は強制ではなく，対価を払うことなくソフトウェアを利用可能であるため，開発に参加するコストをかけることなくプロジェクトの利得を得ることが可能である [9]．よって，レビューにおいても他のレビュワーにレビューを任せることによって，レビューを行うことによるコストをかけることなくレビューを行うことによる利得を得ることができるのではないかと考えられる．

ここで，他のレビュワーにレビューを任せ，自分がレビューを行わないことが合理的な行動であるにも関わらず，約 80% のレビューでレビュワー間で協力しながらレビューが行われている．そこで，新たにリサーチクエスチョン RQ1' を設け，それに答える．

3.6.2　RQ1'：なぜ協力してレビューを行うレビュワーが存在するのか？

他のレビュワーにレビューを任せ，自分がレビューを行わないことが合理的な行動であるにも関わらず，レビュワー間で協力しながらレビューを行うことは合理的ではないと考えられる．

結果：3.5 節より，混合戦略における NE から，レビュワーはレビューを行うコストよりも，レビューを行うことによる利得が高いほどレビューを行う傾向があることがわかった．よって，レビューを行うことによる利得がレビューを行うコストよりも高いため，レビュワー間で協力しながらレビューが行われていると考えられる．

原因の分析：なぜレビューを行うことによる利得がレビューを行うコストよりも高いのであろうか？その理由として，協力してレビューを行うことにより，後に発見される可能性のあるバグを減らすことができることがあげられる．McIntosh らは，多くのレビュワーによってレビューが行われたパッチはそうでないパッチに比べ，リリース後に発見されるバグの数が少ないことを明らかにしている [3]．よって，レビュワー間で協力してレビューを行えば，再度パッチの検証を行う必要性が減るため，結果的にレビューを行うことによるコストが低くなると考えられる．また，Rigby および Bird は，レビュワーはバグや不具合を見つけるよりもメンバー間で議論を行うことやコードの修正を行うことを好んでいることなどを明らかにしている [1]．レビューはメンバー間で議論を行う場であるため，レビュワーにとって，レビューを行うことによる利得は高いと考えられる．

3.6.3　RQ2：なぜ議論中に意見を出さなくなるレビュワーがいるのか？

結果：3.5 節より，混合戦略における NE から，レビュワーはレビューを行うコストと，レビューを行うことによる利得の差が小さいほどレビューを行わない傾向があることがわかった．よって，レビューを行うにつれて，レビューを行うことによるコストが高くなった，もしくはレビューを行うことによる利得が低くなったと考えられる．

原因の分析：なぜレビューを行うにつれてレビューを行うことによるコストが高くなった，もしくはレビューを行うことによる利得が低くなったのであろうか？これらの理由として，未熟な開発者のパッチをレビューしたことにより，議論が長期

化したためではないかと考えられる．Bosu および Carver は，OSS 開発プロジェクトにおいて，未熟な開発者は主要な開発者よりもレビューの結果を受け取るまでの期間が2倍から19倍ほど長く，パッチが採用される割合が低いことを明らかにした [7]．1つのレビューに長い時間をかけすぎると，他のレビューやプロジェクトの進行に影響がでる．また，Bosu および Carver は，レビューの結果を受け取るまでの期間が長ければ，開発者の継続してプロジェクトに参加しようとする意欲が減少すると述べている．これらの原因から，レビュワーは，未熟な開発者のパッチをレビューしたことにより議論が長期化することはコストが高いと考え，議論を途中で中断したことも理由の一つではないかと考えられる．

4 議論

本稿では，コードレビューを行う状況をゲームモデル化し分析することにより，レビューは複数人で行うべきであるにも関わらず，1人のレビュワーのみがコードレビューを行う状況や，レビュワー間で合意が得られていないにも関わらず，数人のレビュワーが途中で議論をやめてしまう状況が存在する理由を明らかにした．

ここで，本稿で取り扱ったゲームモデルでは，他のレビュワーが戦略を選択したのちに，もう一方のレビュワーが戦略を選択するような状況を考慮していない．実際のコードレビューでは，他のレビュワーがレビューを行ったかどうかを見てからレビューを行うかどうか意思決定を行うことができる．このように，他のプレイヤーが戦略を選択した後に，もう一方のプレイヤーが戦略を選択できるようなゲームを展開型ゲームと呼ぶ．以後は，展開型ゲームを用いた分析も行う予定である．

ゲームの設定の妥当性の問題について触れる．本稿で扱うゲームでは，利得をパッチの質の向上として定義しているが，パッチの質はレビューを行うレビュワーの数によって変わると考えられるため，それに伴い，各戦略の組における利得も異なると考えられる．今回は，レビュワーの人数によるパッチの質を考慮しない単純なモデルを用いて分析を行った．以後は，レビュワーの数による利得の違いも考慮したゲームモデルについて分析を行う

限定合理性の問題についても触れる．現実の状況においては，人間は一般的には必ずしも合理的な行動を取るとは限らないという限定合理性が存在する．そのため，プレイヤーが必ず合理的な行動を取ることを想定しているゲーム理論を，現実の状況に対して適用することは不適切であるとも考えられる．ここで，限定合理性を考慮したゲーム理論として，行動ゲーム理論がある．今回は，コードレビューを行う場面における合理的な行動を分析するため，まずは単純なモデルを用いて分析を行った．以後は，応用として行動ゲーム理論を用いた分析も行う．

ソフトウェア工学分野において，ゲーム理論を用いて分析を行っている既存研究を紹介する．Bacon らは，市場経済のメカニズムを用いてソフトウェアへの機能追加やバグ修正に報酬を設ける手法について提案を行っている [10]．Rao らは，表面的なバグ修正ではなく，根本的なバグを修正した場合に開発者にインセンティブを与えられるようなモデルを作成した [11]．これらの研究は，プレイヤーの行動を分析するだけでなく，経済学とゲーム理論に基づく新たなシステムの提案も行っている．また，Bacon らは，自動制御経済学の観点からソフトウェア開発のプロセスを見直すことを目指し，ソフトウェア経済学の今後の展望について述べている [12]．

5 おわりに

本稿では，OSS 開発プロジェクトにおけるコードレビューの現状を調査した．調査の結果，約80%のレビューにおいて，レビュワーが協力しながらレビューを行っているのに対し，約20%のレビューにおいて，1人のレビュワーのみがレビューを行う状況や，レビュワー間で合意が得られていないにも関わらず，数人のレビュワーが途中で議論をやめてしまう状況が存在することがわかった．そして，そのような

状況が生まれる原因について分析するため，コードレビューを行う状況をスノードリフトゲームに基づきゲームモデル化し，レビュワー間での協調行動の分析を行った．その結果，レビュワーは (i) 他のレビュワーがレビューを行っている場合，自分はレビューを行わないようにする動機を持つ (ii) レビューを行うコストよりも，レビューを行うことによる利得が高いほどレビューを行う傾向を持つことが明らかとなった．そして，それらの理論的な分析結果が現実の状況にも当てはまることを示した．

謝辞

本研究は，JSPS 科研費 26540029，頭脳循環を加速する戦略的国際研究ネットワーク推進プログラム：ソフトウェアエコシステムの理論構築と実践を加速する分野横断国際ネットワークの構築 (G2603) の助成を受けた．

参考文献

[1] P. C. Rigby and C. Bird, "Convergent contemporary software peer review practices," in *Proc. of 9th Joint Meeting of the European Softw. Eng. Conf. and the ACM SIGSOFT Symp. on the Found. of Softw. Eng.*, ser. ESEC/FSE '13. New York, NY, USA: ACM, 2013, pp. 202–212. [Online]. Available: http://doi.acm.org/10.1145/2491411.2491444

[2] A. Bacchelli and C. Bird, "Expectations, outcomes, and challenges of modern code review," in *Proc. of 35th Int. Conf. on Softw. Eng.*, ser. ICSE '13. Piscataway, NJ, USA: IEEE Press, 2013, pp. 712–721. [Online]. Available: http://dl.acm.org/citation.cfm?id=2486788.2486882

[3] S. McIntosh, Y. Kamei, B. Adams, and A. E. Hassan, "The impact of code review coverage and code review participation on software quality: A case study of the qt, vtk, and itk projects," ser. MSR 2014. New York, NY, USA: ACM, 2014, pp. 192–201. [Online]. Available: http://doi.acm.org/10.1145/2597073.2597076

[4] R. Sugden, *The Economics of Rights, Cooperation and Welfare*, ser. The Economics of Rights, Co-operation and Welfare. Palgrave Macmillan, 2005. [Online]. Available: https://books.google.co.jp/books?id=yeP_QQAACAAJ

[5] C. Hauert and M. Doebeli, "Spatial structure often inhibits the evolution of cooperation in the snowdrift game," *Nature*, vol. 428, no. 6983, pp. 643–646, 2004.

[6] P. C. Rigby and M.-A. Storey, "Understanding broadcast based peer review on open source software projects," in *Proc. of 33rd Int. Conf. on Softw. Eng.*, ser. ICSE '11. New York, NY, USA: ACM, 2011, pp. 541–550. [Online]. Available: http://doi.acm.org/10.1145/1985793.1985867

[7] A. Bosu and J. C. Carver, "Impact of developer reputation on code review outcomes in oss projects: An empirical investigation," in *Proc. of 8th ACM/IEEE Int. Symp. on Empirical Softw. Eng. and Measurement*, ser. ESEM '14. New York, NY, USA: ACM, 2014, pp. 33:1–33:10. [Online]. Available: http://doi.acm.org/10.1145/2652524.2652544

[8] Y. Shoham and K. Leyton-Brown, *Multiagent systems: Algorithmic, game-theoretic, and logical foundations*. Cambridge University Press, 2008.

[9] E. von Hippel and G. von Krogh, "Open source software and the "private-collective" innovation model: Issues for organization science," *Organization Science*, vol. 14, no. 2, pp. 209–223, 2003. [Online]. Available: http://dx.doi.org/10.1287/orsc.14.2.209.14992

[10] D. F. Bacon, Y. Chen, D. Parkes, and M. Rao, "A market-based approach to software evolution," in *Proc. 24th ACM SIGPLAN Conf. Companion on Object Oriented Programming Syst. Languages and Appl.*, ser. OOPSLA '09. New York, NY, USA: ACM, 2009, pp. 973–980. [Online]. Available: http://doi.acm.org/10.1145/1639950.1640066

[11] M. Rao, D. C. Parkes, M. Seltzer, and D. F. Bacon, "A Framework for Incentivizing Deep Fixes," in *Proc. of AAAI 2014 Workshop on Incentives and Trust in E-Communities*, ser. WIT-EC '14, 2014.

[12] D. F. Bacon, E. Bokelberg, Y. Chen, I. A. Kash, D. C. Parkes, M. Rao, and M. Sridharan, "Software economies," in *Proc. of the FSE/SDP Workshop on Future of Softw. Eng. Research*, ser. FoSER '10. New York, NY, USA: ACM, 2010, pp. 7–12. [Online]. Available: http://doi.acm.org/10.1145/1882362.1882365

UX 設計のためのユーザインサイト獲得方法の提案

An Elicitation Method of User's Insight for UX Design

尾崎 愛[*]　青山 幹雄[*]

あらまし　デザイン思考のユーザ共感に着目し，優れた UX を提供するためのユーザインサイトの獲得方法を提案する．動的に変化するユーザインサイトの獲得プロセスを提案し，開発者のユーザ理解を支援する．

Summary. We propose an elicitation method of user's insight for providing better UX by focusing on the user's empathy based on design thinking. The method can accommodate changes of user's insight over time, and make developers understand of users deeply.

1　研究の背景と課題

UX(User eXperience)設計をするために，ユーザのインサイトを理解することの重要性が指摘されている．インサイトとはユーザ自身も気づいていない事実や心の動きである[1]．ユーザインサイトを獲得する方法としてユーザ共感を利用した研究がある[1]．しかし，動的に変化するユーザインサイトを獲得する方法の提案はない．

2　関連研究

インサイトを獲得するための，ユーザ共感の表現方法として，EM(Empathy Map)[1]がある．ユーザ共感を 4 つの領域(See, Hear, Say&Do, Think&Feel)に分類し表現する方法である．EM の拡張として，2 つの領域(Gain, Pain)がある．

3　アプローチ

動的に変化するユーザインサイトを獲得するために，フィードバックループの概念に基づくプロセスを提案する．(1)ユーザの気づいていない事実や心の動きに着目し，The Blind Side[2]に基づき，ユーザインサイトをモデル化する．(2)ユーザ共感からユーザインサイトを獲得する EM と，ユーザインサイトの動的な変化を CJM (Customer Journey Map)[3]で表現する．CJM に沿ったユーザ共感の評価をフィードバックしてインサイトの獲得を可能にする．

4　ユーザインサイトのモデル化

ユーザインサイトは，ユーザの事実に対する理解の盲点と同等であるといえる．The Blind Side のカテゴリに基づく，ユーザインサイトモデルを図 1 に示す．

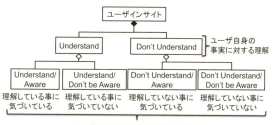

図 1　ユーザインサイトモデル

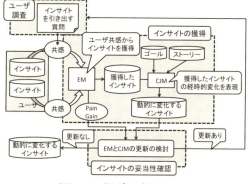

図 2　提案プロセス

---

[*] 南山大学 大学院 理工学研究科 ソフトウェア工学専攻

5 提案方法
5.1 プロセスの定義
　提案するユーザインサイトの獲得プロセスを図 2 に示す. ユーザ調査, インサイトの獲得, インサイトの妥当性確認の 3 つのアクティビティを定義する. これらのアクティビティのフィードバックループを介して, 動的に変化するユーザインサイトを獲得する.

5.2 プロセスの詳細
(1) ユーザ調査:ユーザインサイトを引き出す質問をアンケートやインタビューを用いて, ユーザ共感を獲得する. 既存の EM の質問に基づき, 質問を作成する.
(2) インサイトの獲得: 1) EM の作成: ユ

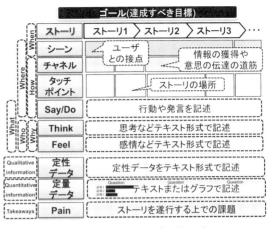

図 3 インサイトを表現した CJM

ーザ調査で得たユーザ共感を, EM の 8 つの領域(Say, Do, See, Hear, Think, Feel, Pain, Gain)に分類し, ユーザのインサイトを獲得する. 本稿では, ユーザ共感を詳細に記述するために, Think と Feel, Do と Say の領域に分類する. 各領域に対応した質問から獲得したユーザの共感を EM に記述する. 2) マッピング対象の選択: CJM にインサイトをマッピングするために, ゴールを達成するためのストーリに基づき, 1)で獲得したユーザのインサイトを分類する. ゴールとストーリは, あらかじめ決定しているものとする. 3) CJM へのマッピング: CJM に, 2)で得られたインサイトをマッピングし, 動的に変化するインサイトを視覚化する. インサイトを CJM のシナリオ毎に 5W1H(What, Where, When, Who, Why, How)に分類し, 各領域に記述する(図 3).
(3) インサイトの妥当性確認:EM の Gain, Pain に基づき, マッピングした CJM を分析し, ユーザインサイトの更新の検討を行う. 更新の必要がある場合, ユーザ調査のアクティビティに戻り, インサイトを引き出す質問を再度検討する. アンケートやインタビューを行い, ストーリに沿って変化したユーザ共感からユーザインサイトを獲得し, EM と CJM を更新する. また, ユーザ調査の必要がなければ, EM と CJM の更新のみを行う. 更新の必要がない場合, アクティビティを終了し, 動的に変化するユーザインサイトを獲得する.

6 考察と今後の課題
　EM の活用により, ユーザ共感からインサイトを獲得することで, ユーザの深い理解を可能とする. また, ユーザ共感に基づき CJM を用いて, 動的に変化するユーザインサイトを表現することが可能になる. 開発者のユーザ理解を支援することで, 開発者同士のユーザ理解の共有と, 開発者のユーザ理解の深化を支援する. 今後, (1)インサイト更新時の質問の生成方法の定義, (2)提案方法に事例を適用し, 定性的評価と定量的評価の側面からの妥当性を評価する.

7 まとめ
　ユーザ共感から動的に変化するユーザインサイトを獲得するために, フィードバックループの概念に基づくインサイトの獲得方法を提案した. 今後, 提案方法をスマートフォンのアプリケーションに適用し, 妥当性を評価する.

8 参考文献
[1] H. M. Bratsberg, Empathy Maps of the FourSight Preferences, Int'l Center for Studies in Creativity, Buffalo State College, 2012.
[2] D. Gray, et al., Game Storming, O'Reilly, 2010.
[3] 三澤 直加, 尾形 慎哉, 吉橋 昭夫, サービスデザインにおける顧客経験の記述方法, 日本デザイン学会デザイン学研究発表大会概要集, vol.60, 2013.

複数コンテキストドメインにまたがる Linked Data を用いたコンテキストアウェアな情報提供方法の提案

A Method of Context-Aware Information Provision from Multiple Contextual Domains with Linked Data

内海 太祐*　青山 幹雄*

> あらまし　複数コンテキストドメインの情報から，Linked Data を用いてユーザコンテキストに応じた情報の提供方法を提案する．
> **Summary.** We propose a context-aware information provisioning method from multiple contextual domains by integrating with Lined Data.

1 研究の背景と課題

ユビキタスコンピューティングの浸透により環境やユーザの状態などのコンテキストの変化に応じたコンテキストアウェアサービス提供が注目されている[1]．このようなシステムは単一コンテキストドメインを検索対象としているため，複数コンテキストドメインにまたがる情報提供にはドメイン毎に検索を行う必要があり，提供する情報の妥当性に課題がある．

2 関連研究

コンテキストモデルに基づきユーザの意図を推測し，それに適したサービス提供方法の提案がある[1]．しかし，提供されるサービスは単一コンテキストドメインの情報を対象としており，複数コンテキストドメインの情報から成るコンテキストに適応した情報提供は実現されていない．Linked Data は複数コンテキストドメインの情報を RDF によりリンクするが，コンテキストアウェアな情報提供には活用されていない[2]．

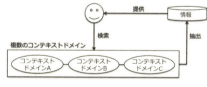

図 1 アプローチ

3 アプローチ

Linked Data は RDF によって記述され，複数コンテキストドメインの情報をリンクできる．複数コンテキストドメインを連携する Linked Data を生成することで，複数コンテキストドメインにまたがる Linked Data の検索が可能となり，ユーザコンテキストに応じた情報提供を実現する(エラー! 参照元が見つかりません。)．

4 提案手法

Linked Data を用いたコンテキストアウェアな情報提供を実現する手法を提案する(図2)．ユーザを取り巻くコンテキストは予め収集されていると仮定する．

4.1 コンテキストドメイン

本研究では，コンテキストドメインの概念を定義する．コンテキストドメインとは，収集するコンテキストのうち，ユーザの関心事を決定するコンテキストに関連する情報

---

* 南山大学 大学院 理工学研究科 ソフトウェア工学専攻

領域とする.

4.2 コンテキストのモデル化

収集されたコンテキストの中からユーザに属するコンテキストと周囲の状況を決定するコンテキスト及びユーザの関心事を決定するコンテキストを選別し，モデル化を行う．ユーザの意図に影響するコンテキストとユーザの関心事に影響するコンテキストを特定し，モデル化ルールを作成する．これらのコンテキストから Linked Data 化するコンテキストドメインを特定する.

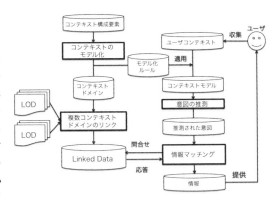

図 2 提案手法

4.3 Linked Data 作成

Linked Data 化されていないコンテキストドメインも存在する．そのようなコンテキストドメインに対しては Web ページのスクレイピングを行うことで，サービスに関連する情報を収集し，RDF を生成する．生成した RDF のトリプルは，他のリソースと関係がないため，関連する他のリソースにリンクを生成することで複数コンテキストドメインの情報をリンクする.

4.4 意図の推測

コンテキストモデルに基づいてユーザの意図を推測する．コンテキストのモデル化で特定した，ユーザの意図に影響するコンテキストの属性値を要素として意図ベクトル I として定義する．また，「食事」や「観光」など，提供候補の情報サービスをベクトル S として定義する．ユーザの意図を推測するために，コサイン類似度を用いて意図ベクトル I とサービスベクトル S の類似度を計算し，最も類似度が高いサービスを検索の対象とする.

4.5 情報マッチング

収集したユーザコンテキストに適応する情報を，作成した Linked Data から抽出し，ユーザに提供する．ユーザの好みや位置情報，意図の推測で決定した対象とするサービスに関連するコンテキストを抽出し，作成した Linked Data に対して SPARQL を用いて問合せを行い，ユーザの意図と最も近い情報をユーザに提供する.

5 考察

複数のコンテキストドメインにまたがる Linked Data を生成することで，分散している複数コンテキストドメインの情報を 1 つのコンテキストドメインの情報として扱うことが可能となる．複数コンテキストドメインの情報を持ったユーザコンテキストに応じた情報を 1 度の検索で提供可能となる.

6 まとめ

Linked Data を活用した，コンテキストアウェアなサービス提供を行うアーキテクチャを提案した．今後，プロトタイプを開発し，提案方法の妥当性を示す．さらに，提供する情報の有用性を評価する.

7 参考文献

[1]. 牧 慶子ほか, 意図に応じたコンテキストアウェアサービス提供モデルの提案と評価, 情報処理学会 第 179 回ソフトウェア工学研究会, No. 28, Mar. 2013, pp. 1-8.

[2]. T. Heath, and C. Bizer, Linked Data: Evolving the Web into a Global Data Space, Morgan & Claypool, 2011.

インタラクティブロボットの UML 要求仕様と実装
UML Requirements Specification and Implementation of Interactive Robot

川合 怜[*]　松浦 佐江子[†]

>**あらまし**　我々は，業務系 Web システムを対象に，要求仕様の非曖昧性とトレーサビリティを保証するための関心事の分離による要求分析手法を提案してきた．本稿では，インタラクティブロボット Pepper への適用事例から手法の有効性を確認する．
>
>**Summary.** We have proposed requirements analysis method by separating concerns to guarantee unambiguity and traceability requirements specification to target the web business system. In this paper, we discuss effectiveness of proposed method by applying to interactive robot "pepper".

1　はじめに

モデル駆動開発（以下，MDD）[1]は，高品質なソフトウェア製品を効率よく開発するための有用な手段であり，実用的な MDD ツール[2][3]が複数提供されている．しかし，要求を試行錯誤して整理していく開発初期の段階から自動生成を適用できる程，要求の矛盾や漏れなくモデルを定義することは難しい．また，機能・非機能要求が設計としてアーキテクチャ制約に対してどう関連付けられているかを正しく意味付けできない限り，要求のトレーサビリティは保証できない．

我々は，要求を関心事により分離し，段階的に曖昧性の削減やトレーサビリティを保持できる UML を用いたユースケース分析手法を提案してきた[4]．定義したモデルを UML 要求仕様と呼び，UML モデル要素によりアーキテクチャ制約を明確にすることと，OCL（Object Constraint Language）[5]記述により分離した関心事をモデル要素に対する制約として定義することが特徴である．現状では，ユーザとシステムのインタラクションの分離と，基本フローと例外フローの分離を要求における関心事として扱う．

本稿では，インタラクティブロボットによるシステムが与える UML 要求仕様への影響を分析するため，コミュニケーションロボット Pepper[6]を事例に適用結果を述べる．

2　適用実験
2.1　事例概要

芝浦工大 H25 文科省 COC プロジェクト活動の一環である自閉症障害児を対象とした Pepper によるコミュニケーション促進システムに対して適用を行った．このシステムでは，自閉症障害児の症状に応じて Pepper が適切な応答や会話を行うことで自閉症障害児のコミュニケーションを促進させるシステムである．

2.2　UML 要求仕様の定義

コミュニケーションの例として，児童からの挨拶を受けた後，Pepper が取ったポーズを児童が選択肢から回答する「簡単な会話を行う」のユースケースを考える．UML 要求仕様による定義例を図1左に示す．インタラクションの関心事を (1) ユーザのシステムへの直接的な作用，(2) ユーザへのシステムからの直接的な作用，(3) システム内部の処理をパーティションにより分離する．(1) と (2) はハードウェアアーキテクチャにより，その作用の実現方法が決定する．(1) から (2) を生成する (3) の処理は，ハードウェアで実現できる機能を使って実現する．実現したい処理の仕様として事前・事後・

---
[*] Satoshi Kawai, 芝浦工業大学大学院 理工学研究科
[†] Saeko Matsuura, 芝浦工業大学大学院 理工学研究科

不変条件を満たすことが重要である．挨拶を行うコミュニケーションを成立させるためのデータ間の制約は図1 (4) のように定義できる．また，例外フローの関心事では，不変条件に起因して例外フローが発生することから，不変条件名を用いてガードを記述することにより，分岐条件の曖昧性，ユースケース間の不整合を解消する．このような定義は，それぞれの定義をコンポーネントとして系統化できる．

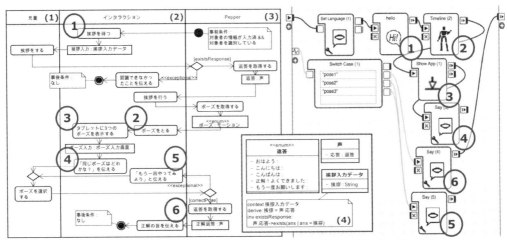

図1 「簡単な会話を行う」ユースケース（左）と実装例（右）

2.3 実装に対する考察

Pepper の開発環境の一つである Choregraphe では，Pepper の動作単位で定義したボックスを繋げるブロックダイアグラムによるビジュアルプログラミングが特徴である．「簡単な会話を行う」の実装例を図1右に示す．実装ではインタラクション部分のアクションとボックスを対応付けるように実装できた（図1②〜⑥）．一方で，言葉による対話のやりとりを行う図1①では，アクション系列がボックスと対応付くように実装した．これは，Pepper がコミュニケーションロボットであるため，対話の基本動作として実現するフレームワークが存在するからである．このように，要求分析ではインタラクションのアクションおよびアクション系列をボックスで実現できるように特化できれば，モデル要素から自動生成ができると考えられる．また，Pepper のインタラクションには動作のみだけでなく，音声やディスプレイなど多様であり，間接的な作用としての実現方法が複数存在する．一方で，UML 要求仕様では実現したい処理を事前・事後・不変条件から仕様を与えるため，その仕様を考慮することで実現方法を議論することができる．

3 まとめ

本稿では，コミュニケーションロボット Pepper の事例に手法を適用し，開発環境 Choregraphe が提供する簡易言語による実装を行い，インタラクティブロボットの UML 要求仕様の定義方法を議論した．

4 参考文献

[1] Object Management Group, Model Driven Architecture, http://www.omg.org/mda/
[2] AndroMDA, http://www.andromda.org/index.html
[3] BridgePoint, http://www.mentor.com/priducts/sm/bridgepoint
[4] 川合怜，松浦佐江子：要求仕様における関心事の分離によるモデル駆動開発手法，電子情報通信学科研究報告 KBSE, vol.115, no.154, pp.81-86, 2015.
[5] Object Management Group, Object Constraint Language, http://www.omg.org/spec/OCL/
[6] Pepper, http://www.softbank.jp/robot/products/
[7] Choregraphe, https://community.aldebaran.com

答案自動振り分けにおけるセンサ選定手法の提案

A proposal of selecting sensor method of in automatic sorting system

徳田　祥子[*]　村田　龍[†]　平山　雅之[‡]

あらまし　大学等の教育機関では試験答案等の紙媒体を出席番号順に並び替え整理する作業が多く，教員スタッフの負担となっている．このため我々は集めた紙を番号順にソートする補助として答案自動並び替えシステムの開発を進めている．本研究では特に，ソートに必要な学生番号を，センシング技術を利用して取得する番号読み取り部についての検討を行う．また，この検討を通し，関連する技術での適当なセンサ選択手法を提案する．

Summary.　It is a great burden to sort a large amount of paper in numerical order. We make suggestions of answers automatic sorting system in order to solve this problem. In particular, in this study, we get a number of students using the sensing technology. In addition, we aim to proposals for sensor selection method.

1　目的

　大学等の教育機関で扱われる答案や出席票等を手作業で番号順に並べ替える場合，枚数が多くなるほど並び変えのコストも増加する．これらの紙媒体を電子的にスキャンし整理するシステム[1]も利用されているが，実際の紙媒体での整理を必要とする場合も依然として多い．また電子化した場合，セキュリティの問題や，管理にパソコンが必要となる点から，紙媒体での管理の必要性が挙げられる．
　このため，我々は紙面にマークシートで記された出席番号をセンサ及びマイコンを用いて取得し，その情報を基に紙面の並び替えを行うシステムの開発を目指している．
　このような組込みシステム開発では，センサ選定が重要であるが，システムの性質面も含めて，どのような観点，手順でセンサを決めていくべきかについては十分に議論されていない．本研究ではこれらの点を踏まえセンサの的確な選定手法について提案する．

2　システム概要

　提案中のシステムは紙類の物理ソート部と番号読み取り部から構成される．そのうち，本研究では番号読み取り部に注目し，読取に，学生自身が番号情報を付加出来るという理由からマークシートを使用する場合の最適な選定方法を検討した．なお，利用するマークシートは学生の学籍番号をドットパターンで記載させ，その白黒判定をセンサにより判定することで学籍番号を取得する．

---

[*] Shoko Tokuda, 日本大学理工学部
[†] Masayuki Hirayama, 日本大学理工学部,日本大学大学院理工学研究科
[‡] Ryo Murata, 日本大学理工学部

3 センサの選定について

システムで使用するセンサを以下の3ステップにより選択する方式を検討した．

Step-1: センサ種別絞り込み

センサ選択の第一歩としてシステムの機能実現に適したセンサの方式を，図1に示すフローで絞り込む．センサ選定ではセンサで判定するものに着目し，人がその物体を感知する時五感の内のどれを使っているか，あるいは人の五感では感じ取れないものかといった点から各種センサを分類したフローを作成した．本研究におけるマークシート認識では，マークシートが塗り潰されているかどうかを判別したいため，黒か白かを見分ける視覚に分類されたセンサから選択する．

Step-2: センサの具体的な方式絞込み

上記で選定したセンサ種別内で，センサの具体的な方式を絞り込む．視覚分類されたセンサでは，物体の有無や白黒等の2値で判別する単純系，物体の色や処理等細かな情報を取得する複雑系，特殊条件下での視覚判別を行う特殊系の3タイプに分類する．マークシート読み取りではこのうちの単純系に属するセンサが有力候補となる．

Step-3 センサ詳細の決定

Step-2で絞り込んだ方式のセンサの中でシステムの動作環境や実装上の制約を考慮して利用するセンサを決定する．ここでは耐環境性，データ量，値段等のセンサの特徴に着目する．マークシート読み取りの場合，Step-2で赤外線センサ，CdS，カラーセンサが使用に適するセンサとなるが，データ量の少ない点，明るさの影響を受けにくい点から，赤外線センサが最終候補として選定された．

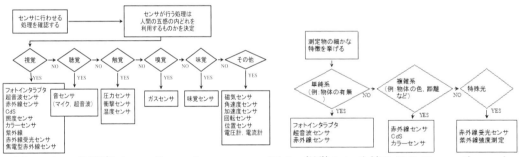

図1 センサ選定フローチャート　　図2 視覚センサ絞り込みフローチャート

4 まとめ

本研究では答案自動振り分けシステムを題材として，システム開発に使用するセンサの選択手法を提案した．今後はシステムの開発を進める中で，選定フローにより選定したセンサの妥当性を評価するとともに，ブラッシュアップを行った後，評価方法の考案および評価実験を行っていく．

5 参考文献

[1] 後閑 哲也 編: 基礎入門センサ活用の素①, 技術評論社, 2009.
[2] 五感情報通信技術に関する調査研究会 編: 五感情報通信技術に関する調査研究会報告書,
http://www.soumu.go.jp/main_sosiki/joho_tsusin/policyreports/chousa/gokan/pdf/060922_2.pdf,2000.
[3] 株式会社富士ゼロックス 編: 授業支援ボックス.
https://www.fujixerox.co.jp/solution/in_output/class_box.html

テスト実行者情報を考慮した 0-1 計画モデルによる効率的なテストケース選択手法の提案
A Proposal of Effective Test Case Selection Method based on 0-1 Programming Model considering Test Executor Information

阿萬 裕久[*]　中野 隆司[†]　小笠原 秀人[‡]

あらまし 近年，投入可能な工数の範囲内で効果的な不具合検出を行うため，各テストケースに優先度を割り当て，それらの選択を 0-1 計画問題として定式化する手法が提案されている．本稿ではその手法おける不具合検出能力の向上を目指し，"誰がそのテストケースを実行したのか"という情報も考慮できるよう改良した手法を提案している．

1 はじめに

ソフトウェア開発では一般に，多数のテストケースを用意・実行することでシステムに潜在している不具合を可能な限り多く検出しようとしている．ただし，テストケースの中には技術者による手動実行と確認が必要なものも少なくなく，その種のテストには多くの工数が必要となる．この課題に対し，優先的に実行すべきテストケースの選択を 0-1 計画問題 [1] として解くという手法 [2], [3] がこれまでに提案されている．しかしながら，これまでの手法では "誰がそのテストケースを実行したのか" という情報は考慮されておらず，技術者の "慣れ" や "勘違い" といったヒューマンエラーに対する対策は検討されていなかった．そこで本稿では，テスト実行者情報を考慮した改良モデルを提案する．

2 提案手法と今後の課題

N 個のテストケース T_i があり，T_i の優先度を P_i，実行工数を E_i とする ($i = 1, \ldots, N$)．これらのテストケースを M 人の技術者 S_j ($j = 1, \ldots, M$) で手分けして実行することを考える．ただし，S_j が投入可能な工数は合計で L_j とし，過去にテストケース T_i が技術者 S_j によって実行された回数を y_{ij} とする．ここで，各技術者の投入可能な工数の範囲内で優先度の高いテストケースをより多く実行する計画を立てる．ただし，技術者の "慣れ" や "勘違い" に起因した不具合の見落としを防止するため，可能な限り "そのテストケースを過去に実行したことのない" 技術者を担当として割り当てたい．これを以下の 0-1 計画問題として定式化する．

$$\text{maximize} \quad f(\boldsymbol{x}) = \sum_{i=1}^{N} \sum_{j=1}^{M} P_i \cdot x_{ij} \quad (1)$$

$$\text{subject to} \quad \sum_{i=1}^{N} E_i \cdot x_{ij} \leq L_j \quad (j = 1, \ldots, M), \quad (2)$$

$$\sum_{j=1}^{M} x_{ij} \leq 1 \quad (i = 1, \ldots, N), \quad (3)$$

$$\text{and} \quad x_{ij} + y_{ij} \leq U \quad (i = 1, \ldots, N;\ j = 1, \ldots, M). \quad (4)$$

---

[*]Hirohisa Aman, 愛媛大学総合情報メディアセンター
[†]Takashi Nakano, 東芝 IoT テクノロジーセンター
[‡]Hideto Ogasawara, 東芝 IoT テクノロジーセンター

ただし，$x_{ij} = 1$ は T_i を技術者 S_j が実行すること，$x_{ij} = 0$ は実行しないことを意味する．U は 1 以上の整数であり，T_i を S_j が実行してよい回数の上限とする．

(1) 式は目的関数であり，選択されたテストケースの優先度の総和を最大化するものである．(2) 式は各技術者 S_j に割り当てられたテストケースの実行工数が投入可能な工数（L_j）を超えてはならないという制約である．(3) 式は各 T_i の実行担当者が高々 1 名であることを表す．そして，(4) 式は T_i を S_j が実行できる回数は，過去の実行も含めて U 回以下に抑えるという制約である．

例題として，5 個のテストケース $T_1, \ldots, T_5$ を 2 人の技術者 S_1, S_2 が分担して実行する場合を考える．表 1 はテストケースの実行履歴を表しており，表中の V_1, ..., V_4 は被テストシステムのバージョンであり，"○" 及び "×" はそれぞれテストケースの正常終了及び異常終了（不具合検出）を表す．ただし，"○" 及び "×" の添え字は，その実行を行った技術者を意味しており，例えば "○$_1$" は S_1 が実行して正常終了したこと，"×$_2$" は S_2 が実行して異常終了（不具合検出）したことをそれぞれ意味する．表 2 は各テストケースの各技術者による実行回数をまとめたものであり，表 1 から得られるものである．

表 1 テストケース実行履歴の例

テストケース T_i	優先度 P_i	工数 E_i	バージョン V_1	V_2	V_3	V_4
T_1	2	4	×$_1$	○$_1$	−	−
T_2	2	6	−	○$_1$	−	−
T_3	1	8	×$_2$	○$_1$	○$_2$	−
T_4	2	3	×$_2$	○$_2$	−	−
T_5	1	7	−	×$_2$	○$_2$	−

表 2 表 1 に対応する y_{ij}

y_{ij}	技術者 S_1	S_2
T_1	2	0
T_2	1	0
T_3	1	2
T_4	0	2
T_5	0	2

この例題について，$L_1 = L_2 = 10$, $U = 2$ として定式化を行い，0-1 計画問題を解いたところ $\{x_{12}, x_{22}, x_{41}, x_{51}\}$ という四つの変数が 1，その他が 0 という解になった．この解は，技術者 S_1 がテストケース T_4 及び T_5 を実行し，S_2 が T_1 及び T_2 を実行するということを意味する．

同じ例題をテストケース実行者情報を使わないかたち，即ち (4) 式を除いたかたちで定式化して解くと，$\{x_{11}, x_{21}, x_{42}, x_{52}\}$ という四つの変数が 1 になった．この場合，実行対象として選択されたテストケースは提案手法と同じであるが，それぞれの実行担当者が逆になっている．つまり，テストケース T_1 及び T_2 の実行は，過去に技術者 S_1 によってしか行われていないにも関わらず，今回のテスト計画でも S_1 に担当を割り当てている．T_4 及び T_5 についても同様である．このように，提案手法では同一のテストケースを同一の技術者だけが実行して確認するというような状況に可能な限り陥らないように工夫されている．

今後，本提案手法を実際のテスト履歴データに適用し，実用化に向けた評価実験を行っていく予定である．

参考文献

[1] 福島 雅夫：数理計画入門，朝倉書店，2011.
[2] Aman, H., Sasaki, M., Kureishi, K. and Ogasawara, H.: Application of the 0-1 Programming Model for Cost-Effective Regression Test, in *Proc. 37th Int'l Computer Softw. & App. Conf.*, 2013, pp.721–722.
[3] 阿萬 裕久, 佐々木 愛美, 中野 隆司, 小笠原 秀人：テストケースの実行履歴に基づいたクラスタリングと 0-1 計画モデルを組み合わせた回帰テスト計画手法の提案, in ソフトウェア工学の基礎 XXI, pp. 231–240, 近代科学社, 2014.

Webアプリケーションに対する回帰テストオラクル自動生成
An Oracle Generation for Regression Testing of Web Applications

堀 旭宏[*]　高田 眞吾[†]　倉林 利行[‡]　丹野 治門[§]

>あらまし　現在，多くのWebアプリケーション (以下，Webアプリ) が開発されている．特に，最近ではJavaScript等を用いた動的なWebアプリが多く開発されている．本研究では，動的なWebアプリに対して，精度の高い回帰テストオラクルを自動的に生成する手法を提案する．

1 はじめに

現在，多くのWebアプリが開発されている．Webアプリは頻繁に変更され，そのたびに回帰テストが必要となる．これは，「変更によって新たなバグが発生していないか」を確かめるテストである．回帰テストにおいては「変更前のテスト実行結果と変更後のテスト実行結果が一致しているか」がテストオラクル (合否の基準) となる．

Webアプリにおける「変更前後のテスト実行結果が一致しているか」の判定方法として，スクリーンショットによる画像比較とDOM [1]による文字比較がある．スクリーンショットによる画像比較では，GUIが正しく表示されているかを確かめることができる．一方で，画像比較の方法によっては一文字程度の表示の違いを検知できないこともある．これに対し，DOMによる文字比較では，文字が正しく表示されているかを確かめることができる．しかし，GUIが正しく表示されているかを確かめることはできない．

さらに，近年，動的なWebアプリが多く開発されている．例えば，新規パスワードの入力に応じてパスワードの安全度が即座に表示されたり，時間経過に応じて写真が自動的に変わったりする．動的アプリの場合，比較するタイミングが課題となる．

そこで，本研究では，Webアプリに対する回帰テストオラクルとして，変更前後のテスト実行結果を画像比較と文字比較の両方で比較する手法を提案する．さらに，動的なWebアプリにも対応するために，Webアプリの状態が変わるたびに比較を行う手法を提案する．

2 提案手法

本研究では，スクリーンショットによる画像比較とDOMによる文字比較を組み合わせることで，オラクルを自動生成する手法を提案する．また，動的なWebアプリに対応するために，状態が変わるたびに比較を行う手法を提案する．概要を図1に示す．

2.1 変更前後の比較

Webアプリの状態が変わるたびにスクリーンショットとDOMツリーを取得し，変更前後の比較を行う (図1上部)．全ての状態において比較の結果が「一致」であれば，回帰テスト結果は合格である．

ここでいう「状態」は，テスターがテスト対象アプリに応じて設定する．例えば

---

[*]Akihiro Hori, 慶應義塾大学
[†]Shingo Takada, 慶應義塾大学
[‡]Toshiyuki Kurabayashi, NTT
[§]Haruto Tanno, NTT

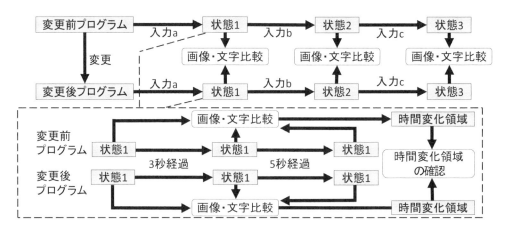

図 1　提案手法の概要

「新規パスワードの入力に応じてパスワードの安全度が即座に表示されるページ」では，パスワード入力前を状態 1，入力後を状態 2 とし，状態 1，状態 2 のそれぞれで変更前後の比較を行えばよい．

2.2　時間変化領域の抽出

各状態において数秒おきにスクリーンショットと DOM ツリーを取得し，同一状態内での比較を行うことで，時間経過による動的変化の有無を調べる (図 1 下部)．時間経過による動的変化があった場合は，その領域を時間変化領域として認定する．

そして，変更前プログラムで時間変化領域として認定された領域が，変更後プログラムでも時間変化領域であることを確かめる．もしも，変更前プログラムの時間変化領域が変更後プログラムでは時間変化領域でなかった場合，その領域はプログラムの不適切な変更によって動かなくなってしまったと判断する．これにより，例えば「時間経過に応じて写真が自動的に変わるページ」に対して，プログラム変更後も写真が自動的に変わるかを確かめることができる．

また，時間変化領域と認定された領域は，変更前後の比較 (図 1 上部) を行わない．これは，時間変化領域はスクリーンショットや DOM ツリーを取得するタイミングによって内容が変わるので，適切な比較ができないためである．そのため，2.1 節で述べた変更前後の比較は時間変化領域以外の領域に対してのみ行う．

3　おわりに

本研究では，スクリーンショットによる画像比較と DOM による文字比較を組み合わせることで，オラクルを自動生成する手法，および，動的な Web アプリに対応するために，状態が変わるたびに比較を行う手法を提案した．今後は，提案手法を自動化するためのツールを実装し，提案手法の評価を行う．

参考文献
[1]　W3C Document Object Model, http://www.w3.org/DOM.

ユースケース記述に基づくモックアップを利用した テストシナリオ生成ツール

A Test Scenario Generator with the Mockup Based on Use Case Descriptions

鹿糠 秀行[*]　中井 陽一[†]　園田 貴大[‡]　斎藤 岳[§]

Summary. This paper introduces a tool that generates test scenarios available on use case test. This tool generates the mockup based on use case descriptions and then generates test scenarios using the test data entered on the generated mockup's screens.

1 はじめに

受け入れテストで実施されるユースケーステストは，ブラックボックステスト設計技法の一つであり，ユースケースのシナリオを実行するテストケースとしてテストシナリオが設計され，これに従ってテストが実施される [1]．テストシナリオは，要件定義者が作成したユースケース記述をテスト設計者が理解し，開発対象のシステムの振舞いを想像しながらユースケース記述のパス (基本系列，代替系列，例外系列) を網羅するテストケースが識別され，シナリオ形式で記述される．

本研究では，形式を定めたユースケース記述を入力にモックアップ (Web アプリケーション) を生成し，モックアップ画面上で入力されるテストデータを元にテストシナリオを生成するツールを提案する．本ツールを利用することで，モックアップがテスト設計者のユースケース記述理解を助けテストケースの識別作業を促進し，テストシナリオ生成によってテストシナリオ作成にかかる労力の削減が期待できる．

2 提案ツール

提案ツールの概要を図1に示す．

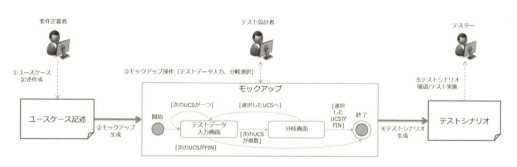

図1　提案ツールの概要

2.1 モックアップ生成のためのユースケース記述の形式定義

モックアップ生成のために形式を定めたユースケース記述の一例を図2に示す．

---

[*]Hideyuki Kanuka, (株) 日立製作所 研究開発グループ システムイノベーションセンタ
[†]Yoichi Nakai, (株) 日立製作所 情報・通信システム社 アプリケーションサービス事業部
[‡]Takahiro Sonoda, (株) 日立製作所 情報・通信システム社 アプリケーションサービス事業部
[§]Gaku Saito, (株) 日立製作所 情報・通信システム社 アプリケーションサービス事業部

ユースケースの各ステップは次のように記述する．各ステップを識別する番号として「UCS 番号」を付与し，「次の UCS 番号」で遷移先のステップを指定する．主語には「ユーザー」と「システム」が選択できる．動詞に応じて与格目的語と対格目的語を記入する．動詞「開く」は対格目的語に「画面名」をとる．動詞「入力する」は与格目的語に「入力フィールド名」と対格目的語に「入力データ名」をとる．動詞「押下する」は対格目的語に「ボタン名」をとる．動詞「表示する」は与格目的語に「画面名」を対格目的語に「表示内容」をとる．

UCS番号	主語		与格目的語		対格目的語		動詞	次のUCS番号
1	システム	は			名前登録画面	を	開く	2
2	ユーザー	は	名前欄	に	登録する名前	を	入力する	3
3	ユーザー	は			次へボタン	を	押下する	4
4	システム	は			住所登録画面	を	開く	5
5	ユーザー	は	住所欄	に	登録する住所	を	入力する	6
6	ユーザー	は			登録ボタン	を	押下する	7,10
7	システム	は			登録完了画面	を	開く	8
8	システム	は	登録完了画面	に	登録された名前と住所	を	表示する	9
9	ユーザー	は			完了ボタン	を	押下する	FIN
10	システム	は			入力エラー画面	を	開く	11
11	システム	は	入力エラー画面	に	入力された名前または住所が正しくないこと	を	表示する	12
12	ユーザー	は			完了ボタン	を	押下する	FIN

図 2　形式を定めたユースケース記述の例

2.2　形式を定めたユースケース記述に基づくモックアップの生成方法

モックアップの画面は，テストデータ (テスト値/期待値) を入力する画面，そして分岐画面からなる．テストデータ入力画面は，動詞が「開く」から「押下する」までのステップを一つの画面として生成する．動詞が「入力する」からテスト値を入力するフィールドを，動詞が「表示する」から期待値を入力するフィールドを生成する．分岐画面は次の遷移先ステップを選択する画面であり，「次の UCS 番号」が複数ある場合に生成する．「次の UCS 番号」が「FIN」の場合は終了する．

2.3　生成モックアップから入力されるテストデータによるテストシナリオ生成方法

テスト設計者によって生成モックアップの画面を通じてテストデータが入力され，分岐がある場合にはこれを網羅するまで繰り返し実施される．この過程を通じてテストデータを蓄積し，これを利用してテストシナリオを生成する (図 3)．

テストシナリオ
1:システムは名前登録画面を開く
2:ユーザーは名前欄に山田太郎を入力する
3:ユーザーは次へボタンを押下する
4:システムは住所登録画面を表示する
5:ユーザーは住所欄に横浜市を入力する
6:ユーザーは登録ボタンを押下する
7:システムは登録完了画面を表示する
8:システムは登録完了画面に山田太郎と横浜市を表示する
9:ユーザーは完了ボタンを押下する

図 3　ツールで生成したテストシナリオの例

3　おわりに

本稿では，ユースケース記述に基づいてモックアップを生成し，モックアップ画面を通じて入力されるテストデータからテストシナリオを生成するツールを紹介した．

参考文献

[1] JSTQB - ソフトウェアテスト標準用語集日本語版 Version 2.3.J02

モデル検査によるドローンの安全確認
A Study on Verification of Drone for Ensuring Safety Using Model Checking

青木 善貴[*], 細金 万智子[‡]

> **あらまし** 我々はドローンをはじめとする移動型デバイスを安心安全かつ効果的に制御する方法を研究してきた．移動型デバイスの制御プログラムにモデル検査を用いて網羅的な検証を行うことにより，安全が確保できると考えられる．本稿では，ドローンの振舞いをモデル検査により検証して安全を確認する手法を提案する．
>
> **Summary.** We have studied a method of controlling a mobile device, including the drone safely and effectively. By verified using model checking, we can obtain a safety drone. In this paper, we propose a method to verify the behavior of the drone by model checking to make sure safety.

1 はじめに

ドローンは，3次元空間を自由に移動し，環境情報をセンシングできるというメリットをもつため，様々な分野において活用が進んでいる．しかし，ドローンには墜落という危険性が常に付きまとうため，安全の確保は非常に重要である[1]．ドローンはその振舞いの複雑さと外部環境から受ける影響が相まって安全の確認が難しい．そのため，振舞いの整合性を漏れなく検査する仕組みが必要である．その仕組みのひとつとして「モデル検査」が考えられる[2]．本稿では，モデル検査を利用して，ドローンの振舞いの検証を行い，その有効性について考察する．

2 モデル検査をドローンの検査に使うメリット

近年発生している様々な問題を踏まえると，ドローンの安全の担保にはJIS X25010の信頼性における障害許容性，回復性が重要と考える．障害許容性とは「障害にもかかわらず，システムが意図したように運用操作できる度合い」であり，回復性とは「障害時にシステムが受けた影響を回復しシステムを希望した状態に復元できる度合い」である．
モデル検査はシステムを有限の状態遷移で表わしたモデルに対し，要求する性質を時相論理式で記述し，この論理式を満せるかを網羅的に検査する．したがって，ドローンの振舞いを検証できる検査モデルが作成できれば，安全に関する性質を検証できる．そのために本稿では，ドローン検査用の検査モデルを提案する．この検査モデルは，ドローンの振舞いを制御するソースコードとセンサーのモデル化及，仕様書にあるドローンの振舞いのモデル化により作成できると考える．不具合が発見されれば，修正モデルを作成して検証し，その結果をドローンに反映することで安全の向上が望める．不具合が発見されなくてもモデル検査を通したことにより，安全について一定の保障ができる．

3 提案手法

本稿では，検査モデルの意図が明確に伝わるようにステートマシン図によりモデルを

---

[*] Yoshitaka Aoki, 日本ユニシス株式会社
[‡] Machiko Hosogane, 日本ユニシス株式会社

表記する．ドローンの検査モデルの例を図1に示す．まずドローンの制御プログラムを制御フローにそってモデル化する（図1-①）．ソースコードのステートメントを一つの状態として解釈してモデル化する．条件分岐の構造はその条件式に基づく分岐をモデル上の分岐条件に反映する．繰り返しの構造の場合は繰り返す状態遷移とそれを抜け出す条件分岐の構造をモデル上に反映する．

次にセンサーのモデル化も行う．ドローンは各種センサーを介して外部環境を認識するため，センサーの振舞いをモデル化する(図1-②)．センサーが取得する値は非決定性を用いて設定する．これらをソースコードのモデルと紐付けて検査モデルを作成する(図1-④)．そうすることによりドローンが実装している振舞いをモデル化したことになる．

次に仕様書を分析して開発者がドローンにとらせたい振舞いを抽出する．ここから状態を抽出してドローンの振舞いのモデルを作成する(図1-③).

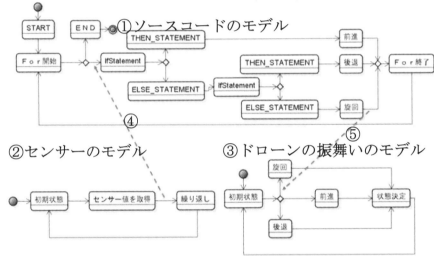

図1　ドローンの検査モデルの例

このドローンの振舞いのモデルをソースコードのモデルと機能を接点として紐付けする(図1-⑤)．もし実装している振舞いと仕様上で取りうる振舞いの間に不一致があれば，この検査モデル上で状態遷移の不一致として発見できる．

4　まとめ

ドローンの安全をモデル検査で確認するために，ドローン検査用の検査モデルを提案した．単純な振舞いに対してではあるが，提案手法を用いて，ドローンに想定外の振舞いが発生する不具合を発見できた．複雑な振舞いの場合でも提案手法により検証できると考える．例えばバッテリー切れによる墜落を防ぐ機能を実装した場合，墜落する前に安全な場所に着陸することができるかの検証ができ，障害許容性，回復性の向上が行えると考える．今後，振舞いに直接影響を与える外部環境についてもモデル化して，ドローンの安全について検証する予定である．

5　参考文献

[1] 離陸するドローン・エコシステム,http://blogos.com/article/103321/,2015.
[2] 形式手法の実践ポータル,http://formal.mri.co.jp/db/fmtool/,2015.

適応型コンテキストモデル生成方法の提案と評価

An Adaptive Generation Method of Context Model and its Evaluation.

豊田 丈晃* 青山 幹雄*

あらまし BMLフィードバックループの概念に基づき,適応型コンテキストモデル生成方法を提案する.環境やユーザのコンテキストの変化に適応したコンテキストアウェアシステムの開発を可能とする.

Summary. We propose an adaptive context model generation method by extending BML (Build Measure Learn) feedback loop. The method enables to develop the context-aware system adapting to the change of the environment and user context.

1 問題の背景と課題

周囲の環境などのコンテキストの変化に応じてシステムの振る舞いを変化させるコンテキストアウェアシステムが注目されている[3].このようなシステムを開発するためには,コンテキストとシステムの振る舞いを結びつけるコンテキストモデルが不可欠である.しかし,モバイルデバイスの省電力機能といったコンテキストと振る舞いの関係が明確でないシステムの開発では,コンテキストモデルを事前に定義することは困難であり,その具体的なモデル生成方法は未確立である.

2 関連研究

コンテキストを用いた省電力化手法として,Fuzzy推論を用いたコンテキストアウェアネスによる省電力化がある[1].これは時刻などの環境情報を確率密度に基づくFuzzy推論により'朝'や'昼','停止時','歩行時'等のコンテキストに分類し,振る舞いを決定する.しかし,これらの組み合わせは事前に定義が必要で,かつ,コンテキストモデル生成の具体的な方法は提供されていない.

3 アプローチ

未知のコンテキストとシステムの振る舞いの組み合わせを持つ事象に適応したコンテキストモデルを生成するために,事前に定義された初期コンテキストモデルを成長させる方法を提案する.このためにリーンスタートアップのBML (Build Measure Learn) フィードバックループ[2]の概念を応用する.コンテキストモデルを,MVP (Minimum Viable Product)として構築し,システムに適用してコンテキストを測定する.システムが達成するべきゴールと,取得したコンテキストを元にモデルの評価,学習を行い,仮説を生成する.仮説より,新たなコンテキストモデルを構築することでゴールを達成するようフィードバックする (図1).

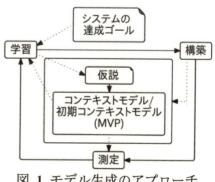

図1 モデル生成のアプローチ

4 提案フレームワーク

BMLフィードバックループを応用した適応型コンテキストモデル生成を行うシステ

---

*南山大学 大学院 理工学研究科 ソフトウェア工学専攻

ムのフレームワークを提案する(図 2).

4.1 コンテキストモデル

本フレームワークにおけるコンテキストモデルは，フィードバックループの初回実行時に定義される簡易なルールによる初期コンテキストモデルと，これを元に成長したコンテキストモデルとする．システムは事前に定義された達成すべきゴールを持っており，コンテキストモデルはこのゴールを達成するため，センサから得られるデータと振る舞いとの関係を記述する，ルールベースモデルとする．コンテキストモデルは予め想定されているセンサ値と振る舞いの組み合わせを網羅するルールライブラリより，効果のあるルールを抽出したものである．このモデル構造はゴールを達成するよう，評価結果により再構築される．

4.2 測定

測定はセンサから得られたデータをコンテキストモデルに適用し，そのデータに適合するルールを抽出する．これらのルールによって決定された振る舞いをシステムに適用し，その動作を計測する．計測して得られた効果と適用したルール，センサから得られたデータを実行後コンテキストと定義する．

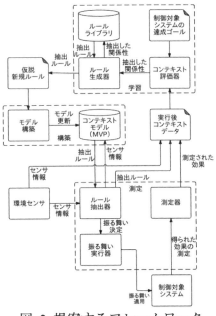

図 2 提案するフレームワーク

4.3 学習

学習では，システムにルールを適用して得られた実行後コンテキスト中で，システムの達成するべきゴールを満たしている項目を評価し，効果のあったルールやコンテキストに含まれるセンサから得られたデータの変化を抽出する．これらを元に，ルールライブラリ中から新たなルール仮説を抽出する．

4.4 構築

構築では，学習によって生成されたルール仮説を元に新たなコンテキストモデルを生成する．

5 考察

本研究の期待される効果として，システム開発者が環境やユーザのコンテキストの変化に応じて個別にコンテキストモデルを定義することなく，システムが達成するべきゴールを設定することでそれぞれに適応したコンテキストモデルの提供が可能となる．

6 まとめ

コンテキストと振る舞いの関係性が明確でないコンテキストシステムを開発するために，BML フィードバックループを用いてコンテキストモデルを生成する方法を提案した．今後，提案方法の各アクティビティの詳細化と提案方法を元にした省電力化システムを構築し，有用性を評価する．

7 参考文献

[1] M. Moghimi, et al., Context-Aware Mobile Power Management Using Fuzzy Inference as a Service, Proc. MobiCASE 2012, LNICST Vol. 110, Springer, Oct. 2012, pp. 314-327.
[2] E. Ries, The Lean Startup, Crown Business, 2011.
[3] R. Scoble and S. Israel, The Age of Context, Createspace, 2013.

スマートフォンアプリケーション設計に特化した UML 及び GUI ビルダによる相互的なモデリング手法

Mutual modelling method by smartphone application design specific UML and GUI builder

松井 浩司[*]　松浦 佐江子[†]

あらまし モデル駆動開発のベースモデルとして UML(Unified Modelling Language)モデルが代表的である．しかし UML は内部設計のモデル化に適しているが，外部設計のモデル化には向いていない．そこで我々は UML と GUI ビルダを用いたモデリング手法を提案する．

Summary. UML model is a representative as the base model of the model-driven development. UML is suitable for modeling the internal design, but is not suitable for modeling the external design. Therefore, we propose a modeling method using UML and GUI builder.

1 背景

スマートフォンアプリケーション開発に焦点を当てたモデル駆動開発手法にクラス図を用いて外部設計を行う研究[1][2]があるが，以下の問題点がある．
- Widget の座標・大きさ等を属性に定義するため，画面構成を視覚的に設計・理解することができない．
- スマートフォン特有の操作性やハードウェアを考慮した設計ができない．

UML モデルが外部設計に向かない最大の理由としては，UML は汎用的なモデリング言語であるため，GUI(Graphical User Interface)に特化したダイアグラムが存在しないからである．

2 目的

UML モデリングツールで作成する内部設計モデル，GUI ビルダで作成する外部設計モデルは完全に独立なものではない．例えば画面を通したユーザの入力をトリガーとした計算処理フローを UML で設計する場合，計算に必要なデータを入力することができる Widget が定義されていなければ計算処理フローは成り立たない．また計算結果を表示する Widget を GUI ビルダで設計する場合，そのタイミングで期待するデータが生成できるか保証されていなければならない．つまり，少なからずもう一方の側面を意識した設計を行わなければ，整合性のないモデルになる．そこで本稿では外部/内部設計モデル間で共通する設計情報を分析し，GUI ビルダによるモデルの変更が与える UML モデルへの影響の観点から事例を用いて報告する．

3 本研究の概要

図 1 に本手法の概要を示す．本手法で使用するモデリングツールは UML モデリングツールである astah* Professional(以下，astah)とタブレット用アプリケーションとして開発する GUI ビルダである．そして各スマートフォン OS の共通機能を纏めた用語集と各

---

[*] Koji Matsui, 芝浦工業大学
[†] Saeko Matsuura, 芝浦工業大学

ツールで作成するモデル要素を対応付けることで「スマートフォン OS に依存しないモデル」を実現する．「スマートフォン OS に依存しないモデル」の作成ステップを以下に示す．
1. astah を用いてユースケース図を作成する．
2. GUI ビルダによる外部設計または astah による内部設計(アクティビティ図及びクラス図の作成)を選択する．(図 1 では内部設計を選択している)
3. ステップ 2 で選択したツールでモデリングを行う．
4. ステップ 2，3 を繰り返す．

　共通設計情報は外部/内部設計モデルから自動に生成または更新される．また共通設計情報を各モデリングツールに入力した際は共通設計情報と対応する外部/内部設計モデルのモデル要素を生成または更新する．つまり一方の設計モデルの変更はもう一方の設計モデルにも影響を及ぼす．

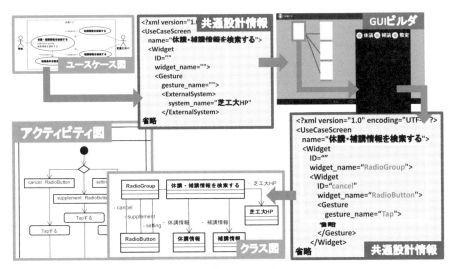

図 1　提案手法の概要

4　まとめと今後の課題

　GUI ビルダと UML で作成する「スマートフォン OS に依存しないモデル」における各ツール間で共通する設計情報と固有の設計情報について，GUI ビルダによるモデルの変更が与える UML モデルへの影響の観点から事例を用いて報告した．しかし，共通設計情報の生成および更新の自動化，共通設計情報と対応する各設計モデルのモデル要素の自動生成および更新が実現できていないため，本稿で報告した共通設計情報の定義と共通設計情報とモデル要素の対応関係が妥当であるか検証できていない．そのため，自動化ツールを作成し，定義の妥当性を確認することを今後の課題とする．

5　参考文献

[1] Ayoub SABRAOUI, Mohammed EL KOUTBI:GUI Code Generation for Android Applications Using a MDA Approach, ICCS, pp.1-6, 2012
[2] G.Botturi, E.Ebeid, F.Fummi, D.Quaglia:Model-driven design for the development of multi-platform smartphone applications, FDL, pp.1-8, 2013

自転車事故防止システム開発におけるセンサデータの表示方法の検討
Study of method to display sensor data in bicycle accident prevention system

石原 一輝[*] 平山 雅之[†] 山崎 和人[‡]

あらまし 自転車事故防止システムとは，自転車にセンサおよびマイコンを搭載し，走行時の危険運転を検知することで，事故の発生を防止するシステムである．これまで速度超過や蛇行運転の検出が行われ，今現在，ながら運転の検出と歩行者の検出について開発が進められている．本稿では自転車事故防止システムの開発を通して経験したセンサデータの処理技術を元に，センサデータの有効な表示方法についての検討を行う．

Summary. Bicycle accident prevention system prevents the outbreak of the accident by putting a sensor and a microcomputer on a bicycle and detecting risky driving. We had done the detection about the speeding and the meandering, we currently continues with development about inattentive driving and pedestrian detection. In this paper, we examine about effective method to display sensor data based on experience of method for processing sensor data in the Bicycle accident prevention system development.

1 はじめに

組み込みシステム開発において，エアコンの空調システムのように室温に応じて風量を変化させるなど，センサの出力に応じて特定の処理をさせたいというケースがある．その際，センサの出力は主にAD変換を用いてマイコン上で処理されるが，センサの出力は不確かなものであるため，プログラム内の判定箇所では，そのセンサの出力を考慮したプログラムを作成する必要がある．一方，複数のセンサを用いた場合やある状態のときだけ処理を実行させたい場合など，複雑な条件分岐がある状況下では，センサを含めたシステムの動作確認が困難になる．システムの動作確認の方法の一つとして，デバッガを用いた確認方法があるが，高価であることや導入や習得までに時間がかかること，使うマイコンに制約が生じることが問題として挙げられる．そこで簡易的な方法としてプログラム中にprintfを記述する方法がある．これは一般的なマイコンに備え付けられている通信機能を用いることで実現可能であり，自転車事故防止システムの開発においても用いられている方法である．

2 自転車事故防止システムの開発

開発では，PCやLCDキャラクタディスプレイといった表示デバイスを用いており，経験からそれぞれが以下のような表示方法により表示を行っていることが確認できた．
- フロー表示（TeraTermを用いたPC表示）
  マイコンから送信された文字列が画面上の新たな行に追加される．
- 固定表示（LCDキャラクタディスプレイ表示）
  画面をある間隔で更新し，固定した位置で文字を表示させる．

---

[*]Ishihara Kazuki, 日本大学理工学部

[†]Hirayama Masayuki, 日本大学理工学部, 日本大学大学院理工学研究科

[‡]Yamazaki Kazuto, 日本大学大学院理工学研究科

フロー表示は，プログラムの流れを把握するのに有効であるが，いくつもの変数を同時に確認するのが困難である．一方，固定表示は，センサなど頻繁に書き換わる変数を確認するのに有効であるが，表示位置を考慮したプログラム設計が必要である．センサデータの数値処理を行う点から，これまで主にPCへの表示を行ってきたが，1秒毎にセンサデータを表示される場合など，表示する文字列の量が多くなると画面が文字で埋めつくされ，変数の表示される位置が変動するなどしてセンサの数値の確認が困難になる場面が見られた．この経験からprintfデバッグにより送信された文字列をただ表示させるのではなく，その表示方法を工夫することで，効率的なデバッグが行えるであろうと考え，表示方法の検討と通信アプリケーションの作成を行った．

3 センサデータの表示方法

以下の手順でマイコンからのセンサデータをPCに表示させる．

1. マイコンからPCへ送信される文字列を次の3種類に分ける．
   - メッセージ…プログラムの進行状況を確認するもの（例：”Program Start!”）
   - 変数………値が頻繁に書き換わるもの（例：”count=0”,”sensor=5.0”）
   - ログ………外部ROMなどに記録されたデータサイズの大きなもの
2. 図1のように，プログラム中の変数を「変数名=数値」のような形式で送信する．ログに関しては送信の前後で「#L」などの文字列を送信する．
3. PC上で文字列を判定し，それぞれに適した表示方法で表示を行う．

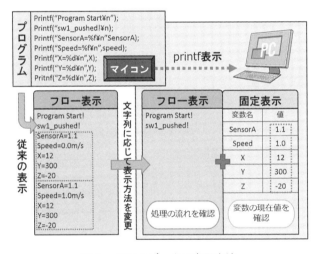

例えば，受信した文字列が変数であれば，「=」の前後で変数名と数値を取得し，変数名を元に固定した位置での数値の表示を行う．この方法ではタイマ機能をPC側に用意することで，縦軸をセンサの出力値，横軸を時間のように，軸を自由に設定したグラフを作成することができる．ログデータは，そのログが取られた際の状況とセンサ値の対応付けを行うため，ログが取られた時間または場所からセンサの出力値を確認するグラフを作成することを検討している．

図1 センサデータの表示方法

4 まとめ

自転車事故防止システムの開発において，作成した表示システムを使用し，速度やセンサの値から，プログラム通りに警告が表示されることを確認できた．今後は走行時のログデータから走行環境を推定する際の表示方法について検討する．

参考文献

[1] 宮澤雄介, 山崎和人, 平山雅之 編：走行環境に対応した自転車事故防止システム，組込みシステムシンポジウム 2014 論文集 2014, 155-156, 2014-10-15
[2] RENESAS：デバッガ/エミュレータ，
http://apan.renesas.com/products/tools/emulation_debugging/

CODE: Code Oriented Diagram Editor
CODE: Code Oriented Diagram Editor

大村 裕[*]　渡部 卓雄[†]

Summary. We propose an advanced reading aid tool that targets source code using frameworks. This tool helps programmers by displaying abstraction level and code level views that automatically synchronize with each other. For example, the tool can be configured to display UML class/sequence diagram views and a code level view with debugging information, where each view shows the current execution point of the target code. One does not get lost after switching views from one to another since the tool provides properly synchronized views. The goal of this work is to show by experiments that the use of this tool increases the comprehensibility of existing source codes. This paper reports our current research progress in the development of the tool.

1 背景

現在のソフトウェアは様々なフレームワークやライブラリを利用して開発されている．ソフトウェア開発者は新規ソフトウェアを開発する際にこれらの使い方や利用における注意点を理解する．その際にソフトウェア開発者はドキュメント等を利用するが，実際にはそれだけでは不十分な場合が多い．例えば，Eclipse においてプラグインにより Eclipse 本体の機能を拡張する際，Eclipse が提供しているフレームワークを利用する．そのため，追加したい機能を実装するために必要なフレームワークの使い方を調査することになる．調査にあたってはドキュメントやサンプルコードを利用するが，Eclipse のバージョンアップにドキュメント等が対応していない場合にプラグイン開発者は現行のソースコードを確認する必要がある．

ソフトウェア開発者が既存プログラムを理解するプログラム理解では視覚化による様々な支援が存在する．この視覚化では主に静的解析技術と動的解析技術を用いた結果を元に視覚化を行う [1] [2]．これにより，ソフトウェア開発者はより抽象度の高いモジュールレベルの視点で既存プログラムを理解できる．ところが，この既存の視覚化技術では実際のソースコードと同期して表示する機能が弱い．そのため，ソフトウェア開発者自身が視覚化された情報とソースコードを結びつける必要があった．

2 Code Oriented Diagram Editor

我々はソースコードと視覚化された情報の同期をとるためのツールを開発した．このツールではソースコードからリバースされた UML クラス図やツールのユーザが作成したより抽象度の高いモジュールレベルの視点により視覚化されたダイアグラムとプログラムのソースコードレベルのデバッグ実行を同期することができる．

このツールは以下のように使用する．まず，ツールのユーザはソースコードより UML クラス図をリバースする．この UML クラス図からユーザが着目しているクラス群を取捨選択し，必要とするクラス群のみを残す．次にプログラムをデバッガによるステップ実行によって動作するソースコードを確認する．その際に本ツールの機能により，ソースコード上のステップ実行とユーザが修正したクラス図が同期して動作する．具体的にはソースコード中の実行箇所に対応した UML クラス図上の該当箇所の背景色が赤くなり，当該実行箇所のクラス図上の位置が把握できる．

---
[*]Yuu Ohmura, 東京工業大学 計算工学専攻
[†]Takuo Watanabe, 東京工業大学 計算工学専攻

このツールにより，ユーザに2つの具体的な効果をもたらすと考えている．1つ目はデバッグ実行時にソースコード全体に対する実行箇所を見失うことがなくなるという点である．膨大なソースコードの実行系列を追跡すると現在の実行箇所がどのクラスのものなのかを見失うことがる．これは特に1ファイルに複数のクラスが定義されているような実装の場合に有効に働くと考える．2点目はデバッグ実行を追跡しながら，モジュールレベルの視点で作成されたダイアグラムを再定義できるという点である．ソースコードからクラス図をリバースした場合，すべてのクラスがダイアグラム上に表示される．しかし，実際にはユーザが着目しているのは一部のクラス群である．そのため，デバッグ実行を行いながら，ダイアグラムを再定義できるということは非常に効果があると考える．

3 CODE for Eclipse

本研究では提案ツールの実装対象として Java を選択し，ツール作成のために Eclipse および UML エディタとして Eclipse 上で動作する AmaterasUML を利用した．本ツールの作成のために我々は Eclipse のデバッグパースペクティブおよび AmaterasUML を修正した．1点目の修正では Eclipse のステップ実行のイベント処理の枠組みに新規のリスナを登録している．そのリスナ内でステップ実行中のクラス名およびメソッド名を取得し，対応するクラス図

図1　実行画面

のクラスやメソッドの UML クラス/シーケンス図上の該当箇所の背景色を赤くしている．2点目は AmaterasUML のクラス図エディタを修正した．プログラム理解ではクラス図より抽象度の高いダイアグラムを必要とされる．ただし，初期段階から抽象度の高いダイアグラムを記述しようとするとソースコードとの同期を取るのが難しくなるため，クラス図をデバッグ実行しながら，修正を行い，より抽象度の高いダイアグラムを作成するのが効率がよいと考えた．クラス図のクラスおよびメソッドをまとめて新たな図形オブジェクトとしているため，ソースコードとの対応関係の作成は容易である．図1は本ツールがプログラムのデバッグ実行時(左側)にユーザが作成したクラス図上(右側)の対応箇所が赤くなっている様子である．

4 まとめ

本研究ではプログラム理解の支援を行う Code: Code Oriented Diagram Editor の提案および実装について紹介した．また，このツールを概要および利用上の効果について述べた．

参考文献

[1] 谷口 孝治, 石尾 隆, 神谷 年洋, 楠本 真二, 井上 克郎, プログラム実行履歴からの簡潔なシーケンス図の生成手法, コンピュータ ソフトウェア, 2007.

[2] Oechsle, R and Schmitt, T, JAVAVIS: Automatic Program Visualization with Object and Sequence Diagrams Using the Java Debug Interface (JDI)., Software Visualization, 2001.

Javaの参照型変数と配列の静的null検出
Static Null Detection of Reference Variables and Arrays in Java

武田 真弥[*] 山田 俊行[†]

あらまし Javaバイトコードを解析し，Javaの重大なエラーの一つであるNullPointerExceptionの発生とその原因を実行前に検出する．このエラーを検出するために，参照型変数にnullの代入がある箇所の集合を伝播させて解析する．これにより，エラーの発生箇所とnullの代入箇所，さらにその間の経路を検出する．配列は各要素を一つずつ初期化する場合と全ての要素を一度に初期化する場合に分けて解析することで検出精度を上げる．

1 導入

NullPointerException (以下null例外) はJavaプログラムの実行時に発生しやすいエラーの一つである．これは参照型変数の値がnull (参照先がない状態) でフィールドをアクセス (デリファレンス) すると発生するエラーである．null例外の発生は，誤動作の原因となる．また，プログラムの開発において，滅多に通らない実行経路で発生するエラーを特定するのは困難である．そこで，実行可能な全ての経路が解析の対象であり，網羅的な解析ができる静的解析を用いて，null例外を検出する．

2 先行研究

FindBugs [1] というJavaの静的解析ツールがある．これは，null例外を含んだ様々なバグを検出できるが，配列要素で発生するnull例外が解析できない．

また，配列を解析するHovemeyerらのアルゴリズム [2] は，配列と添え字に使われる変数に着目し，ループですべての要素が正しく初期化されるか解析する．
例1: `for ( int i = 0 ; i < a.length ; i++ ) { a[i] = new A(); }`
この例のように，配列の添え字が0で始まり，比較，要素への代入，インクリメントがある場合に配列が正しく初期化できたと判定する．このアルゴリズムの問題点は，ループを用いた特定の初期化しか解析できず，各要素の初期化は解析できないことである．特に，初期化子を用いた初期化 (例: `A a[] = { new A(), new A()}`) が扱えない．

3 提案手法

Javaバイトコードを入力とし，その命令を頂点とするコントロールフローグラフ（以下CFG）を作成し，以下で述べる二種類のデータフロー解析を適用する．

3.1 参照型変数へのnull代入

参照型のローカル変数vをデリファレンスする時，vがnullになるかを解析するために，CFGを前方解析し，各命令で各変数に伝播するvのnull代入 (v = null) の集合を求める．変数vのnull代入の直後では，このnull代入だけがvへ伝播する．変数vへの変数wの代入の直後でvに伝播するnull代入の集合は，この位置でwに伝播するnull代入の集合と同一である．それ以外のものをvに代入する場合，代入直後にvに伝播するnull代入の集合は，空集合である．経路の合流点でvに伝播するnull代入の集合は，各先行頂点でvに伝播するnull代入の集合の和である．

---

[*]Shinya Takeda, 三重大学工学研究科

[†]Toshiyuki Yamada, 三重大学工学研究科

伝播する null 代入の集合が非空の変数 v をデリファレンスする場合は，null 例外が発生すると判定し，v をデリファレンスする頂点から v の null 代入が含まれている先行頂点を再帰的に後方解析することで，null 代入が伝播する経路を求める．

3.2 配列の初期化の解析

本論文で，初期化とは，new 演算子で生成されたインスタンスか，伝播する null 代入の集合が空集合の参照型変数のどちらかを配列要素に代入することを指す．配列要素の初期化の解析方法は二種類ある．

一つ目は，配列の添え字が定数で各要素を初期化する場合で，要素番号の集合を用いて，どの要素が初期化されたかを解析する．配列要素が初期化された時，その要素番号 (a[3] なら 3) をその集合に加える．要素番号がこの集合に属す配列要素は非 null と判定する．経路の合流点では集合の共通部分を求める．

二つ目は，配列のすべての要素を一度に初期化する場合で，例 1 のようなループや API の Arrays.fill メソッドで初期化する場合などである．これらのパターンで配列を初期化する場合，真偽値を真にする．この真偽値が真の時は，全要素が初期化されたと判定する．経路の合流点では真偽値の論理積を求める．

4　実行結果

提案手法を統合開発環境 eclipse でも実行できるツールを実装した．例を示す．null

```
01:class Sample{                              07:  A x = null,y = null;    13: a[0].use();
02: void foo(){                               08:  if(bar()){              14: b[1].use();
03:   A[] a = {new A(),new A()},              09:    x = new A();          15: c[0].use();
04:   b = new A[2];                           10:    y = new A();}         16: if(y != null){
05:   for(int i = 0;i < 3;i++){               11:  A[] c = {x,new A()};    17:   y.use();}}}
06:     b[i] = new A();}                      12:  x.use();
```

Sample.java:12:x: Null例外が発生する可能性があります
原因 Sample.java:7 経路 7-8 11-12
Sample.java:15:c: 配列の初期化が正しくできていません

図 1　コードと出力結果の例

例外の発生箇所とその原因となる null の代入箇所，それらの間の経路をそれぞれ強調表示する．これにより，変数 x は 8 行目の if 文が成り立たない時に，12 行目で null 例外が発生するとわかる．全ての変数が正しく解析できている．特に要素を一つずつ初期化する配列 a, c は，第 2 節で述べた先行研究では解析できない．16–17 行目は null 判定を考慮した結果が反映されている．

実行環境 Windows8.1，Intel Core i5-3470 3.20GHz，8GB RAM，jdk1.8.0 で本ツールを動かしたところ，実行行 7681 行からなる JFlex が約 1.4 秒で解析できた．

5　結論と課題

本研究では，参照型変数の null 代入の集合の伝播を解析する手法と，配列のどの要素が初期化されたかを解析するために，要素番号の集合を用いる手法を提案した．

今後の課題は，メソッド間解析などを取り入れ，より検出能力を高めることと，オブジェクト指向のための解析手法の考案，実装である．

参考文献

[1] B. Pugh ら，"FindBugs—Find Bugs in Java Programs", http://findbugs.sourceforge.net/.
[2] D. Hovemeyer ら，"Automaton-Based Array Initialization Analysis", *Proc. Language and Automata Theory and Applications*, pp. 420-432, Springer Berlin Heidelberg, 2012.

脳波計測を用いたプログラム理解タスクの判別
Task Classification Method for Program Comprehension using Electroencephalogram

幾谷 吉晴[*] 上野 秀剛[†] 中川 尊雄[‡]

> **あらまし** 開発者が取り組んでいるタスクをリアルタイムに判別できれば，状況に合わせた柔軟な支援が可能となる．本稿では機械学習を利用して，プログラム理解時の開発者の脳波計測結果と実施タスクの記録から，タスクの判別ができるか検討する．脳波計測を用いたタスク判別の有効性を調べるため，脳活動に差異が表れると報告された2種のプログラム理解タスクについて，脳波を計測する被験者実験を実施し，計測値に対する機械学習結果の分析を試みる．

1 はじめに

プログラム理解はデバッグや実装など複数の行程で実施される重要な作業である．プログラム理解は文章理解，数値計算，条件分岐の判断といった複数の小規模なタスク（マイクロタスク）からなり，1つの行程中にこれらのマイクロタスクを切り替えながら作業をする．プログラム理解時に開発者が取り組んでいるマイクロタスクを判別できれば，それぞれに応じた支援が可能になると期待される．

Human Computer Interaction (HCI) の分野において，計測した脳活動から被験者が取り組んでいる実験タスクを判別する研究が行われている．例えば，Leeらは計測した脳波データの機械学習から，2種類の実験タスクを80%以上の精度で判別できることを示している [1]．ソフトウェア工学において，Siegmundらは functional Magnetic Resonance Imaging (fMRI) を利用することで，取り組んでいるプログラム理解時のマイクロタスクに応じて，脳活動が活発になる部位や，時間変化のパターンが変化することを示している [2].

プログラム理解を対象にした場合でも，マイクロタスクによって部位ごとの脳活動や時系列パターンが変化するならば，機械学習により開発者が取り組んでいるマイクロタスクの判別ができると考えられる．特に近年，利用コストが大幅に低下している脳波計測装置を用いてマイクロタスクの判別ができれば，実務環境へ低コストで導入可能な開発者支援ツールの実現に繋がると考えられる．そこで本稿では安価な脳波計測装置を用いて，プログラム理解時に開発者が取り組んでいるマイクロタスクを判別できるか検証するための実験設計を示す．

2 実験設計

明示的に実験タスクを切り替えた際の脳波データから，2種類の実験タスクと安静状態を機械学習によって判別できるか検証する．脳波の計測には$499で購入可能なEmotiv社製のEmotiv EPOCを利用する．Emotiv EPOCは無線方式を採用し，装着が容易で動作の拘束が小さいため，長時間の実験でも被験者へ与える疲労が少なくなる．判別には実験タスク間で脳活動が異なることが必要なため，Siegmundらがタスク間で脳活動に差があることをfMRIによる計測で確認しているものを実験タスクとして採用する [2]．それぞれの詳細を以下に示す．

- Comprehension task：20行以内のコード片を読み出力値を解答する（30秒）

---

[*]Yoshiharu Ikutani, 奈良工業高等専門学校 電子情報工学専攻

[†]Hidetake Uwano, 奈良工業高等専門学校

[‡]Takao Nakagawa, 奈良先端科学技術大学院大学情報科学研究科

- Syntax task：20 行以内のコード片の中の Syntax error を見つける（30 秒）
- Rest：一点を見つめながら体を安静にする（30 秒）

本タスクは 1 回が 30 秒と短く，多くの繰り返しが可能で学習用データを多く得られるため，目的であるプログラム理解タスクの判別に適している．

Siegmund らは Comprehension task 時に Syntax task 時よりも前頭葉側頭部，頭頂葉，側頭葉の脳活動が活発化することを示している．本実験でもそれらの部位の脳波により被験者が取り組むタスクの判別ができると期待される [2]．また Rest と Comprehension task および Rest と Syntax task の間には，Comprehention task と Syntax task 間よりも大きな脳活動差が現れると考えられる．したがって，より高い精度で開発者が取り組んでいる活動の判別ができると期待される．

判別精度の評価には，機械学習の研究でよく利用される leave-one-out クロスバリデーションを採用する [3]．本研究の判別精度の評価手順を以下に示す．

1. 被験者に 3 種類のタスクをそれぞれ 30 回ずつランダムな順序で試行させ，その際の脳波を計測する．
2. 29 回分の脳波データを教師信号としてモデルの学習を行う．
3. 残りの 1 回分の脳波データをテスト信号として判別精度を評価する．
4. すべてのデータが 1 度ずつテスト信号となるように (2),(3) の手順を繰り返す．

3 まとめ

従来，プログラム理解の分析にはインタビューや Think-aloud 法などの心理学的手法や視線計測が利用されてきた．しかし，それらの手法は人手による膨大な分析を必要とし，計測結果に基づいてリアルタイムな支援を実現することは困難だった．機械学習を用いて開発者が取り組んでいるマイクロタスクを判別することで，開発者の生体データから状況に合わせた支援をリアルタイムに与えることが可能になると考えられる．例えば，タスクとレストを判別することで，画面に向き合っているだけでタスクに取り組めていない開発者を検知することが可能になると期待される．また昨今，利用コストが低下している脳波計測装置を用いることで，開発現場で多人数を継続的に計測できる環境を安価に実現できると考えられる．

本手法の発展として，プログラム理解時のマイクロタスクの時系列変化を分析することで，初心者と熟練者の差を明らかにできる可能性がある．熟練者に特徴的なマイクロタスクの時間遷移から，効率的なプログラム理解の支援や教育につながる知見が得られると期待される．

謝辞 本研究の一部は JSPS 科研費 若手研究 (B) 24700038 の助成を受けて行われた．

参考文献

[1] Johnny Chung Lee and Desney S Tan. Using a low-cost electroencephalograph for task classification in hci research. In *Proceedings of the 19th annual ACM symposium on User interface software and technology*, pp. 81–90. ACM, 2006.

[2] Janet Siegmund, Christian Kästner, Sven Apel, Chris Parnin, Anja Bethmann, Thomas Leich, Gunter Saake, and André Brechmann. Understanding understanding source code with functional magnetic resonance imaging. *In Proceedings of the 36th International Conference on Software Engineering(ICSE2014)*, pp. 378–389, 2014.

[3] Ron Kohavi. A study of cross-validation and bootstrap for accuracy estimation and model selection. In *Proceedings of the International Joint Conference on Artificial Intelligence (IJCAI)*, Vol. 14, pp. 1137–1145, 1995.

ソフトウェア技術者の「たらい」
Basin of software engineers

伊藤 昌夫[*]

あらまし Lazzarato が提示する無形労働概念 [1] [2] には，ソフトウェア作りに有効な点が多い．本論では，ソフトウェア作りの特性を最初に考え，労働の古典的定義から対象への働きかけ方という点に注目して考えた．ソフトウェア開発はコミュニケーション型で進めることが適切で，ソフトウェア技術者は，特定分野での対象モデル構築者となるというのが本論の結論である．ちなみに，Lazzarato は，彼が普段にいる場所は，工場ではなく"たらい（盥）"であるとしている．

1 はじめに

ソフトウェア作りは，工場における労働とは異なる側面を持っている．ソフトウェアは基本的に一品モノである．工場では類似製品を繰り返し生産する．また，工場で製造される製品は，ソフトウェアとは異なり大きな変化はない（自動車の基本構造は 100 年間変化していない）．その違いにも関わらず，多くのプロセスモデルは，工場にその範を求める（例えば，工場生産における品質管理を開始点とする CMM や，自動車工場での製造方法にヒントを得たリーン開発を見よ）．大量生産に適合した工場が成功したからといって，ソフトウェアも同様である保証はない．にも関わらず，我々の心理的モデルは強固である．

「無形労働」概念は，工場労働とは異なる労働の特性を提示している．現代のコミュニケーション手段を利用した新しい労働である．もちろん，無形労働概念はソフトウェアに限定されない．ソフトウェア開発を無形労働視点で考えることで，ソフトウェアに関して，新たなアイデアを得ることができると考える．

2 働きかけの単純比較：機械と人

古典的な労働の定義は，個人が対象へ働きかけることで新たな出力を得ることである[1]．このとき，労働する個人と対象の関わりを考えることは重要である．ここでは，主体と対象という側面から，二通り考える．一つは，(対比を明確にするために) 工場的労働の究極形である自動化機械．もう一つは，もっとも基本的な（人間の）コミュニケーションである．

自動化機械 M においては，制御器としてのプログラム P が，対象 O に対して働きかける．働きかけ前後で対象は変化する．機械 M は，その変化を知るための手段を持っても良い．そのために，制御器 P は，対象 O を何らかの形式で持つ（典型的にはオブジェクト指向開発におけるオブジェクトとして持つ）．つまり，対象を最初から内在化している．

人間の場合は，次のように模式化できる．いま，人間 H が対象としての他者 O に働きかける．全くの他者である場合．人間 H 内部には，他者 O は人間であるということ以上のモデルを持たない（即ち，他者としては存在しない nil である）．コミュニケーションを通じて，H 内部で，他者 O が誕生し，次第に明確な形を持つようになる:

$$nil \to O_1 \to O_2 \to \ldots$$

---

[*]Masao Ito, 株式会社ニルソフトウェア，有限会社 VCAD ソリューションズ

[1]以下のよく知られた文章を参照．"労働過程の，基本的な要素は，1, 人の個人的活動・それ自身が仕事をすること，2, その仕事の対象，3, その手段である．" (K. Marx 資本論，第一巻三編七章)．活動理論が基本とする構成でもある．本論における手段とは，コミュニケーションである

つまり，コミュニケーションを通じて，H は対象の内部にモデルを作り・洗練する．機械は，最初から対象のモデルを持つ必要があるのに対して，人間は，コミュニケーションを介して，その内部に対象を形作る．これは不確定な対象に対する問題解決法ということもできる．

3 ソフトウェア作り
3.1 漸次的なモデルの発展

商業的に作られるソフトウェアは，きわめて複雑である．労働者たる技術者が作業を行う前に，作業対象物のモデルを定義することはできない．作業対象物は，要件定義を通じた顧客とのやりとりを通じて，或いは改修においては既存の複雑なソフトウェアを調査することで明らかになる．前章で見たように，対象のモデルが既定義であることを条件とする自動化機械では対応できない．適しているのは，対象を作り上げていくコミュニケーション型のアプローチになる．

ゴールを G として，開始時点では，対象についてのモデル M_0 が存在するとする．この初期モデルに対して，拡張可能な選択肢中から，関係者がより良いと考える M_1 を作る．この時には，技術的な実現性調査や顧客の業務プロセスに対する調査検討が必要かもしれない．また，そもそもゴールを G から G' に変更しない限り，モデルをいくら発展させたところで，ゴールに達しないことが分かるかもしれない．そのときは，関係者の一人である顧客はゴール変更の判断を下す．このモデル作りの作業は，そのモデルが確定するまで続く．或いは，そうせざる負えなくなるまで続く．最後に，ソフトウェアを完成と見なす．

漸次的にしかモデルは決まらないこと．そのことは，ソフトウェア開発において，工場的アプローチが不適合であることを示している．従って，それ以外のアプローチを考えることが必要である．

3.2 有効な方策

前述のように，ソフトウェア開発では，効果的にモデルを確定することこそ，検討すべきことである．単純に，不確実なモデルを分解・詳細化することではない．さまざまな可能性を考え，問い合わせ・答えを得ることが重要である．これは，前章の意味でのコミュニケーション，即ち，問題解決の能力こそが有効であることを示している．もちろん，全ての分野（例えば，要求獲得，アーキテクチャの決定，実装方式の選択）で，問題解決の能力を持つとは考えづらく，専門化することが必要となる．

4 さいごに―無形労働者の働く場所―

知的プロレタリアートたる無形労働者は，次の場所で働くと $Lazzarato$ はいう．
> その場所をあえて呼ぶなら「無形労働の「たらい」となる．小さな，とても小さな（最小単位は一人であるような）「生産ユニット」が，特定のその場限りのプロジェクトを組織する．そして，特定のジョブの期間だけ存在する．

ふだんは，「たらい」にいる．必要なときにプロジェクトに呼ばれる．その人が専門とするコミュニケーション的モデル構築能力を，プロジェクトは分かっている．仕事が終われば「たらい」に戻る．その中では，新しい専門技能を身につけ，次のプロジェクトを待つ．決して，ラインを流れてくる半製品を，待ってはいない．

参考文献

[1] M. Lazzarato: 無形労働, -, http://sea.jp/blog/wp-content/uploads/2011/03/Lazzarato_Immaterial_Labour_japanese_0.83.pdf, 2011.

[2] M. Lazzarato: immaterial labour, -, http://www.generation-online.org/c/fcimmateriallabour.htm, -.

第3次経済革命を支えるソフトウェアの工学
Software Engineering in the 3rd Economic Revolution

中島 震[*]　豊島 真澄[†]

あらまし　今，時代は，ソフトウェアが産業の主役となる第3次経済革命期に移行している．産業構造が急激に変化し，新しいサービスの考案と素早い実現に関心が向く．一方，ソフトウェア・リッチなシステムが満たすべきディペンダビリティの視点が蔑ろにされる傾向にある．本稿では，Cyber-Physical Systems (CPS) の観点から，第3次経済革命を支えるソフトウェアの工学を考える．

産業革命と経済革命　ドイツ発のINDUSTRIE4.0 [1] はマスコミで大きく取り上げられている．これはソフトウェア工学に関わる我々からは想像できない程の過熱ぶりと云ってよい．INDUSTRIE4.0を直訳すると第4次産業革命あるいは第4次生産革命．18世紀英国軽工業の産業革命を第1次とし，北ドイツと北米へ伝わり重化学工業が勃興したのが第2次．さらに1970年代から始まるFAが第3次で，今回が第4次ということになる．

　一方，制度派の経済学 [2] では，経済革命という言葉で説明する．第1次経済革命は，自然の恵みを受動的に享受していた人類が，自らの手で食料の生産を開始したことにはじまる．身の回りの経験，体験から生まれた知恵に基づく「経済革命」．移動生活から定住へと集団が大きくなり，自然発生的な国家組織が生まれた．その後，第2次経済革命は，自然哲学から自然科学への発展（例えば [3]）と同期した．分業による生産の効率化と自然法則を利用した方法の採用．自然法則を生産の手段とするには，さまざまなアイデア，新しい解決技術が必要になる．考案者が占有して技術を使う権利，独占権や知財権，の制度が後押しとなった．英国の第1次産業革命が成功し約200年が経過した．これが第2次経済革命である．

第3次経済革命　第2次経済革命の中心的な考え方，自然法則の産業化は，大きく成功した．その主役は垂直統合型の大企業だった．大組織内部での分担と連携，中央研究所時代と云えよう．大きな組織の活動が効率よく働く，日本では1940年体制が有利だった [5]．この過程でICT（情報と通信の技術）によってさまざまなシステムがつながる世界，複雑なシステムの世界が登場する（p.14, [4]）．

　ICTが進むとともに，ソフトウェアが主役になるソフトウェア・リッチな産業構造に変わる．産業化の基礎が自然法則からソフトウェアに移るといえ，これを，第3次経済革命の到来とみる．水平分業型のオープン・イノベーションがビジネスの主流になる．「ソフトウェアは自然法則に規定されない」豊かな発想からはじまる．プロトコル・標準化といった広い意味での「規則」を通してビジネスの世界と関連する．知財権に加えて標準化の「改版・管理」やグローバルな協業の仕組み，ビジネス・エコシステムでの「オープン・クローズ戦略」が鍵となる [6]．

ディペンダビリティとCPS　Acatechの議論 [1] は，FP6のESDならびにFP7のNetworked ESDからの延長上にCPSを位置づけし，CPSによる工場・生産イノベーションとする．一方，日本では「IoTとAIによる考える工場」に注目が集まる．ディペンダブルな組込みソフトウェアの重要性という側面が軽視されている．IoT

---

[*]Shin Nakajima, 国立情報学研究所
[†]Masumi Toyoshima, （株）デンソー

を「Internet of Things」とするか「Interconnecting net of Things」とするか．現実には TCP/IP 上で考えるので区別しても意味がないかもしれない．AI は機械学習のことを指す．ダートマス会議以来の「AI」から眺めると，ほんの一部にすぎない．また，システム・セキュリティの重要性は論じられているが，2006 年 NSF から CPS という造語が登場した頃の「ディペンダブルなソフトウェア・システム」という議論が国内では希薄なことが気にかかる．

CPS の要点のひとつは、生産技術から高信頼化ならびに安全性にソフトウェアの研究が重心を移すということ．生産性と信頼性は従来からソフトウェア工学の中心課題だった．安全性は取り巻く環境を含めた全系をシステム（例えば [9]）として論じることにある．元々，ソフトウェア・システムと外部との関わりを論じるのは，システムズ工学の役割であり，ソフトウェア工学の外側だった（例えば [8]）．

内なる二つの文化をつなぐ　プログラムの高信頼化技術には本質的な限界がある．絶対的なディペンダビリティはあり得ない．ソフトウェア・システムには不具合が潜む．「当たり前の不具合」に備える危機管理をすべき．我々の生活基盤の全てを技術の進展に委ねることはできない．「騙された」という後悔は手遅れである．「予防するための規制が十分かつ適切に設計・配置・動員」されるべき [7]．つまり，ソフトウェア・システムの開発に際しては，それが使われる社会との関わりでディペンダビリティを考える．開発の最初から考えるべきこと．一方で，専門の分化と共に「二つの文化」[10] の問題が大きくなることに注意しなければならない．社会と技術の双方を鳥瞰すること，理解することは難しい．ソフトウェア工学の側には強い説明責任能力が求められる．それには，現在，ソフトウェア工学の内に存在する「二つの文化」の壁を取り払う必要がある．

人間の思考は，油断していると大きな慣性に流される．反知性主義 [11] は，第 2 次経済革命の最中，その時代に必要とされる客観的な事実，自然法則として整理された知識の体系を蔑ろにし，素朴な生活経験や体験に訴えかけた．そのわかりやすさが人々を魅了した．第 1 次経済革命時代の「思考の慣性」に身を委ねる徒花である．第 3 次経済革命ではソフトウェア・リッチな産業が主役となり，必要な知識の体系が変わる．ソフトウェアは自然法則に支配されない故，第 2 次経済革命の知識体系は十分に機能しない．この時代での反知性主義は，還元主義に強く依存した従来の世界観に固執したり，生産技術を第一義としてディペンダビリティを蔑ろにすること．我々は，具体的な問題への取り組みを通して，Foundation of Software-rich Systems を考える時期にいる．「プログラム開発のエンジニアリング」（例えば [8]）とは異なるソフトウェア工学．INDUSTRIE4.0 [1]，Future Mobility，IT+Energy といった分野 [4] は CPS の応用でもあり，ソフトウェア工学に対して具体的な問題を提供してくれる．

参考文献

[1] Acatech：Recommendations for Implementing the Strategic Initiative INDUSTRIE 4.0, 2013.
[2] D.C. ノース：経済史の構造と変化，大野一訳，日経 BP 社，2013.
[3] 村上陽一郎：科学・技術の二〇〇年をたどりなおす，NTT 出版，2008.
[4] O.L. de Weck, D. Roos, and C.L. Magee : Engineering Systems, MIT Press, 2011.
[5] 野口悠紀雄：戦後経済史，東洋経済新報社，2015.
[6] 小川紘一：オープン＆クローズ戦略，翔泳社，2014.
[7] C. Perrow : Normal Accidents, Princeton University Press, 1999.
[8] C. Ghezzi, M. Jazayeri, and D. Mandrioli : Fundamentals of Software Engineering (2ed.), Prentice Hall 2003.
[9] H.A. サイモン：システムの科学（第 3 版），稲葉元吉，吉原英樹共訳，パーソナルメディア，1999.
[10] C.P. スノー：二つの文化と科学革命，松井巻之助訳，みすず書房，2011.
[11] 森本あんり：反知性主義，新潮社，2015.

サービス研究から見る無形労働
佐藤 啓太[*]

あらまし　Material Labor が「モノづくり」であるならば，Immaterial Labor は「コトづくり」であり，サービス活動そのものと考えることができる．無形労働で示された概念の多くはサービス研究での重要なパラダイムとなっている．サービス研究の特徴としては「価値」を中心に考えるところにある．本稿では無形労働で語られる概念をサービス研究から整理する．

1　製品とサービス

サービスデザインでは Material と Immaterial をそれぞれ Tangible(触れられる)と Intangible(触れられない)とし，製品とサービスをそれぞれ有形製品(tangible products; Goods)と無形製品(intangible products; Service)と表現している．最近では次で示す SDL のように製品(Goods)とサービス(Services)を一体でとらえる考え方が主流となっている．なお，この場合，従来のサービスは複数形で Services，一体化したものは複数形の Service として区別して示す．この Service は Contents との関係では，Contents を届ける手段として Channel と示されることもある．

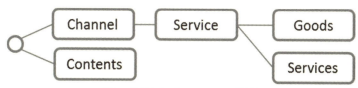

図1　製品とサービスの関係

2　GDL と SDL

機能価値を製品自体に埋め込み，顧客が製品を購入することで価値を得る交換価値を重視する従来の考え方をマーケティングの世界では Goods Dominant Logic(GDL)と呼ぶ．現在では，製品とサービスを一体化させ，顧客が製品を購入した後の仕様価値や経験価値を高めることを重視する Service Dominant Logic(SDL)の考え方へとビジネスの視点が移ってきた[1]．企業と顧客の関係は製品を顧客に販売した段階で終わるのではなく，顧客が製品を使っている間継続する．SDL では，これにより顧客が製品やサービスを使用する際に発生する使用価値に注目して製品開発を行うべきだと提案しており，顧客との関係性構築を通じて，企業と顧客が連携して価値を創出する価値共創がポイントとなる．

3　コトづくり

多くの分野においてモノがコモディティ化し，消費者のニーズが「モノ」から「サービス」，「モノ」から「コト」へと変化してきたのに伴い，「コトづくり」が重視されるようになってきた．コトづくりは3つの時代に分けられるという[2]．1980年代からの第1期では，製品の販売・交換の価値を高めるために，売り方を工夫したり，製品のデザインやインタフェースなど機能価値とは異なる意味的価値を付加したりするようになった．2000年頃からの第2期では，情報通信技術の進展により企業が消費者に対して直接情報発信できるようになり，消費者を取り込んで製品の使用やサービス提供時にお

---

[*] 株式会社デンソー

けるコトづくりが行われた．そして2010年以降の第3期では，SNSなどの普及により市場を知識創造の「場」として捉え，消費者が価値創造プロセスの中に巻き込まれた．コトづくりの概念の広がりを[2]では，図2のように時間と主体で示している．

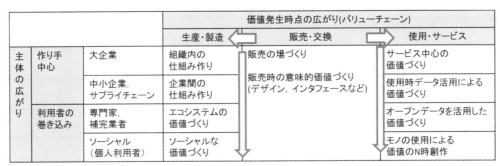

図2　「コトづくり」概念の広がり　(出所[2])

4　品質と価値

顧客の求める品質を対象の充足度と満足度の二軸でモデル化した考え方として「狩野モデル」[3]がある．製造者が扱う品質は，外部品質や内部品質などの製造者品質である．しかし，不具合がないことや，過剰な性能は利用者にとって当たり前品質であり，無関心品質でしかない．利用者にとっての価値を有する品質は顧客満足や顧客感動に影響する利用時品質であり，これらは一元品質や魅力品質となる．製造者は製造者品質だけではなく，今まで軽視してきた利用者品質を重視しなければならない．

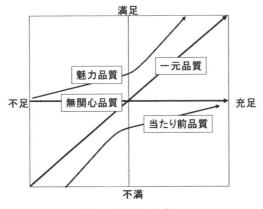

図3　狩野モデル

5　参考文献

[1] Vargo, Stephen L. and Lusch, Robert F, 'Evolving to a New Dominant Logic for Marketing', Journal of Marketing 68 (January): 1 – 17, 2004.
[2] 「コトづくり」の動向とICT連携に関する実態調査，
http://www.soumu.go.jp/johotsusintokei/linkdata/h25_06_houkoku.pdf, (2015/09/09 アクセス).
[3] 「狩野モデルと商品企画」，日本科学技術連盟，
http://www.juse.or.jp/departmental/point02/08.html, (2015/09/09 アクセス).

無形労働としてのソフトウェア開発に関する一考察
A Study on Software Development as Immaterial Labor

杉山 安洋[*]

あらまし ソフトウェア工学は，ソフトウェアの物質化の歴史である．本来は無形物であるソフトウェアを，様々な手法を用いて物質として開発することを可能としてきた．本稿では，ソフトウェアの物質化には大きなメリットもあるが，ソフトウェアの魅力を失わせる危険性も高いことを指摘する．

1 はじめに

ソフトウェア工学は，ソフトウェアの物質化の歴史である．本来は無形物であるソフトウェアを，様々な手法を用いて物質として開発することを可能としてきた．物質化することにより，物質を開発するための工業的手法をソフトウェア開発にも適用できるようになった．物質化には大きなメリットもあるが，逆に大きな危険も含んでいる．これまでのソフトウェア工学は，その危険性よりも，メリットに目を向けてきた．物質化には多くの手法があるが，本稿ではライン生産手法と，部品化手法を例としてとりあげ，ソフトウェアの物質化が，ソフトウェアを作る側にとっても，使う側にとっても，ソフトウェアの魅力を失わせる危険性が高いことを述べる．

2 ソフトウェアの工業的生産手法の誤解

ソフトウェア工学の目的は，工場で車や家電製品を製造するのと同様に，ソフトウェアを開発する手法を実現することであるという表現をよく見かける．工場の生産ラインで，家電製品や車を開発するようにソフトウェアを開発できれば，開発する技術者のスキルレベルに依存することなく，ある一定の品質水準を保ったソフトウェアを開発できるという考え方である．Software Factory や Product line などが該当する．これは，ソフトウェアを物質としてとらえ，それを生産するという，大変「物質的」なソフトウェアの開発方法である．しかし，これには大きな誤解がある．

工場の生産ラインで製造される家電製品や車は，既に設計や試作，試験が完了したものを，複製して製造している．言わば，一度完成された「もの」のコピーを大量に製造しているわけである．

一方，ソフトウェア開発においては，一度開発された製品の複製を作成することは，非常に簡単である．ファイルのコピーコマンドで実現できる．言わば，複製を作成するという工場の生産ラインによる開発に関して言えば，ソフトウェアの開発においては，より完成された形で既に実現されている．製造業の生産ラインに対応する複製工程のライン化はソフトウェアでは不要である．

また，家電製品や車であっても，すべての開発工程が工場の生産ラインで行われるわけではない．工場の生産ラインでの製造を開始する以前に，設計，試作，試験などが必要不可欠である．このプロセスは，経験と試行錯誤が重要であり，非常に無形労働的な要素を多く含む．ソフトウェア開発が該当するのは，このライン生産以前の工程であり，現代の製造業においても無形労働的な要素が非常に重要な役割を持っている工程であることを認識する必要がある．

3 ソフトウェア開発の魅力

ライン生産方式に従事する作業員は，単純な作業のみを行うことが期待され，専門的なスキルは必要とされないと言われる．しかし，製造業におけるライン生産方

---

[*]Yasuhiro Sugiyama, 日本大学

式においては，単純作業による労働者の労働意欲の低下が歴史的に問題となった．

工業製品のライン生産方式に対応するソフトウェアの開発法式としては，Software Factoryなどの手法も提案されている．仕様をラインに乗せれば，必要とするソフトウェアが生産できることを狙っている．複製工程だけではなく，設計や開発段階のライン化である．しかし，ソフトウェアのライン化の試みが成功し，仕様からの単純作業の積み重ねによってソフトウェアが開発できるようになった場合を想定すると，通常のソフトウェア技術者が，このような単純作業に耐えられるであろうか？

ソフトウェア技術者は，ソフトウェアの開発という特殊な技能を身につけた人々である．プライドを持って仕事をされている方が多く，また，良い仕事をした，あるいは，良い製品を開発したという達成感を糧として仕事をしている．この無形労働的な部分がソフトウェア開発の魅力である．単なる工業化は，この魅力を失わせる．

結論として言えることは，ライン生産方式のような方式をソフトウェア開発にも導入するのであれば，ソフトウェア技術者の労働意識を失わせない範囲で実現する必要がある点である．担当技術者の作業意欲を失わせないために，無形労働的な複雑性や創造性のある作業が重要で，それ以外の単純作業は完全に機械化すべきである．

4 ソフトウェアの魅力

ソフトウェア工学では，ソフトウェアの物質化の手法のひとつとして，部品化やパターン化を採用している．自由に変更が可能なソースコードよりも，それらをひと塊とした部品の方が，固い物質として品質管理が容易になる．しかし，部品化には，オーソライズされた「コピペ」という側面があり，「コピペ」と同様の弊害を持つ．

部品化に関する問題点を議論する上で，建築分野を類似例として挙げたい．筆者は，現代日本の住宅は，外国[1]の住宅に比べて，非常につまらないという印象を持っている．日本の住宅はある一定の規格化のもとで建てられるため，その形状も似たものが多い．規格化が住宅メーカレベルで行われるため，複数の住宅メーカが混在する地域では，地域としてみると意匠の統一感が無く，町並みの美しさが無い．

一方で，外国の住宅は，意匠や間取りは独自性が強いものが多い．しかし，町並みの統一感は重視されており，現代日本の町並みよりも遥かに美しく見える．大きな違いは，日本はパネル工法が広まり，パネルという大きな部品を組み合わせて住宅を建てることが多いが，外国は2×4工法が主体で，2×4材と呼ばれる規格化された木材を使って個別に現場で建築することが多いため，自由度が高い点である．部品の統一というよりも，美観や景観という無形的なものの統一に重点をおいている．

ソフトウェアでも，部品の共有化が進んでいる．これは，日本の住宅の状況と同じ事態を引き起こすと考えられる．似たような機能のソフトウェアばかり開発されて個々のソフトウェアの魅力が薄れる．一方で，ソフトウェアのインタフェースなどは統一感がなく，利用者から見た使い勝手が悪くなる．同じUI部品を使用すればデザインは統一できても，同じ使い勝手が実現できるわけではない．日本のソフトウェア開発は，住宅建築と同じ道を歩むこと無く，もっと非物質的な面を重要視して，より魅力的なものになることを期待したい．

5 無形労働としてのソフトウェア開発の重要性

物質化されたソフトウェアの開発手法には，開発者に作業の達成感を失わせる危険性があることと，開発されるソフトウェアの画一化を促しソフトウェア自身の魅力を失わせる危険性があることを述べた．作り手であるソフトウェア技術者のやる気を失わせ，出来上がったソフトウェアの魅力も失わせてしまっては，本末転倒である．物質化のメリットを生かしながら，開発者と利用者という双方の人間から見たソフトウェアの魅力を失わせないようにしていくことが望まれる．

---

[1] 本稿では特に米国やカナダなどの2×4住宅の多い地域を念頭においている．

レクチャーノート／ソフトウェア学41
ソフトウェア工学の基礎 XXII
Ⓒ 2015 青木利晃・豊島真澄

2015年11月30日 初版発行

編者　青　木　利　晃
　　　豊　島　真　澄

発行者　小　山　透

発行所　株式会社　近代科学社

〒162-0843　東京都新宿区市谷田町2-7-15
電話 03-3260-6161　振替 00160-5-7625
http://www.kindaikagaku.co.jp

ISBN978-4-7649-0496-5

定価はカバーに表示してあります．

ナチュラルコンピューティング・シリーズ

編集委員：萩谷昌己・横森 貴

ナチュラルコンピューティング（Natural Computing:NC）とは「自然界における様々な現象に潜む計算的な性質や情報処理的な原理，およびそれらの現象によって触発される計算過程」を意味する．したがって，様々な研究分野，特に物理学者，化学者，生物学者，計算機科学者，情報工学者などが協調して研究し，知識とアイデアを共有することが必要である．本シリーズは，"計算"という情報処理原理を基軸として様々な学問領域をダイナミックに包括し，新たな学際領域を形成しつつある「ナチュラルコンピューティング」に焦点を当てた本邦初の野心的な企画である．

第1巻 光計算
著者：谷田 純
A5判・188頁・定価（4,500円+税）

第2巻 DNAナノエンジニアリング
著者：小宮 健，瀧ノ上正浩，田中文昭，浜田省吾，村田 智
A5判・216頁・定価（4,500円+税）

第3巻 カオスニューロ計算
著者：堀尾喜彦，安達雅春，池口 徹
A5判・224頁・定価（4,500円+税）

第4巻 量子計算
著者：西野哲朗 他
A5判・未刊

第5巻 可逆計算
著者：森田憲一
A5判・220頁・定価（4,500円+税）

第6巻 自然計算の基礎
著者：鈴木泰博 他
A5判・未刊

別巻 自然計算入門
著者：萩谷昌巳 他
A5判・未刊

※未刊書籍のタイトルは変わる場合があります．

緊急事態のための情報システム
―多様な危機発生事例から探る課題と展望―

編者：バーテル・バンドワール他
監訳者：村山 優子
B5判・上製・440頁
定価：本体8,000円+税

　3.11の東日本大震災時に経験したように，緊急事態（災害時）には日常とはまったく違う情報システムが必要となる．それは，いわゆる情報系だけではなく，人的リソース，行政活動，ボランティアなど様々なことが複合的に絡み合う形で動的に変化しながら形成されていく．

　本書は，米国を中心にこれらについて研究された成果が整理されてまとめられている数少ない邦訳書である．実践的なケーススタディが多数盛り込まれており，我国の今後の取組みへ向けての貴重な指針となろう．

■主要目次
1. 緊急事態管理情報の領域

第Ⅰ部：基礎
2. 災害対応システムのユーザインタフェース設計における問題空間の構成
3. 公衆の保護と個人の権利の取扱い

第Ⅱ部：個人と組織の意味合い
4. 危機的状況における不適応な対脅威反応硬直性の緩和
5. 危機発生初期対応におけるツールの効果的利用法

第Ⅲ部：事例研究
6. STATPack微生物臨床検査とコンサルテーションのための緊急対応システム
7. 緊急事態対応のコーディネーション
8. 人道的情報管理システムが直面する課題
9. 利用者の視点から見たミネソタ州組織間メーデー（Mayday）情報システム

第Ⅳ部：EMISの設計と技術
10. シミュレーションと緊急事態管理
11. 災害管理における地理的共同作業のためのユーザサポートタスクの構造の概念化
12. 国際人道緊急事態対応における宇宙技術の運用アプリケーション
13. 準リアルタイムな地球災害影響分析
14. 緊急事態管理時のためのリソース管理システムの標準化に向けて
15. 環境リスク管理情報システムの要件とオープンアーキテクチャ
16. 緊急事態対応情報システム―過去，現在，そして未来

世界標準MIT教科書
アルゴリズムイントロダクション 第3版 総合版

■著者
T.コルメン, C.ライザーソン, R.リベスト, C.シュタイン

■訳者
浅野 哲夫, 岩野 和生, 梅尾 博司,
山下 雅史, 和田 幸一

■B5判・上製・1120頁

■定価(14,000円+税)

　原著は, 計算機科学の基礎分野で世界的に著名な4人の専門家がMITでの教育用に著した計算機アルゴリズム論の包括的テキストであり, 本書は, その第3版の完訳総合版である.

　単にアルゴリズムをわかりやすく解説するだけでなく, 最終的なアルゴリズム設計に至るまでに, どのような概念が必要で, それがどのように解析に裏打ちされているのかを科学的に詳述している.

　さらに各節末には練習問題(全957題)が, また章末にも多様なレベルの問題が多数配置されており(全158題), 学部や大学院の講義用教科書として, また技術系専門家のハンドブックあるいはアルゴリズム大事典としても活用できる.

■主要目次
I 基礎 / II ソートと順序統計量 / III データ構造
IV 高度な設計と解析の手法 / V 高度なデータ構造 / VI グラフアルゴリズム
VII 精選トピックス / 付録 数学的基礎 / 索引(和(英)-英(和))